Friedrich Wilhelm Stahl

Das deutsche Handwerk

Erster Band

Friedrich Wilhelm Stahl

Das deutsche Handwerk
Erster Band

ISBN/EAN: 9783742868657

Hergestellt in Europa, USA, Kanada, Australien, Japan

Cover: Foto ©berggeist007 / pixelio.de

Manufactured and distributed by brebook publishing software (www.brebook.com)

Friedrich Wilhelm Stahl

Das deutsche Handwerk

Das deutsche Handwerk.

Von

Dr. Fr. Wilhelm Stahl,

ordentlichem öffentlichem Professor der Nationalökonomie an der Universität zu Gießen.

Erster Band.

Gießen, 1874.
J. Ricker'sche Buchhandlung.

Vorbemerkung.

Als der Druck dieses Buches bis zu Bogen 13 gefördert war, wurde der Verfasser, mitten in der eifrigsten Thätigkeit um Vollendung des Werkes, durch einen jähen Tod hinweggerafft. Das vorhandene Manuscript zu dem hier erscheinenden Bande konnte seinem Inhalte nach nahezu druckfertig genannt werden und bedurfte fast nur einer redaktionellen Ueberarbeitung und Ergänzung, die sich selbstverständlich, um der Originalität des Werkes nicht zu nahe zu treten, nur in den knappsten Grenzen zu bewegen hatte. Wenn einzelne kleine Mängel bei einer solchen Vorbereitung zum Drucke unterlaufen, so wird dies ebenso begreiflich, wie entschuldbar gefunden werden, zumal da die äußerliche Beschaffenheit des Manuscriptes, insbesondere das Verhältniß des Textes zu den Noten, mannigfach große Schwierigkeiten darbot. Nach dem Plane des Verfassers sollte dem hier erscheinenden Bande später noch ein zweiter folgen. Ob und wann dies auf Grund des vorliegenden Materials thunlich sein wird, muß zunächst unentschieden bleiben. Jedenfalls aber bildet dieser erste Band schon für sich ein durchaus selbstständiges, abgeschlossenes Ganzes.

Gießen.

J. Ricker'sche Buchhandlung.

Inhalt.

Einleitung		1
I. Abschnitt. Der Lehrling		35
1. Kapitel. Bedingungen der Aufnahme		42
2. „ Aufnahme in das Handwerk		168
3. „ Lehrzeit und Lehrgeld		193
4. „ Haltung des Lehrlings		205
5. „ Lossprechung. Gemachter Geselle		220
II. Abschnitt. Der Geselle		270
1. Kapitel. Leben und Sitten		270
2. „ Arbeit und Lohn		302
3. „ Wandern		345
4. „ Gesellenschaft		384

Einleitung.

Die deutsche Handwerksverbindung (Zunft), wie sie in den letzten zwei Jahrhunderten bestand, und die Aelteren der lebenden Generation sie noch gesehen haben, war die vollendete Verkörperung des Exklusivitätsprinzipes auf dem gewerblichen Gebiete. Die engherzigste Beschränkung des Betriebsrechtes, ein unüberwindlicher Hemmschuh der selbstständigen Entfaltung der Thätigkeit des Einzelnen, hinderte sie auch alle technische und wirthschaftliche Entwickelung im Ganzen, und bewirkte eine dauernde Stagnation im Wesen und der Frucht, wie in den Formen des Lebens der Handwerker. Die Organisation der Zunft schloß das Ganze und jeden Einzelnen in eiserne Ketten, um den Umfang des Handwerks stets möglichst klein zu erhalten, sie band alle und alles in feste Formen, um den Geist, der sie jener Zeit beherrschte und auf dem sie ruhte, stets zu erhalten, neu zu wecken und zu verstärken. In allen Abstufungen des Handwerks war dieses Prinzip gleichmäßig durchgeführt. Dem Eintritt in das Handwerk, der Aufnahme als Lehrling waren stets wachsende Hindernisse entgegengesetzt, die Bedingungen hiefür wurden immer schwerer; die Zahl der Aufzunehmenden war überhaupt eine bestimmte, wurde immer mehr eingeengt, und — selbst innerhalb dieser Zahl — wurde die Aufnahme durch immer strengere Anforderungen und immer neu erfundene Hindernisse möglichst unerreichbar zu machen gesucht. Selbst die Aussicht auf das Leben, das dem Lehrling bevorstand, mußte hiezu mit wirken. Welcher Reiz konnte in einer vieljährigen Lehrzeit liegen, die — besonders wenn der Lehrling kein Lehrgeld bezahlte — zum größten Theil nicht mit entsprechender Berufsthätigkeit, sondern mit gemeinen Diensten für die Familie des Meisters und für die Gesellen ausgefüllt war, was durch die Mißhandlung durch rohe Gesellen nicht eben erleichtert wurde! Hatte einer die Schwierigkeiten der Aufnahme und die Lasten der Lehrjahre glücklich überstanden, war er Geselle geworden, so harrten seiner neue Schranken, welche ihn von seinem Ziele, dem selbstständigen Betrieb, der Meisterschaft, ferne halten sollten; war ja doch die Aufgabe, die Zahl der Meister möglichst klein zu halten. Da war zunächst der Wanderzwang, der ihn eine längere oder kürzere Zeit auswärts festhielt; dann, glücklich heimgekehrt, konnte er sich zwar um die Meisterschaft bewerben, mußte aber erst wieder eine bestimmte Zeit, nach Jahren gemessen, an dem Orte, an welchem er sich niederlassen wollte — oft bei einem Meister — dienen (die Sitzjahre), angeblich, um sich mit den Verhältnissen des Ortes bekannt zu machen; darauf mußte er muthen, d. h. von dem Handwerke die Meisterschaft erbitten, und zwar bei jeder Quartalsitzung, ein volles Jahr hindurch; dann erst wurde er zur Meisterprüfung zugelassen, die ihm neue Fallen stellen sollte, denn es wurden mit vielem Scharfsinne Gegenstände für das Probestück ausgewählt, die entweder schwer zu fertigen oder in der Herstellung sehr kostbar waren; und war auch das glücklich überwunden, so hielten ihn die bedeutenden Gebühren für Ertheilung der Meisterschaft, das Meistergeld und der Meisterschmaus, oft noch dicht vor seinem Ziele auf, und zwangen ihn, noch länger im Gesellenstande zu verharren. So ward der Geselle, hatte er nicht das Glück, eines Meisters Sohn zu sein, alt, ehe er sein eigener Herr wurde; und sicher, nach dem er selbst soviel geduldet und ertragen, war ihm der Geist des Handwerks so tief eingeprägt, daß auch er nicht sehr geneigt war, in dem Handwerk etwas zu ändern, etwa der folgenden Generation ein Leiden zu ersparen oder zu erleichtern, ihr durch Aufhebung der hemmenden Einrichtungen den Weg zu ihrem Ziele wenigstens einigermaßen abzukürzen. Gar viele Gesellen erreichten das Ziel nie; sie blieben ihr ganzes Leben hindurch Gesellen, und unter ihnen zeichneten sich dann die sogenannten Fechtbrüder aus, die, so lange ihre Glieder es ertrugen, auf der Wanderschaft waren, nicht um zu arbeiten, sondern um zu betteln. — Aber auch der Geselle, welcher glücklich alle Schwierigkeiten überwunden und noch Mittel genug übrig behalten hatte, um ein eigenes Geschäft begründen und führen zu können, hatte damit nichts weiter erreicht, als daß er ein solches führen, daß er auf eigene Rechnung arbeiten durfte; wie er es führen wollte, in welcher Art und in welchem Umfange, das war wieder nicht in seinen

1*

Willen gelegt, das wurde ihm durch das Handwerk vorgeschrieben. Sorgfältig mochte er sich hüten, einen Gegenstand zu fertigen, der nicht ausdrücklich seinem Handwerk zugehörte, widrigenfalls er sofort in Streit mit einem anderen Handwerke gerieth; desgleichen durfte er nur gewisser Werkzeuge sich bedienen; wollte er zu seiner Erleichterung ein anderes anwenden, etwa den Drehstahl statt des Meisels oder Hammers, sofort war er der Strafe verfallen. Ob er mit weichem Loth oder mit Schlagloth löthen wollte, stand nicht in seinem Willen, nur eines von beiden, je nach dem Handwerke, dem er angehörte, stand zu seiner freien Verfügung; war ihm das andere unentbehrlich, so mußte er sein Produkt dem Handwerke übergeben, das zu dessen Anwendung befugt war und mußte von ihm die erforderlichen Operationen vornehmen lassen. Daher rührten unendlich viele Streitigkeiten und Prozesse unter den Handwerken und Handwerkern um Ueberschreitung der Befugnisse, und eine auffallende verderbliche Zerklüftung der Thätigkeit, indem der eine Meister den Gegenstand seiner Thätigkeit bei bestem Willen und voller Befähigung nicht vollenden durfte, sondern an einen anderen gekettet war; eine Einrichtung, die unter den gegebenen Umständen die entgegengesetzte Wirkung der frei gewählten Theilung der Arbeit hatte, Verzögerung der Arbeit und ein schlechteres Produkt. Hielt sich nun der Meister auf das Sorgfältigste frei von jeder Ausschreitung der angeführten Art, beschränkte er sich auf den ihm zugewiesenen Gegenstand und die ihm gesetzlich zustehenden Hülfsmittel der Arbeit, so hatte er noch immer Gelegenheit genug, der Handwerksstrafe zu verfallen; denn die Qualität und Art seines Produktes war wieder nicht seiner freien Wahl anheimgegeben, sie war ihm abermals vorgeschrieben. Von Zeit zu Zeit kam ihm der Zunftmeister in die Werkstätte und untersuchte die daselbst vorhandene Arbeit, oder er war überhaupt gehalten, selbst sein Produkt vor dem Verkaufe der Schau zu unterwerfen. Wenn diese ergab, daß er von dem Hergebrachten sich eine Abweichung erlaubt hatte, daß er in Maß, Gewicht und Art nicht die Norm genau eingehalten, so wurde er in Geld gestraft, oder nach Umständen wurde wohl auch die Waare ganz konfiscirt und vertilgt. Dabei war er natürlich mancher Chicane ausgesetzt; denn wollte er sich in irgend einer Weise vom hergebrachten Schlendrian losreißen, suchte er sich über seine Zunftgenossen zu erheben, ihnen einen Vorsprung abzugewinnen, erweckte er dadurch ihren Neid, so war diese Schau ein willkommenes Mittel, ihn sein Bestreben schwer büßen zu lassen und ihn in die Schranken des Gewohnten zurückzuweisen. In allen Beziehungen und nach allen Seiten hin war daher der Meister eingeengt, jedes freiere Streben, jeder Versuch, sich über das Gewöhnliche aufzuschwingen, sich von den Fesseln, die ihn banden, zu befreien, war vergebens und brachte ihm nur Verlust und die Feindschaft seiner Genossen. Damit mußte auch der Trieb und die Fähigkeit zu solchem Unterfangen erlöschen und der Meister, wie der Geselle, verlor den Sinn für jede Aenderung; er wurde ebenso verhärtet in dem Gewohnten, ebenso feindlich jeder Neuerung, ebenso unveränderlich, wie das Handwerk in seinen Tendenzen und in seinen althergebrachten Vorschriften und Normen.

Das ist eine treue Schilderung des Handwerks, wie

es in diesem Jahrhundert bestanden; wenn auch ein oder der andere Satz übertrieben scheint, und, was selbstverständlich, nicht immer die angeführten Handwerkssatzungen bis auf die äußerste Spitze verfolgt wurden, so waren sie doch allen Handwerken im Wesentlichen eigen, und sind überdieß alle jene besonderen Verschärfungen und Beschränkungen, welche nur bei einzelnen Handwerken oder an einzelnen Orten vorkamen, absichtlich ganz unberührt geblieben. Die geschilderte Richtung und Einrichtung sind auch als untrennbare Eigenschaften des Handwerkes allgemein im Gedächtniß, und es bedarf daher nur des Wortes „Handwerk" oder „Zunft", so stellt sich jedem in Gedanken der Ausbund der Exklusivität, die weitest gehende Beschränkung, die größte Engherzigkeit der Korporation und aller ihrer Glieder, die Verknöcherung und absolute Unveränderlichkeit des einmal Bestehenden dar. Der Ausdruck „Zunftzwang" ist üblich geworden, um alles, was im bürgerlichen Leben beschränkend, widerwärtig und verabscheuenswerth ist, in seinem Superlativ zu bezeichnen. Wer es daher in unserer Zeit wagt, von dem Handwerk anders als in verwerfendem und verachtendem Sinne zu sprechen, hat schon von vornherein das Vorurtheil gegen sich, daß er selbst, mehr oder minder, mit seinen Anschauungen und Wünschen jener veralteten Zeit angehört, in welcher das Handwerk florirte und herrschte; wer vollends irgend etwas Belehrendes, noch heute der Nachahmung Werthes darin findet, über den ist der Stab für immer und vollständig gebrochen. Aber mit Unrecht.

Die oben gegebene Schilderung ist bis in das Einzelne wahr für das gegenwärtige und das letzt vergangene

Jahrhundert; sie gilt noch um ein volles Jahrhundert weiter zurück in Bezug auf die Haupttendenz des Handwerkes; die Beschränkung der Meisterzahl, und auch die einzelnen Institute, welche angeführt worden, sind mit dieser Tendenz soweit zurück nachweisbar, wenn sie auch dem Maße nach noch nicht auf die spätere Höhe getrieben sind. Alle beschränkenden Satzungen, wie lange Lehrzeit, Wanderzwang, Sitz- und Muthjahre ꝛc. finden sich schon in den älteren Kompendien des Handwerkerrechtes, deren ältestes in der Mitte des siebenzehnten Jahrhunderts verfaßt ist, wenn auch die Zahl der Jahre nicht so groß ist, als später; die Hauptsache, der Geist, der das Handwerk beherrschte, war im siebenzehnten Jahrhunderte bereits derselbe, wie im achtzehnten. Aber er war dem Handwerke nicht immer eigen; es gab eine Zeit — und das war gerade die wahre Blüthezeit des Handwerks, — in welchem die erwähnte, verhaßte Tendenz ihm vollkommen fremd war, eine Zeit, in welcher Organisation und freie Bewegung des Einzelnen in günstigem, förderlichem Verhältnisse nebeneinander bestanden.

Nichts lag dem alten Handwerke, in seinen ersten Zeiten, ferner als Exklusivität. Allerdings mußte, wer ein zunftmäßiges Handwerk treiben wollte, in die Zunft eintreten, aber das Handwerk hatte durchaus nicht das Recht, ihm die Uebung des Handwerkes und den Eintritt in die Zunft zu verwehren. Die Erfordernisse für den Betrieb eines Handwerkes wurden nicht vom Handwerk festgestellt; jeder, der Bürger war, konnte jedes ihm anständige Handwerk treiben, und die Erfordernisse für die Bürgerschaft setzte nicht das Handwerk, sondern der Rath, die städtische

Obrigkeit fest. War dieser genügt, so hatte das Handwerk auch kein Recht mehr, die Aufnahme in die Zunft zu verweigern. Daher der so häufig in den Statuten der Handwerke enthaltene erste Satz: „wer in unsere Zunft treten will, muß dem Rathe genügt haben". Von Seiten des Stadtregimentes aber, welches überall nicht Beengung, sondern Erweiterung der Bürgerzahl erstrebte, traten erschwerende Vorschriften erst spät ein, meist veranlaßt durch die Beschränktheit der Stadt selbst, welche immer mit Mauern umgeben war, und durch bereits vorhandene Ueberfüllung derselben; daher wurde auch, wo bereits das Stadtbürgerrecht schwerer zu erwerben, bereits größeres Vermögen dafür nöthig war, in den Vorstädten das Bürgerrecht noch immer unter den alten gleichen Bedingungen ertheilt, und dort fand der Betrieb eines Handwerks noch immer keine nennenswerthen Schwierigkeiten. War das Bürgerrecht erworben, so stellte allerdings die Zunft noch besondere Bedingungen für die Aufnahme, aber diese waren ganz anderer Bedeutung als in späteren Zeiten. Sie entsprangen theils aus den Pflichten, welche den Zünften selbst von dem Stadtregiment auferlegt waren, und dem Zweck entsprachen, zu welchem die Zunftverbindungen von dem Rathe benutzt oder sogar nur gestattet wurden, wie unter Anderem zur Stadtvertheidigung und Bewachung. Daher war eine von den sehr wenigen Bedingungen der Aufnahme in die Zunft die Anschaffung eines Harnisches, oder überhaupt der erforderlichen Waffen. Theils entsprangen jene Bedingungen dem Zweck der Zunft für das Handwerk selbst, indem sie eine Gemeinschaft zu kirchlichen Zwecken, zu Messen, Leichenbegängnissen bildeten, daher der Eintretende verpflichtet wurde, einen angemessenen Beitrag in die Zunftkasse, oder zur Anschaffung von Fahnen und zum Leichentuch oder Kerzen zu geben. Daß bei diesen Belastungen durchaus die Absicht, den Eintritt zu erschweren oder gar unmöglich zu machen, gänzlich ferne lag, dafür sprechen zahlreiche direkte Belege, von denen einer zur Erläuterung bereits hier angeführt sei. In Frankfurt a. M. waren noch im 14. Jahrhunderte nur die oben angegebenen Bedingungen für den Eintritt in die Zunft festgesetzt: Beschaffung des Harnisches und eine Beisteuer zu Kirchenfahne und Leichentuch. Wer nun nicht die Mittel hatte, diesen Vorschriften sofort zu genügen, der wurde demohngeachtet ohne Schwierigkeit in die Zunft aufgenommen und ihm die Leistung auf ein Jahr gestundet. Hatte er in diesem Jahre die nöthige Summe noch nicht erworben, so konnte sie ihm auf ein weiteres Jahr gestundet werden. Das zeugt nicht für die Absicht, den Zutritt zu erschweren. — Geschlossene Handwerke, d. h. solche, deren Zunftsatzung nur eine bestimmte, nicht zu überschreitende Zahl von Meistern zuließ, kommen im alten Handwerk, in der Zeit, von der hier die Rede ist, überhaupt gar nicht vor. In Gleichem fehlten die einzelnen Hindernisse zur Erreichung des Meisterrechtes, welche in späteren Zeiten so wirksam waren. Wenn auch zu allen Zeiten der Geselle viel wanderte, so ist doch der Wanderzwang erst im fünfzehnten Jahrhundert, wahrscheinlich sogar mit dem bestimmten Zwecke, den Gesellen von der Meisterschaft zurückzuhalten, eingeführt. Von Sitz- und Muthjahren wissen die älteren Statuten nichts, die Dauer des Dienstes als Geselle ist gänzlich unbestimmt, ja der

Gesellenstand ist überhaupt nicht durchgehends erforderlich; vielfach konnte der Lehrling sofort in die Meisterschaft eintreten. Das Erforderniß, ein Probestück gemacht zu haben, ist zwar sehr alt, aber zu einem ganz anderen Zwecke eingeführt und lange Zeit in ganz anderer Weise gehandhabt, als in den letzten Jahrhunderten. Die Aufnahme als Lehrling, wie als Meister, war zwar mit Kosten verknüpft, und ebenso der Uebergang vom Gesellen zum Meister, aber die hiefür erforderliche Summe, meist an einem Orte für alle Handwerke die gleiche, gab schon durch ihre Geringfügigkeit zu erkennen, daß keine Abhaltung oder Abschreckung damit bezweckt sein konnte. Somit darf man wohl sagen, daß das Karakteristische des späteren Handwerks dem früheren gänzlich fehlte. Stets war das Handwerk eine erzwungene Association, von der sich keiner losschälen konnte, wenn er das zugehörige Gewerbe üben wollte; stets war jedes Mitglied den Beschlüssen der Mehrheit unbedingt unterworfen; aber der Zweck und der Geist dieser Beschlüsse änderte sich mit der Zeit in solchem Maße, daß das Ende den vollendetsten Gegensatz zum Beginne bildet.

Absichtlich ist nur gesagt, Zweck und Geist der Beschlüsse haben sich geändert, denn die Grundlagen für die angeführten Entartungen sind zum größten Theile schon in den älteren und ältesten Satzungen enthalten, nur daß sie später in einem solchen Sinne gedeutet und ausgedehnt sind, daß der Sinn ein vollkommen anderer geworden ist. So ist die Anforderung, daß eine regelmäßige Lehre bestanden werde, sehr alt; aber eine bestimmte, und besonders eine sehr lange Zeit dafür festzusetzen, ist dem alten Handwerke ganz fremd. Ursprünglich darauf berechnet, daß das konsumirende Publikum, und namentlich die Kaufleute, welche dem Handwerker den Stoff zur Arbeit anvertrauen mußten, z. B. das Tuch zum Färben, das Garn zum Weben, einigermaßen vor Verlust gesichert seien, wie es alte Statuten deutlich aussprechen, wird das Statut später zur möglichsten Hinausschiebung des Momentes benutzt, in welchem dem Meister ein neuer Konkurrent ersteht. — Das Erforderniß eines Probestückes ist bei vielen Handwerken gleichfalls sehr alt, und in demselben Sinne, wie die Lehrzeit, eingeführt; später wird ein Mittel daraus, den Gesellen zu chikaniren. Die Vorschrift, daß der Geselle sich bei dem Handwerke um die Meisterschaft bewerben mußte und zwar vor versammeltem Handwerke, um zu allenfallsigen Einwürfen gegen seine Ehrlichkeit und seinen guten Namen, überhaupt gegen seine Würdigkeit Gelegenheit zu geben, daher in der üblichen Vierteljahrsversammlung unter allen vorhandenen Meistern herumgefragt werden mußte, ob Keiner etwas gegen den Kandidaten zu erinnern wisse, wurde in der Weise ausgedehnt, daß sich der Geselle an vier solchen Versammlungen, also vier Vierteljahre, hintereinander bewerben mußte, bis ihm Antwort wurde; so war ja wieder in diesem Muthjahre ihm ein Jahr verloren, den Meistern gewonnen. Bei der Aufnahme als Lehrling, Gesell oder Meister mußte den Genossen ein Viertel Wein gegeben werden, der Bruderschaft zum vertrinken, und nicht mehr; daraus wurde später die Forderung eines Bades für jeden Genossen, Brod und Käs zum Wein, dann Braten, ein Kalb, dann stiegen die Anforderungen immer höher, bis sie für viele Gesellen geradezu unerschwinglich wurden. Die Schau ist bei vielen Handwerken, z. B. den Tuchmachern, Waffenschmieden, unter den ältesten Satzungen enthalten; sie diente nur, den guten Namen, den sich ein Ort für seine Waare erworben hatte, zu erhalten. Wer von diesem guten Namen Gewinn ziehen wollte, mußte sein Produkt vor den öffentlichen Schaumeister bringen. War es entsprechend gefunden, so wurde der Stadtstempel aufgedrückt, und der Produzent hatte sich somit ein Zeugniß für gute Qualität erworben. War es der Vorschrift nicht entsprechend, so konnte es der Arbeiter immerhin verkaufen, nur wurde ihm das Stadtzeichen nicht aufgedrückt. Wie dieses Institut später mißbraucht wurde, ist schon oben angeführt worden. Ohne durch Anführung noch weiterer Belege dem Gegenstand dieses Buches noch ferner vorzugreifen, mögen diese genügen, jene gewaltige Aenderung in Zweck und Geist der Zunft vom Besseren zum Schlimmeren zu konstatiren.

Diese Aenderung, welche nicht bloß örtlich war, sondern in ganz Deutschland bei allen Handwerken in vollem, oder ausnahmsweise hie und da in etwas geringerem Maße vor sich ging, war nicht das plötzliche Ereigniß eines Momentes, sie entwickelte sich ganz allmählig im Verlauf der Jahrhunderte und dieser Verlauf läßt sich in der Geschichte des Handwerks, in der allmähligen Entwickelung der Handwerkssatzungen und Einrichtungen bis ins Einzelne genügend verfolgen. War aber die Wirkung eine allmählige, so mußten ihr auch stetig wirkende Ursachen zu Grunde gelegen haben. Die nächste Ursache scheint man in dem wirthschaftlichen Zwecke des Handwerksbetriebes suchen zu müssen. Daß jeder sich der Konkurrenz möglichst erwehren will, daß er darnach strebt, ein Monopol zu gewinnen, oder, war dieß nicht möglich, doch mit möglichst wenigen Genossen sich in den Erwerb zu theilen; daß er seinen Konkurrenten möglichst zu beengen, sich den größten Theil des Absatzes und Gewinnes zu sichern sucht, ist auch in unserer Zeit, welche nicht mehr das Handwerk, sondern nur volle Gewerbefreiheit kennt, nichts Verwunderung Erregendes, es ist ein ganz natürlicher Trieb, und fehlt gewiß nur ausnahmsweise. Unter dem Einflusse der vollen Freiheit nun wird dieser Trieb gerade durch seine Allseitigkeit größtentheils wirkungslos, indem das Bestreben des Einen durch das des Andern neutralisirt wird. Dagegen muß man annehmen, daß er im Handwerk viel wirksamer war, als bei Gewerbefreiheit. Die Handwerke hatten die volle Autonomie in allen Angelegenheiten, welche das Handwerk als Korporation und das Produkt des Handels betrafen. Die Mehrheit in der Meisterversammlung entschied allein in allen solchen Angelegenheiten, und was sie entschied, war unbedingt geltend. Da wird man doch folgern, daß die Meister ihr Interesse wohl im Auge und auch die Mittel hatten, ihm zu genügen; sie konnten ja allein die Einrichtungen dekretiren, welche dem bezeichneten Ziele, dem Monopole Weniger zuführten. Hier war also in der That der Bock zum Gärtner gemacht, und die Entwickelung des Handwerks hat nichts Auffallendes, das entgegengesetzte Resultat müßte vielmehr überraschen. Nur würde diese Schlußfolge nicht der Geschichte entsprechen. Denn gerade in der ältesten Zeit hatten die Handwerke die größere Autonomie, und mischte sich das Regiment am wenigsten ein; es schützte wohl etwa einmal das Publikum gegen Bedrückung durch die Handwerke, ging aber nicht in Das ein, was die Berechtigung zum Betrieb des Handwerks, noch überhaupt in das, was das Handwerk allein betraf. Und doch zeigte sich keine Spur von exklusiver Tendenz. Selbst in einer späteren Periode, in welcher die Handwerke sogar an dem Stadtregimente Theil hatten, der Rath eine feste, oft große Zahl Handwerker auf seinen Bänken sitzen sah, demnach die Macht des Handwerks noch sehr bedeutend verstärkt war, selbst in dieser Periode zeigten sich zwar bereits hie und da Regungen und Versuche einzelner Handwerke, Satzungen einzuführen, welche die Meisterzahl direkt oder indirekt beschränkten, oder vorhandene Satzungen in diesem Sinne zu deuten und zu handhaben, aber sie wurden von dem Rathe, trotzdem er so viele Handwerksglieder enthielt, bekämpft und beseitigt. In der Glanzperiode der Beschränkungen, in den letzten zwei Jahrhunderten war dagegen die Autonomie des Handwerks schon sehr stark vermindert, der Verband selbst gewaltig aufgelockert, der Korporationsgeist beträchtlich geschwächt, und doch ist gerade unter diesen Umständen — die ungünstigsten sollte man glauben — den Handwerken gelungen, was ihnen in den vorausgegangenen Zeiten unmöglich war. Das würde nicht der Fall gewesen sein, wenn der Grund der Exklusivität bloß in der Natur jedes Gewerbebetriebes, sagen wir bloß in dem exklusiven Geist, der den Gewerben überhaupt innewohnt, gelegen hätte; vielmehr mußten erst mit der Zeit besondere Umstände eingetreten sein, welche nicht nur jenen Geist verstärkten und zur vollen Entfaltung brachten, sondern ihm auch in seinen Bestrebungen unmittelbare Dienste leisteten, und reichlich dasjenige ersetzten, was dem

Handwerk durch Minderung seiner eigenen Kompetenz an Energie und Kraft verloren gegangen war. Diese begünstigenden Umstände müssen, wie die Kraft des Handwerks allmählig abnahm, ebenso allmählig steigernd auf die Einrichtungen des Handwerks eingewirkt haben. Es kann hier nur vorläufig und ganz allgemein angedeutet werden, daß diese begünstigenden Umstände in den großen Umwandlungen zu erkennen sind, welche in der äußeren und inneren Lage der deutschen Lande vor sich gingen, wie in der Aenderung aller Handels- und Verkehrsverhältnisse, dem Versinken der deutschen Seemacht, in der Entwickelung der Staatsgewalt, dem Anwachsen der landesherrlichen Macht, der Ausdehnung, welche den Befugnissen der Obrigkeit überhaupt gegeben wurde, und in der Anwendung dieser Macht, dem Regierungsprinzip. Die Entwickelung des deutschen Handwerkes schließt sich der Entwickelung des deutschen Regierungs- und Verwaltungswesens dicht an, ist durch diese wesentlich bedingt.

Das alte deutsche Handwerk war, wie oben gezeigt worden, durchaus verschieden von dem Institute, das die Zeit allmählig aus ihm gemacht hat. Bietet letzteres nicht nur nichts erfreuliches, sondern lohnt es kaum mehr die Mühe eines näheren Studiums, ist es nur als das kraft- und fruchtlose Alter von jenem zu betrachten, so kann dagegen das alte Handwerk schon für sich nicht verfehlen, großes Interesse zu gewinnen, und dieses Interesse kann nur verstärkt werden dadurch, daß seine Geschichte mit der Geschichte des Vaterlandes so innig verwachsen ist. Seine Organisation hat aus ursprünglich Leibeigenen, kaum der Freiheit theilhaftig Gewordenen, in kurzer Zeit einen Stand herangezogen, der mit den bisherigen Innhabern um das Stadtregiment kämpfte, und stark genug war, dasselbe dem Adel ganz zu entreißen, oder wenigstens den größeren Theil davon sich anzueignen; und doch hatte diese Organisation ursprünglich nur die Bestimmung, in die technische Produktion eine gewisse Ordnung zu bringen.

Sie führte die deutschen Handwerke zu einer Produktion, welche sehr viele ihrer Waaren weit über das Land hinaus gesucht und geschätzt machte, und brachte sie zu einer Entfaltung, daß Jahrhunderte hindurch ein Zuwachs an Kräften nicht nur nicht bedenklich, sondern sogar erwünscht war, und von den Handwerken selbst ohne Widerspruch und gerne aufgenommen wurde. Ohne die Beschränkungen und Fesselungen der späteren Zeit knüpfte sie die einzelnen Handwerksglieder fest aneinander und erzeugte durch die Theilnahme eines jeden an allen gemeinschaftlichen Angelegenheiten einen hohen Grad von Gemeinsinn, brachte durch die eigene Jurisdiktion mit ihren oft ganz eigenthümlichen Formen volle Unterwürfigkeit und Gehorsam gegen das Gesetz hervor; die Handwerker wurden dadurch ein eigener Stand, mit dem, den deutschen Ständen eigenthümlichen starken Körperschaftsgeist, mit eigenthümlichen Lebensanschauungen und Sitten. Soviel ist uns bekannt, aber über diese Lebensanschauungen und Sitten sind wir wenig unterrichtet. Daß der spätere Meister sicher nicht seinem Vorfahren glich, ist schon aus dem Werth und der Bedeutung zu urtheilen, die er dem Handwerke beilegte, wie aus dem Geiste, mit dem er es nutzte. Auch der Handwerksbursche, wie ihn noch Lebende gesehen haben, oder ihn etwa ein Polizeimann nach den alten Akten seines Amtes sich vorstellt, ist sicher nur ein Zerrbild des alten Gesellen. Er hält wohl noch manche alte Gebräuche, und bedient sich lang herkömmlicher Redensarten; er spricht den Meister wohl mit den Worten „mit Gunst" an, setzt dabei vorschriftsmäßig den einen Fuß vor, steckt den Daumen der einen Hand in den zugeknöpften Rock und hält in der anderen Hand Hut und Stock; aber er gleicht trotzdem dem alten Gesellen so wenig, als er den Sinn und die Bedeutung der Regeln, die er befolgt, und der Sprüche, die er hersagt, kennt. Was schon im sechszehnten Jahrhundert von der Reichspolizei als „läppische Redensart" bezeichnet und verboten wurde, hatte in den vorhergehenden Jahrhunderten für den Gesellen, der sie gebrauchte, vollen Sinn, der freilich mit dem Bedürfniß verloren ging und den Nachfolgern nur eine taube Nuß zurückließ. — In ganz anderem Lichte stellt die Dichtung den Handwerker Meister und Gesellen, die sie zu ihren Zwecken benutzt, dar. Nur ist auch das Bild, das sie gibt, nicht wahr, und kann nicht wahr sein. Ein solcher Ausbund von Sittsamkeit und Sittlichkeit, von Empfindsamkeit und Zartgefühl, von Frömmigkeit und Fröhlichkeit, von Biederkeit und Derbheit, wie ihn der Roman im Handwerker malt, und wie man in der Phantasie ihn sich gerne vorstellt, entsprechend der irrigen Idee von den alten Zeiten überhaupt, war weder der Meister noch der Geselle. Er war stets ein Kind seiner Zeit, und ist dieser nie vorangeeilt. Wie die Vorzüge, welche das Zeitalter hatte, so trug er auch dessen Schwächen an sich. Er war so roh, wie seine übrigen Zeitgenossen, trank, fluchte, spielte: aber er hielt treu und fest an seinen Handwerksregeln und seinem Handwerke. Und gerade deßwegen ist er interessant, weil er seine Zeit mit darstellt. Er gehört mit in die Sittengeschichte; er ist erforderlich, um ein volles anschauliches Bild des deutschen Lebens in den verschiedenen Perioden zu gewinnen; denn er spielte eine wesentliche Rolle in diesem Leben. Daher wird es sich wohl lohnen, ihn wieder herzustellen, wenn auch — wie bei einem vorweltlichen Thiere — seine Ueberbleibsel erst aus dem Schutte beschwerlich hervorgeholt, zusammengesucht und zu einem kenntlichen Ganzen aneinander gereiht werden müssen. — Für die Entwickelungsgeschichte der Industrie, für die Sittengeschichte und für die politische Geschichte des Vaterlandes ist daher Belehrendes und Brauchbares zu erwarten von einer genaueren Kenntniß des Handwerks und des Handwerkers alter Zeiten.

Aber nicht bloß ein rein geschichtliches Interesse bietet die genaue Kenntniß der einzelnen Institutionen des Handwerkes und ihrer allmähligen Entwickelung, vielmehr läßt sich von ihr auch ein namhafter unmittelbarer Gewinn für die Gegenwart und die Zukunft ziehen.

Sehr viele der schwebenden Zeit- und Streitfragen, welche in allen civilisirten Ländern in allen Schichten der Bevölkerung auf das eifrigste verhandelt werden, von deren Lösung der eine Theil alles Heil, die Umgestaltung aller Verhältnisse des bürgerlichen Lebens zum Besseren hofft, der andere Theil dagegen den Ruin alles dessen, was der Menschheit schätzbar und unentbehrlich ist, befürchtet — es sind die Probleme gemeint, die man mit dem Ausdruck „sociale Frage" zu bezeichnen pflegt — sind nicht so neu, als man gewöhnlich glaubt; sie sind nicht erst durch die gegenwärtig herrschende Methode des Gewerbebetriebes hervorgerufen, vielmehr sind sie seit vielen Jahrhunderten schon Zeit- und Streitfragen gewesen, nur daß sie nicht eine so allgemeine Theilnahme und Aufregung hervorriefen; denn die Mittel, durch welche sich die Theilnahme und Aufregung in solchem Maße verbreitet, sind erst der neuen Zeit eigen, nämlich der rege, weit ausgedehnte Verkehr unter den Menschen, und das gedruckte Wort. In älterer Zeit hatten jene Fragen auch noch keine politische Bedeutung gewonnen, sie waren nur wirthschaftliche Fragen; daher befaßten sich damit nur diejenigen, welche sie zunächst angingen: die Gewerbetreibenden, die Handwerker; aber diese ebenso eifrig und ernsthaft, wie in neuerer Zeit. Dafür sprechen die älteren und ältesten Statuten der Handwerke. So weit diese zurückreichen, zeugen sie für das Streben, dasjenige, was man jetzt als ein Hauptgebrechen der Zeit ansieht, die große Differenz in der Lage der Menschen, zu beseitigen, und wenn sie etwa von der Freiheit des Betriebes untrennbar waren, ihr durch Satzungen zu begegnen. Sehr mannichfache Mittel wurden zu dem Zwecke angewendet, nach einiger Zeit wieder verworfen, oder sie verschwanden von selbst aus dem Gebrauche um ihrer Nutzlosigkeit willen; und unter diesen vielen aufgegebenen Mitteln findet sich gar manches, das in neuester Zeit wieder neu erfunden und als Panacee gegen alle socialen Schmerzen empfohlen wurde. Der Wunsch, Fürsorge zu treffen, daß das große Kapital nicht das kleine erdrücke, daß auch für den minder Reichen noch Raum genug bleibe, um sich anständig durch das Leben zu bringen, war lebendig genug, um eine große Zahl von Gesetzen ins Leben zu rufen.

Bald wurden dem Reicheren die Hände schlechthin gebunden, daß er nicht seine volle Kraft ausüben konnte; man beschränkte den Betrieb auf ein gewisses Maß, indem keinem Meister erlaubt war, mehr als eine gewisse Zahl Arbeiter zu halten. Bald umging man dieses einschneidende Mittel und schlug einen mäßigeren und rationelleren Weg ein : man suchte auch den Aermeren alle die Vortheile zuzuwenden, welche das größere und bereitere Kapital bietet. Da finden sich denn ganz ähnliche Einrichtungen auf dem Wege der Zwangsassociation faktisch getroffen, wie man sie jetzt auf dem Wege der freien Association erstrebt. Der Vortheil, daß der Reiche den Rohstoff wohlfeiler kauft, weil er ihn im Großen kaufen kann, wurde neutralisirt, indem der ganze Bedarf an Rohstoff für das Handwerk vom Handwerke selbst angekauft und dann zum Ankaufspreise an die Meister nach Bedarf vertheilt wurde; oder der Reichere mußte unter Umständen selbst dem Aermeren dessen Bedarf im Kleinen um den Preis abgeben, wie er im Großen gekauft hatte. Hatte Jener eine ganze Schiffslabung gekauft, und ein kleiner Handwerksmann lauerte diesen Moment ab, und verlangte ein, zwei oder zehn Pfund oder mehr, so konnte sie ihm der Reichere nicht verweigern. — Der reiche Meister hat immer den Vorsprung, kostbare Maschinen und Einrichtungen benutzen zu können, weil er sie nicht nur allein ankaufen, sondern wegen des größeren Betriebes auch allein mit Gewinn anwenden kann. Dieser Vorsprung wurde ihm vielfach dadurch abgeschnitten, daß jene Einrichtungen vom Handwerke angeschafft und allen zur Benutzung überlassen wurden. So war der kleine Mann auch hierin mit dem reicheren in gleiche Lage versetzt. — Jenem Reichen kommt ferner zu gute, daß er in den Stand gesetzt ist, die Orte aufzusuchen, an welchen seine Waare am höchsten im Preise steht; er kann die Kosten des Transportes tragen, während der minder Begüterte von diesen Kosten zu schwer getroffen würde. Auch dagegen kam man auf durch ein Mittel, das dem Handwerk als Association ziemlich nahe lag : wie nemlich keiner den Rohstoff für sich allein kaufen durfte, ebenso durfte auch keiner das Produkt für sich verkaufen. Sämmtliche Waare wurde in das gemeinschaftliche Kaufhaus eingeliefert, und ohne Unterscheidung des Producenten, zum Verkaufe ausgelegt. Eine Verschiedenheit des Preises war dabei nur durch die Waarengattung gegeben. Ebenso sammelte man die Waare sämmtlicher Meister, welche eine Messe oder einen Markt besuchen wollten. Mit dieser zog dann ein Beauftragter an den Ort des Marktes, und trat dort als Verkäufer für den ganzen Ort, von dem er kam, auf. Andere ähnliche Einrichtungen zu gleichem Zwecke finden sich in sehr frühen Zeiten und bis weit hinauf an unsere Zeit.

Nicht minder wurde zu allen Zeiten der andere, wichtigere Theil der socialen Frage, das Verhältniß des Kapitales zur Arbeit, bedacht. Der Streit zwischen Arbeitern und Arbeitgebern spielt schon seit gar vielen Jahrhunderten in ziemlich gleicher Weise fort. Die gefürchteten Strikes der Gesellen suchten fast in denselben Formen wie in der Gegenwart, nur etwas gewaltthätiger, immer dieselben Forderungen durchzusetzen; immer verlangten sie Verkürzung der Arbeitszeit und zugleich Erhöhung des Lohnes, Ausschluß des weiblichen Geschlechtes von der Arbeit u. s. w., und das im dreizehnten Jahrhundert so entschieden, wie zu allen folgenden Zeiten. — Man hat zu allen Zeiten gesucht, eine Einrichtung zu treffen, welche beiden Parteien genügen mochte, und die neuere Zeit hat kein nennenswerthes Mittel aufgefunden, das nicht bereits früher versucht worden ist. Alle Lohnungsarten von dem einfachen Tagelohn bis zur Bestimmung des Lohnes nach dem Verkaufspreis des Produktes und dem Umfange des Absatzes sind in Anwendung gewesen; man hat die Lohnhöhe auf den verschiedensten Wegen festsetzen lassen; bald wurde dieß einfach dem Meister überlassen, oder das Handwerk, hier die Versammlung aller Meister, bestimmte in der Jahresversammlung, was dem Gesellen gegeben werden durfte; oft kamen die gleichnamigen Handwerke verschiedener Orte zu diesem Zwecke überein und bildeten also eine Association sämmtlicher Meister gegen die Gesellen; oder das Handwerk, die Meisterversammlung, zog die Gesellen mit herbei und vereinbarte mit ihnen den Lohn; oder endlich die Obrigkeit mischte sich ein und gab den Entscheid, wenn eine gütliche Uebereinkunft nicht zu Stande zu bringen war. Die alten Quellen führen uns diese Versuche vielfach vor in Satzungen, in Berichten über Streitigkeiten und über abgeschlossene Verträge; nicht zu selten wird die Veranlassung mitgetheilt, durch welche eine neue Anordnung hervorgerufen wurde, der Erfolg derselben, und die Ursache, warum jene Anordnung wieder verlassen und eine andere an ihre Stelle gesetzt wurde. So erscheinen, wechseln und verschwinden jene Einrichtungen als praktische Versuche zur Lösung der Aufgaben, welche man jetzt so häufig auf theoretischem Wege durch

Aufbau neuer Staatsſyſteme und politiſche Einrichtungen löſen zu können glaubt.

Gelöſt wurde natürlicher Weiſe die Aufgabe auch in früheren Zeiten nicht. Keines von allen angewendeten Mitteln hat allgemein entſprochen, keines für a l l e Handwerker, keines für e i n Handwerk an allen Orten und zu allen Zeiten. Aber wohl genügten viele ſolcher Einrichtungen, weil ſie ſtets den Verhältniſſen und dem Bedürfniſſe angepaßt wurden, oft lange Zeit einem Handwerke in kleinerer oder größerer Ausdehnung; und hatten ſich die Verhältniſſe geändert, war man überzeugt, daß dadurch die Einrichtung unbrauchbar geworden, ſo ging man eben ſo entſchieden davon ab, um eine entſprechendere zu treffen.

Dadurch hat die Vergangenheit des Handwerks eine praktiſche Bedeutung für die Gegenwart und Zukunft gewonnen. Sie bietet ihnen ſtatt des Experimentes den leichteren und ſichereren Weg der Beobachtung dar. Verfolgt man die Anordnungen und Wege des alten Handwerks durch die Dauer ſeines Beſtandes, vergleicht man ſorgſam die Wirkung jeder Einrichtung, jedes Geſetzes in den tauſendfältigen Kombinationen, in welchen ſie von der Geſchichte dargeboten wird, ſo findet man darin jedenfalls einen Bewahrer vor manchen Irrthümern, denen man ausgeſetzt iſt. Die Geſchichte der früheren Verſuche und ihrer Erfolge ſetzt gewiſſermaßen Tonnen aus, welche warnen, gefährliche Punkte nicht zu berühren. Dieß iſt beſonders zu beherzigen auf dem Felde der ſocialen Fragen, auf welchem Verſuche gar koſtbar und, im Falle des Mißlingens, ſehr folgenſchwer zu ſein pflegen. — Und auch ein poſitiver Gewinn ist von der Geschichte der früheren Versuche zu erwarten, indem sie gewiß nicht selten darauf hinweist, welchen Weg man im gegebenen Falle einzuschlagen und wie lange man ihn zu verfolgen hat.

Wenn daher einerseits Keiner mit gesunden Sinnen daran denken wird, ob etwa das Handwerk — sei es älterer oder jüngerer Zeit — in seiner ganzen Einrichtung oder in seinen Hauptzügen wieder belebt werden könne, — wie denn überhaupt ein einmal verlebtes Institut, nach langer Zeit wieder eingeführt, nicht anders als bedenklich wirken kann — so darf doch andererseits auch nicht, nach dem bestehenden Gebrauch, so weit gegangen werden, das Handwerk überhaupt als ein, in allen Perioden und in allen seinen Theilen verwerfliches, Institut zu betrachten. Die Einrichtungen des alten Handwerks haben unbestreitbar die anerkennenswerthe Eigenschaft gehabt, daß sie stets dem Bedürfnisse der Zeit entsprachen, und das ist das größte Lob, das man einem Institute ertheilen kann. Sie sind lange mit dem Erforderniß regelmäßig und rechtzeitig fortgeschritten. Sicher sind unter diesen alten Einrichtungen auch wohl manche, welche, den Verhältnissen angepaßt und in geeigneter Weise geändert, noch heute mit einigem Nutzen verwendet werden könnten.

Das Zunftwesen ist derzeit in Deutschland überall glücklich beseitigt, wenn auch nach schwerem Kampfe. Noch in den letzten Momenten suchten Viele wenigstens einige wesentliche Institute festzuhalten, die man für absolut unentbehrlich hielt (z. B. die vorgeschriebene Lehrzeit oder wenigstens eine Prüfung bei den Bauhandwerken). Es waren nicht die Handwerker selbst, welche für die Erhaltung solcher Institute eine Lanze brachen, sondern es waren Männer, welche die Unentbehrlichkeit freier Bewegung im Gewerbsbetrieb wohl zugaben, aber am Handwerke auch noch andere Eigenschaften erkannten, als die Exklusivität. Zugleich aber ertönten auch in Ländern, in welchen die Zunft lange verschwunden und die Gewerbefreiheit herrschend war, Klagen gerade über diese Gewerbefreiheit, denn auch sie hat ja ihre schwachen Seiten. Man verlangte nach einer Organisation der freien Gewerbe, man wünschte, neben dem freien Betrieb eine Art Zunftwesen beibehalten oder einführen zu können. Auch gegenwärtig noch ist eine solche Hoffnung nicht ganz verschwunden, und insbesondere ist ja der neueste Ruf der Arbeiter gerade: „Organisation", die denn doch im Wesentlichen nicht sehr verschieden von dem alten Zunftwesen, wenigstens von dessen Geist eingehaucht sein würde. — Diese Umstände, zugleich mit dem oben begründeten geschichtlichen Interesse, haben den Verfasser veranlaßt, eine Reihe von Jahren dem eingehenden Studium des deutschen Handwerks ältester und neuerer Zeit zu seiner eigenen vollen Belehrung zu widmen. Die Ueberzeugung, daß eine genaue Kenntniß des alten Handwerks von unmittelbarem Nutzen sein könne, sowohl durch Klärung der Ansichten, als für praktische Anordnungen in gewerblichen Fragen, hat ihn bestimmt, das Resultat seines Studiums der Oeffentlichkeit zu übergeben.

Handwerk bedeutet zunächst einen Beruf, die technische Produktion gewisser Gegenstände, und zwar beschränkt in Umfang, Mitteln und Betriebsweise, wodurch es der Fabrik entgegengestellt ist. In dieser Bedeutung besteht das Handwerk noch heute und wird das Wort noch gebraucht. Man bezeichnet noch immer die Schneiderei, Schuhmacherei als Handwerke, in dem Umfange und der Art, wie sie gewöhnlich betrieben werden; geht der Betrieb sehr ins Große, wird mit vielen Arbeitern, mit Maschinen gearbeitet, so verwandelt sich nach dem Sprachgebrauch das Handwerk in eine Fabrikation. — In älteren Zeiten, bis die Freiheit, jedes Handwerk und überhaupt jedes Gewerbe in ganz beliebiger Art und Umfang zu treiben, in Deutschland zur Geltung kam, d. h. stellenweise noch ziemlich tief bis in das gegenwärtige Jahrhundert herein, bildeten solche Handwerke Körperschaften mit bestimmten Gesetzen, Rechten und Pflichten für die einzelnen Glieder, wie für das Ganze — Zünfte, Gilden, Gaffeln, Aemter —; daher pflegt man, wenn man das Handwerk als Verbindung, als ein Ganzes bezeichnen will, schlechthin „Zunft" zu sagen. In diesem Sinne ist auch in den einleitenden Worten, um Verwickelungen zu vermeiden, manchmal das Wort Zunft gebraucht worden. Aber Handwerksverbindung und Zunft sind nicht vollkommen identisch. Letztere ist ein viel weiterer Begriff. Es gab an vielen Orten Zünfte, die mit den Handwerkszwecken gar nichts zu thun hatten, sie dienten politischen Zwecken, waren z. B. Eintheilungen der Einwohner, zum Behuf der Betheiligung an den bürgerlichen Pflichten, für die Stadtbewachung, für den Fall des Krieges, zur Erleichterung der Besteuerung ꝛc. In einer solchen Zunft waren wohl Handwerker, Kaufleute, Gelehrte, Künstler beisammen, oder sie umfaßte zufällig zwar bloß Handwerker, aber solche, die außerdem nichts mit einander gemein hatten, deren Handwerkseinrichtungen gänzlich verschieden waren. Hier wäre es eine offen liegende Begriffsverwirrung, Handwerk und Zunft zu verwechseln. Aber auch in dem Falle, daß man es mit einer Handwerkszunft im engeren Sinne, mit der Schneiderzunft, Böttcherzunft zu thun hat, würden mit dem Ausdruck „Zunft" oder selbst „Handwerkszunft" verschiedene Dinge zusammengeworfen werden. In dem Zunftbuch der Schneider z. B. zu Mainz finden sich Baderwittwen, Geistliche ꝛc. als Zunftmitglieder aufgeführt; aber sie hatten kein Handwerksrecht; ihre Rechte beschränkten sich darauf, bei Zunftschmäusen mitessen zu dürfen, unter den geeigneten Umständen ein Geschenk zu empfangen, im Falle des Todes unter dem Leichentuch der Zunft und mit Begleitung der Zunftmitglieder zu Grabe getragen zu werden. Die Handwerke hatten nemlich neben der Verbindung zu ihren speziellen handwerklichen Zwecken noch eigene Verbindungen, welche auch solchen nützlich sein und zu Gute kommen konnten, die das Handwerk nicht trieben und deren Zweck oben angedeutet; es waren die Brüderschaften, welche mit dem Handwerksverband nicht eines sind, obwohl jedes Handwerksglied beitreten mußte; und diese Brüderschaften, welche zuerst getrennt von der Zunft, neben ihr genannt wurden, verschwanden oft dem Namen, nicht der Sache nach. Was das Handwerk selbst und allein anging, und nur diejenigen betraf, welche ganz zum Handwerk gehörten, Handwerksrecht hatten, das wurde von den Handwerkern selbst stets — nicht mit Zunft — sondern mit „das Handwerk" ausgedrückt. In diesem Sinne wird auch hier dieses Wort gebraucht und ist es auf dem Titel verwendet worden, denn nur mit dem engeren Handwerk, mit der Verbindung von Handwerksberechtigten hat dieses Buch zu thun; Brüderschaften und ähnliche spezielle Verbindungen müssen allerdings mit in Untersuchung gezogen werden, aber sie sind bei ihrem eigenen Namen zu nennen. Diese Unterscheidung ist umsomehr nothwendig, als Handwerke vorkommen, die eine für die unmittelbaren Handwerkszwecke bestimmte Verbindung hatten, aber keine Brüderschaft.

Das Handwerk enthielt Arbeiter gleichen Produktes, aber nicht immer. Sehr oft schlossen sich Handwerker, die nicht in so großer Zahl vorhanden waren, daß sie füglicher Weise eine gesonderte Verbindung bilden konnten, dem größeren Handwerke an, dann beschlossen und verfügten sie in Gemeinschaft, und ihre Einrichtungen galten für die ganze Gemeinschaft; nur in einzelnen, für das Ganze nicht wesentlichen Angelegenheiten, z. B. Dauer der Lehrzeit, der Wanderschaft 2c. konnten Verschiedenheiten für die verschiedenen der Verbindung angehörigen Abtheilungen stattfinden.

Nicht alle gleichnamigen Handwerker waren unter sich oder mit Handwerkern anderer Art in einem Verbande. In allen Städten gab es — oft eine sehr große — Zahl technischer Gewerbe, deren Betrieb in keiner Beziehung irgend einer Beschränkung unterworfen war. Die einzelnen ihnen angehörigen Individuen hatten zwar die bürgerlichen Pflichten zu leisten, und wurden daher wohl einer Zunft eingereiht für den Kriegs= und Wachedienst 2c.; aber sie unterlagen weder den Vorbedingungen einer Lehre, noch hatte irgend eine andere, den Handwerken eigene Satzung auf sie Anwendung; weder das Recht ein solches Gewerbe zu betreiben, noch die Art der Führung war von irgend einer Bedingung abhängig gemacht; die einzelnen Personen standen in keinerlei näheren Verbindung mit einander: sie hießen die f r e i e n Gewerbe. In solcher Freiheit erhielten sie sich bis in dieses Jahrhundert herein, und selbst in der späteren Periode, in welcher das Princip der Vormundschaft seitens der Obrigkeit in Geltung kam, und diese glaubte, sie müsse jeden Bürger im Einzelnen überwachen und vorsorgen, daß er sich auch nähren könne mit seiner Hände Arbeit; selbst in dieser Zeit blieben die freien Gewerbe ziemlich unbehelligt, und die Behörde ging nicht weiter gegen sie vor, als absolut nöthig war: die Ernährungsfähigkeit mußte von demjenigen, der ein solches freies Gewerbe ergreifen wollte, nachgewiesen werden, und das geschah, indem er Produkte seiner Arbeit zur Prüfung vorzulegen hatte; im Uebrigen blieb er so unbeschränkt und unbeengt, als zuvor. Die freien Gewerbe kommen in diesem Werke nur selten in Betracht.

Wer ein Gewerbe betreiben wollte, das ein Handwerk bildete, mußte in dieses eintreten und sich dessen Bestimmungen unterwerfen. Dieser allgemeine Satz unterliegt immerhin einigen Ausnahmen; es fanden sich Arbeiter solcher Gewerbe vor, welche von allen oder manchen Gesetzen frei, oder überhaupt nicht dem Handwerk zugehörig waren, obwohl sie dessen Erwerb trieben. Eine kurze vorläufige Erklärung wird manche spätere weitschweifigere Erläuterung hierüber überflüssig machen. Der Adel, die Kirche und Klöster, der Rath der Stadt hatten das Recht ihre eigenen Arbeiter zu halten; diese waren nicht an die Gesetze des

Handwerks gebunden, und hatten auch dem Handwerk nichts zu leisten. Für solche Handwerker galt auch nicht der gesetzliche Lernzwang; da sie aber ohne zu lernen nicht wohl leisten konnten, was man von ihnen verlangte, so durften sie immerhin durch Uebereinkunft mit einem Meister in die Lehre genommen werden, und waren dabei an die gewöhnlichen Bedingungen der Aufnahme, welche für solche galten, die einst Handwerksmeister werden wollten, nicht gebunden, denn diese waren eben nur für das Handwerk bestimmt; sie konnten daher unehelicher Geburt sein, sowie unfreier oder nicht deutscher Zunge. Das würde ihre Aufnahme in jedem anderen Falle unmöglich gemacht haben, während ihnen als künftigen Arbeitern auf den Schlössern des Adels oder in Klöstern daraus kein Hinderniß erwuchs. — Aehnlich war es mit den Handwerkern auf dem Lande. Zwar waren auf dem flachen Lande überhaupt nur diejenigen Handwerker zugelassen, welche Arbeiten lieferten, die der Landmann nicht füglich in seiner Nähe entbehren konnte, wie Schmiede, Wagner, auch Schneider und Weber (innerhalb einer Meile um die Stadt, die Bannmeile, durfte gar kein Handwerker sitzen), aber jene Berechtigten, — freilich überall auf eine sehr geringe Zahl beschränkt —, waren gleichfalls vom Eintritt in das Handwerk der Stadt befreit. In späterer Zeit traten übrigens darin viele Mannichfaltigkeiten ein, und wurde stellenweise allen Handwerkern des Landes vorgeschrieben, der Zunft einer Stadt beizutreten und dann waren sie auch streng an alle Bedingungen gebunden, wie der Stadthandwerker.

Von diesen Ausnahmen abgesehen, welche, da sie für den Inhalt des vorliegenden Bandes weiter kein Interesse bieten, und nur bei der Untersuchung über das Handwerk als Korporation noch einmal in Betracht gezogen werden müssen, schließt nun das Handwerk alle diejenigen ein, welche sich mit dem zugehörigen Gewerbe beschäftigen, und zwar nicht bloß die Meister, welche dasselbe selbstständig betrieben, gehören ihm zu, sondern auch die Gesellen und die Lehrlinge; aber auch das weibliche Geschlecht stellt sein Kontingent zu den Handwerksangehörigen: die Meisterin, die Meisterstochter, die Magd, wenn sie mit arbeitet, und, wenn ein Mädchen das Handwerk lernt, auch dieses als Lehrtochter sind ihm unterworfen.

Jedes dieser Individuen hat im Handwerk seine bestimmt begrenzte Sphäre der Thätigkeit, es theilt mit ihm Freude und Leid; es unterliegt der Jurisdiktion des Handwerks in Streitfällen, seiner Polizei und Disciplin, und zwar nicht immer bloß in Betreff von Arbeits- oder Handwerksangelegenheiten, etwa auch Lohn und Arbeitszeit, sondern die Macht des Handwerks dehnt sich allmählig aus auf Angelegenheiten des äußeren Lebens, auf Kleidung und Nahrung, auf Anstand und Sitte, auf Hochzeit, Taufe, Kirchenbesuch und Wirthshausbesuch.

Darnach zerfällt der Gegenstand dieses Werkes, die Gesetze und Einrichtungen des Handwerkes, in zwei große Abtheilungen; die erste umfaßt diejenigen Einrichtungen, Rechte und Gesetze, welche sich auf das Individuum beziehen; die zweite ist die Auseinandersetzung der Einrichtung des Ganzen, die Organisation und die Rechte des Handwerkes als Körperschaft.

Zwei Wege stehen für die Anordnung des Stoffes offen. Man kann von dem Ganzen ausgehen, und die

Einzelnen daran anreihen; man kann aber auch mit der Stellung, den Rechten und Pflichten des Einzelnen beginnen, und von da zum Ganzen übergehen. Hat der erste Weg vielleicht für sich, daß er mit dem beginnt, was größeres und allgemeineres Interesse finden möchte, so erscheint der zweite Weg doch als der natürlichere und angemessenere. Das Leben des Handwerkers beginnt mit dem Lehrling und führt durch den Gesellenstand zur Meisterschaft, die erst — und nicht einmal immer — zur Theilnahme an der Thätigkeit des Handwerks, zum Rechte, mit zu berathen und zu beschließen, führt. So wird denn auch zweckentsprechend sein, mit der Aufnahme in das Handwerk als Lehrling zu beginnen, und denselben durch die verschiedenen Stadien zu verfolgen, bis er sein Ziel erreicht und ein Vollmeister wird, falls er nicht durch ungünstige Verhältnisse oder eigene Sünden unterwegs festgehalten wird.

So ergeben sich von selbst die gesonderten Abschnitte für den Lehrling, den Gesellen und die Gesellschaft, den Meister und die Meister, endlich für das Handwerk im Ganzen.

Deutschland war bekanntlich nur ein Sammelname, eine Masse vieler, in Bezug auf ihre inneren Einrichtungen gänzlich selbstständiger größerer und kleinerer Staaten, Städte und Herrschaften. Daher mag es unpassend erscheinen, von der Entwickelung des deutschen Handwerkes zu sprechen. Dennoch läßt sich das genügend rechtfertigen; denn in der That geht die Entwickelung des Handwerkes durch ganz Deutschland ziemlich gleichförmig hindurch. Die Handwerke der einzelnen Städte standen nicht isolirt; schon in einer früheren Periode ihres Bestehens bildeten sie sich in größeren oder kleineren Gruppen, je nachdem sie das gemeinsame Interesse ihrer Städte, für das sie immer aktiv Theil nahmen, ober gemeinschaftliches Handelsinteresse, oder ein gemeinschaftliches Recht aneinander band. So bildeten sich sehr früh in benachbarten Städten, z. B. am Oberrhein, am Niederrhein, in Schwaben, in den sächsischen Städten, in den schlesischen Städten und der Lausitz Handwerkskreise aus, in welchen die wesentlichsten Institute auf Handwerkstagen gemeinschaftlich berathen und festgestellt wurden, und in der Zwischenzeit zweier solcher Handwerkstage fand immer noch ein lebhafter Verkehr schriftlich oder durch jeweilige Gesandtschaften statt. Gar nicht selten ist es, daß die Handwerke einer Stadt sich die Statuten des Handwerkes einer anderen Stadt ausbaten und die ihrigen darnach einrichteten. Daraus entstand eine fast gänzliche Gleichförmigkeit der Statuten aller gleichnamigen Handwerke eines Kreises, während der Verkehr, der auch auf entferntere Strecken immerhin gepflegt wurde, und die Beweglichkeit der Handwerker selber, indem nicht nur Gesellen sondern auch Meister sehr häufig wanderten, so daß sogar besondere Gesetze darüber erlassen werden mußten, auch die Gleichförmigkeit der Handwerke durch das ganze Land wenigstens in den wesentlichsten Einrichtungen erhielt. Es kommen Verschiedenheiten in einzelnen Dingen untergeordneter Bedeutung vor, aber der Karakter im großen Ganzen findet sich stets allenthalben derselbe. Als dann der Verband der Handwerker durch die politischen Behörden verboten und möglichst gestört wurde, war die Einheit und Einförmigkeit bereits so stark, daß man gar wohl von einem **deutschen**

Handwerk reben konnte; umsomehr, als irgend eine isolirte wesentliche Aenderung in dem Handwerk einer Stadt dieses mit dem gleichnamigen Handwerk aller anderen Städte in lästige Kollision durch Verrufserklärung bringen mußte. Daher ist in dem Folgenden wohl möglich, ohne zu große Weitläufigkeit und Vereinzelung einen Einblick in das Wesen und die Einrichtung des deutschen Handwerks zu geben.

Erster Abschnitt.
Der Lehrling.

Wer das Handwerk selbstständig üben, Meister werden wollte, mußte vorher als Lehrling von einem Meister vorschriftsmäßig aufgenommen worden sein, und die bestimmte Zahl von Jahren hindurch bei ihm gelernt haben. Dieser Lehrzwang, welcher in späteren Zeiten zu manchem Mißbrauch führte, wird als eine karakteristische Eigenschaft des Handwerks, welche es von dem freien Gewerbe unterscheidet, betrachtet; und zwar mit vollem Recht etwa von der Mitte des fünfzehnten Jahrhunderts an. Es mag nun aber kurz untersucht werden, ob er sich auch vor jener Zeit allgemein findet, zu welchem Zwecke er eingeführt und in welchem Geiste er geübt wurde.

Die älteren Schriftsteller setzen voraus, daß das Handwerk zu allen Zeiten, also schon bei der ersten Begründung der Zünfte, Lehrzwang geübt habe. Sie finden dieß, ohne Belege dafür aus Zunftsätzen anzuführen, als selbstverständlich, da man ein Handwerk ohne zu lernen doch nicht treiben könne, und der deutsche Sinn überhaupt stets eine Probe der Fähigkeit für Ausübung eines Berufes verlangt habe, sobald damit die Aufnahme in eine Genossenschaft von Freien verbunden war. Als Beispiel wird angeführt, daß nach Tacitus keiner die Waffen nehmen durfte, ehe er die Gemeinde überzeugt hatte, daß er sie zu führen wisse [1]). Als der König der Longobarden aufgefordert wurde, er solle seinen Heldensohn an die Tafel ziehen, antwortete er: Ihr wißt, daß der Sohn des Königs nicht eher mit seinem Vater tafeln darf, als bis er von dem Könige eines anderen Volkes die Waffen erhalten hat [2]). Auch die Einrichtung des Ritterthums im Mittelalter, daß jeder erst als Junker erzogen sein, und als Knappe gedient haben mußte, ehe er Ritter werden konnte, wird mit zur Begründung herangezogen. Damit ist man aber schon in zwei verschiedene Perioden gerathen. In der ersten handelt es sich nur um Nachweis der Befähigung, in der zweiten um die Vorschrift, diese Befähigung in einer bestimmten Weise erworben zu haben. Und eben so findet man es bei dem Handwerk, gleichgültig, ob durch den eigenthümlichen deutschen Sinn, oder durch Erfordernisse des Lebens hervorgerufen.

Zuerst schreiben die Satzungen nur vor, „wer das Handwerk treiben will, muß es mit der Hand wirken können", und erst später verlangen sie Eintritt in die Lehre und Ausharren in derselben während einer bestimmten Zeit.

---

[1]) Germania 13.
[2]) Paul Diaconus, de gestis Longobard. I, 23, Übers. von Otto Abel 1848.

Ersteres setzt aber Letzteres nicht nothwendig voraus; die Fertigkeit kann ohne regelmäßige Lehre erworben werden, und das Statut erkennt dieß an, indem es oft genug vorschreibt, daß die Fähigkeit zum Betrieb durch ein Probestück erwiesen werden solle. So z. B. im dreizehnten Jahrhundert bei den Bäckern in Berlin [1]) (1272) : „wer das Handwerk haben will, soll an des Meisters Ofen backen, daß man sieht, ob er sein Werk kann". In der früheren Zeit kommt die Vorschrift meist nur in der Weise vor, daß gesagt wird, wer das Handwerk arbeiten kann, dem darf die Zunft nicht versagt werden; z. B. bei den Webern in Basel [2]) (1357) und in gleicher Weise wird der Satz noch lange angewendet [3]); aber es fehlt auch nicht, vom vierzehnten Jahrhundert an, an Formeln, welche nicht bloß darauf zielen, daß das Können allein schon zur Aufnahme berechtige, sondern auch, daß keiner ohne dieses Können aufgenommen werden dürfe, und zwar theils in dem einfachen Ausdruck: „Keiner darf das Handwerk üben, der es nicht wirken kann mit der Hand", theils in der komplizirteren Weise : „Kein Meister darf einen Knecht halten, der nicht selbst arbeiten kann mit der Hand", oder : „Der Meister darf dem Knecht keine Arbeit geben, die er nicht

---

[1]) Ludwig, Reliquiae manuscriptorum omnis aevi diplomatum ac monumentorum ineditorum adhuc. B. XI, p. 631.

[2]) Ochs, Geschichte von Basel I, S. 394.

[3]) Für das 14te Jahrhundert diene das Ledergewerbe in Regensburg (1379) als Beispiel : „Der hereinkommt und Lederwerk wirken kann, soll wirken frei was Handwerk (Lederwerk) er kann". Gemeinde-Chronik v. Regensb. II, S. 193.

selbst machen kann mit der Hand". Der verschiedene Ausdruck, der auch auf Unterscheidung in der Absicht führt, verweist die Frage über den Nachweis der Fähigkeit, welche auch die Untersuchung über das Meisterstück berührt, auf das Kapitel über die Meisterschaft. Daher hier nur noch einige vorläufige Worte über die Absicht der Vorschrift im Allgemeinen.

Die Vorschrift hängt offenbar mit der Pflicht des Handwerks, für die Qualität der Waare einzustehen, zusammen. Bei der Freilassung der Handwerker von der Leistungspflicht gegen den Landesherrn und der Kontrolle der Beamteten, wurde ihnen die Sorge für den Markt und die Waare, kurz gesagt die Gewerbs- und Marktpolizei, soweit sie ihre Produkte betraf und vorher von den Vögten geübt wurde, übertragen; sie mußten für die Güte der Arbeit einstehen, erhielten aber auch das Strafrecht für vorkommende Kontraventionen und Fehler. Die Forderung des Arbeitenkönnens und das, dem Handwerk zustehende, Recht der Schau waren hiefür das Mittel. Als vorläufiger Beleg hiefür diene die oben angeführte Stelle aus der Bäckerordnung in Berlin, und näher die Ordnung der Kannengießer zu Kölln [1]). Sie sagt: "niemand darf mit Kannen handeln, er sei denn in der Zunft; und niemand darf in die Zunft aufgenommen werden, der das Handwerk nicht selbst kann". Diese Bestimmung, welche schon von Alters her üblich, wird ihnen 1330 von der Richerzeche bestätigt, "weil Leute hereinkamen von außerhalb

---

[1]) Ennen u. Eckerz: Quellen zur Geschichte von Kölln S. 387.

Kölln, die ihr Werk wirkten, und nicht ihre Brüderschaft gewinnen wollten, wodurch ihr Handwerk unrein wurde". Die Bestätigung des Satzes hatte die Absicht, „daß ihr Werk rein bleibe und Falschheit in dem Werke vertilgt werde". Dieselbe Absicht ist auch erkenntlich in gewissen Handwerken, für welche jene Vorschrift des Könnens nicht so direkt und allgemein gilt, nemlich bei denen, welche die späteren Realrechte bildeten. Manche Handwerke waren in gewissen Orten Eigenthum von Korporationen oder Privatpersonen, indem es sich dem Besitz von Oertlichkeiten, Bänken, anschloß. So gehörten die Metzgerbänke in Freiburg im Breisgau den jeweiligen Mitgliedern des Rathes. Ging einer ab, so ging seine Bank auf seinen Nachfolger über. Die Brodbänke gehörten vielfach der Stadt, oder dem Landesherrn oder Kirchen und Klöstern, z. B. Worms; ebenso die Schusterbänke in Breslau (dem Herzog). Dem Eigenthümer oder jeweiligen Besitzer einer solchen Bank konnte nicht versagt werden, das Geschäft zu üben, oder das Recht zu verpachten, an wen er wollte. Aber wenn sie auch nicht selbst gehalten werden konnten, das Handwerk zu lernen, so wurde ihnen doch vorgeschrieben, daß sie nur mit Gehülfen arbeiten durften, welche das Handwerk kannten. Das Interesse des Konsumenten wurde derart gewahrt [1]).

---

[1]) Diese Einrichtung, welche näher in dem Kapitel über die Realrechte erörtert werden wird, findet sich auch in Paris, woselbst der Lehrzwang früher allgemein wurde, als in Deutschland, auch auf den Lehrzwang ausgedehnt. Der Müller, welcher eigene Mühle oder eine solche gepachtet hatte, brauchte nicht gelernt zu haben, wohl aber sein Arbeiter.

Dieselbe Absicht, wie die Vorschrift des Könnens liegt auch der Einführung des Lehrzwanges zu Grunde. Es gibt keinen direkten Beweis, daß von der Zeit an, in welcher die Zunft eingeführt wurde, in irgend einem Handwerk das regelmäßige Lernen nicht vorgeschrieben war, als etwa eine Stelle in Betreff der Bäcker zu Passau (1259), in welcher der Bischof bestimmt, was „ein ungelernter Bäcker" ihm, den Bäckern, dem Richter ꝛc. zu geben hat, wenn er backen will[1]; aber sie steht zu isolirt, als daß sie etwas beweisen könnte. Der erste positive Beweis für den Lernzwang findet sich dagegen erst 1304 und zwar in Zürich für die Kornmacher (Müller)[2], Huter und Gerber, und von da an nimmt dann die Zahl der Statuten, welche den Lehrzwang anführen, schnell zu; im vierzehnten Jahrhundert ist er schon sehr häufig eingeführt, und in der Mitte des fünfzehnten kann man ihn unbedenklich als ganz allgemein gültig annehmen.

Der Grund der Einführung ist gleich bei dem ersten oben erwähnten Fall angegeben. Zum Nutzen der Stadt haben Rath und Bürger mit Zustimmung der Kornmacher und Bäcker die Lehrzeit eingeführt. Er ist noch deutlicher gegeben in der Ordnung der Färber zu Kölln (1392): „daß der Kaufmann nicht beschädigt und betrogen werde"[3].

---

[1] „Si quis indoctus panifex esse voluerit, dabit nobis sex libras denariorum, et ipsis panificibus VI libras den. et urnam vini . . ." Monumenta boica XXIX, 2, p. 140. Die Zeitschrift für Nieberbaiern, 1851, Bd. III, Hft. 2, S. 39 übersetzt das indoctus mit fremd, der Verf. weiß nicht aus welchem Grunde.
[2] Manuscript in der Universitätsbibliothek zu Gießen.
[3] E. u. E. a. a. O. S. 382.

Aehnlich lauten die Motive in allen anderen Fällen, in denen solche angegeben sind, bis in das 16. Jahrhundert. Da freilich spricht der Erzbischof von Mainz, als er den Gerbern und Sattlern zu Mainz, Aschaffenburg, Seligenstadt, Dieburg, Miltenberg, Auerbach ꝛc. in einer neu aufgelegten Ordnung (1597) die Lehrzeit und Wanderschaft ans Herz legte, als Zweck aus : "Um beide, Gerber und Sattler, bei gedeihlicher Aufnahme zu erhalten, auch ihnen durch andere unerfahrene Stümper das Brod nicht vom Munde wegnehmen zu lassen" [1]).

In der späteren Zeit leistete dann auch das Erforderniß des regelmäßigen Lernens vortreffliche Dienste, um die Zahl der Meister nicht zu stark anwachsen zu lassen, indem man die Aufnahme der Lehrlinge ganz direkt beschränkte. Das geschah durch Verordnungen folgender Art : kein Meister durfte gleichzeitig mehr als einen Lehrling haben; er mußte mit der Annahme eines zweiten warten, bis der erste nur mehr ein Jahr Dienstzeit vor sich hatte, oder bis er ganz ausgelernt hatte. Nun wurde ein Zwischenraum zwischen die beiden Lehrlinge geschoben und gedehnt : erst ein Jahr nach Austritt des einen, dann erst zwei Jahre hernach durfte ein anderer Lehrling angenommen werden, dann mußte man eine ganze Lehrzeit hindurch warten, nachdem der erste entlassen war. Endlich wurde zeitweise überhaupt die Annahme von Lehrlingen innerhalb eines bestimmten Zeitraumes, während drei, sechs und zwölf Jahren, oder auf unbestimmte Zeit, bis auf weitere Verfügung, verboten. Dabei sei aber bemerkt, daß dergleichen weitgehende

---

[1]) Mone, Zeitschrift für die Gesch. des Oberrheins XVI, S. 169.

Einschränkungen nicht aus einem Beschlusse der Handwerker hervorgingen, sondern, wenigstens in bei weitem den meisten Fällen, auf Befehl der Obrigkeit erfolgten. Der Rath zu Nürnberg, der überhaupt sich durch Engherzigkeit in Bezug auf das Handwerk stets hervorthat, ließ auch solche Einrichtungen am frühesten eintreten; schon im 14. Jahrhundert verbot er den Färbern, nach zwei Jahren Lehre wieder einen Lehrling anzunehmen, bis das H a n d w e r k k l e i n e r geworden sei.

Nach allgemeiner Einführung des Lehrzwanges mußte schon bei Aufnahme des Lehrlings auf seine Absicht, einst Meister zu werden, Rücksicht genommen, es mußten die Bedingungen, ohne welche er nicht Meister werden konnte, schon bei der Aufnahme als Lehrling im Auge behalten werden; was daher von ihm zu diesem Zwecke angesprochen wurde, läßt zugleich auf den Geist schließen, in welchem das Handwerk im Ganzen gehalten und das Recht der Meisterschaft ertheilt wurde.

Erstes Kapitel.
Bedingungen der Aufnahme.

1) Männliches Geschlecht.

„Ordentlicher Weise", sagen die Schriftsteller über das Handwerksrecht, „darf keine Weibsperson ein Handwerk treiben, ob sie es gleich ebenso gut als eine Mannsperson verstünde". Männliches Geschlecht wird demgemäß als erste Bedingung für die Aufnahme als Lehrling bezeichnet; es konnte bloß Lehrlinge, nicht Lehrlinginnen geben. Jene Schriftsteller wissen das auch ganz rationell zu erklären.

Sie begründen es durch die Ansprüche, welche an die Handwerksmitglieder gemacht werden, als ob der Gedanke an Einengung des Handwerkes und Beschränkung der Konkurrenz dem Gesetze gänzlich fremd gewesen wäre. „Das Mädchen sei zum Heurathen bestimmt und könne man nicht wissen, wen sie einmal heurathen werde; eine gelernte Schusterinn sei aber dem Schmiede nichts nütze". Ferner: „man kann nicht allein in der Lehre lernen, sondern müsse auch noch wandern; von einem ungewanderten Gesellen und einer gewanderten Jungfrau halte man aber gleichviel". Endlich: „mit dem Meisterrecht seien auch öffentliche Dienstleistungen verbunden, als Wachen und Gaffen, wozu Weiber nicht taugen". So faßt J. A. Beier[1]), der Verfasser der ältesten, vollständigen und systematischen Darstellung des Handwerksrechtes, die Gründe für die Unzulässigkeit der Mädchen und Frauen zur Lehre, dem Gesellenstande und der Meisterschaft zusammen, und die späteren Schriftsteller, wenn sie auch nicht alle dieselben, oder überhaupt gar keine Motive angeben, halten doch fest an der Sache, dem gesetzlichen Ausschluß des weiblichen Geschlechtes von dem Handwerke. — Jedoch sind die angeführten Gründe auch für die spätere Zeit, in welcher dem weiblichen Geschlecht in der That die Handwerksarbeit vielfach unzugänglich war, nicht genügend, ganz abgesehen davon, daß selbst zu Beier's Zeit der Ausschluß bei weitem nicht so vollständig war, als aus seinen Erklärungen folgen würde.

Er selbst gibt zu, daß der Meister seine Frau, seine Tochter und selbst seine Stieftochter unbestritten bei der

---

[1]) Adrian Boier, tyro opificiarius. Jena 1688, p. 27. 28.

Arbeit beschäftigen, daß also auch die Tochter eines Meisters das Schuhmacher- oder Gerberhandwerk, und selbst Metallarbeiten lernen durfte. Da nun eine Schustertochter wohl auch einen Schmied heirathen konnte, so war durchaus nicht abgeschnitten, daß ein Schmied eine gelernte Schuhmacherin zur Frau bekam, obwohl sie ihm in seinem Geschäfte nichts nütze sein sollte. Wenn vollends ein Handwerk die Vorschrift hatte, daß der Geselle nur das Meisterrecht erhalten konnte, wenn er eine Meisterstochter heirathete, eine Vorschrift, welche allerdings — obwohl nur ausnahmsweise, bei nicht vielen Handwerken und nur lokal — vorkam, dann war ja in der That das Recht der Tochter, das Handwerk zu lernen, ihrem künftigen Mann sehr viel nütze; sie ersparte ihm einen Gesellen. Spätere Belege werden auch zu der Annahme berechtigen, daß in früheren Zeiten in der That ein Schmied eine Gerberinn oder Schuhmacherinn mit Nutzen heirathen konnte, indem er seine Schmiede und sie ihre Schuhmacherei betrieb.

Nicht minder unzulänglich ist die Unentbehrlichkeit der Wanderschaft, um den Ausschluß der Frauen zu motiviren. Das Gebot der Wanderschaft ist sicher nicht vor der Mitte des fünfzehnten Jahrhunderts zu erweisen, und selbst als es in größerem Umfange gültig war, blieb immer noch das Wandern bei sehr vielen Handwerken fakultativ; bei manchen, den sogenannten gesperrten Handwerken, war es geradezu verboten, bei diesen wäre also immerhin für Mädchen und Frauen auch dieses Hinderniß des Lernens weggefallen; aber gerade bei den gesperrten Handwerken waren sie in der That ausgeschlossen, sofern sie nicht Meisterfrau oder Handwerkstochter waren.

Der dritte Grund endlich, die öffentlichen Pflichten der Handwerksmeister, wie Wachen und Gassen, ist der schwächste unter allen dreien. Das Wachen war nicht bloß Pflicht des Handwerkers, sondern jedes Bürgers, und entsprang für ersteren eben aus seiner Bürgerpflicht. Sonach hätten Frauen auch nicht Bürgerinnen werden können, was doch mit der Thatsache durchaus nicht übereinstimmt. Was das Handwerk betrifft, so konnte es die Wittwe, mit gewissen Ausnahmen, fortführen, und doch erlosch die Pflicht des Wachens mit dem Tode des Mannes nicht. Die Wittwe war zwar, natürlich, nicht persönlich zum Wachedienst verpflichtet, aber sie hatte einen Mann dafür zu stellen, entweder indem sie einen Gesellen hielt, der den Dienst that, oder indem sie irgend einen Anderen dafür bezahlte. Dieses Auskunftsmittel war von sehr früher Zeit bis zur allgemeinen Aufhebung des persönlichen Wachedienstes herauf zulässig und üblich. Ein Beispiel dafür von vielen aus früherer und späterer Zeit sei die Schneiderordnung in Frankfurt a. M. vom Jahr 1585. Der entsprechende Satz lautet: „Wittwen sollen all das Recht haben, das ihre Männer hatten, damit sie sich mit ihren Kindern ernähren können; doch daß sie den Harnisch halte und einen ehrlichen Gesellen bestelle, der damit zu dienen bereit und gewärtig" [1]. Aber auch Frauen, welche, ohne dem Handwerke anzugehören, in die Zunft aufgenommen waren, was wohl anging und oft genug vorkam, wenn die Frau eine Bürgerinn war, mußten das Wachtgeld bezahlen;

---

[1] Urkunde des Archivs zu Frankfurt.

und ebenso wenig waren unverheirathete Bürgerinnen, welche weder mit Handwerk noch mit Zunft in Verbindung standen, von der Last des Wachedienstes frei. Gegen die Thatsache, welche Beier zu rechtfertigen suchte, gegen die allgemeine Geltung des Gesetzes, welches die Frauen von der Ausübung des Handwerkes und somit von dem Eintritt in die Lehre ausschloß, sprechen zunächst schon sehr alte und noch manche spätere deutsche Stadtrechte, die auch dem genannten Verfasser des Handwerksrechtes zum Theil bekannt waren. Das alte Augsburger Stadtrecht vom J. 1276[1]) spricht aus: „Wer sein Kind ein Handwerk läßt lernen, es sei Sohn oder Tochter, was Lohn dem verheißt, kommt er zu klagen, das soll ein Burggraf richten, als die Schuld beschaffen ist". Dieses, nicht für ein bestimmtes Handwerk, sondern ganz allgemein gefaßte Statut, dessen Gegenstand nur die Rechtsprechung in Streitfällen über Lohn ist, gibt einen ganz direkten Beleg für das Vorkommen der Lehrlinge weiblichen Geschlechtes (später Lehrtöchter genannt), dessen Bedeutung durch das Alter des Statutes nicht abgeschwächt wird; denn in der zweiten Hälfte des dreizehnten Jahrhunderts, der Zeit, in welcher dieses Statut erschien, sind die Handwerke schon in so vielen deutschen Städten, namentlich auch in Augsburg, als **Korporationen** konstituirt, daß das Bedenken verschwinden muß, als könne jenes Statut für die vorliegende Frage, die sich nicht auf Handarbeit überhaupt, sondern auf das Handwerk im engeren Sinne bezieht, nicht

---

[1]) Walch: vermischte Beiträge zum deutschen Rechte III, S. 385.

angewendet werden. Ingleichen spricht für das Vorkommen weiblicher Lehrlinge viel später die Nürnberger Reformation 1564 [1]): „so jemand einen Knaben oder Mägdelein zur Erlernung eines Handwerkes oder Kunst verdingt, welches Verding ehrlich und nicht der Ordnung des Handwerkes zuwider, so soll derselbe Jung, Knab oder Mägdlein, dem Meister getreulich dienen, und was dasselbige Handwerk und Ordnung betrifft, gehorsamlich folgen". Das ist Gesetz in Nürnberg, wo der Ausschluß des weiblichen Geschlechtes, wie an geeigneter Stelle nachgewiesen werden soll, auf die äußerste Spitze getrieben wurde. — Auch noch später findet sich die Zulassung der Mädchen zur Lehre mit noch näherer Bezeichnung, daß es sich in der That um das Handwerk im engeren Sinne des Wortes handelt, nemlich in dem Stadtrecht der freien römischen Stadt Mühlhausen in Thüringen vom J. 1629 [2]): „1. Wer einen Knaben oder Mägdelein zum Handwerk oder Kunst zu lernen verdingt, und das Geding ehrlich und der Handwerksordnung nicht entgegen ist, derselbe Junge oder Mägdelein soll bei dem Lehrmeister die beliebten oder gesetzten Lehrjahr treu- und redlich ausstehen, und was dasselbe Handwerk und Lehr trifft, gehorsamlich folgen. 2. Hinwiederum soll der Meister die aufgedingte Person getreulich unterweisen und ziemlich halten, auch schuldig sein, auf Begehren den Eltern oder Befreundeten nach geendeten Lehrjahren von unpartheiischen Meistern dieselben

---

[1]) Titel XVII, Gesetz 11.
[2]) II. Buch S. 315.

examiniren zu lassen. Haben sie ihr Handwerk nicht gebührlich begriffen, und wäre der Meister daran schuld, soll er das Lehrgeld herausgeben, oder falls keines gegeben worden, sonst den Schaden zu ersetzen angehalten werden". Die beiden zuletzt angeführten Stadtrechtssatzungen ergeben auf das deutlichste, daß im Handwerke weibliche Lehrlinge zulässig waren, als bereits das Handwerk schon weit in der Organisation vorgeschritten war. Das ergibt sich aus dem Satz: welches Verding ehrlich und nicht der Ordnung des Handwerks zuwider, welcher dem Handwerk nicht etwa Einsprache gegen die Aufnahme, wohl aber gegen die Art der Aufnahme gestattet. Je nachdem die Handwerksordnung vorschreibt, muß die Aufdingung vor den Zunftmeistern allein, oder vor dem ganzen Handwerk, in Gegenwart der Eltern oder Vormünder, oder ohne diese erfolgen, zur bestimmten Zeit, gewöhnlich in einer Quartalversammlung; war eine dieser Bestimmungen versäumt oder verfehlt, so galt der ganze Vertrag nicht. Die Mühlhauser Satzung spricht auch ausdrücklich von beliebtem oder festgesetztem Lohne; diese Festsetzung des Lohnes ist aber in Deutschland erst mit dem Handwerk im engeren Sinne, der organisirten Verbindung eingetreten. In beiden Stadtrechten ist also schon das Handwerk im engsten Sinne gemeint. — Es ist sehr wahrscheinlich, ja man kann wohl sagen gewiß, daß in der Zeit, als jene Stadtrechte von Nürnberg und Mühlhausen wieder erschienen, jene Statute zum großen Theil schon überflüssig waren, indem faktisch keine Mädchen mehr in die Lehre genommen wurden, oder sogar nicht mehr genommen werden durften; aber doch kann man aus dem Wiederabdruck der älteren Statute abnehmen, daß eine Zeit war, in welchem der Inhalt seine volle Geltung hatte. Sie sprechen also entschieden dafür, daß der Ausschluß der Frauen eine That der späteren Zeit war.

Hiemit ist nun noch zusammenzuhalten, daß auch in anderen Ländern, in welchen sich die Gewerbe als Zünfte organisirt haben, in alten Zeiten gleichfalls sich viele Beweise für das Arbeitsrecht der Frauen finden. In London ist noch im vierzehnten Jahrhundert eine Proklamation für die Aufnahmsform der Lehrlinge sowohl männlichen als **weiblichen** Geschlechtes erlassen worden [1]). Im Anfang des fünfzehnten Jahrhunderts (1406) befahl ein Statut König Heinrich IV, daß niemand seinen Sohn oder **Tochter** in die Lehre geben solle, wenn er nicht 10 Schilling Einkommen aus liegenden Gründen hatte [2]), welche Verordnung, im Interesse der Landwirthschaft erlassen, erst 1509 unter Heinrich VI [3]) zunächst für die Stadt Norwich, später für die ganze Grafschaft Norfolk zu Gunsten der Wollenmanufaktur wieder aufgehoben wurde. Noch viel zahlreichere Beweise für das Recht der Frauen, nicht bloß ein Handwerk zu üben, sondern sogar Gesellen zu halten und Lehrlinge zu unterrichten, liefert die alte Geschichte Frankreichs. Alles das zusammengefaßt, läßt sich nicht bestreiten, daß das weibliche Geschlecht erst allmählich aus dem Handwerksrecht verdrängt wurde. Den Verlauf dieser

---

[1]) Monumenta Gildhallae Londonensis. Vol. I, p. 681.
[2]) 7. Heinrich IV, Cap. 17 in Hume, Geschichte von England, VII, Cap. VIII.
[3]) ibid. 11 Heinrich VII, Cap. 11 u. 12, Cap. III.

Ausscheidung, soweit die Mittel reichen, zu verfolgen, insbesondere die Gründe dafür aufzusuchen, liegt in der Bestimmung dieses Werkes.

Vor der Entstehung der Handwerke als Verbindung freier Arbeiter waren in Deutschland die Arbeiten, welche später den Handwerken zukamen, zum größten Theile, soweit sie nemlich nicht größere als weibliche Kräfte erforderten, gerade dem weiblichen Geschlechte zugewiesen; selbst die Landarbeit wurde von ihnen, mit Beihülfe der Sklaven, vollzogen. Man vergleiche nur die einschlägigen Bestimmungen in den Kapitularien. Spinnen, Weben, Wollkämmen, Tuchmachen, Kleidermachen, Färben, Brauen, kurz alles, wofür weibliche Kräfte genügen, wurde ihnen aufgebürdet. Die Amtsleute waren angewiesen, zu gehöriger Zeit das nöthige Zeug zu liefern für die Weiberwerkstätten, als da ist: Leinen, Wolle, Waid, Kermes, Wollkämme, Raufkarden, Seife, Schmalz, Geschirre. Die Räumlichkeiten für das Spinnen, Färben, Waschen der Wolle, Scheeren und Ausrüsten der Tücher, die Trockenkammern und Webekeller befanden sich in der Weiberwerkstätte. Das Brauen wurde überall (in England bis in das fünfzehnte Jahrhundert hinein ausschließlich) von Frauen besorgt. Wenn nicht alle Gewerbe, die von Frauen betrieben werden können, in den Quellen genannt sind, so ist hierin noch nicht gegeben, daß sie ihnen fremd oder sogar verboten waren. Es ist nun zu untersuchen, wie nach dem Uebergang der Handarbeit von den Leibeigenen an Freie und deren Zusammenfassung in das Handwerk, die Frauen gestellt waren. Hiefür ist vorauszuschicken, daß die Quellen für jene frühe Zeit in Betreff des deutschen Handwerkes sehr spärlich fließen, und die auf uns gekommenen noch im 13. Jahrhundert fast nichts über die Stellung der Frauen enthalten, obwohl in diesem Jahrhundert solche geschlossene Verbindungen schon zahlreich vorhanden sind, und in anderen Beziehungen, als gerade die Frauenfrage, ein Einblick in ihre Einrichtung schon gewonnen werden kann. Hier kommen nun, gerade für die genannte Frage, die Quellen über Frankreich zu Hülfe. Die dortigen Handwerkskorporationen, obwohl sie nie den deutschen ganz ähnlich waren, noch auch im Ganzen denselben Geist in sich trugen, sind doch in Bezug auf das Recht der Individuen im dreizehnten Jahrhundert sehr entwickelt, und es ist eine solche Menge von Handwerksinstitutionen schon im dreizehnten Jahrhundert in ein wohlgeordnetes Werk zusammengefaßt, daß man allgemein gültige Schlüsse wohl daraus ziehen kann. Zugleich ergibt sich trotz der Verschiedenheit des Geistes im Ganzen doch so viele Uebereinstimmung mit einzelnen deutschen Institutionen, daß man wohl befugt ist, ohne große Gefahr von dortigen Einrichtungen auch Schlüsse auf deutsche Einrichtungen gleichen Zweckes zu schließen, wenn sie nur Rechte einzelner Mitglieder treffen, um so mehr, da gleichzeitige oder etwas spätere deutsche Quellen eine solche Annahme unterstützen. Jenes Werk, welches die Statuten der Handwerke in Paris im dreizehnten Jahrhundert zusammenfaßt, ist von Boileau, und aus ihm ist hier über die Frauenstellung in den französischen Handwerken geschöpft [1]).

---

[1]) Der ganze Titel des Werkes ist: Réglemens sur les arts et métiers de Paris, redigés au XIIIe siecle, et connus sous le

Vor Allem muß bemerkt werden, daß ein gewisses Recht der Wittwen auf Fortführung des Handwerks nach dem Tode des Mannes stets bis zur Aufhebung des Handwerks überhaupt in Deutschland, wie fast überall und in allen Handwerken, anerkannt war; nur bestand es nicht überall in gleichem Umfange. Bald hatten sie das volle Recht des Meisters, das Handwerk zu betreiben, bald war es darin beschränkt, daß sie kein Recht hatten, Lehrlinge zu nehmen oder zu behalten, wenn diese noch länger als ein Vierteljahr zu lernen hatten; sie mußten solche vielmehr an einen anderen Meister abgeben. Bald durften sie das Handwerk nicht selbst treiben, wenigstens wenn sie noch nicht das Alter der Matrone erreicht hatten, sondern mußten innerhalb einer gewissen Zeit einen Genossen des Handwerks, einen Gesellen, heirathen, und auch darin ist wieder die Verschiedenheit, daß sie die Wahl des neuen Gatten selbst hatten, oder ihnen von den Zunftmeistern ein Genosse oktroyirt wurde. Immer aber brachten sie dann dem Manne, der aus dem Handwerk sein mußte, wenn sie nicht ihr ganzes Recht verlieren wollten, das Handwerksrecht mit, er war von den Verpflichtungen, denen ein Geselle um das Meisterrecht zu genügen hatte, Geldleistung, Sitzjahre, Muthjahre, ganz oder zum größten Theile befreit. Auch die Tochter hatte ein gewisses Recht an das Handwerk, aber nicht das, das Handwerk selbst zu üben.

---

nom du livre des métiers d'Étienne Boileau; publiés par G. B. Depping, à Paris 1837. Das Register der Handwerke selbst soll 1254 gesammelt sein. Dem sind dann noch spätere Ordonanzen beigefügt.

Ihr Recht bestand nur darin, daß der Geselle, den sie heirathete, gleichfalls von allen oder gewissen Verpflichtungen frei war. Weitere Manichfaltigkeiten in diesen Verhältnissen, wie auch etwaige Ausnahmen, in welchen die Wittwe gar kein Recht anzusprechen hatte, finden, da es sich dabei um die Arbeit, die Ausübung des Gewerbes mit eigener Hand, also um die Zulassung zur Lehre nicht handelt, einen geeigneteren Platz in dem Abschnitte von dem Meister und der Meisterin, und werden dort, um der oft eigenthümlichen Rechtsanschauung wegen, näher erläutert werden.

Eine andere Anschauung als in Deutschland liegt dem Wittwen- und Tochterrecht bei den französischen Handwerken zu Grunde, und es entspringen daraus auch ganz andere Folgen. Während in Deutschland das Recht nur von dem Mann auf die Frau übergeht, und von eigener Arbeit und Arbeitsfähigkeit nicht die Rede ist, so kommt gerade dieses Arbeitsrecht in Frankreich vor, und sind somit die dortigen Verhältnisse dem vorliegenden Kapitel zugehörig. Sie werden daher auch gleich mit dem Rechte der Frauen überhaupt hier geschildert, wie sie sich im dreizehnten Jahrhundert vorfinden, da in späterer Zeit die Einrichtungen des deutschen Handwerks wieder aus den unmittelbar dasselbe berührenden Quellen erkannt werden können. — Noch sei vorausgeschickt, daß die Gewerbe in Paris, welche hier zu Rathe gezogen werden, nicht alle Handwerke in engerem, deutschem Sinne sind, sondern daß sich auch Handelsgewerbe darunter finden. Jedoch können sie ohne Anstand dem vorliegenden Zwecke dienen, da insbesondere die Detailhandelsgewerbe ganz wie Handwerke eingerichtet waren, ihre Zunftmeister, ihre festen Beſtimmungen über Lehre, Arbeiter, Lohn ꝛc. hatten, wie dieſe.

Die Wittwe des Geflügelhändlers konnte das Geſchäft nach dem Tode des Mannes noch frei fortführen, wie ihr Mann; nahm ſie aber einen Mann, der nicht zum Geſchäft (mestier) gehörte und wollte das Geſchäft fortführen, mußte ſie das Gewerbe kaufen, wie es vorgeſchrieben war; ebenſo, wenn ſie einen Mann vom Geſchäfte heirathet, der es aber nicht ſchon gekauft hat; „denn der Mann iſt nicht unter der Herrſchaft der Frau, ſondern die Frau unter der Herrſchaft des Mannes" [1]). Der Mann bringt alſo das Recht der Frau zu, und nicht umgekehrt. Ebenſo bei den Arbeitern in Schafleder (cardonniers de petit solers). Die Frau eines ſolchen kann, wenn er das Handwerk gekauft hat, es nach ſeinem Tode fortführen, ohne es zu kaufen, ſo lange ſie nicht wieder heirathet; nimmt ſie dagegen einen Mann, welcher dem Handwerk nicht angehört, ſoll ihr Mann daſſelbe in vorgeſchriebener Weiſe von dem Könige kaufen, ehe ſie nach der Heirath anfängt zu arbeiten oder arbeiten zu laſſen [2]).

Dieſe beiden Fälle zeigen noch viele Aehnlichkeit mit der deutſchen Einrichtung, nur daß die Wittwe das Geſchäft fortführen kann, bis ſie heirathet, was ihr in Deutſchland nicht allgemein zuſtand.

Von ihnen abgeſehen, iſt die Stellung der Wittwe eine günſtigere. Sie darf bei den Paternoſtermachern (von

---

[1]) Boileau p. 179.
[2]) a. a. O. p. 231.

Korallen oder Muscheln) das Handwerk wie der Mann forttreiben, und selbst, wenn sie einen Mann außer dem Handwerk nimmt, „darf sie gar wohl arbeiten im Handwerk", aber keinen Lehrling annehmen [1]). Auch bei den Kristall- und Steinschleifern hat sie das Recht des Fortbetriebes und des Arbeitens im Geschäft, aber sie darf keinen Lehrling halten, denn: „es scheint den Zunftmeistern (preudeshomes) des Handwerks nicht, daß **eine Frau das Handwerk so gut könne, daß sie ein Kind zu lehren im Stande sei, so daß es einst Meister werden kann; denn das Handwerk ist zu schwierig (subtil)**" [2]).

Bezeichnend sind die Gesetze der Gerber über die Rechte der Frauen und Töchter. „Keine Frau darf Lehrlinge annehmen, sie seien weiblichen oder männlichen Geschlechtes, wenn sie nicht die Frau eines Gerbers ist" [3]), und das Recht, Lehrlinge zu halten, blieb auch den Wittwen; darauf folgt der Satz: „Wenn **die Tochter eines Gerbers das Handwerk kann** und an einen Mann verheirathet ist, der es kann, so mag sie in ihres Mannes Haus das Handwerk üben; aber sie kann ihren Mann das Handwerk nicht lehren, denn sie kann nicht Meisterin sein, noch Lehrlinge halten, wenn sie nicht die Frau eines Meisters ist". Dabei ist der Grund dafür angegeben, warum sie nicht Meisterin sein konnte ohne einen Mann; er lautet: „die

---

[3]) a. a. O. S. 69.
[4]) a. a. O. S. 73.
[5]) a. a. O. S. 235.

Zunftmeister haben dieß vor Alters gesagt, weil die Dirnen Vater und Mutter verließen und ihr Geschäft anfingen und Lehrlinge nahmen, und sich nicht der H.....i enthielten, und wenn sie geh.. t und das Geld, das sie Vater und Mutter entwendet, verschwendet hatten, kehrten sie zu Vater und Mutter, welche sie nicht im Stiche lassen konnten, zurück mit weniger Geld und mehr Sünden" [1]). In dieser Erklärung ist zugleich gegeben, daß in vorangegangener Zeit der Tochter des Gerbers volles Meisterrecht zustand, daß sie von den Eltern gehen und ein eigenes Geschäft mit Gehülfen anfangen durfte, wenn sie nur arbeiten konnte.

Bei den Walkern konnte die Wittwe das Handwerk fortführen mit zwei Lehrlingen — soviel waren nemlich auch dem Meister nur gestattet — und mit den Kindern ihres Mannes und seinen, in ächter Ehe erzeugten Brüdern, eine in Frankreich allgemein geltende Bestimmung. Heirathete sie außer dem Handwerk, so ging ihr Recht verloren, dagegen nicht, wenn sie einen vom Handwerk heirathete, auch wenn er nur Lehrling oder Geselle war [2]).

Auch die Leinweberswittwe durfte fortarbeiten; aber nur so lange sie Wittwe blieb, konnte sie Gehülfen halten, falls sie nicht einen Leinweber heirathete [3]).

Somit stellte sich das Recht der Wittwe in folgender Weise fest:

---

[1]) a. a. O. S. 226.
[2]) a. a. O. S. 131.
[3]) a. a. O. S. 388.

1) Jede Wittwe in allen Handwerken konnte das Handwerk fortführen, ohne daß sie wieder heirathete, und das ist ein wesentlicher Unterschied vom deutschen Rechte.

2) Heirathete sie einen, selbst die Meisterschaft in demselben Handwerke übenden Mann, so änderte sich nichts in ihrer Lage, sie behielt ihr volles Recht. Heirathete sie einen Mann des Handwerks, der noch nicht Meister war, so brachte sie ihm das Recht mit, wie bei den Walkern, oder mußte es neu kaufen, — wie bei den Geflügelhändlern. Heirathete sie einen Mann außerhalb des Handwerks, so mußte sie entweder das Handwerk neu kaufen, wie in dem eben angegebenen Geschäfte, oder sie fiel ganz aus dem Handwerk hinaus, wie bei den Walkern.

3) Das Recht des Meisters, einen Lehrling zu halten, das in Teutschland der Wittwe nie zukam, durfte sie in Frankreich behalten, so lange sie unverheirathet blieb, wie bei den Leinwebern und Walkern, oder sie durfte nur die Lehrlinge behalten, welche sie von ihrem Manne überkam, für die Dauer ihrer (sechsjährigen) Lehrzeit, wie bei den Talglichtermachern[1]); oder sie verliert das Recht mit der Heirath eines Fremden (Walker und Paternostermacher). Oder sie verliert es ganz (wie bei den Kristall- und Steinschleifern).

Das Statut der Talglichtermacher, welches die Frau berechtigt, den Lehrling ihres Mannes bis zur Vollendung seiner Lehrzeit zu behalten, bestimmt, daß der Lehrling auch bei dem Manne, wenn die Frau stirbt, verbleiben muß,

---

[1]) a. a. O. S. 161.

ein Satz, der an sich wohl überraschen mag, aber bald seine Erklärung in dem eigenthümlichen Rechte der Frauen finden wird.

4) Auch Gehülfen durfte die Wittwe halten, so lange sie Wittwe blieb.

5) Besonders merkwürdig ist, daß die Wittwe, wenn sie das Handwerk forttreiben wollte, auch einer Bedingung unterlag, ohne welche freilich auch kein Mann es treiben durfte, nemlich, daß sie es selbst wirken konnte mit der Hand, eine Bedingung, welche in Frankreich ganz allgemein war, wie sie auch in Deutschland vielfach ausgesprochen ist. „Eine Frau, welche die Frau eines geschworenen Meisters des Handwerks war, kann arbeiten und arbeiten lassen in ihrem Handwerk während ihrer ganzen Wittwenschaft; aber sie kann und soll nicht arbeiten, wenn **sie es nicht kann mit der Hand**" [1]).

6) Die Kinder des Meisters, **weibliche** wie männliche, haben das gleiche Recht unter gleicher Bedingung. Jedes Kind eines Meisters kann es frei halten, „**sofern es dasselbe arbeiten kann**" [2]). Dieser Satz und der unter 5 angegebene beweisen schon, daß Frauen und Töchter des Handwerks das Recht hatten, das Handwerk **zu lernen**, und die Stelle von den Gerberstöchtern, daß sie auch von diesem Rechte Gebrauch gemacht haben.

Bisher hat sich nur das Recht der bereits Handwerksangehörigen weiblichen Geschlechtes ergeben, der Frauen,

---

[1]) Oeuvriers de draps de soye de Pariset de veluyans, et de boursserie en lac, a. a. O. S. 93.
[2]) a. a. O. S. 93 u. 236.

Wittwen, Töchter. Daneben stehen aber viele Belege für das Recht ganz Fremder, ein Handwerk zu lernen, darin zu arbeiten und es sogar selbstständig zu betreiben.

Die Cristalliers dürfen auch **Arbeiterinnen** haben für Kristall- und Steinschleiferei, und dürfen also auch Mädchen lernen, wenn auch nur bei einem Meister, nicht bei einer Wittwe, „weil das Geschäft zu schwierig ist" [1]).

Die „crespiniers de fil et de soie" durften Arbeiter und **Arbeiterinnen** halten soviel sie wollten [2]).

Die Ordnung der braaliers de fil (Leinenhosenmacher) sagt: wer ein **Lehrmädchen** (apprentisse) zum nähen oder zurichten nimmt, die sollen dienen zwei Jahre, und bezahlen 20 s. [3]).

Der Leinwandhändler darf nicht mehr als ein **Lehr-mädchen** haben, wenn sie nicht sein eigenes eheliches Kind, und dieses **Lehrmädchen** darf er nicht kürzer dingen, als auf sechs Jahre bei 60 s. Lehrgeld, oder auf acht Jahre ohne Lehrgeld, „denn wenn einer mehr als ein Lehrmädchen nimmt, das ist nicht zum Nutzen des Meisters noch des Lehrmädchens selbst, denn die **Meisterinnen** sind genug in Anspruch genommen, wenn sie **eine** gut lehren". Dieser Zusatz deutet darauf hin, daß diese liniers nicht bloß Leinwandhändler im gegenwärtig gewöhnlichen Sinn waren, sondern selbst Leinenzeug verarbeiteten, und dabei eine Art Konfektionsgeschäft in Leinenwaaren hatten, so

---

[1]) a. a. O. S. 73.
[2]) a. a. O. S. 85.
[3]) a. a. O. S. 90.

daß sie den Handwerkern beigezählt werden dürfen. Dasselbe Statut fährt dann fort: jeder Leinwandhändler kann **Gehülfinnen** (oeuvrieres) haben, so viel er will, wenn diese Gehülfinnen nur zu arbeiten verstehen und sechs Jahre oder länger in der Lehre gewesen sind. Auch soll keine Arbeiterin des genannten Handwerks eine **Werkstätte** in Paris haben, wenn sie nicht sechs Jahre oder länger gelernt hat [1]).

Kein Leinweber, noch eine Leinweberin, „darf einen **Mann** oder eine **Frau**, welche bereits mit einem anderen übereingekommen (von ihm gedingt) ist, annehmen, sie sei denn von ihrem Meister oder Meisterin in Frieden geschieden" [2]).

Das ist ein allgemeines Handwerksgesetz, daß ein Meister den Gesellen eines anderen, wenn er von ihm in Streit ging, nicht annehmen durfte. Die angeführte Stelle beweist, daß auch Weberinnen als Gehülfinnen gehalten wurden.

Das Statut der Nadelmacher hat den Satz: „wenn es sich ereignet, daß ein Mann oder **eine Frau** von außen nach Paris käme, und wollte in dem Handwerk **arbeiten**, soll er genügend geprüft werden, ob er arbeiten kann, und ob er dem Handwerk genügt; denn die Gewohnheit des Handwerks ist, daß **jeder als** Lehrling gedient haben muß sechs Jahre bei 60 s., und acht Jahre ohne Lehrgeld"; und weiter: „alle Meister und Meisterinnen

---

[1]) a. a. O. S. 145.
[2]) a. a. O. S. 391.

sollen schwören bei den Heiligen mit ihren Lehrlingen oder Lehrmädchen (aprentix ou aprentices), wenn sie sie zur Lehre empfangen, daß sie täglich die Uebereinkommen und Bestimmungen des Handwerks beobachten wollen".

Allen diesen Beispielen für die Berechtigung der Frauen zum Handwerksbetrieb stehen nur die Ordnungen dreier Handwerke gegenüber, in welchen die Frauen geradezu ausgeschlossen sind, und von diesen kann man das erste wieder insofern ausnehmen, als wenigstens eine Ausnahme gestattet ist, während die beiden anderen schließen lassen, daß in einer vorausgegangenen Zeit auch sie den Ausschluß nicht kannten.

1) Die feiseurs de Claus por atachier boucles, mordans et membres seur corroie (welche Nägel machten, um Metall auf Leder zu befestigen) „sind übereingekommen, daß kein Meister im Handwerk ein **fremdes Mädchen** annehmen soll, um sie das Handwerk zu lehren". Es war also doch den Töchtern des Handwerks die Lehre gestattet [1]).

2) Die Teppichweber (tapissiers de tapis sarazinois): „Keine Frau soll unterrichtet werden in dem genannten Handwerk **für das Handwerk, das sehr schwer ist**" [2]). Eine Ordonnanz des Provosten von Paris vom Jahr 1277 spricht aus, daß keine Frau im Handwerk sein könne, denn sie darf es nicht arbeiten. Und eine weitere Ordonnanz von 1290 [3]) gibt dazu die Erklärung: „keine

---

[1]) a. a. O. S. 65.
[2]) a. a. O. S. 405.
[3]) a. a. O. S. 409.

Frau darf in dem Handwerk arbeiten, wegen der Gefahr, worin sie ist; denn wenn eine Frau schwanger ist und der Weberstuhl auseinandergelegt (?), könnte sie sich verwunden, so daß das Kind in Gefahr ist, und für viele andere Gefahren, welche bestehen und sich ereignen könnten; daher ist für geeignet erachtet worden, daß sie nicht arbeiten sollen". Diese Motivirung zeigt deutlich, daß die Frauen nicht ausgeschlossen waren, weil das Handwerk überhaupt nur dem Manne zugehört, die Frauen nicht handwerksfähig sind; vielmehr ist aus der Natur des speziellen Handwerks der Grund genommen, weil es für die Frauen zu gefährlich zu üben ist, und dabei oft zwei in Gefahr sind; ähnlich wie die Kristall= und Steinschleifer für ihr Handwerk eine Ausnahme gelten machen, in Betreff des Rechtes der Wittwen, Lehrlinge zu halten, weil nemlich das Werk zu schwierig ist, als daß es eine Frau sich sattsam aneignen könnte, um andere vollkommen darin unterweisen zu können.

3) Anders verhält es sich bei den Walkern[1]). Ihr Statut sagt: Keine Frau soll oder mag Hand anlegen an das Tuch, als etwas, was zum Handwerk der Walker gehört, bevor es geschoren ist. Auch hier giebt eine spätere Ordonnanz[2]) von 1257 schon näheren Aufschluß: „die Meister kamen mit den Gesellen überein, daß keine Frau, weder die ihrige, noch die eines anderen, Hand anlegen solle, das Tuch zu putzen, ehe es geschoren ist". Diese

---

[1]) a. a. O. S. 133.
[2]) a. a. O. S. 398.

Ordonnanz giebt aber noch Näheres über die Verhandlung zwischen Gesellen und Meister an. Es ist der erste vorliegende Fall eines Streites zwischen Meister und Arbeiter, über dessen Gegenstand berichtet ist. Er dreht sich um die Zahl der Lehrlinge, welche der Meister halten darf und deren Beschäftigung, um den Lohn und die Arbeitszeit, für welche beide dasselbe Maß gelten solle, wie unter König Philipp (1180—1232); ferner setzen die Gesellen durch, daß unter den vier Zunftvorstehern, welche der König zu ernennen hat, zwei Meister und zwei Gesellen sein sollen; und der Schluß lautet bereits, wie bei allen späteren Vorkommnissen ähnlicher Art in Deutschland: auf gegenseitiges Vergessen und Vergeben und auf gegenseitige Liebe und Freundschaft für ewige Zeiten. Im Gegensatz zu den vorausgeführten Fällen tritt also hier der Fall, daß die Frauen durch die Arbeiter verdrängt wurden, und die klare Absicht, die Frauen, und zwar fremde wie Handwerksangehörige, der Konkurrenz halber auszuschließen, zum erstenmale und allein zu Tage.

Das Recht der Frauen auf ganz selbständige Meisterschaft zeigt sich ganz besonders bei den crespiniers de fil et de soie. Ein solcher Fransenmacher durfte nur einen Lehrling halten, und dazu seine eigenen Kinder aus legaler Ehe und die Kinder seiner Frau, wenn sie vom Handwerk war. „Wenn nun ein Meister crespiniers und seine Frau crespinière ist, und sie üben (beide) das Handwerk, so können sie zwei Lehrlinge nehmen"[1]. Ebenso

---

[1] a. a. O. S. 86.

die laceurs de fil et de soie (Nestler oder Senkelmacher in Seide und Leinen). Keiner dieses Handwerkes, welcher keine Frau hat, darf mehr als e i n e n Lehrling haben; hat er eine Frau, die das Handwerk nicht treibt (fait), darf er auch nur einen Lehrling haben. Wenn aber Mann und Frau das Handwerk treiben, dürfen sie z w e i Lehrlinge nehmen; aber Gesellen, so viele sie wollen [1]). Hier erhellt die selbstständige Lage der Frau auch noch neben ihrem Manne. Jedem, der das Handwerk übt, steht nur ein Lehrling zu, dem Mann, wie der Frau; das Recht der Frau bleibt neben dem Manne noch in Kraft, es ist nicht erst durch den Mann auf sie gekommen; und so kann ein Ehepaar zwei Lehrlinge halten. Damit hängt auch die oben angegebene Satzung der Talglichtzieher zusammen, daß, im Falle der Mann stirbt, die Frau seinen Lehrling behält, und im Falle die Frau stirbt, der Mann den von der Frau aufgenommenen Lehrling behalten und auslehren muß.

Interessant und für die Stellung der Frauen zum Handwerk sprechend ist das Vorkommen von Handwerken in Paris während des dreizehnten und vierzehnten Jahrhunderts, welche lediglich aus Frauenzimmern bestanden, gar keine Männer enthielten, als höchstens ein paar Zunftvorstände, und dabei ganz wie die anderen Handwerke eingerichtet waren, auch von confrarie de metier sprechen. Sie haben Bestimmungen über die Zahl der Lehrmädchen, die angenommen werden durften, über die Bedingungen

---

[1]) a. a. O. S. 79.

und Formen der Aufnahme, Lehrgeld und Lehrzeit, Umfang der Arbeitsbefugniß u. s. w. In den Statuten kommt nur das Wort Meisterin, nie Meister vor; neben den Preudhomes, Handwerksvorstehern oder Zunftmeistern, steht die Zunftmeisterin (preudefame).

Zu diesen weiblichen Handwerken oder Zünften gehören die Seidenspinnerinnen mit großen Spindeln (filaresses de soie à grans fuiseaus)¹). Ihre Ordnung spricht nur von Meisterin, Lehrmädchen, Arbeiterinnen, nie vom männlichen Geschlechte. Doch ist nur von männlichen Geschworenen, von zwei Zunftvorstehern die Rede, welche der Provost von Paris nach Belieben einsetzt ²). Die (filaresses de soie à petiz fuiseaus) Seidenspinnerinnen mit kleinen Spindeln stehen dagegen unter zwei Zunftmeisterinnen (preudesfames), von welchen, oder von drei Arbeiterinnen des Handwerkes die Lehrmädchen aufzunehmen sind, und welche das ganze Handwerk zu überwachen haben ³). Die (ouvrières de tissuz de soie) ⁴) Seidenweberinnen, deren Ordnung sich auf alle Gegenstände bezieht, welche in Handwerksordnungen überhaupt vorkommen, stehen unter drei vereideten Meisterinnen, welche das Handwerk überwachen, die Strafen erheben, die zum Theile der König, zum anderen Theil das Hand-

---

¹) a. a. O. S. 81.
²) Die Zunftvorsteher wurden in Paris überhaupt nicht, wie in Deutschland, von dem Handwerk gewählt, sondern vom König oder mit dessen Vollmacht vom Provost ernannt.
³) a. a. O. S. 83.
⁴) a. a. O. S. 88.

werk (la confrarie de metier) erhält. Die tesseirandes de queuvrechiers de soie [1]) (Frauen, welche aus Seide einen eigenen Stoff webten für die Kopfbedeckung der Damen) standen nur unter drei Meisterinnen, welche sie zu überwachen hatten. Zunftvorstände männlichen Geschlechtes werden nicht angeführt. — Auch von dem Handwerke der fesserés de chapiaux d'orfrois [2]) (Verfertigerinnen von Hüten für Frauen mit brillanter Stickerei, die man orfrois nannte, für reiche Frauen mit Gold und Perlen gestickt) läßt sich voraussetzen, daß es keine Männer enthielt. Die Vorstandschaft war in Bezug auf das Geschlecht nicht bestimmt. Der Provost konnte einen Zunftmeister oder eine Zunftmeisterin ernennen. Boileaus Werk, dem diese Angaben entnommen sind, führt die Ernennung eines Zunftmeisters und zweier Meisterinnen an; letztere sind aus dem Handwerk selbst, ersterer dagegen ist aus einem fremden Handwerk, ein Spenglermeister. — Endlich gehören hierher die faisseuses d'aumoniéres sarazzinoises, welche kleine Taschen für Geld zu Almosen in orientalischer Art arbeiteten [3]). Eine Ordonnanz v. J. 1299, welche „für Alle, die solche Taschen machen, im Namen der ganzen Gemeinheit der Meisterinnen und Arbeiterinnen in der Stadt Paris und ihrem Gebiete, im Interesse dieser Arbeiterinnen, ihres Geschäftes, und der Ansprüche des Königs und der ganzen Kaufmannschaften, mit Erlaubniß des Provosten und in Gegenwart ihrer geschworenen Klerks ein-

---

[1]) a. a. O. S. 99.
[2]) a. a. O. S. 255.
[3]) a. a. O. S. 383.

stimmig beschlossen und abgefaßt wurde", ist von 123 Frauen und Mädchen unterzeichnet; darunter eine große Anzahl von Frauen von Männern der verschiedensten Handwerke, von Kürschnern, Faßbindern, Harnischmachern, Maurern, Kunsttischlern, Hufschmieden, Riemern, Walkmüllern, Webern, Beckenschlägern ꝛc. Die Ordonnanz enthält alle in den Handwerksordnungen üblichen Details über Minimum der Lehrzeit und des Lehrgeldes, Zahl der Lehrlinge, genaue Vorschriften über die Arbeiterinnen, das Strafsystem, die Ueberwachung des Handwerks durch eine Vorgesetzte, welche der Provost ernannte, ob männlichen oder weiblichen Geschlechtes, ist nicht gesagt. Es läßt sich wohl annehmen, daß in einem so großen Gewerbe, das nur von Frauen betrieben wurde, wenigstens nicht blos Vorsteher üblich waren. Das Wesentlichste aber, weshalb auch diese Details hier angeführt sind, ist, daß hier ein vollständig eingerichtetes Handwerk im engeren Sinn, nur von Frauen betrieben, vorliegt.

Nicht mehr so vollständig hierher gehörig, weil auch Männer im Handwerk vorkommen, aber immerhin bezeichnend für die Stellung der Frauen ist das Statut für die ganze Gemeine der Sticker und Stickerinnen. Auch dieses Statut ist von den sämmtlichen Mitgliedern des Handwerks unterzeichnet und trägt die Namen von ein und achtzig Frauen und Mädchen, und nur zwölf Stickern; unter jenen wieder die Frauen von Kürschnern, Steinschleifern, Badern, Goldarbeitern, Faßbindern, Pergamentern. Alle diejenigen, welche das Handwerk treiben wollen, Männer wie Frauen, müssen dasselbe regelmäßig gelernt haben und können, d. h. dürfen nicht blos sich auf Gehülfen stützen; das Statut spricht wie eine spätere Ordonnanz (1316) von Lehrjungen und Lehrmädchen. Die Führung des Handwerks hatten nur Zunftmeister.

Faßt man die sämmtlichen angegebenen Thatsachen zusammen, so kann man nur das Resultat daraus ziehen, daß im dreizehnten Jahrhundert von einem Monopole der Männer auf das Handwerk nicht gesprochen werden darf. Unter hundert Handwerken, deren Statute Boileau's Werk enthält, sind nur zwei, in welchen Frauenarbeit schlechthin ausgeschlossen ist; in einem andern sind nur gewisse Operationen ihr entzogen. In allen dreien waren, aus den vorliegenden Statuten und Beschlüssen selbst erkennbar, in einer vorausgehenden Periode die Frauenarbeit und der Betrieb durch Frauen erlaubt. Dagegen sind in acht Handwerken die Frauen geradezu als berechtigt erwähnt, ihre Befugnisse denen der Männer vollkommen gleich. Dazu kommen sechs weitere, welche ausschließlich oder sehr überwiegend von Frauen betrieben werden, und wie alle anderen Handwerke drei Abstufungen von Lehrdirne, Arbeiterin und Meisterin, nebst allen übrigen karakteristischen Kennzeichen des Handwerks haben, und theils blos von weiblichen, theils von weiblichen und männlichen Vorstehern geleitet und überwacht werden. Die übrigen lassen zwar nicht direkt erkennen, daß sie, außer den Meistersfrauen und Töchtern, auch fremde Frauen zur Arbeit zuließen, aber es kann auch aus ihren Statuten direkt ein Verbot nicht abgeleitet werden. Bei vielen von ihnen war sicherlich keine Meisterin und keine Gehülfin zu finden, sie waren faktisch ausgeschlossen durch das Gesetz, daß keiner das Handwerk treiben darf, der es nicht kann mit der

Hand, ein Gesetz, das in keinem Statut fehlt; so wird man bei Schmieden und Harnischmachern, bei Zimmerleuten und Dachdeckern ꝛc. sicher keine Frau in Arbeit gefunden haben. Bei den übrigen dagegen, welche in der That von einer Frau wohl erlernt und mit der Hand gearbeitet werden können, ist mit Rücksicht auf obige Nachweise kein genügender Grund vorhanden, vorauszusetzen, daß es ihr verboten war, wenn es nicht ausdrücklich im Statut ausgesprochen ist. Man könnte diesen Schluß als zu voreilig erachten, weil unter den erwähnten Handwerken, bei welchen Frauenarbeit ganz zweifellos zulässig war, sehr viele sind, welche sich der Natur ihres Produktes nach so sehr für die Frauen eignen, daß sie, selbst in jener späteren Zeit, noch den Frauen offen standen, als bereits prinzipiell die Frauen von den Handwerken ausgeschlossen waren; aber es ist auch nicht zu übersehen, daß sie auch in der Steinschleiferei, Gerberei, Walkerei, Nadlerarbeit und Senklerarbeit Zutritt hatten, also in Handwerken, welche alle ihnen später verschlossen wurden.

Sämmtliche vorliegende Belege sind den Handwerken von Paris entnommen; aber es fehlt auch nicht an Satzungen anderer Städte Frankreichs, welche die ausgesprochene Ansicht, daß den Frauen der Handwerksbetrieb und die Arbeit im Handwerk nicht prinzipiell untersagt war, unterstützen, wie ihnen auch das Recht Handel zu treiben zustand, und sie auch als Kauffrauen anerkannt werden konnten [1]). Daß sie nicht schlechter in England gestellt waren, dafür sei

---

[1]) Belege hierfür findet man u. a. in Essai sur l'histoire de droit française en moyen age, par M. Ch. Giraud, Paris 1846.

hier ein allgemeines, d. h. auf kein bestimmtes Handwerk begrenztes, Gesetz angeführt: „wenn eine verheirathete Frau in der besagten Stadt (London) für sich selbst ein Geschäft[1]), womit der Ehemann in keiner Weise in Verbindung steht, betreibt, so ist solche Frau wie ein einzelnes Frauenzimmer in allem gehalten, was auf dieses Geschäft Bezug hat. Und wenn Mann und Frau in solchem Falle angeklagt werden, soll die Frau vor dem Kanzleigericht rechten, und soll ihr Recht und ihre Vortheile auf dem Wege der Klage haben, wie eine unverheirathete Person. Und wenn sie verurtheilt wird, soll sie im Gefängnisse gehalten werden, bis sie Genüge geleistet hat; und weder der Mann selbst, noch sein Gut soll in solchem Falle belastet oder in Anspruch genommen werden[2]).“

Für Deutschland läßt sich das fragliche Recht der Frauen in dem dreizehnten Jahrhundert nicht so unmittelbar erweisen; der Quellen aus jener Zeit sind zu wenige, und die noch vorhandenen Urkunden über die Handwerkseinrichtungen nicht so vollständig, wie die französischen. Demohngeachtet ist nicht zu zweifeln, daß in der genannten Periode auch in Deutschland ein principieller Ausschluß der Frauen nicht vorhanden war. Dafür spricht die große Aehnlichkeit der Sätze des französischen Handwerks mit denen des deutschen, welche noch auf uns gekommen sind; sie läßt schließen, daß zwischen Frankreich und, wenigstens dem westlichen, Deutschland in jener Zeit ein nicht unbe-

---

[1]) Craft: das Wort wird für das Handwerk angewendet, wenn es sich nicht um die Korporation handelt.
[2]) Monumenta Gildhallae etc. Vol. I, 204; Vol. III, 38.

beutenber Verkehr herrschte; und dieser Schluß wird dadurch unterstützt, daß deutsche Ausdrücke sich in den Statuten französischer Handwerke vorfinden¹). Dafür spricht ferner, daß gerade die französische Einrichtung, welche die Stellung der Frauen so eigenthümlich kennzeichnet, die Frauen= handwerke, auch in Deutschland vorkamen, denn noch im vierzehnten Jahrhundert bestanden in Kölln Handwerke, die der Garnzieherinnen und der Goldspinnerinnen, welche, blos von Frauen geführt, ganz ähnlich eingerichtet waren, wie jenes der Taschenmacherinnen in Paris. Endlich spricht dafür, daß schon im dreizehnten Jahrhundert den deutschen Frauen das Handwerk zugänglich war, der Umstand, daß noch in späterer Zeit ein solches Recht unmittelbar aus deutschen Handwerksordnungen nachgewiesen werden kann. Daher sind auch für die spätere Stellung der Frauen die französischen und englischen Institutionen nicht weiter her= beizuziehen. Man kann sie in den Quellen für Deutsch= land selbst verfolgen.

Wie bei der Schilderung der Pariser Zustände, mag auch hier zuerst das Recht der Angehörigen, Frau und Tochter des Meisters, in Betracht gezogen werden, ehe dasjenige der Frauen überhaupt, auch der fremden, aufge= sucht wird.

Meistersfrau und Tochter waren sehr lange Zeit be= rechtigt, den Meister durch ihrer Hände Arbeit zu unter= stützen, und es lassen sich nur sehr wenige Fälle des

---

¹) z. B. ist bei den Müllern von dem Mehl gesagt: de il n'est bestens; et lors grand il est bestens; il prender ne en bestenc; ne hors bestenc. Boileau a. a. O. p. 18. 19.

Gegentheils nachweisen. Das Zunftbuch der Schneider in Mainz enthält (schon 1362) den Beschluß: „Soll auch jeder Meister haben einen Knecht und einen Knaben, dazu mag er seine Frau, Kinder und Magd zum Nähen verwenden" [1]; und nochmal (1392): „... und seine Kinder, seinen Tochtermann, und eine Magd, die ihm sein Essen macht, und was er zu besorgen hat, und danach mag sie ihm nähen." Hiermit stimmt auch der zwanzigste Artikel der Schneider-Ordnung in Frankfurt a. M. überein [2]), was nach dem Mainzer Beschluß schon vorausgesetzt werden konnte, da für Mainz, Speier und andere Städte des Oberrheins, acht und zwanzig an der Zahl, ein Verband der Schneider bestand, der von Zeit zu Zeit erneuert wurde, und auf dem Handwerkstage, den alle Städte beschicken mußten, Beschlüsse faßte, welche für alle diese Städte bindend waren. Jenes Recht der Frauen und Töchter galt daher für alle Städte, welche jenem Bunde angehörten.

Diesen Beispielen aus Südwestdeutschland sei noch eins aus Nordosten beigefügt, nemlich die Schneiderordnung in Lübeck [3] (1370), welche dem Meister gestattet seine Ehefrau zum Nähen zu setzen, aber die Magd ausdrücklich ausschließt.

Es wäre überflüssig alle, oder auch nur noch mehr Stellen aus Zunftrollen anzuführen, es mögen daher nur einige wenige folgen, als Beleg, daß auch andere Gewerbe, als die Schneider, ein gleiches Recht gestatteten, und auch

---

[1] Altes Zunftbuch der Schneider in Mainz fol. 21.
[2] Frankfurter Stadtarchiv.
[3] Wehrmann, die älteren Lübecker Zunftrollen, Lübeck 1864 S. 423.

der Zeit nach sehr weit hinauf das Recht der Meister=
frauen und Töchter sehr allgemein galt. „Wenn in Nürn=
berg ein Lohgerber Meister werden wollte, mußte er sich
mit einer Jungfrau oder Wittwe verloben, am dritten
Tage nach der Trauung sich bei den Geschworenen zum
Einweichen des Meisterstückes melden. Da wurde ihm das
Gesetz verlesen, das ihn anwies, 10 Kuhhäute, 10 Kalbs=
felle und 10 Bocks= und Geishäute auf zwei Kufen allein
mit **Hülfe seiner Frau und Magd** herauszuarbei=
ten [1])." Das galt noch im siebenzehnten Jahrhundert.
Im Jahre 1566, als die Gürtlergesellen in Straßburg
aufstanden und sich verzogen, weil ein Meister seine beiden
Stieftöchter „das Handwerk gelernt und über Stock
und Ambos gesetzt" hat, entschied der Städtetag zu Augs=
burg, vor den die Sache gebracht wurde, gegen die Ge=
sellen, und verlangte, weil sie pflichtwidrig ausgetreten,
sollen sie in jeder Stadt angehalten und nach Straßburg
zurückgewiesen werden [2]). — Ein Spruch der Juriskonsulten
in Jena entschied noch 1631 ganz allgemein, jeder Meister
sei befugt, Weib und Tochter zu seinem Handwerk zu setzen
und wie einen anderen Knappen arbeiten zu lassen [3]); und
konstatirte somit das geltende Recht, obwohl schon früher
daran gerüttelt wurde, und an manchen Orten und in
manchen Handwerken das Gegentheil in der That schon
Gebrauch geworden war.

---

[1]) Beier, Handwerkslexikon (Art. Rothgerber) S. 352.
[2]) Häberlin, Reichshistorie VI 393, und Joh. Fels, Beiträge zur deutschen Reichstagsgeschichte. 1761. II, S. 235.
[3]) Beier, Tiro, Cap. IV, S. 30.

Eine Ausnahme von dieser Regel machten im vierzehnten Jahrhundert die Hutmacher zu Kölln, nach deren Ordnung (1378)[1]) „keine Frau eines Meisters oder eines unsrer Brüder, noch seine Tochter oder Magd ein Werk unsres Amtes, das Männern gebührt, üben und wirken" soll. Hier ist also, ähnlich wie bei den Tuchwalkern in Paris, die Frauenarbeit zwar nicht ganz ausgeschlossen, aber auf gewisse Operationen beschränkt, wahrscheinlich, gleich wie allgemein in späteren Zeiten, auf das Ausstaffiren, Besetzen, Einfassen der Hüte, während das Filzen, Walken ꝛc. der Wolle und Haare den Männern vorbehalten blieb. Es sei jedoch darauf aufmerksam gemacht, daß dies die Frau vom Betrieb des Geschäftes nicht ausschloß; vielmehr hatte gerade in diesem Handwerk die Wittwe das Recht, das Geschäft nach des Mannes Tode fortzuführen; doch durfte sie nur einen Gesellen weniger halten, als der Meister[2]). Es ist ihr also nur die Arbeit mit eigner Hand verboten. — Auch die Ordnung der Tuchscheerer zu Kölln (XIV. Jahrhundert) verbietet den Frauen, die Geschäfte des Amtes zu üben[3]).

Das sind die einzigen Fälle direkten, theilweisen oder gänzlichen Ausschlusses der Frauenarbeit im XIV. Jahrhundert, welche dem Verfasser vorgekommen sind. Daneben finden sich allerdings noch Bestimmungen, welche den Frauen den Verkauf untersagten. So z. B. bei den Ge=

---

[1]) Ennen und Eckerz S. 332.
[2]) a. a. O. S. 334.
[3]) Ennen, Geschichte der Stadt Kölln, II, S. 623.

wandschneidern (Tuchhändlern) in Frankfurt a. M. ¹) (1377): „soll keine Frau Gewand schneiden, wenn ihr Herr bei ihr ist"; ebenso bei den Metzgern in München, in spätererer Zeit noch bei den Metzgern in Passau ²) (1432); in Lübeck (1507): „welcher Mann belehnt ist mit dem Salzmarkt, soll sein Gut selbst verkaufen, und nicht durch seine Frau; wird er krank, mag die Frau sein Gut verkaufen" ꝛc. Während aber im ersten und letzten Falle, den Gewandschneidern und Salzhändlern, das Handwerk nicht berührt wird, sondern nur Handelsgeschäfte, ist bei den Metzgern in den Motiven des Verbotes selbst enthalten, daß daraus eine Handwerksunfähigkeit des weiblichen Geschlechtes nicht gefolgert werden darf. Das Münchner Statut (von 1427) lautet: „Es ist mit alter Gewohnheit Herkommen, daß keines Fleischhackers oder Metzgers Weib noch Tochter in der Bank stehen soll, und soll kein Fleisch verkaufen noch hüten; das ist von Frieden s wegen und Schaden zu entkommen ³)." Demnach handelt es sich um eine Polizeimaßregel, die hier und da auch auf Männer Anwendung fand; denn schon das sächsische Weichbild ⁴) untersagt, daß Metzgersknechte in der Bank feil halten sollen; und auch in Paris galt das gleiche Verbot.

¹) Archiv in Frankfurt a. M.
²) Zeitschrift des hist. Vereins für Niederbaiern und Regensburg. Bd. III, Heft 2, S. 39.
³) Westenrieder, Beiträge zur vaterländischen Geschichte, Geographie ꝛc., München 1800, VI. Band, S. 153. Diese alte Gewohnheit ist durch Rathsschluß von 1426 wieder bestätigt.
⁴) Sächsisches Weichbild von W. v. Thüngen, Heidelberg 1837, S. 34.

Die hier angeführten Handwerkssätze beziehen sich blos auf Meistersfrauen und Töchter, deren Berechtigung noch nicht für die allgemeine Berechtigung der Frauen zeugt, da für jene als Handwerksangehörige wohl eine Bevorzugung bestehen konnte, wie sich in der That für die Erwerbung des Meisterrechtes ergiebt, indem z. B. die Töchter ihrem Manne dasselbe ganz unentgeltlich oder um die halben Meistergebühren zubrachten. — Es ist nun die Stellung fremder Frauen zu den Handwerken zu ermitteln.

Das älteste, hier einschlägige, Statut findet sich bei den Webern in München. Zur Erläuterung mag bemerkt werden, daß daselbst das Handwerk der Weber oder Tuchmacher schon in der Verordnungssammlung vorkommt, welches aus der zweiten Hälfte des dreizehnten Jahrhunderts[1] herrührt und bis in das vierzehnte Jahrhundert alle Gattungen der Wollen- und Leinweberei umfaßte. Erst in der Mitte des vierzehnten Jahrhunderts zerfiel es in das Handwerk der Leinweber und das der Tuchmacher, so daß erstere keine Wolle, letztere kein Leinenzeug mehr weben durften. In dem vierzehnten Jahrhundert, also noch vor der Trennung, und dann auch nach dieser kommt wiederholt der Satz vor: „wer Webermeister oder Meisterin ist, der soll haben, ob er will, einen Lernknecht und eine Lehrdirne und nicht mehr[2]." — Desgleichen sagt die

---

[1] Vergl. Schlichthörle, die Gewerbsbefugnisse der K. Haupt- und Residenzstadt München, II. Bd., S. 34; G. v. Sutner, über die Verfassung der älteren Gewerbspolizei in München von ihrem Entstehen bis zum 16. Jahrhundert S. 487.

[2] v. Sutner a. a. O. S. 493. — Schlichthörle a. a. O. S. 34.

Ordnung der Weber zu Speier 1360 : „der hier ist oder herkommt, und Halbtuch wirken will, soll den Webermeistern geben ihr Recht, ... und welcher unter ihnen eine Lehrtochter lehren will, soll der Zunft ein Pfund Wachs"[1] 2c.; das ist dieselbe Abgabe, welche er für Annahme eines Lehrlinges an die Zunft zu geben hat.

Sprechen diese beiden Stellen ganz direkt von Lehrdirnen oder Lehrtöchtern bei den Webern und Tuchmachern, so fehlt es auch nicht an solchen, welche von den Arbeiterinnen sprechen, und daher die Erlaubniß des Lernens voraussetzen, und zwar noch bis in das sechszehnte Jahrhundert hinein; noch 1542 findet sich in der Ordnung der Weber zu Dortmund neben der Bestimmung, daß die Tochter des Wollamtes, wenn sie einen Gesellen heirathet und sich fromm gehalten hat, das Recht habe, daß ihr Bräutigam bei der ersten (statt vierten) Heischung das Amt bekomme, zugleich die weitere Ausdehnung, daß dasselbe Recht auch der Weberin zustehe, welche sich frömmlich und ehrlich gehalten hatte[2]. In der Tuch- und Wollenfabrikation waren aber die Operationen früh auseinander geschieden; das Kämmen, Spinnen, Garnziehen, wie das Scheeren, Walken, Wollschlagen, wurde bald von Arbeitern ausschließlich betrieben, welche daher auch nicht als Tuchmacher oder im Wollamt sich niederlassen konnten. Bei solchen, zum Wollamt gehörigen, Arbeiten finden sich dann auch wieder die Arbeiterinnen. Von den Kämmerinnen

---

[1] Mone, Zeitschrift für die Geschichte des Oberrheines X, 278.
[2] A. Fahne, Statutarrechte und Rechtsalterthümer von Dortmund S. 237. 239.

sprechen die Statuten der Wollentuchweber in Schweidnitz (1364). Blaue Wolle durfte von ihnen nur in des Meisters Haus gekämmt werden, weiße konnte ihnen der Meister auch mit nach Hause geben [1]). In Striegau durfte kein Meister mehr Kämmerinnen haben, als vier [2]). Die Garnzieher und Garnzieherinnen bildeten in Schlesien ein eigenes Handwerk, in Striegau mit einer Ordnung von 1358, in Breslau 1376, von da nach Liegnitz übertragen 1382, in Schweidnitz 1396 [3]). Kein Mann und keine Frau einer anderen Handwerksinnung durfte Garn ziehen. Die Ordnung der Haarmacher (Haardeckenmacher) in Lübeck (1443) [4]) spricht von Spinnerinnen, und setzt sie dem Knecht, als handwerkszugehörig, und unter Umständen denselben Strafen unterworfen, gleich: „welch Knecht oder Spinnerinnen, die im Amte dienen, sich anderweit vermiethet, soll ein halbes Jahr im Amte nicht arbeiten", und auch die neuen feinen Lakenmacher daselbst (1553) haben die Spinnerinnen in das Handwerk gezogen [5]). Das Wollenamt von Dortmund spricht von Spinnerinnen in demselben Sinne [6]). — In Kölln bildeten die Garnmacherinnen ein Handwerk lediglich aus weiblichen Gliedern, welches im vierzehnten Jahrhundert die Vorschrift

---

[1]) Codex diplomaticus Silesiae herausgegeben von dem Verein für Geschichte und Alterthum Schlesiens, VIII. Band, p. 56.
[2]) ebendaselbst p. 56.
[3]) Cod. diplomat. Silesiae p. 64 u. a. a. Stellen.
[4]) Wehrmann, Zunftrollen von Lübeck S. 230.
[5]) ebendaselbst S. 303.
[6]) Fahne, a. a. O. S. 237.

hatte, daß jede Garnmacherin nicht mehr als 3 Mägde oder Lohnwerkerinnen haben durfte ¹). Auch Lehrtöchter hatte das Handwerk. Wenn eine solche, nachdem sie ihre sechs Jahre ausgelernt hatte, sich selbstständig im Amte setzen wollte, mußten Diejenigen, welche das Amt dazu befohlen hatte, untersuchen, ob sie das Amt auch gut verstehe ²).

Gleich bestimmte Beweise dafür, daß in der Weberei als Ganzes Frauen auch als selbstständige Arbeiterinnen sich niederlassen konnten, sind dem Verfasser nicht vorgekommen. Die Weberinnen sind zwar sehr häufig in den Handwerksordnungen genannt. So gab es (1752) in Kölln neben den Brüdern auch Schwestern der Tuchmacher, wie aus einem Streit zwischen Tüchern und Gewandschneidern erhellt ³); und das Dortmunder Wollamt spricht (1531 und 1549) von Amtsbrüdern und den Weberinnen ⁴). Die schlesische Ordnung erwähnt sehr oft die Weberei, Tuchmacher, Mann als Frau; jedoch ist dabei nicht bestimmt zu unterscheiden, ob nicht etwa Meistersfrauen und Wittwen darunter gemeint sind, in welchem Falle nur das Recht dieser, das dessen nicht mehr bedarf, nicht das allgemeine Frauenrecht erwiesen wäre.

Dagegen ist in dem Handwerke der Schneider die Zulässigkeit des weiblichen Geschlechtes zur Lehre, als

---

¹) Ennen, Geschichte von Kölln II, 629.

²) ebendaselbst II, S. 633.

³) Lacomblet, Urkundenbuch zur Geschichte des Niederrheines Bd. III, S. 419.

⁴) Fahne a. a. O. S. 287.

Arbeiterinnen und selbstständige Meisterinnen nicht nur positiv erweislich, sondern es läßt sich auch der Verlauf, wie es allmählich daraus verdrängt wurde, verfolgen. Vorausgeschickt muß werden, daß der Schneider in älterer Zeit, etwa im vierzehnten Jahrhunderte, alle Kleidungsstücke machen durfte, für Mann und Frau, von jeglichem Stoffe und zu jeglichem Zwecke, nur nicht in Pelzwerk, was dem Kürschner allein zustand. Er arbeitete in Wolle, Seide, Baumwollenstoff und in Leinenzeug; er machte die Gewänder für den Kirchendienst, wie gewöhnliche Kleider, stickte und verzierte sie mit Gold oder in jeder anderen beliebigen Weise. Dies ergiebt sich aus dem Meisterstücke, das schon im vierzehnten Jahrhunderte den Schneidern vorgeschrieben war und sich auf die mannich=faltigsten, im Handwerke vorkommenden Gegenstände er=streckte. Was gegenwärtig den Näherinnen zukommt, Lein=laken, Betttücher 2c. gehörte gleichfalls dem Schneiderhand=werke zu. Zwar durfte jede Frau diese Arbeit für sich vornehmen, aber sobald sie Lehrling oder Gesinde darauf hielt, war sie dem Handwerk zugehörig, sie mußte mit demselben die vorgeschriebenen Lasten tragen. — Nach die=ser Bemerkung mögen die wichtigsten Stellen der Hand=werksordnungen, welche die Stellung der Frauen erläutern, folgen.

Die Ordnung der Schneider in Frankfurt a. M. (1377) spricht aus : „auch welche Frau das Handwerk treiben will, die nicht einen Mann hat, sie soll vorher Bürgerin sein und es mit dem Rathe austragen; wann das geschehen, soll sie dem Handwerk 30 s. geben, dem Handwerk zu ge=meinem Nutz, und ein Viertel Wein, das sollen die vom

Handwerk vertrinken; wenn dies geschieht, hat sie und ihre Kinder Recht zum Handwerk."[1] Das sind genau dieselben Anforderungen, die an einen Mann gestellt wurden, der das Handwerk treiben wollte. Daß hier nicht etwa eine Meisterswittwe gemeint sei, ist dem Statut selbst zu entnehmen. Abgesehen davon, daß für diesen Fall einer der Ausdrücke Schneiderswittwe oder Frau eines Schneiders, deren Mann gestorben ist, gebraucht wird, so würde auch für eine Meisterswittwe die Forderung, daß sie vorher Bürgerin werde, nicht passen, denn sie war es schon dadurch, daß sie einen Schneidermeister geheirathet hatte; und ebenso hätte der Satz von den Kindern keinen Sinn, denn diese erbten das Recht an das Handwerk schon von ihrem Vater. Der angeführte Satz ist überdies noch deutlicher sprechend in der Schneiderordnung von 1585 wiederholt: „eine Frau, die Handwerk treiben wollte und dazu kein Recht und keinen Mann hat, soll vorher geloben, schwören und thun, wie dafür verlautet (d. h. wie ein Meister vor dem Rathe schwören mußte), und dem Handwerk geben 30 s. Heller, dem Handwerk zu gemeinem Nutz, dazu ein Viertel Wein, den sollen die vom Handwerk vertrinken, und dann so hat sie und ihre Kind Recht zum Handwerk und allem, das dem Handwerk in Gemeinschaft gehört, und mag das Handwerk treiben."[2] Heirathet sie, dann unterliegt ihr Mann, wenn er das Handwerk treiben will, denselben Leistungen nebst den bei der Hochzeit vorgeschriebenen weiteren Gaben, eines halben

---

[1] Frankfurter Archiv. Schneider-Ordnung Art. 19.
[2] a. a. O. Ordnung von 1585 Art. 13.

Gulbens für das Kalb ꝛc. Dieses Statut, offenbar nur eine Wiederholung und weitere Ausführung des aus dem Jahre 1377 angeführten, läßt nicht den geringsten Zweifel darüber, daß eine unverheirathete Frau Schneiderin im vollsten Sinne sein konnte, daß sie selbst arbeiten, Gesinde halten durfte, wie ein Meister, wenn gleich sie das Recht im Falle der Ehe nicht auf ihren Mann übertragen konnte, sondern dieser es neu erwerben mußte. Daß auch hier keine Meisterswittwe gemeint, ist dadurch sicher gestellt, daß der nächste Satz derselben Ordnung von dem Rechte der Wittwen handelt; er ist oben (S. 45) bereits erwähnt. Wenn ein entsprechender Satz nur in der Ordnung der Frankfurter Schneider vorkommt, so geht seine Bedeutung doch immer über Frankfurt hinaus; denn das Handwerk in Frankfurt stand mit dem sehr vieler oberrheinischer Städte in einem Verband, in welchem alle wichtigeren Gesetze, zu denen sicher auch die Ausübung des Handwerks durch Frauen gehörte, gemeinschaftlich beschlossen wurden. Dieser Verband hielt noch Ende des fünfzehnten Jahrhunderts seinen Handwerkstag, von den Schneidern aus zwanzig Städten beschickt. Man darf daher wohl annehmen, daß auch in den übrigen verbündeten Städten außer Frankfurt die Stellung der Frauen zum Handwerk dieselbe war.

In dem Bereiche dieser Städte ist die Geltung obigen Satzes, das Recht der Frauen noch durch die vorkommenden Ausnahmen bestätigt. Eine Frau konnte nemlich mit den Befugnissen der Schneider in verschiedenem Maße begabt werden, je nachdem sie sich zum Handwerke stellte, dessen Anforderungen ganz oder nur theilweise genügte. Das alte Zunftbuch der Schneider zu Mainz, welche Stadt

dem erwähnten Bunde der oberrheinischen Städte ange=
hörte, enthält solche Fälle. Das ganze Zunftgeld betrug
daselbst 1369 zehn bis zwölf Pfund Heller, 1409 wurde
es auf sechszehn Pfund erhöht, später wieder auf acht bis
zehn Pfund herabgesetzt. 1369 wurde nun eine Frau auf=
genommen gegen nur drei Pfund Heller, sie durfte arbeiten,
aber weder eine Magd halten noch Knaben lehren; eine
andere bezahlte 1432 nur 28 s., dafür durfte sie nur Alt=
werk arbeiten; in demselben Jahre erhielt eine Badersfrau
halbe Zunft, sie durfte arbeiten, mußte aber, wenn sie
ein Kind lehren wollte, zwei Pfund Wachs in das Hand=
werk bezahlen; 1440 erhielt eine Person die Zunft gegen
Zahlung von 54 s. und einer zinnernen Kanne, aber nur
für ihre eigene Person, Gesinde sollte sie nicht halten;
ebenso 1445 eines Bartscheerers Frau, wollte sie eine
„Lehrmat" halten, mußte sie zwei Pfund Wachs bezahlen.

Im vierzehnten Jahrhundert findet sich nur eine
Stelle, welche die Frauen beschränkt, nemlich in Köln;
da war ihnen nur gestattet Weibergewänder, Gebilde=Saar=
röcke, Unterwamms von Tirteys und andere Unterkleider
zu machen [1]). Im fünfzehnten Jahrhundert sprechen zwar
die Satzungen noch theilweise für die oben angegebene
Stellung der Frauen, aber vielfach enthalten sie schon
Beschränkungen auf diejenigen Arbeiten, welche später den
Bereich der Näherinnen bildeten, und scheiden auch schon
die Näherinnen mit Namen als ein von den Schneidern
verschiedenes, wenn auch in der Zunft verbundenes, Ge=
werbe aus.

---

[1]) Ennen, Geschichte von Köln II, 623.

In Ueberlingen klagten (1450) die Schneider, wie sie große Beschwerde in ihrer Zunft nehmen, da die Frauen, so ihr Handwerk treiben und sich mit der Nadel befassen, theils weder Zunft noch Stadtbürgerrecht haben, theils Lehrmädchen setzten, und sich unterstünden, Wolltuch zu nähen, was sie vorher nicht gethan. Der Bürgermeister, der Zunftmeister und der Rath beschieden hierauf: daß diejenigen, welche weder Zunft noch Bürgerrecht haben, hinfüro in der Stadt und ihrem Bezirke nicht nähen noch ihr Handwerk haben sollen in keinem Weg. Die Sondersassen, welche eigen Hausrauch (Herd) haben, sollen unter die Schneiderzunft gehören und ihr dienen, mußten daher, wenn sie in einer anderen Zunft waren, diese aufgeben. — Die zu nähen pflegen, ehelichen Mann haben und in anderer Zunft dienen, sollen alle leinenes Gewand nähen dürfen, aber nicht wollenes; aber keine soll mehr als ein Lehrmädchen halten. Wollte Eine mehr als eine Lehrtochter halten, soll sie der Zunft für ein Gewerbe bezahlen. Die aber Bürgerrecht hat und nähen will, soll in die Schneiderzunft gehen, dann kann sie alles nähen, was sie will. Hat sie einen Mann, und gehört sie also dessen Zunft an, so wird sie wieder auf Leinenarbeit verwiesen und auf einen Lehrling beschränkt; für einen zweiten muß auch sie in die Schneiderzunft bezahlen [1]).

Diese Festsetzung entspricht noch ganz dem Frauenrecht in den oberrheinischen Städten. Hatte die Frau Bürgerrecht, so konnte sie durch Eintritt in das Handwerk, durch volle Leistung der Gebühren, auch das ganze Schneiderrecht

---

[1]) Mone a. a. O. XIII, 157.

gewinnen, alle Stoffe verarbeiten; konnte sie nicht ganz in die Zunft eintreten, weil sie einen Mann hatte, dessen Zunft sie zugehörte, so war ihr auch die Arbeit nach Art und Umfang beschränkt, sie durfte keine Wollenstoffe und nur mit **einem** Lehrling arbeiten; hatte sie keinen Mann, war sie daher an keine andere Zunft gebunden, durfte sie außer der Zunft gar nicht nähen. Wer nähte, war immer mehr oder weniger zur Zunft verpflichtet.

Auch in Konstanz führten die Schneider (1457) Beschwerde, daß die Näherinnen goldene Meßgewänder und alle Kleider zuschnitten und machten; der Rathsentscheid lautete dahin: daß die Näherinnen in Konstanz jetzt und künftig nur nähen sollen Leinen und Tuch, sonst nichts, weder wollenes noch Kürschnerarbeit; aber Frauen mögen sie wohl Unterbarchent machen, auch seidene Ueberröcke, auch Alban und seidene Mißachel, das die Elle einen halben Gulden kostet und nicht mehr. Auf die Klage, daß sie zu viele Gehilfinnen hielten, wurde ihnen nur gestattet, zwei Näherinnen, Lohn- **oder** Lehrtöchter zu halten, nicht mehr; 1470 nach wiederholter Klage wurde ihnen eine Lehrtochter **und** eine Lohntochter zuerkannt, welche Töchter aber Steuer und Wachtgeld zu geben hatten, es sei denn, daß die Tochter Vater oder Mutter in Konstanz hätte, welche Steuer und Wachtgeld geben[1]). Ob auch hier, wie in Ueberlingen, neben den Näherinnen auch Frauen das ganze Handwerksrecht erwerben konnten, ob ferner die Näherinnen noch der Schneiderzunft angehörten, läßt sich nicht entscheiden, da weder im Bescheid noch in der Be-

---

[1]) Konstanzer Stadtbuch Blatt 367.

schwerbe hiervon die Rede ist; auch die Schneiderordnung von Hohenzollern (1593) ¹) enthält zwar die Bestimmung, eine Näherin dürfe keine Schneidersarbeit machen von Wolle, Engelseide, Stiefling, Barchent, aber auch sie läßt nicht erkennen, ob die Frauen überhaupt nicht alles nähen durften, oder ob nur eine eigene Abtheilung, eben die Näherinnen, mit geringeren Befugnissen in der Zunft bestanden, wie die Altflicker bei den Schneidern, die Alt=reißen bei den Schuhmachern.

Um neben den südwestlichen und westlichen Städten auch eine nördliche Stadt durch ein Beispiel zu vertreten, sei ein entsprechender Fall aus Bremen angeführt. Die klagenden Schneider (1467) beschied daselbst der Rath: „daß keine Frauensperson, die unsere Bürgerin ist, und neues Gewand schneiden oder schneiden lassen und nähen will, und nicht Frau oder Wittwe eines zünftigen Schneiders, keine Mägde noch Knechte setzen solle, die sie nähen lehre oder die ihr nähen helfen; aber was sie mit eigenen Händen nähen und verarbeiten kann, das mag sie thun." ²) Sonach

---

¹) Mone a. a. O. XIII, 314.

²) Böhmert, Beiträge zur Geschichte des Zunftwesens, Leipzig 1862. 80. — B., welcher hier die im Texte angeführte Urkunde publicirt, giebt ihr die Ueberschrift: „Entscheidung des Rathes ..., daß keine Frau, welche nicht Bürgerin ist ... durch dieselben neue wollene Zeuge nähen lassen darf." — Die markirten Worte „nicht" und „wollene" finden sich nun in der Urkunde selbst nicht. Der Verf. hielt für richtig, sich an die Urkunde selbst zu halten; die be=merkten Einschiebungen würden zu einem ganz unwahrscheinlichen Resultate führen, nemlich, daß in Bremen einer Nichtbürgerin ge=stattet gewesen sei, alle Schneiderarbeiten persönlich, wenn auch ohne Gehilfin, zu machen; solches Recht kommt an keinem anderen Orte vor.

war, um jeden Stoff zu jeder Art Arbeit nähen zu dürfen, nur erforderlich, daß die Frau Bürgerin war; um aber Gesinde lehren oder halten zu dürfen, mußte sie einen Meister aus der Zunft haben oder gehabt haben.

Außer den Webern und Schneidern standen in alter Zeit noch viele andere Handwerke den Frauen offen. In Kölln hatten die Fleischer, Beutelmacher, Wappensticker Frauen mit gleichen Rechten im Amte. Da gab es im vierzehnten Jahrhundert neben den Amtsbrüdern auch Schwestern, Werkfrauen, neben Knecht und Lehrling auch Mägde und Lehrjungfrauen [1]). Auch die Gürtler hatten daselbst Frauen in ihrem Amte, jeder Meister wurde gestraft, der einen Mann, **Frau**, Knecht oder **Magd**, die Gürtlerrecht nicht hatten, zu arbeiten gab [2]). Die Ordnungen der Paternostermacher (Bernsteindreher) [3]), 1360, und anderer Handwerke in Lübeck, der Bäcker und Gewandschneider in Frankfurt [4]) (1352 und 1377) sprechen von den Mägden im Handwerke. — Diese Anführungen mögen nun geschlossen werden mit zwei Frauenhandwerken, deren Kenntniß noch vom vierzehnten Jahrhundert auf die neue Zeit gekommen ist. Der Garnzieherinnen in Kölln ist schon Erwähnung geschehen; sie hatten ihre eigene Ordnung, bestimmte Lehrzeit, Prüfung für den selbstständigen Handwerksbetrieb, Beschränkung in der Gesindehaltung auf drei Mägde als Lohnwirkerinnen für jede Garn-

---

[1]) Ennen, Gesch. von Kölln II, 622.
[2]) ebendaselbst 631.
[3]) Wehrmann a. a. O. 350 ff.
[4]) Böhmer, cod. dipl. Moenofrancof. 749 und Frankfurter Archiv.

zieherin[1]). Neben ihnen standen die Goldspinnerinnen[2]). Sie bildeten mit den Goldschlägern ein Handwerk, wie das sehr oft vorkam, daß mehrere verwandte Gewerbe ein Handwerk machten, z. B. mit den Schneidern die Tuchscheerer und die Seidensticker. Die Goldschläger wählten jährlich einen Meister und eine Meisterin, und die Goldspinnerinnen ebenso einen Meister und eine Meisterin. Die Meisterinnen waren verpflichtet, das Werk des Amtes zu besehen und zu prüfen; die Meister hatten die Aufgabe, das Handwerk zu regieren, die Werke mit dem Zeichen und Siegel zu versehen, damit der Käufer nicht betrogen werde, sondern Maß, Länge, Werth und Gewicht erhalte, was ihm gebührt." Daß nicht etwa blos Frauen von Goldschlägern das Recht des Goldspinnens hatten, sondern daß dieß den Frauen selbstständig zustand, erhellt aus dem Satze: kein Goldschläger, dessen Frau Goldspinnerin ist, darf mehr als drei Töchter zum Goldspinnen haben; die Goldspinnerin dagegen, deren Mann nicht Goldschläger ist, darf vier Töchter haben und nicht mehr, daß sie ihr Gold spinnen[3]).

Wie in Frankreich, so sind auch in Deutschland die Handwerke, welche den Frauen erweislich offen standen, in der Mehrzahl solche, welche den weiblichen Kräften und Fähigkeiten vorzugsweise entsprechen; aber trotzdem zeugen sie gegen die behauptete, und in späterer Zeit in der That vorhandene, allgemeine und principielle Ausschließung des weiblichen Geschlechtes, und überdies stehen neben ihnen

---

[1]) Ennen a. a. O. II, 635.
[2]) ebendaselbst 625.
[3]) ebendaselbst 629.

auch in Deutschland Handwerke, denen jene Eigenschaft nicht beigelegt werden kann; ferner muß die verhältnißmäßig geringe Zahl der, den Frauen offen stehenden, Handwerke auch hier auf Rechnung des Gesetzes gestellt werden, daß Niemand ein Handwerk treiben durfte, ohne selbst mit der Hand arbeiten zu können; nur Wittwen war gestattet, das Geschäft, ohne es selbst arbeiten zu können, mit Hilfe von Gesellen fortzuführen, und selbst für sie darf dies als Regel nicht angeführt werden. Diese Vorschrift verschloß nun in der That den Frauen viele Gewerbe, aber sie war nicht gegen die Frauen gerichtet, sie traf eben so gut Männer; der Mann, welcher nicht selbst zu weben oder Kleider zu machen verstand, konnte eben so wenig Weber oder Schneider sein, als eine Frau das Schmied- oder Zimmermannshandwerk treiben durfte. — Diese Erwägungen und die angeführten Thatsachen lassen nun auch erklärlich erscheinen, daß in älteren Stadtrechten von Lehr dirnen neben Lehrknaben ganz allgemein, ohne Bezug auf bestimmte Gewerbe, die Rede ist; sie konnten nicht nur dem Rechte nach vorkommen, sondern sie kamen in der That vor.

Der Ausspruch der Schriften über das Handwerksrecht, daß nur Lehrlinge männlichen Geschlechtes aufgenommen werden durften, ist demnach irrig für das alte Handwerk und hatte frühstens im siebenzehnten Jahrhundert allgemeine Geltung. Vielmehr hatten bis zu dieser Zeit die Frauen trotz des Zunftzwanges, der ja nur bedeutete, daß jeder, welcher ein Handwerk trieb, in die Zunft eintreten mußte, dasselbe Recht, das ihnen die Gewerbefreiheit gewährt; sie durften in jedem Handwerk arbeiten und es treiben, wenn sie es nur konnten. Jedoch wurde ihnen die Möglichkeit, dieses Recht auszuüben, durch eine, nur mittelbar hier einwirkende Handwerksbestimmung, welche sich auf die Arbeitstheilung bezog, geschmälert. Nur derjenige konnte Meister sein, welcher das Handwerk in allen seinen Theilen zu arbeiten verstand; nur derjenige durfte in dem Handwerke arbeiten, welcher alle dazu gehörigen Operationen ausführen konnte. Der Geselle und jeder Lehrling mußte daher alle Operationen lernen, um Geselle sein zu können. Dadurch wurde den Frauen jedes Handwerk unzugänglich, in welchem auch nur einzelne Arbeiten ihre Kräfte überstiegen, wenn es auch nur untergeordnete Arbeiten waren; sie durften darum, so wenig als ein Mann, selbst diejenigen nicht übernehmen, welchen sie wohl gewachsen waren. Die neuere Betriebsweise hat diese Bestimmung schon unhaltbar gemacht, ehe die Zunfteinrichtung verschwunden war. Um die Konkurrenz bestehen zu können, mußten auch die zünftigen Gewerbe, bei geeigneter Vertheilung der Arbeit, die zweckmäßigsten, wohlfeilsten Kräfte für jede Manipulation zu benutzen streben. Daher konnte man in dem laufenden Jahrhundert, als der Ausschluß der Frauen längst allgemein war, in den Werkstätten vieler Handwerker neben Gesellen und Lehrlingen wieder die Frauen arbeiten sehen, selbst in Handwerken, in welchen sie, unter dem Drucke der oben angegebenen Bestimmung, auch in der günstigsten Zeit nicht vorkamen; neben dem hobelnden Gesellen stand wohl ein Mädchen, das leimte, polirte, für leichtere Gegenstände wohl auch die Säge führte. Die Gewerbefreiheit hat nun darin den Frauen den freisten Spielraum verschafft; sie können in jedem

Gewerbe an den einzelnen Arbeiten sich betheiligen, welche ihnen zugänglich sind, und die übrigen den Männern überlassen; daher sieht man wohl gegenwärtig selbst in der großen Eiseninduftrie Frauen beschäftigt. Mit dem Ende des sechszehnten Jahrhunderts mehren sich die Bestrebungen der Meister und Gesellen, die Handwerksarbeit zum Monopole des männlichen Geschlechtes allein zu erheben, die Frauen dagegen ganz auszuschließen oder im günstigsten Falle auf gewisse Operationen, gewöhnlich auf Näharbeit, wenn solche im Geschäfte vorkam, zu beschränken. Diese Bestrebungen bezogen sich nicht blos auf fremde Frauen, sondern waren selbst gegen Handwerksangehörige, Meistersfrauen und Töchter gerichtet. Eine Zeit hindurch leisteten ihnen die Behörden, wenigstens zu Gunsten der Meistersfrauen, Widerstand, der Rath sprach gewöhnlich den Frauen das Recht zur Arbeit zu. Im folgenden Jahrhundert ist solcher Widerspruch sehr selten; vielmehr vollendet sich in diesem Jahrhundert der Ausschluß so weit, daß das Gegentheil, das Recht der Frau, zu arbeiten, kaum mehr vorkommt, und zwar allenthalben in Folge von Rathsschlüssen oder landesherrlicher Verfügung; denn das Selbstbestimmungsrecht der Handwerke hatte längst aufgehört. Während im vierzehnten Jahrhundert das Gürtlerhandwerk in Kölln Meisterinnen und Arbeiterinnen hatte, wollten (1566)[1], wie schon einmal angeführt, die Gesellen desselben Handwerks in Straßburg sogar die Stieftöchter ausgeschlossen wissen. Einer Metzgersfrau wurde a u s n a h m s w e i s e, weil ihr Mann krank

---

[1] S. oben S. 73.

war, das Schlachten erlaubt. Als eine Weberin für ihren kranken Mann weben wollte, widersetzten sich Meister und Gesellen; der Rath nahm sich der Frau an und gestattete ihr die Arbeit. Die Metzger durften kein Vieh, Kalb oder Schwein durch die Magd treiben lassen, ein an sehr vielen Orten geltendes Verbot. Die Schuhmacher und Gürtler sollten keine Magd in den Kram stellen, um ihre Waare zu verkaufen, der Schuhmacher seine Mägde nur zum Besetzen der Schuhe mit Band benutzen [1]). — In Nürnberg war den Rothschmieden (1694) gesagt: kein Rothschmied soll keine Magd zum Handwerk oder zum Formen benutzen, noch über den Feilstock setzen, noch die Arbeit thun lassen, die dem Gesellen gebührt." [2]) Der Buchbinder in derselben Stadt, welcher der Magd zu heften oder andere Gesellenarbeit gab, sollte mit viertägiger Leibesstrafe angesehen, der Geselle, der neben ihr arbeitet, zwei Tage und Nächte mit dem Leibe auszustehen haben (1700 und 1727) [3]). So lautet die Rathsverordnung; die Gesellen fügten ihrerseits eine Strafe in ihrer Weise hinzu; sie erklärten jeden Gesellen, welcher neben einer Magd arbeitete, für unredlich und kein Geselle durfte nun neben ihm arbeiten. — Auch die Würtemberger Ordnungen, von dem Landesherrn erlassen oder genehmigt, geben viele Belege für den Ausschluß der Frauen. Nach der Weberordnung (1622 und

---

[1]) Beier a. a. O. Cap. IV, 33. 137. 138. Wer noch mehr Beispiele solcher Art wünscht, findet sie in diesem Buche reichlich an der angegebenen Stelle.

[2]) Gatterer, technisch. Magazin I, 98.

[3]) ebendaselbst II, 104. 105. 109.

1720) darf keine Magd oder Tochter von einem Meister zu lernen angenommen werden ¹). Der Bordenwirker (1701) durfte seine Tochter nicht zur Stuhlarbeit anhalten, viel weniger einen Lehrling daneben in Lehre nehmen bei Strafe der Niederlegung des Handwerks; nur seine Frau wurde zur Stuhlarbeit zugelassen ²). Keine Frau durfte sich des Färbens unterstehen (1706) ³). — Bei all diesem Drängen gegen die Frauen nahm sich schließlich niemand mehr ihrer an, als das Reich, das (im Reichsschluß vom J. 1772) noch eine Lanze wenigstens für die Weberinnen brach, und die Zulassung der Frauen in diesem Handwerke verlangte. Ueber den Erfolg dieses Befehles ist nichts zu sagen nöthig.

Von Ende des siebzehnten Jahrhunderts an darf man daher den Ausschluß der Frauen vom Handwerk als vollendet betrachten; nur die freien Gewerbe standen ihnen noch offen. Von da an war in der That die erste Bedingung zur Aufnahme in das Handwerk das männliche Geschlecht.

2) Eheliche Geburt. Freiheit. Deutsche Zunge.

Das Erforderniß ehelicher Geburt scheint dem deutschen Handwerk allein eigen gewesen zu sein; wenigstens ist in den französischen Handwerksordnungen nirgends ihrer erwähnt als Bedingung für die Erwerbung des Handwerks-

---

¹) Sammlung der sämmtlichen Handwerksordnungen des Herzogthums Würtemberg, Stuttgart 1758, S. 3077.

²) ebendaselbst 84.

³) ebendaselbst 219.

rechtes, nur daß letzteres von unehelichen Kindern der Meister gleichwie von Handwerksfremden gekauft werden mußte, während ehelich geborene Meisterskinder es unentgeltlich erhielten; ferner wurden dort eheliche Kinder und Geschwister in der statutarisch gestatteten Zahl Lehrlinge nicht mitgezählt, sondern konnten neben diesen bei dem Meister lernen, was unehelichen Kindern und Geschwistern nicht zustand; nur soweit kommt überhaupt die Geburt in Betracht. Auch in England ist die uneheliche Geburt nur für einzelne Handwerke (Maurer, Steinmetze) ein Hinderniß der Aufnahme, während sie in Deutschland allen Handwerken ein solches war.

Man hat aus dieser Anforderung auf eine ganz besondere Empfindlichkeit der deutschen Handwerker in Bezug auf Ehrbarkeit, auf hohen Sinn für Reinheit der Sitte geschlossen, der sich auch in dem Spruche: „das Handwerk muß so rein sein, als hätten es die Tauben belesen" ausdrückte. Aber dieser Spruch erscheint erst im siebenzehnten Jahrhundert, also zur Zeit, als schon alle Handwerksbestimmungen wenn irgend möglich benutzt wurden, den Eintritt zu erschweren; in früheren Zeiten dagegen, in welchen doch die Reinheit des Handwerkes nicht weniger betont wurde, war damit ein Sinn verbunden, der weder jene Empfindlichkeit für Sittenreinheit bezeugt, noch das Erforderniß ehelicher Geburt erklärt. „Der Stadt zum Nutzen, um der Reinheit des Handwerks willen und zum Nutzen für Arm und Reich" ist das in älterer Zeit sehr häufig vorkommende Motiv zur Begründung aller Vorschriften in Bezug auf gute Arbeit, Beseitigung von Fälschungs- und Betrugsgelegenheiten, für das Gebot der

Schau, des Arbeitenkönnens mit der Hand ꝛc.; die Reinheit bezieht sich hier auf Solidität des Produktes, nicht auf die Persönlichkeit des Meisters, sie wird gefordert im Interesse des konsumirenden Publikums zur Erhaltung des guten Rufes der Waare, und damit zur Sicherung des Absatzes. Erst spät wurden die Zünfte in Anspruch genommen, die Reinheit des Handwerks dadurch herzustellen, daß sie die Mitglieder des Handwerkes belasen; an Stelle der Reinheit des Produktes trat die Reinheit der Persönlichkeit, und konnte somit zum Motiv für den Ausschluß der unehelich geborenen und noch viel mehr zum Ausschluß der unredlichen Leute, die bald in Betracht kommen, benutzt werden; dadurch war wieder ein Mittel gewonnen, Lehrlingen, Gesellen und Meistern mancherlei Schwierigkeiten bei der Annahme zu bereiten.

Die Vorschrift, daß nur ehelich Geborene aufgenommen werden sollen, ist auch gar nicht von dem Handwerke ausgegangen, und bei ihnen ist deshalb auch nicht nach dem Motiv dafür zu suchen; denn mit dem besten Willen hätte es solche nicht aufnehmen können, weil es überhaupt nur Bürgern das Meisterrecht ertheilen durfte, und das Bürgerrecht in Deutschland kein unehelich Geborener erhalten konnte; nur in sehr wenigen Handwerksordnungen ist das Erforderniß des Bürgerrechtes nicht ausdrücklich ausgesprochen, und in den wenigen darf man ohne Bedenken einen Satz hierfür interpoliren [1]). Da nun als

---

[1]) Bei der allgemeinen Geltung dieser Sätze und den so zahlreichen Beweisstellen für sie ist es ganz überflüssig einzelne zu citiren. — Für die Besonderheiten des Gesetzes wird sich ein geeigneterer Platz finden.

Ziel des Lehrlings immerhin der selbstständige Betrieb des Gewerbes als Meister betrachtet werden muß, so ist leicht begreiflich, daß das Erforderniß ehelicher Geburt nicht blos für Ertheilung des Meisterrechts, sondern oft schon vorher für Annahme zum Lehrling geltend gemacht wurde. So kommt es, daß manche Handwerksordnungen die eheliche Geburt erst bei dem Meisterrecht, andere schon für Annahme der Lehrlinge¹), viele sie gar nicht aufnahmen, indem mit dem Erforderniß des Bürgerrechts sie ohnehin vorausgesetzt ist. Die Ansicht, daß die eheliche Geburt durch die Bestimmungen über das Bürgerrecht, und nicht durch Handwerksbeschluß in die Handwerksgesetze gekommen ist, findet noch eine besondere Unterstützung in dem Umstande, daß in der That auch unehelich Geborene als Lehrlinge aufgenommen werden, und nach vollendeter Lehrzeit als Gesellen arbeiten, aber nicht Meister werden konnten; so z. B. alle diejenigen, welche letzteres nicht beabsichtigten, sondern auf dem Lande, oder für Abelige, Klöster ꝛc. arbeiten wollten, wurden ohne Nachfrage nach ihrer Geburt aufgenommen²); dann aber findet sich auch in Städten jene Beschränkung der Nothwendigkeit ehelicher Geburt auf den selbstständigen Betrieb des Handwerks.

---

¹) Die ältesten Statuten, welche die eheliche Geburt schon von dem Lehrling verlangten, sind das der Schuster in Frankfurt a. M. 1355: „daß Keiner unter uns keinen Baschard unser Handwerk soll lernen", Böhmer cod. dipl. 641; und das der Steinbecker, Zimmerleute und Steinmetzen in Frankfurt: „der Meister soll tein, was man Hurensohnsgeld nennt, nehmen" (ebendas. 646), was wohl denselben Sinn hat, wie der Satz der Schuster.

²) Vgl. Einleitung S. 29. 30.

So ausgedehnt das Erforderniß ehelicher Geburt war, so kommen doch einige Ausnahmen vor, welche nicht übergangen werden sollen, obwohl ihrer so wenige sind, daß sie nur dienen, die Regel zu bestärken. Das Stadtrecht Braunschweigs (1232) spricht aus, „ein unehelicher Sohn, der selbst wohl handelt, mag wohl Gilde gewinnen", und da ein anderer Satz vorschreibt, „kein Mann soll Gilde gewinnen, er sei denn Bürger" [1]), so folgt, daß ein unehelicher Sohn auch Bürger werden konnte. Nach dem Stadtrecht von Nordhausen [2]) „mag man einen Jungen, der unehelich geboren ist, wohl lernen in jeglichem Handwerke, aber von der Lehre wegen soll er nicht Recht behalten an der Innung; wollte er auch Bürgerrecht, das sollte er sich kaufen". Er ist somit von dem Meisterrecht nicht ausgeschlossen, aber er entbehrt dennoch ein Recht des ehelich Geborenen. Wenn nemlich letzterer das Handwerk in Nordhausen selbst gelernt hatte, bekam er das Meisterrecht um das halbe Geld, wogegen der unehelich Geborene in gleichem Falle das ganze Lehrgeld bezahlen mußte, gleich einem solchen, der außer der Stadt gelernt hatte; immerhin aber blieb ihm Meister- und Bürgerrecht zugänglich. — In Frankfurt a. M. war den Weißgerbern (1530) Macht gegeben, die Jungen, welche das Handwerk lernen wollten, ob sie gleichwohl nicht ehelicher Geburt sind, zu lehren, doch sollen sie dieselben nachmals in die Zunft zu nehmen

---

[1]) Nach einem Manuscript der Universitätsbibliothek zu Gießen. II Th. XXVII. XXIX.

[2]) Förstemann Gesetzessamlung der Stadt Nordhausen aus dem XIV. u. XV. Jahrh. S. 86.

nicht gezwungen sein¹). — Hatte ein Meister einen unehelich Geborenen gegen das Gebot aufgenommen, so war er sicher der Strafe verfallen, die Jungen dagegen wurden verschieden behandelt. In Regensburg z. B. hatte (1468) ein Meister zweimal Bastarde in die Lehre genommen; er wurde gestraft, aber die beiden Lehrlinge nicht aus dem Handwerk gestoßen, sondern nur bedeutet, daß sie nie Meister werden könnten ²). In Frankfurt a. M. (1528) war dagegen in gleichem Falle (bei den Kürschnern) vorgeschrieben, daß die Jungen sofort aus dem Handwerk entlassen werden sollen ³), und ebenso in Konstanz (1531) bei den Schustern ⁴).

Daß der Ausschluß der unehelich Geborenen vom Handwerk nicht den Zweck hatte, den Zugang zu verringern, erhellt genügend daraus, daß er nicht vom Handwerke ausging, noch sich auf dasselbe beschränkte, sondern überhaupt auf das Bürgerrecht sich erstreckte. Er entsprang in Deutschland der ganz allgemeinen hohen Würdigung der ehelichen Geburt. Aber er wurde, wie alle alten Einrichtungen des Handwerks, für jenen Zweck nutzbar gemacht, indem man den Begriff der Unehelichkeit ungebührlich erweiterte.

Ein uneheliches Kind ist das außer der Ehe geborene, die Geburt der Eltern wirkt nicht auf die Geburt des Kindes. Eine Rathsbestimmung zu Kölln aus dem vierzehnten Jahrhundert sagt sogar ausdrücklich: „wenn ein

---

[1] Frankfurter Archiv. Gerber-Ordnung Art. 57.
[2] Gemeiner Reichsstadt Regensburgische Chronik III, 440.
[3] Frankfurter Archiv. Kürschner-Ordnung Art. 57.
[4] Konstanzer Stadtbuch Blatt 451½.

unehelich Geborener heurathet, sind seine Nachfolger echte
Kind"¹), und in dem Gesetze der Amtsfreunde zu Osna-
brück, einer Behörde, welche unter anderem in allen Handwerkssachen zu entscheiden hatte, steht noch 1732: eine
offenbare Hure oder Hurenkind kann zu keinem Amte
noch das Kind zur Lehre zugelassen werden; und wenn
ein Amtsbruder eine solche Person heurathet, deren eheliche
Kinder aber behalten Theil am Amte ²). Dasselb' Gesetz erklärt, daß ein vor der Kopulation geborenes Kind, wenn
die Eltern nach der Geburt priesterlich kopulirt werden,
und das Kind bei der Trauung zugegen ist, volles Recht
an ein Amt oder Handwerk hat, und ihm solches nicht
verweigert werden kann; ferner: wenn es sich zutragen
sollte, daß ein Mann mit einer Frauensperson sich priesterlich verlobt, der Mann aber vor der Kopulation stirbt,
und die Braut sich schwanger von ihm befindet, soll ihr
deßhalb nebst dem Kinde kein Amt verweigert werden³).

Anders sahen die Handwerker bald die Sache an.
Als zur vollen ehelichen Geburt gehörig verlangten sie Abstammung von ehelich geborenen Eltern. Die älteste Form
für die Vorschrift ehelicher Geburt lautet: „der Junge
muß ehelich", oder „er muß ächt und recht" geboren sein.
Im fünfzehnten Jahrhundert lautet die Vorschrift: „muß
ächt und recht von Vater und Mutter geboren sein", oder:
„er muß ächt und recht geboren aus einem rechten Ehe-

---

¹) Ennen, Geschichte von Köln II, 438.
²) Walch, Beiträge zum deutschen Recht VI, 283.
³) Ebendaselbst.

bette von Vater und Mutter nach Gewohnheit und Satzung der heiligen Kirche"[1]). Endlich wurde auch die Zeugung mit hineingezogen: „er mußte ächt und recht geboren und gezeuget sein" (sechszehntes Jahrhundert). Hierin lag nun ein Hauptmittel für die Chicane, denn gar schwer mußte es in vielen Fällen sein, alles das durch genügende Dokumente zu belegen, was verlangt wurde, und zahlreich waren die Fälle, in denen ein Lehrling oder Geselle zurückgewiesen wurde, weil irgend ein auferlegter Beweis nicht erbracht war für eheliche Geburt, eheliche Zeugung des Genannten selbst, oder für eheliche Geburt und eheliche Zeugung seitens der Eltern und Großeltern; denn bis auf die letzteren erstreckte sich wohl die Anforderung. So wurde in Frankfurt a. M. 1667 einem Metzgerknecht das Meisterrecht verweigert, weil er nicht nachgewiesen, daß Eltern und Großeltern in Schappel und Band zu Kirche und Straße gezogen seien[2]). Die Reichspolizei suchte diesem Mißbrauch zu steuern, ein Reichsschluß von 1732 untersagte die Forderung ehelicher Zeugung und verlangte Anerkennung der Legitimation durch nachfolgende Ehe; aber vergebens. Noch 1762 wurde in Hamburg ehelich Geborenen vom Schusterhandwerk die Einregistrirung in das Amtsbuch verweigert, weil sie nicht nachweisen konnten, daß ihre Mutter in fliegenden Haaren kopulirt worden sei, und als der Rath der Stadt dieses für Mißbrauch erklärte, appellirte das Schusteramt darum sogar an das

---

[1]) Beutler-Ordnung in Danzig 1412 in Hirsch, Danzigs Handelsgeschichte 333.

[2]) Frankfurter Archiv.

Reichskammergericht [1]). Um dieser vielen Chikanen halber wurden schon im siebenzehnten Jahrhundert für solche, welche sich niederlassen wollten, Zeugnisse ausgefertigt, welche alle diese Umstände bedachten, z. B. „daß sein Vater dessen Mutter in jungfräulichem Schmucke unter dem Kranze zur Kirche und Trauung öffentlich geführt, und daß von solchen Eheleuten N. N. in stehender Ehe und ehelich erzeugt . . [2])".

Gleichen Ursprunges mit der Voraussetzung ehelicher Geburt ist die der Freiheit. Auch sie ist nicht durch Handwerkssatzung Bedingung der Aufnahme geworden, sondern vielmehr dem Handwerke durch das Erforderniß des Bürgerrechtes auferlegt. Fast jedes Stadtrecht legt demjenigen, welcher um die Bürgerschaft nachsucht, auf, zu erweisen, daß er frei geboren, oder daß er die Freiheit durch den Aufenthalt in der Stadt während einer gewissen Reihe von Jahren, ohne von dem Herrn in Anspruch genommen worden zu sein, erworben habe. — Aber auch diese Bedingung bezieht sich nur auf die Erwerbung des Meisterrechts, welches aber Bürgerrecht voraussetzt, und auf den Lehrling, der einst Meister zu werden beansprucht; dagegen steht dem Hörigen nichts im Wege, Lehrling zu werden, wenn er die Erlaubniß seines Herrn dafür gewonnen, und immer, wie bei der ehelichen Geburt angeführt, auf den selbstständigen Betrieb des Gewerbes in der Stadt verzichtet. Daher ist auch das Erforderniß der Freiheit nicht

---

[1]) Kramer, Nebenstunden Thl. 40, 106.
[2]) Aus dem Formular eines in Hildesheim üblichen Geburtsbriefes 1681 in Böhmert a. a. O. 112.

oft (z. B. in der Ordnung der Kistenmacher in Lübeck 1508)[1]) für die Aufnahme des Lehrlinges, meistens erst für Verleihung des Meisterrechtes erwähnt.

An das Erforderniß der Freiheit schließt sich in gleicher Weise das der deutschen Zunge an. Selten ist es ausdrücklich ausgesprochen in den Handwerksurkunden des südlichen und westlichen Deutschlands, fehlt aber eben so selten im Osten und Norden, in Oesterreich, Preußen, den Hansestädten, in Schlesien, der Lausitz ꝛc., wo fast immer Slaven und Wenden ausdrücklich vom Handwerk ausgeschlossen wurden. Im Jahr 1309 verordnete der Hochmeister Siegfried von Feuchtwangen, der die Ordensregierung Preußens auf festen Fuß brachte, daß die alten Einwohner weder zu Ehrenämtern, noch zu einem bürgerlichen Gewerbe, Handwerk, Kaufmannschaft oder Gastwirthschaft zugelassen, sondern lediglich sich mit Ackerbau und Viehzucht befassen sollen[2]).

Die Freiheit ist die einzige Bedingung der Aufnahme, welche von den Handwerken nicht für ihre exklusiven Zwecke mißbraucht wurde; vielmehr waren sie darin oft sogar mehr als nachsichtig, nahmen von der Unfreiheit gar keine Notiz und brachten dadurch den Stadtrath in mannigfache Konflikte mit den reklamirenden Herren. Als Beleg für diesen wenig belangreichen Gegenstand sei eine Rathsverordnung in Frankfurt von 1609 angeführt, die zugleich vorläufig, bis zur weiteren Ausführung in dem Kapitel

---

[1]) Wehrmann a. a. O. 269.
[2]) Pauli, Staatsgesch. der preuß. Staaten IV, 150.

über Erwerbung des Meisterrechts, die oben aufgestellte Behauptung bestätigt, daß die Erwerbung des Bürgerrechtes der Zulassung zum Handwerke vorausgehen mußte: „demnach bei den Handwerkern hier die Unordnung gespürt, daß sie Personen, die bei ihnen zünftig zu werden begehren, den Rath unersucht, zu Meisterstücken zulassen, und zu sich in die Zunft angenommen, welche erst hernach, wenn das Meisterstück mit großen Kosten gemacht, bei uns um das Bürgerrecht angehalten, dessen aber wegen ihrer auf sich habenden Leibeigenschaft u. a. Ursachen halber nicht fähig werden können, und damit niemand vergebens in Unkosten gebracht werde, soll niemand zum Meisterstück zugelassen werden, so lange er nicht beim Rathe nach vorhergehendem Examen um die Bürgerschaft supplicirt und derselben von uns vertröstet wurde"[1]). Diese Verordnung zeigt, daß mit der Zeit die Handwerke die alte Vorschrift herumgedreht hatten, indem sie zuerst zu Meistern machten, ehe die Bürgerschaft erlangt war, sie stellte aber das alte Verhältniß wieder her, daß der Meister nach dem alten Ausdruck (von 1377) „es erst mit dem Rathe ausgetragen haben mußte".

Ist eben gesagt worden, daß die Forderung der Freiheit nicht, gleich den übrigen Bedingungen, mißbraucht wurde, so gilt dieß doch nur für ihre direkte Anwendung; dagegen entsprang gerade aus ihr wahrscheinlich die folgende Aufnahmsbedingung, welche unter allen die schlimmste und häufigst mißbrauchte wurde, nemlich

---

[1]) Frankfurter Archiv. Kirschner-Ordnung.

3) ehrliches (redliches) Herkommen.

Wer Bürger werden wollte, durfte nicht recht-, nicht ehrlos sein. Die Rechtlosigkeit und Ehrlosigkeit konnte aber aus zweierlei Quellen entspringen, aus dem Berufe, der Lebensstellung, oder aus eigener That. Gewisse Berufsklassen waren allgemein ehrlos und kein ihnen zugehöriges Individuum war davon ausgenommen, so die Fechter und Spielleute, die Trompeter, Pfeiffer, Lautenschläger. Die Musikanten, vielleicht auch die Pauker und Trommelschläger im Bisthum Straßburg und Konstanz erhielten erst von Papst Eugen IV. die Freiheit, zum Abendmahl zu gehen, und errichteten dann zu Stuttgart 1458 ihre erste Bruderschaft [1]). In Basel werden (1339 und 1406) als rechtlos genannt „die Buben, die ohne Hosen und ohne Messer gehen, und böse Weiber" [2]). — In Folge entehrender Handlung verlor der Bürger sein Recht.

Demgemäß verlangten auch die Handwerker den Nachweis der Unbescholtenheit, durch Briefe oder Bürgen, für Aufnahme als Meister und schlossen selbst die Verwandten und Nachkommen Bescholtener aus, daher auch schon von dem Lehrlinge ein solcher Beweis ehrlichen oder redlichen Herkommens gefordert wurde. Auch bei ihnen entsprang die Unredlichkeit oder Bescholtenheit aus dem Berufe oder aus eigener That [3]). Aber die Berufsarten, welche solche

---

[1]) Sattler, Geschichte des Herzogthums Würtemberg unter der Regierung des Grafen IV, 125.

[2]) Rechtsquellen von Stadt und Land Basel I, 19. 23. 86.

[3]) „Welcher Mann wird vernummen, daß es ihm an seine Ehre geht, hat Gilde verloren". Urkundenbuch der Stadt Braunschweig

Folge hatten, waren nicht bloß auf die von der Bürgerschaft ausschließenden beschränkt, sondern erstreckten sich weit darüber hinaus. Obenan unter ihnen stehen einige der umfangreichsten Gewerbe, welche sogar selbst Handwerke im vollsten Sinne des Wortes bildeten: die Leinweber, Müller; dann die Baber; ferner waren anrüchig die Abdecker, Schäfer, Packträger, Zöllner und überhaupt alle Stadt= und Herrendiener. Alle Personen solchen Berufs, ihre Kinder und Verwandte, diejenigen, welche solche heuratheten, waren bei den Handwerkern verachtet, bescholten, uureblich oder anrüchig und daher handwerksunfähig, und der anhängende Makel war unvertilgbar.

Auch die Handlungen, welche unreblich und damit handwerksunfähig machten, beschränkten sich nicht auf die bürgerlich entehrenden, ihre Zahl war vielmehr sehr groß und sie waren sehr verschieden in der Art. Wer mit Malefizpersonen zu thun hatte, z. B. der Bartscherer, welcher einen Delinquenten rasirte oder für den letzten Gang herrüstete; wer mit Galgen und Rad in irgend einer Weise zu thun hatte, durch Lieferung, Arbeit oder Aufstellung, freiwillig oder gezwungen; wer an einem Gefängniß oder Strafhaus arbeitete; wer mit Aas sich irgend wie zu schaffen machte, ein Thier, einen Hund oder Katze tödtete, das Fell oder Haar eines gefallenen Thieres verarbeitete; wer mit irgend einem Unreblichen dauernd oder vorübergehend, absichtlich oder zufällig in Berührung kam, z. B. mit ihm trank, auf einem Wagen fuhr, an allen

---

S. 124 nach dem Stadtrecht von 1232. — Sehr viele Handwerksrollen enthalten Sätze desselben Inhaltes.

diesen haftete die Bescholtenheit, nicht immer unauslöschlich aber immer nur durch schwere Buße zu tilgen. — Eine leichtere Art von Unredlichkeit entsprang aus Uebertretung von Handwerkssatzungen; diese Unredlichkeit konnte wieder abgewaschen werden; sie dauerte nur so lange, bis sich der Uebertretende der Handwerksstrafe unterzogen hatte; mit Geld wurde sie getilgt und haftete nie an den Angehörigen.

Wenn nun die bürgerlich Recht- und Ehrlosen auch vom Handwerke ausgeschlossen waren, so gab es daneben eine nur bei den Handwerkern geltende Ehrlosigkeit, Unredlichkeit, Bescholtenheit oder Anrüchigkeit, welche außer dem Handwerke keine Geltung hatte, und von dieser wird nun die Rede sein, wenn nicht ausdrücklich der Ausdruck „bürgerliche Bescholtenheit" gebraucht wird.

Nach einem Grunde, warum der Beruf der Spielleute, liederlichen Weiber, Baganten allgemein ehrlos waren, hat man nicht lange zu suchen, er drängt sich von selbst auf. Aber woher rührte die Verachtung der oben genannten Handwerke bei den anderen Handwerken, den Webern, Müllern und Badern, dreier Gewerben, welche in so vielen Städten sehr viele angesehene, vermögende Leute in sich faßten? Weil die bürgerliche Ehrlosigkeit aus Verbrechen, sittlichem Mangel, aus Liederlichkeit, herumtreibendem Wesen 2c. entsprang, glaubte man den Grund für die Unredlichkeit solcher Handwerke auch in Unsittlichkeit finden zu müssen, man glaubte annehmen zu dürfen, daß diese Gewerbe allgemein oder überwiegend unehrenhaft, betrügerisch ausgeübt würden, oder daß von ihrem Betrieb irgend eine Unsittlichkeit oder etwas Verächtliches unzertrennlich sei. So entstanden eigenthümliche Erklärungsarten und erhielten eine große Verbreitung, ja sie blieben bis heute die allein herrschenden.

Man leitete die Anrüchigkeit der Leinweber davon ab, daß sie so häufig von der Krätze behaftet seien, oder davon, daß sie mit dem Garne, das ihnen zur Verarbeitung übergeben wird, betrügerisch verfahren. Die Müller sollten anrüchig sein, weil sie ihre Kunden mit dem Molter, d. i. mit der Naturalabgabe, welche sie für das Mahlen vorschriftsmäßig zu verlangen hatten, stets übervortheilten. Die Badeanstalten seien gewöhnlich auch die Stätten der Unsittlichkeit, die Bader die Vorschubleister hiefür gewesen; oder nach anderer Ansicht seien sie verachtet gewesen, weil sie so unanständig, meist barbeinig einhergingen [1]. Alle diese Begründungen stehen aber auf sehr schwachen Füßen. Die Krätze, hätte sie wirklich anrüchig gemacht, wie in der That von dem Erbgrind erweislich, war doch den Webern nicht allein, vielleicht nicht einmal in gleichem Umfange eigen, wie manchem anderen *ehrlichen* Handwerke. Wenn aber der Betrug die Weber und Müller unredlich machte, wie kommt es, daß die Schneider redlich blieben, die doch so viel Tuch in die Hölle fallen ließen, ein Betrug, der so bekannt und verrufen war, wie das Moltern der Müller? Warum blieben die Bäcker unbescholten, für deren Untreu eine eigene Strafe, das Wippen, erfunden und so vielfach in Gebrauch war? Warum blieben die Tuchmacher ehrlich, gegen welche überall von der Ortsobrigkeit und von der Reichsobrigkeit so oft und nachdrücklich Gesetze erlassen

---

[1] Beneke, die unehrlichen Leute 59.

werden mußten gegen das Strecken des Tuches? Wie blieben die Krämer in Ansehen, welche die Fälschung mancher Handelsgegenstände, z. B. des Saffrans, so stark betrieben, daß man sich veranlaßt sah, Händeabhauen und selbst Ertränken als Strafe darauf zu setzen? Was die Bader betrifft, so würde der Umstand, daß die Badeanstalten auch Bordelle gewesen seien, allenfalls ein hinlänglicher Erklärungsgrund sein, wenn das wirklich in genügendem Umfang stattgefunden hat, worüber der Verf. nicht entscheiden kann, und wenn überhaupt durchaus nur Unsittlichkeit ein solcher Grund sein könnte; dagegen die Unanständigkeit, barbeinig zu gehen, kann sicher nicht hierfür dienen, denn das war wieder gar nicht den Badern allein oder vorzugsweise eigen; es war wenigstens im XIV. und noch XV. Jahrhundert ziemlich weit üblich, wie gar viele Stellen belegen. Die Leinweberordnung von Lübeck (XIV. Jahrh.) untersagt den Meistern und Gesellen barbeinig zur Kirche, auf den Markt oder zum Krug zu gehen [1]; ebenso verlangt die Leinweberordnung in Frankfurt a. M. im XV. Jahrh., daß die Knechte, wenn sie mit einer Leiche gehen, Hosen oder einen langen Rock anhaben sollen [2]. Will man etwa diese Bestimmungen, weil sie hier gegen Unredliche gerichtet sind, nicht gelten lassen, so haben die Gerber in Frankfurt a. M. dasselbe Gesetz [3]. Deßgleichen sollten die Schmiede in Danzig (1387) nicht zur Morgensprache, mit der Leiche oder zur

---

[1] Wehrmann a. a. O. 325.
[2] Frankfurter Archiv. Ordnung der Barchentweber.
[3] Ebendaselbst Gerber-Ordnung.

Kirche gehen mit dem Schurzfell oder barschinkend ¹), noch die Beutler (1412) barfuß oder mit baren Schinken zu Morgensprache oder Bruderbier kommen ²). Eine Vorschrift gleichen Inhaltes enthielt aber auch die Bader-Ordnung von Breslau (1419) und die von Bamberg (1408) ³). Endlich um zu zeigen, wie wenig anstößig die Barbeinigkeit im gewöhnlichen Leben war, sei noch ein Satz aus dem Stadtrecht von Ilm (1350) erwähnt: „auch soll niemand, der unter den Räthen sitzen soll, so er dazu entboten wird, dazu ohne Hosen oder barbeinig kommen" ⁴). — Auch für die Unredlichkeit der Schäfer suchte man einen Grund ähnlicher Art und fand: „die Schäfer sind heutigen Tages etwas verachtet, nicht daß das Geschäft an sich selbst zu verachten sei, sondern daß man gemeiniglich heutigen Tages lose Buben dazu brauchen muß, die bei der Herde verwildern, und oftmals weniger Witz haben, als ihr Vieh" ⁵).

Die Erklärung der Ehrlosigkeit aus rein sittlichen Gründen ist wohl ganz zutreffend und genügend für die Berufsarten, welche von der Bürgerschaft ausschlossen. Aber

---

¹) Hirsch, Danzigs Handel und Gewerbsgeschichte unter Herrschaft des deutschen Ordens 335 (auch bei dem weiblichen Geschlechte scheint die Barbeinigkeit vorgekommen zu sein; denn das erwähnte Statut belegt die Schwestern für dasselbe Vergehen mit gleicher Strafe).

²) Ebendaselbst 342.

³) O. Beneke, von unehrlichen Leuten 59 und L. Heffner, Über die Baderzunft im Mittelalter 35.

⁴) Walch a. a. O. VI, 29.

⁵) Garzoni, allgemeiner Schauplatz aller Künste, Professionen und Handwerke 1841, S. 573.

die Unredlichkeit und Bescholtenheit, soweit sie bei den Handwerken vorkam, kann so nicht begründet werden. Abgesehen davon, daß sich dann dieselbe auf viel mehr Handwerke hätte erstrecken müssen, wie bereits angeführt wurde, so waren noch gar viele Berufsarten bescholten, ohne daß auch mit dem äußersten Zwange ein sittlicher Grund dafür aufgefunden werden kann; man denke nur daran, daß alle Stadtdiener, Zöllner, Flurschützen, überhaupt alle Diener bescholten waren, welche Unsittlichkeit läßt sich diesen als allgemeiner Makel mit nur einigem Rechte andichten? Die Bescholtenheit muß hier vielmehr auf anderem Grunde beruhen. Es verhält sich mit obigen Erklärungsarten ebenso, wie mit den Gründen, warum das weibliche Geschlecht vom Handwerk ausgeschlossen gewesen sei. Sie wurden aufgestellt zu der Zeit, als in der That dieser Ausschluß bereits allgemein stattfand, und unter der Voraussetzung, daß er immer bestanden habe seit der Bildung der Handwerke selbst, während in der That die Frauen lange Zeit freien Zutritt zu den Handwerken hatten und erst allmählich im Verlauf von Jahrhunderten auf äußere Gründe hin, nicht durch Gesetze, sondern durch den Gebrauch jener Ausschluß sich einstellte. Aehnlich ist es im vorliegenden Falle. Man setzt voraus, daß die genannten Gewerbe zu allen Zeiten und überall bescholten waren. Wäre das richtig, so würde man allerdings nach einem allgemeinen Motiv hiefür suchen müssen; in der That ist aber die Bescholtenheit, der Ausschluß derselben von den übrigen Handwerken in den älteren Zeiten, noch im XIV. und XV. Jahrhundert gar nicht allgemein geltend gewesen, ja sogar nur in sehr vereinzelten Fällen thatsächlich zu erweisen; sie hat sich, wie der Ausschluß der Frauen, nur sehr langsam herangebildet, und — was besonders wichtig — sie ist sehr lange Zeit nirgends rechtlich anerkannt, vielmehr ignorirt oder als ein Mißbrauch betrachtet und behandelt worden, der sich aber allmählich so fest einnistete und so große Verbreitung gewonnen, daß es wieder Jahrhunderte dauerte, bis man ihn wältigte. Es soll daher hier, wie bei der Frage um die Berechtigung der Frauen, vor allem der faktische Zustand in den älteren Perioden festgestellt werden; dann wird sich die Unzulänglichkeit der üblichen Erklärungsarten noch vollständiger ergeben, und wird sich zugleich ein Entstehungsgrund für die Bescholtenheit als der wahrscheinliche empfehlen, welcher der Geschichte besser entspricht. Der nächste Untersuchungsgegenstand soll die Bescholtenheit der Leinweber sein, eines Handwerkes von sehr großer Verbreitung und Bedeutung, an welchem sie daher besonders auffallen muß.

In den überaus zahlreichen Handwerksstatuten und anderen Quellen bis zum XVI. Jahrh., welche hier Aufschluß geben können, begegnete der Verf. nur zweien Stellen, welche auf die Unredlichkeit oder Bescholtenheit der Leinweber Bezug nehmen. Das Statut der Gerber zu Bremen (1300) enthält den Satz: „keiner von ihnen soll seine Kunst Söhnen der Weber, Sackträger oder der Frauen, welche den Erbgrind haben, lehren" [1]. Das Landrecht

---

[1] Oehlrich: Vollständige Sammlung alter und neuer Gesetzbücher der Stadt Bremen 415: „nullus eorum instruet artem suam filios textorum seu portitorum vel feminarum, quae tineas ferre consueverunt".

von Zips (XIV. Jahrh.) spricht weniger bestimmt und beweisend, da von Aufnahme in ein Handwerk nicht die Rede ist, aber es deutet doch eine Sonderstellung der Leinweber an, indem es vorschreibt, ein Leinweber solle nicht Richter werden, er weise denn nach, daß er das Geschäft vierzehn Jahre nicht getrieben. Diese sind die einzigen statutarischen Belegstellen für die Bescholtenheit der Leinweber. Dagegen sprechen gegen dieselbe innerhalb der bezeichneten Periode viele und gewichtige Umstände. Zunächst werden überall nur die Leinweber als anrüchig aufgeführt; diese waren aber in den Städten meist von den Wollenwebern und Baumwollenwebern gar nicht getrennt; dann aber nahmen die Leinweber in sehr vielen bedeutenden und maßgebenden Städten eine Stellung ein, welche sich kaum mit Anrüchigkeit verbunden denken läßt. Die nachstehenden Anführungen sollen dieß belegen.

Zu den ältesten Weberzünften gehört die in **Basel** mit einer Ordnung von 1268 [1]); hier sind aber Wollen-, Barchent-, Leinweber beisammen; im Jahr 1505 wurden ihnen durch Rathsschluß die Färber und Manger, später noch die Seiden- und Sammtweber beigesellt [2]). In **Zürich** hatten die Leinweber, Leinenhändler und Bleicher die sechste der dreizehn Zünfte, ihr Zunftmeister saß im Rathe (1336); später (1448) wurden sie mit der Wollenweberzunft in eine verschmolzen [3]). In **Freiburg** in der

---

[1]) Ochs, Geschichte der Stadt Basel I, 393.
[2]) Ebendaselbst II, 165. 167. 168.
[3]) Hofmeister, Geschichte der Zunft zum Weppen in Zürich 1866, S. 5 u. 6.

Schweiz waren (1415) Wollen- und Leinweber nicht getrennt¹). In Freiburg im Breisgau waren die Leinweber in der Tucherzunft und Wollen- und Leinweberei keine gesonderten Gewerbe, wie die Stelle (1464) beweist: „welcher Weber nicht mehr als einerlei Werk, wollenes oder leinenes, machen will, soll nicht mehr als drei Stühle haben, wer mehr als einerlei macht, mag vier Stühle haben"²).. In Konstanz waren Lein- und Baumwollenweber (1409) dieselben Personen. Als die Tucher sie verklagten, daß sie den Bogen brauchten (womit von den Tuchmachern die Wolle geschlagen zu werden pflegte), vertheidigten sie sich damit, daß sie ihn schon seit 30 Jahren für die Baumwolle benutzten³).

In Straßburg waren die Leinweber nicht nur zünftig, sondern saßen sogar im Rathe (1369 u. 1383)⁴). Sie bildeten dort die fünfte Zunft mit den Wollen-Sergewebern, Hosenstrickern, Färbern, Tuchscherern⁵). In Hagenau hatten (1426) Tucher und Weber eine Zunft; letztere waren Leinen- und Baumwollenweber⁶). In Speier sind unter den Zünften, die sich 1327 zur Abwehr der Gewalt der Patrizier vereinigten, die Tucher, Gewandner, Weber genannt. Unter den Webern sind Wollen- und Leinweber zu verstehen, wie sich aus Handwerksschlüssen

---

¹) Mone a. a. O. XV, 32.
²) Ebendaselbst IX, 178.
³) Ebendaselbst X, 184.
⁴) Schiltern, Anmerkungen zu Königshovens Chronik von Straßburg Anm. XVIII, S. 1055.
⁵) Joh. Limmäus, jus public. imper. roman. lib. VII, nro. 6.
⁶) Mone a. a. O. XVI, 181. XVII, 33.

von 1351 und 1362 ergibt, durch welche bei einem Streit mit den Tuchern von den Webermeistern der Preis für Wollen- und Leinenarbeit festgesetzt wird [1]). In den Jahren 1331, 32 und 33 wurde sogar jedesmal ein Leinweber in den Rath gewählt [2]). — In Frankfurt a. M. hatten die Leinweber eine Ordnung unter dem Titel Ordnung der Barchentweber (1377), ein Beweis, daß auch hier Leinen- und Baumwollenweber ungetrennt waren; sie mußten alle Bürger sein [3]); rathsfähig waren sie zwar nicht, theilten aber dieses Loos mit gar vielen anderen redlichen Handwerkern, z. B. Brauer, Steinmetz, Seilern [4]). Bezeichnend ist aber hier, daß 1480 die Schlossergesellen einen Leinweberknecht in ihre Bruderschaft aufgenommen haben, was nicht für seine Unredlichkeit spricht [5]). In Bingen bestand 1481 eine Ordnung der Meister des Wollen- und Leinenhandwerks. 1488 wurde in einer neuen Verfassung bestimmt, daß von jeder der zehn Bruderschaften, worunter auch die Weber, je eine Person auf Lebenszeit gewählt werden solle, mit dem Amtmann ꝛc. den Rath zu bilden; so waren auch die Weber im Rath, und 1754 als die Wollenweber und Leineweber sich lange getrennt hatten, ist in diesem Rath ein Leineweber, aber kein Wollenweber aufgezählt [6]). In Koblenz enthielt (1366) der Rath sieben

---

[1]) Mone a. a. O. XVII, 42. 56. 59.
[2]) Lehman, Chronik der Reichsstadt Speier 1711. S. 592.
[3]) Frankfurter Archiv.
[4]) Fichard, Entstehung der Reichsstadt Frankfurt 104.
[5]) Frankfurter Archiv. Ordnung der Barchentweber. Ordnung der Bruderschaft der Schlossergesellen.
[6]) Weidenbach, Regesten von Bingen 49. 51. 76.

Handwerke, darunter die Weber; daß hier die Leinweber mit inbegriffen sind, erhellt daraus, daß der Rath erst 1432 eine Theilung der Arbeit befahl, wer wollenes Gewand machte, sollte keine leinenen Decktücher machen; bei Erneuerung der Ordnung werden dann 1512 die Leinweber mit den Tuchscherern und Hutmachern als eine Zunft mit gemeinschaftlicher Herberge aufgeführt [1]). In Kölln bildeten (1396) die Leinweber mit den Ziechen- und Decktuchwebern eines der zweiundzwanzig Aemter, und hatten ein Mitglied in den Rath zu wählen [2]). Hier ist ein Fingerzeig gegeben, wie sich die Unredlichkeit der Leinweber allmählich einschlich. Im Jahr 1471 wählten die Meister und Brüder des Ziechen-, Saartuch- und Leinweberhandwerks einen Leinweber zu einem der Vierundvierziger. Die Herren vom Rathe verzögerten die Bestätigung in Anbetracht, daß seit Menschengedenken niemand vom Leinenamt zum Rathe gezogen wurde. Als die Meister und Brüder des Amtes ihre Bitte wiederholten, gestützt auf ihr Recht zur Wahl, ihren Eiden und dem Verbundbrief entsprechend, beschlossen die Herren vom Rathe, die Sache als den Verbundbrief betreffend an die alten Räthe und an die Vierundvierziger zu bringen, und als diese versammelt waren, wurde vorgestellt, daß seit Menschengedenken niemand vom Leinenamt gewählt worden, und daher der Rath den Gewählten nicht zulassen wolle. Zudem fände sich im Rathsbuch von 1417, daß, als damals die

---

[1]) Günther, Gesch. der Stadt Koblenz 84. 133. 173.
[2]) Statuta und Konkordata der H. freien Reichsstadt Kölln: Verbundsbrief der H. freien Reichsstadt ꝛc. 1396.

genannte Gaffel gleichfalls einen Leinweber gewählt, der Rath diesen Meister auch nicht zulassen wollte und als die Gaffel sich weigerte, einen anderen zu wählen, habe der Rath selbst ein anderes Mitglied von einer anderen Gaffel gewählt. Darauf wurde „um die Ehre Gottes und der Stadt zu wahren", vom Rathe, den alten Räthen und den Vierundvierzigern beschlossen, den Gewählten nicht anzunehmen, und dem bezeichneten Amte aufzugeben, einen anderen zu wählen. Zugleich wurde vertragen, daß man in kommenden Zeiten Niemanden, der das Leinenamt übt oder sich davon ernährt, zum Rathe oder den Vierundvierzigern wählen noch zulassen solle [1]). Daraus leuchtet ein, daß die Leinweber im XIV. Jahrhundert noch als vollkommen berechtigt angesehen wurden, in den Rath zu wählen und gewählt zu werden; an eine Bescholtenheit kann noch nicht gedacht werden. Noch 1417, als sie zum erstenmale zurückgewiesen wurden, war keine Rede von Bescholtenheit, sondern in üblicher deutscher Weise berief man sich nur auf den Gebrauch, weil seit Menschengedenken keine Leinweber gewählt worden. Auch in dem Falle von 1471 wird wieder nur derselbe Grund angegeben und auf den etwa fünfzig Jahre vorausgegangenen Fall Bezug genommen; der Ausschluß der Leinweber erscheint dabei noch so bedenklich, daß er als eine Aenderung des Grundgesetzes betrachtet und der ganze Rath dazu zusammengerufen wird. Die Verachtung der Leinweber scheint demnach auch zu dieser Zeit noch nicht so allgemein und so ausgesprochen gewesen zu sein als später; doch ist sie schon recht deutlich

---

[1]) Ennen, Geschichte der Stadt Köln III, 18.

zu erkennen daraus, daß nun ihr Ausschluß ganz förmlich für immer beschlossen wurde, so wie in dem Ausdruck: um die Ehre Gottes und der Stadt zu wahren. Daß aber in Kölln die Leinweber auch bei den Handwerken als anrüchig gegolten haben, dafür findet sich ein direktes Zeugniß erst Ende des fünfzehnten Jahrhunderts. Beneke[1]) führt nemlich an, daß der Rath in Hamburg 1472 und 1525 einigen Goldschmiedsgesellen Zeugniß ausgestellt habe, daß sie nicht Bartscherers-, Stovers-, noch Leinwebers-, noch Spielmannskinder seien, um ihnen dergestalt die Aufnahme in Kölln zu ermöglichen.

Bisher war nur von den Webern in den Städten der Schweiz und des Rheingebietes die Rede, aber auch in gar vielen anderen ist ihre Stellung dieselbe. In Augsburg bildeten die Weber während des XIV. Jahrhunderts die angesehenste Zunft und umfaßte die Leinen- und Kotton- oder Baumwollweber, während die Wollenweber als Loberer zur Tuchmacherzunft zählten[2]). Bei dem Kampf gegen die Patrizier um das Regiment 1368 führte ein Weber, H. Weisser, die Unterhandlungen[3]); 1369 war ein anderer von der Zunft unter den Zwölfern[4]). In jener Zeit saßen siebenzehn Zünfte im Rathe, worunter die Weber und die Loberer genannt sind[5]); noch 1491 saßen jene mit zweien von den Geschlechtern, zwei Kauf-

---

[1]) a. a. O. 61.
[2]) v. Stetten, Geschichte der Handwerke und Künste in Augsburg. 7.
[3]) v. Stetten, Geschichte von Augsburg I, 113.
[4]) Fernsdorf, Chronik von Augsburg 252.
[5]) v. Stetten, Geschichte von Augsburg I, 480.

leuten ꝛc. im Stadtgericht ¹), und 1541 erhoben sie einen
großen Streit, weil einer ihrer Meister einen Wasenmeisters=
sohn, also einen Unredlichen, in die Lehre genommen
hatte ²). — In Ulm enthielt die Zunft der Weber die
Leinen= und Barchentweber, welche mit den Wollenwebern,
Loderern oder Marnern vielfach in Streit lagen; letztere
gehörten der Kaufmannszunft an, bis sie im XV. Jahrh.
eine eigene Zunft bildeten. Die Barchentweber waren auch
Leinweber, denn Pargeth bestand aus Leinenzettel und
Baumwolleneinschuß. Die Weberzunft in Ulm schickte im
XIV. Jahrh. zwei Mitglieder in den Rath, war sehr an=
gesehen und hatte gewaltigen Zudrang, besonders von
Fremden, wodurch die Bestimmung veranlaßt wurde:
kein Bürger, der ein Handwerk treibt und erst einge=
sessener Bürger geworden ist, darf in die Weber=
zunft; und nur solche, welche bereits fünf Jahre
häusheblich in Ulm gesessen, dürfen ihre Kinder Weber=
handwerk lernen lassen, und ihnen, wenn sie ausge=
lernt, die Zunft kaufen; fremde Weber vom Lande oder
aus einer anderen Stadt, die Bürgerrecht empfangen haben,
sollen erst fünf Jahre das Handwerk nicht treiben, und
ihnen auch das Zunftrecht nicht früher bewilligt werden ³).
Ein rathsfähiges Handwerk von solchem Umfange, solchem
Zudrange auch von Nichtwebern kann nicht bescholten ge=
wesen sein. — In München waren bis zum XV. Jahrh.
Wollen= und Leinweber vereinigt; erst 1443 trennten sie

---

¹) v. Stetten, Geschichte von Augsburg I, 232.
²) Ebendaselbst I, 359.
³) Jäger, Ulms Verfassung, bürgerliches und kommerzielles
Leben 1831, S. 205. 209. 210. 233. 636. 739.

sich in die Weberzunft, welche Leinen und Baumwolle verarbeitete, und in Loberer; der Uebergriff von einem Handwerk in das andere wurde untersagt ¹). In Regensburg war Leinen- und Baumwollenweberei ein Handwerk; erst 1463 unterschieden sie sich insoweit, daß der Barchentweber mit drei Stühlen Barchent und mit einem Stuhle Leinwand, dagegen der Leinweber mit drei Stühlen Leinwand weben durfte ²). Auch in Wien waren noch 1403 Leinweber und Barchentweber eine Zeche ³). — In Nürnberg erscheinen die Weber erst spät in nennenswerthem Umfange; 1488 wanderten an vierhundert Meister aus Schwaben, besonders aus Augsburg, daselbst ein, weshalb sie Schwabenweber hießen; auch sie waren, wie in Augsburg, zugleich Leinen- und Baumwollweber ⁴).

In Erfurt war Baumwollen- und Leinweberei nicht getrennt; erst 1356 wurde bestimmt, daß die Arbeit getheilt werden solle, und daß, wer in Zukunft das eine oder andere Handwerk treiben wolle, die Innung des Handwerkes kaufen solle, das er treiben will ⁵). In Halle durfte nur weben, wer Bürger war (1364) ⁶). — In Göttingen erscheinen die Gildmeister der Leinwandweber, Kaufleute, Bäcker, Wollenweber und Schuhmacher bei ge-

---

¹) Schlichthörle a. a. O. II, 327.
²) Gmeiner, Chronik von Regensburg III, 242 Anm. 374 Anm.
³) Hormayer, Gesch. v. Wien III, 3. Heft, 56.
⁴) Gatterer, technologisches Magazin I, 619.
⁵) Walch a. a. O. II, 51.
⁶) Lambert in Mittheilungen aus dem Gebiete historisch antiquarischer Forschungen, herausgegeben von dem thüringisch-sächsischen Verein XI, 431.

meinsamen Beschlüssen unterschrieben (1355)¹). Ein Leinweber wurde von den Kaufleuten verklagt, daß er Leinengarn gekauft, gewebt und ausgeführt habe; er vertheidigte sich damit, daß er Bürger in Göttingen sei und Gilde habe²). Dieser Fall wird zur Erklärung der Stellung der Weber in dem Folgenden mit benutzt werden. In Schweidnitz und Breslau waren wieder Leinen- und Baumwollweber nicht geschieden, die Ziechner sollen alle feilhalten: Ziechen, Tischlaken, Barchent, Zwillich ɔc., also Leinen- und Baumwollgewebe. Die Schweidnitzer Weberordnung verbietet die Aufnahme unehrlicher Leute³). In Danzig (1377) durfte kein Ehrloser unter den Leinenwebern aufgenommen werden; wer Meister werden wollte, mußte Bürgerrecht und Gilde kaufen⁴). Die Rolle der Leinweber zu Lübeck (XIV. Jahrh.) verlangt, wer aufgenommen sein will, soll beweisen, daß er ächt und recht geboren, deutsch und nicht wendisch, er sei Mann oder Frau, und ehrenwerth. Kein Leinweber soll innerhalb der Landwehr wohnen, er sei denn Bürger und habe Amtsgerechtigkeit, niemand soll außer der Landwehr das Werk arbeiten; wer im Amte wäre, der hauste und hofte unechte Leute, bezahlt ein halb Pfund Strafe⁵). — In

---

¹) Urkundenbuch des historischen Vereins für Niedersachsen, Heft VI, Urkunde 198.
²) Puffendorf, observationes III, Appendix 213.
³) Codex diplomatic. silesiae XI, 81.
⁴) Hirsch a. a. O. 339.
⁵) Wehrmann a. a. O. 321, 23, 24.

Hamburg hatten sie schon 1375 eine eigene Zunft und waren Bürger [1]).

Ueberblickt man diese Thatsachen im Zusammenhang, so erscheint es unmöglich, die faktische Stellung der Leinweber im XIV. und XV. Jahrh. mit dem Makel der Unredlichkeit zu vereinbaren. Zunächst ist dieser Makel nicht den Webern überhaupt, sondern immer nur den Leinwebern beigelegt worden; diese sind aber in den Städten während der angegebenen Periode nur selten ein getrenntes Gewerbe, oft mit den Wollenwebern, noch öfter mit den Baumwollenwebern dieselben Personen; jeder von ihnen konnte im ersteren Falle nach Belieben Leinen, Wolle oder Baumwolle, im letzteren Falle wenigstens Leinen und Baumwolle verarbeiten. Wo sich aber diese Gewerbe bereits getrennt hatten, bildeten die Leinweber immer ein Handwerk, das mit jenem der Wollenweber, der Baumwollweber oder mit irgend einem anderen wohl beleumundeten Handwerk, z. B. Bleicher, Färber, Seiler eine gemeinschaftliche Zunft ausmachte, und kamen dadurch mit diesen in so nahe und innige Berührung, wie sie sich ihrer Bescholtenheit gegenüber gar nicht erklären ließe. In allen Städten waren die Leinweber Bürger und mußten es, wie jeder Handwerksmeister, sein; überall stellte ihre Handwerksordnung dieselben Bedingungen für die Aufnahme, wie bei anderen Handwerken: eheliche Geburt, Ehrbarkeit, Freiheit, deutsche Zunge; sie schlossen die Bescholtenen aus ihrem Handwerk aus, während doch Zeugniß vorliegt, daß wohl ihrer Einer in fremder ehrbarer Handwerksbruder-

---

[1]) Benele a. a. O. 68.

schaft Aufnahme fand. Ueberall wo das Leinenhandwerk großen Umfang und städtische Bedeutung gewann, war es zur Antheilnahme am Rathe berechtigt, die amtlichen Dokumente waren von Leinwebern als Rathsherren gezeichnet und mancher von ihnen führte die öffentlichen Geschäfte. Die als Beleg hierfür angeführten Städte sind maßgebend und das Handwerkswesen in größerem Bereiche leitend, daß man wohl annehmen darf, dieselben Vorzüge seien den Leinwebern noch in gar vielen, hier nicht namentlich aufgeführten Städten zugekommen. Einer solchen ehrenhaften Stellung des Handwerkes gegenüber ist dessen Bescholtenheit nur durch die beiden angeführten Statute von Bremen und Zips zu belegen, daher man wohl sagen mag, daß in jener frühen Zeit diese Bescholtenheit in den Städten überhaupt nicht bestand.

Wie sie mit der Zeit unläugbar eintrat und allgemeine Geltung fand, das ist aus folgenden Umständen wohl zu erklären. Die Leinweberei muß in zwei gesonderten Abtheilungen betrachtet werden, in den Städten und auf dem Lande. Der Leinweber in der Stadt, als Bürger, war mit allen den Rechten begabt, welche andere Handwerker hatten; er kaufte den Rohstoff, Leinen- und Baumwollgarn, wo und so viel er wollte, verwebte ihn zu den mannichfaltigsten Zeugen, rein Leinen oder mit Baumwolle vermischt, als Göltsch, Barchent, Ziechen ꝛc., brachte sie am Orte auf den Markt, bezog fremde Märkte oder übergab seine Waare den Kaufleuten für weiteren Transport in die entferntesten Gegenden; waren doch in Deutschland, insbesondere in den oberländischen Städten, gerade diese Gewebe der Hauptausfuhrartikel nach Italien; nur der

Aermere, der nicht den nöthigen Stoff kaufen konnte, beschränkte sich vielleicht darauf, den Kunden das ihm übergebene Garn gegen Arbeitslohn zu verweben, woraus sich unter den Stadtwebern selbst wieder die Unterscheidung in Kauf- und Kundenweber herleitete. Daneben bestanden aber in großer Zahl und Verbreitung die Leinweber auf dem Lande; sie waren nicht zünftig, bildeten kein Handwerk, sie durften nicht Garn kaufen und fertige Waare auf dem Markte verkaufen oder verführen, wie sich unter anderem aus dem in Göttingen stattgefundenen, oben angezogenen Streitfall ergibt; sie empfingen von den Landleuten das Garn und arbeiteten auf Lohn, oder wurden auch vielfach von den städtischen Webern benutzt und beschäftigt. In der Nähe der oberdeutschen Städte, wo die Weberei schwunghaft betrieben wurde, z. B. um Ulm, waren die Landweber zahlreich, sie hießen Gauweber, auch Dorfweber. Da nun die Landweber überwiegend **unfrei** waren, konnten sie deßhalb in kein Handwerk aufgenommen werden, und diese Handwerksunfähigkeit knüpfte sich durch die lange Gewohnheit an ihr Gewerbe selbst an, ebenso wie die Leinweber in Kölln vom Rathe ausgeschlossen wurden, weil so lange Zeit keiner im Rathe saß. So kam der Grund ihres Ausschlusses, die Unfreiheit, allmählich ganz in Vergessenheit, die Landweber wurden an sich, als Berufsklasse, handwerksunfähig. Im fünfzehnten Jahrhundert strömten sie den Städten massenhaft zu [1]). Die Stadtweber weigerten sich wohl ihrer Aufnahme [2]),

---

[1]) Vgl. oben über die Weber in Nürnberg und Jäger a. a. O. 636.
[2]) Ebendaselbst.

manchmal sogar sehr lange; so konnte in Schweidnitz vor 1678 kein Dorfweber in dem Handwerk der Ziechner, Parchner und Leinweber aufgenommen werden; erst in dem genannten Jahre wurde ein oberamtlicher Vergleich gemacht, daß die Dorfweber in die Stadtzunft auf gewisse Art und Weise an- und eingenommen wurden [1]). Der Rath nahm sie aber meistens gerne und ohne Widerstand in die Städte auf, und so konnte ihnen auch die Zunft der Leinenweber in der Stadt die Aufnahme nicht mehr vorenthalten; sie traten in die Zunft ein und übertrugen damit auch den Makel der Bescholtenheit und die Handwerksunfähigkeit auf das ganze Handwerk, denn wer mit Anrüchigen umging, wurde selbst anrüchig; die übrigen Handwerke schlossen daher auch ihre Söhne allgemein aus, und von der Zeit an waren allerdings die Leinweber in gleicher Lage mit den wegen Unstätheit oder Liederlichkeit bescholtenen Berufsarten, nur daß sich ihre Handwerksunfähigkeit nicht von einem sittlichen Grunde herleitet, sondern davon, daß sie durch die, wegen Unfreiheit handwerksunfähigen Landweber sich in größerem Maße ergänzt hatten.

Daß aber diese Handwerksunfähigkeit der Leinweber sich nicht bloß auf die Städte beschränkte, in welchen die Mischung von Stadt- und Dorfwebern thatsächlich vor sich gegangen war, sondern sich mit der Zeit auf alle Städte erstreckte, ist leicht erklärlich aus der fortschreitenden Entwicklung der Handwerkseinrichtungen, ja erscheint sogar als eine nothwendige Folge der Erweiterung ihres Ver-

---

[1]) Friedenberg, schles. Recht II. B. XXIX, 35.

bandes. Ein solcher bestand allerdings schon im XIV. Jahrhundert, aber nur in kleineren Kreisen, er schloß nur je eine Anzahl benachbarter Städte ein und schaffte in diesen Gleichheit der Gesetze; so waren in der That z. B. in den verbündeten Städten am Rhein die Leinweber überall redlich und angesehen. Aber mit der Zeit dehnte sich die Verbindung der gleichnamigen Handwerke auf immer mehr Städte aus; insbesondere war dieß eine Folge des Wanderzwanges. Der Wanderzwang konnte nur Sinn und Erfolg haben, wenn der wandernde Geselle überall auf Annahme rechnen durfte, wo Arbeit für ihn vorhanden war. Jedes Handwerk in jeder Stadt hielt aber streng mit wachsender Pedanterie darauf, daß der Geselle zunftmäßig gelernt und sich verhalten hatte, er wurde nur angenommen, wenn er aus einer Stadt kam, in welcher sein Handwerk zünftig war, und diese Zunftmäßigkeit erkannten die Handwerke nur in der Herrschaft gewisser allgemein gültiger Gesetze über Aufnahme, Lehrzeit u. s. w. Dadurch stellte sich jene Gleichförmigkeit aller Handwerksbestimmungen, welche hierauf hinzielen, her, welche in späteren Zeiten, etwa im sechszehnten Jahrhundert, so durchgreifend ist. Wich das Handwerk einer Stadt hierin ab, so wurde es unzünftig erklärt, von dem Verband ausgeschlossen und seine Gesellen wurden weder anderwärts in Arbeit genommen, noch durften fremde Gesellen in dieser Stadt Arbeit nehmen, außer auf kurze Zeit in der höchsten Noth, widrigenfalls sie selbst überall unredlich erkannt wurden. Das wäre z. B. das Schicksal aller Gesellen einer Stadt, in welcher Leinweber als redlich betrachtet wurden, in allen anderen Städten gewesen, in welchen die Leinweber verachtet waren. Die Pedanterie ging hierin so weit, daß viel geringere Verschiedenheit als die Anrüchigkeit der Weber den Abschluß der Handwerke in verschiedenen Städten veranlaßte; hatten sich doch die Rothgerber von Oesterreich, Salzburg, Baiern, Steiermark einerseits, und die Rothgerber in Franken, Schwaben, Schweiz, Rheinland, Hessen, Sachsen und den Seestädten Bremen, Hamburg und Lübeck andererseits gegenseitig für unredlich erklärt, weil die Lehrzeit in beiden Gruppen eine verschiedene war [1]). Diese wichtige Folge der größeren Verbindungen spielt in der Geschichte des deutschen Handwerks eine wichtige Rolle, weßhalb sie an verschiedenen Stellen dieses Werkes wiederholt und näher in Betracht gezogen werden muß; daher hier nur noch ein, unmittelbar die vorliegende Frage erläuterndes, Beispiel aus einer Zeit, in welcher doch die Kraft des Verbandes beträchtlich geschwunden war. In Reutlingen hatte 1755 ein Posamentier eine Person geheirathet, welche vorher von einem Anderen geschwängert worden war; dadurch wurde er zwar unredlich und handwerksunfähig, fand sich jedoch unter Autorität des Rathes mit dem Handwerke ab; aber die auswärtigen Meister und Gesellen wollten nicht nur ihn selbst darum anfechten, sondern auch alle, so in der Stadt Reutlingen gelernt oder gestanden, als unzünftig und strafbar erklären. Die Sache ward bei dem Reichskammergericht anhängig gemacht [2]). Mit dieser Entwicklung des Verbandes und dem strammeren Festhalten an Einheit der Gesetze und Gebräuche, welche

---

[1]) A. Beier, Handwerkslexikon, Art. Rothgerber.
[2]) J. Moser, von der Reichsstädte Regierungsverfassung 831.

ein Hauptmittel zur Herstellung der Einheit auch der Mißbräuche war, konnte auch die Anrüchigkeit eines Gewerbes höchstens ganz ausnahmsweise auf eine Stadt beschränkt bleiben.

Durch den Zusammenhang zwischen Bescholtenheit und Unfreiheit läßt sich nun auch das angezogene, ganz isolirt auftretende Statut der Gerber in Bremen (1300) einfach erklären. Die Gerber waren zu jener Zeit in Bremen bereits frei, Bürger, standen unter dem Rathe und bildeten eine fertige Zunft. Dagegen hatte sich der Bischof in Bremen (1264) sein Recht über die Weber noch vorbehalten; sie waren nicht Bürger, nicht zunftfähig, standen nicht unter dem Rathe, sondern unter dem Vogte [1]); deßhalb konnten ihre Söhne von den Gerbern nicht aufgenommen werden, sie waren ihnen gegenüber in gleicher Lage mit Landwebern.

Was das zweite Statut betrifft, welches für die Bescholtenheit der Leinweber im XIV. Jahrh. angeführt werden kann, das Recht der Zipser Gespannschaft, so seien noch einige Worte über dessen Werth als Zeugniß in fraglicher Sache vergönnt. Das Statut lautet: kein Weber mag oder möge kein Richter werden, es wäre denn, daß er das Handwerk in vierzehn Jahren nicht getrieben hat und nicht mehr treiben soll [2]). Daß hier die Leinweber gemeint seien, ist wahrscheinlich, da schon früher wie noch gegenwärtig in jener Gespannschaft Leinweberei

---

[1]) Lünig, Reichsarchiv IV, Abſch. I, 121.

[2]) Krones, deutſche Geſchichts- und Rechtsquellen aus Oberungarn, im Archiv für öſterreichiſche Geſchichte XXXIV, 224 und 228.

stark betrieben wurde. Es ist nun zunächst zu betrachten, daß, wie in Kölln, nicht Handwerksunfähigkeit, sondern nur Ausschluß vom Richteramte ausgesprochen ist; aus dem Ausschluß vom Rathe oder Richteramte kann aber noch nicht gefolgert werden, daß sie handwerksunfähig oder überhaupt verachtet, bescholten, gewesen seien; das mag folgende Stelle beweisen: „Noch Vogt, noch Münzmeister, noch Zöllner, noch Ungelder, noch Müller, noch Amtmann unseres Herrn soll in den Rath kommen noch sein" [1]). Man möchte wohl hieraus folgern, daß die Müller 1270 in Hamburg unredlich erachtet wurden, aber sicher ist das nicht zulässig für Amtmann, Vogt, Münzmeister, Ungelder; der Ausschluß vom Rath und Richteramte kann daher nicht schlechthin Bescholtenheit bedeuten. Ferner ist zu beachten, daß diese Zurücksetzung hier nur das Individuum trifft, welches Leinenweberei treibt, nicht dessen Nachkommen, und sogar verschwindet, wenn das Geschäft seit einer gewissen Zeit aufgegeben ist. Die deutsche Bescholtenheit dagegen war erblich und untilgbar, daher auch die Reichsgesetzgebung wohl solche Bescholtenheit überhaupt aufhob, aber wenn sie sie bestehen ließ, z. B. bei den Abdeckern, auch die Vererbung und Untilgbarkeit anerkannte; erst im achtzehnten Jahrhundert erklärte sie die zweite Generation des Abdeckers für redlich, falls die erste Generation durch dreyßig Jahre das Geschäft nicht mehr betrieben und gänzlich aufgegeben haben würde; wer es aber einmal betrieben hatte, blieb sein ganzes Leben hindurch unredlich. Somit

---

[1]) Codex antiquissimus juris Hamburgensis vulgo liber ordaliorum 1270 in Ernst, G. v. Westphalen monumenta inedita IV, S. 2090.

hatte die Bescholtenheit der Zirpser Weber, als wirklich bestanden angenommen, jedenfalls einen anderen Karakter, und kann weder wie die deutsche erklärt werden, noch dienen, diese zu beweisen oder zu erklären, und zwar um so weniger, als dort die Deutschen von Fremden umgeben waren. Daß unter solchen Umständen ähnliche Erscheinungen oft ganz verschieden zu erklären sind und ganz verschiedene Bedeutung haben, dafür gibt England einen klaren Beleg.

Die Weber Englands waren in ähnlicher Lage, wie die Leinweber Deutschlands in ihren schlimmsten Zeiten, nur waren es dort nicht die Leinweber, sondern die Wollenweber oder vielmehr die Tuchmacher, denn die Walker und Färber standen nicht besser. Sie waren überwiegend Flamländer, im zwölften Jahrhundert in großer Zahl von Heinrich I. nach England übergeführt und in London und anderen Distrikten angesiedelt. Ihre Stellung war wenig besser als die der Sklaven, not law worthy sagt das unten angezogene Werk; kein Weber oder Walker konnte einen Bürger verklagen, sie wurden nicht als Zeugen zugelassen; wer aber reich genug war, das Handwerk zu verlassen, mußte es förmlich abschwören und die Stühle aus seinem Hause entfernen; darnach mochte man ihn, wenn er das zu Leistende geleistet, zur Stadtfreiheit zulassen. In Marlborough durften sie für niemand arbeiten, als für die Vermögenden in der Stadt, sie durften kein Eigenthum eines Penny werth besitzen neben dem, was zur Kunst der Stoffweberei gehört; in anderen Städten durften sie ihre Waare nicht aus dem Ort tragen, wurden sie darüber ertappt, wurde die Waare konfiscirt ꝛc. Der Umstand, daß die Verzichtleistung auf den Gewerbebetrieb den Weg zur bürgerlichen Stellung öffnete, ließe etwa darauf schließen, daß diesem Gewerbe ein besonderer Makel angehangen habe, wie man in Deutschland von den Leinewebern annimmt; aber die Engländer selbst leiten die Zurücksetzung nicht von einem Sittlichkeitsmotiv, sondern von dem Umstande her, daß die Weber Fremdlinge waren [1]). Die gedrückte Stellung der Weber in England dauerte bis in das vierzehnte Jahrhundert mit allmähliger Milderung fort, also während der Periode, in welcher die Lage der Weber in den deutschen Städten noch keinen Druck erkennen läßt; sie hatte sich schon völlig geändert und die englischen Weber waren schon ein angesehenes, hoch berechtigtes Gewerbe, als die Leinweber in Deutschland begannen, der Bescholtenheit in größerem Maße zu verfallen.

Die Erklärung der Bescholtenheit in Deutschland aus der Unfreiheit wird noch wesentlich unterstützt durch die Stellung der übrigen verachteten Handwerke der Müller und Bader.

Die Mühlen, meistens außer den Städten auf dem Lande gelegen, gehörten in überwiegender Menge den Grundherrn, Kirchen, Klöstern ꝛc., welche sie ihren Leuten zum Betrieb oder in Pacht übergaben; Belege hierfür anzuführen wäre überflüssig, wer sich mit Quellen beschäftigt, welche hierüber Aufschluß geben können, wird darinnen in kurzer Zeit viele hunderte von Belege finden. Die Müller, welche jene Mühlen betrieben, waren demnach, wie die Dorfweber, Unfreiheit halber handwerksunfähig. In

---

[1]) Munimenta Gildhallæ Vol. II. P. I. S. XI, dann 552, 553.

Städten waren die Mühlen vielfach Eigenthum der Stadt, die Müller waren Stadtdiener, daher nicht zunftfähig. In Kölln waren sämmtliche Mühlen Eigenthum von vier und dreyßig Familien, den sogenannten Mühlerben¹). 1253 nahm sie ihnen der Bischof ab, sie wurden halb als Eigenthum der Stadt, halb dem Bischof gehörig erklärt; später (1276) kam die Hälfte wieder an die Mühlerben zurück, welche sich darin theilten²). In Kölln kommt daher eine Müllerzunft gar nicht vor, sie gehörten nicht, gleich den Leinwebern, einem der zwei und zwanzig Aemter an.

In anderen Städten dagegen war der bürgerliche Besitz und Betrieb der Mühlen vorherrschend, da wurden denn die Müller den übrigen Handwerkern gleich angesehen und gehalten, sie mußten Bürgerrecht haben, bildeten, wenn sie zahlreich genug waren, eine eigene Zunft, oder schlossen sich hierzu mit anderen Handwerken zusammen. In Basel hatten sie zuerst 1335 mit den Bäckern, später mit den Schmieden (XV. Jahrh.) eine Zunft und zwar waren zu dieser die Mühlenbesitzer und die gelernten Müller gehalten³). In Zürich bildeten sie mit den Bäckern die vierte Zunft (1336), jedoch besorgte jedes der beiden Handwerke seine Handwerkssachen für sich, es war eine sogenannte gespaltene Zunft (so auch in Basel). Der Zunftmeister saß im Rathe. 1431 wurde bestimmt, daß die Bäcker fortan acht ehrbare Männer unter sich haben, die

---

¹) Ennen u. Eckerz, Urkunden von Kölln 317.
²) Ennen, Geschichte der Stadt Kölln II, 143. 217. 218.
³) Ochs a. a. O. II, 144.

zu Rathe gehen sollen, die Müller aber vier; wenn die Zunft einen Meister wählen will, soll jeder einen Meister wählen, er sei Bäcker oder Müller, und wer die meisten Stimmen erhält, soll es sein [1]); auch hatten Bäcker- und Müllerknechte eine gemeinsame Bruderschaft. Somit war das Müllerhandwerk noch im fünfzehnten Jahrhundert ein ehrbares, rathsfähiges Handwerk; nicht mehr so im siebenzehnten. 1607 erscheint ein Rathsdekret, daß ein Müller wohl ein „ehrlicher Mann" sein, und deßhalb ein Müllerssohn „eines geschenkten Handwerks redlich" (fähig) sei [2]). So hatte sich zwischen den angegebenen Zeitabschnitten die Bescholtenheit der Müller faktisch auch in Zürich eingestellt, und den Rath veranlaßt, sie in Schutz zu nehmen, ihre Handwerksfähigkeit aufrecht zu halten. In München waren gleichfalls die Bäcker und Müller in einer Zunft vereint [3]). Daß die Müller dort anrüchig und handwerksunfähig gewesen seien, dem widerspricht eine Urkunde des Herzogs Ludwig von 1290, welche den Schustern das Privilegium des Schuhverkaufes auf dem Münchner Markt verleiht, die Gerber davon ausschließt; in dieser Urkunde ist ein Gerber als Schwiegersohn eines Müllers angeführt, was mit Bescholtenheit der Müller nicht vereinbar ist [4]). In Augsburg ist der sogenannte erste Zunftbrief (1368) von einem Müller und einem Sägemüller mit unterzeichnet, und das Zunftsiegel neben dem

---

[1]) Hofmeister a. a. O. 6.
[2]) Ebendaselbst 10.
[3]) Schlichthörle a. a. O. I, 61.
[4]) Monumenta boica XXXIV, 2, S. 12.

Stadtsiegel und den übrigen Handwerkssiegeln angehängt¹). In Ulm bildeten die Müller eine eigene Zunft, deren Ansehen aus Folgendem sich ermessen läßt: da die Mühlen ein sehr guter Erwerbszweig waren, drängten sich die Leute aus allen Zünften, sogar Geschlechter herbei. Dieß brachte die Müllerzunft in große Verwirrung; eigentlich gelernte Müller wurden immer seltener, weil sie zurückgedrängt wurden von Reichen, die nicht einmal in die Zunft eintreten wollten. Daher wurde das Gesetz erlassen, daß jeder, der eine Mühle kaufe oder Theil daran habe und die Melze nehme, in die Zunft fahren und mit den Müllern heben und legen müsse. Wollte er die Mühle wieder verkaufen an einen biberben Mann, der Bürger- und Zunftrecht habe, soll er wieder herausfahren, und zwar der Geschlechter unter die Bürger, der Zünftler unter seine vorige Zunft, doch soll er die Zunft neu kaufen²). Eine Zunft mit solchem Zudrange, sogar Geschlechter unter ihre Mitglieder zählend, kann nicht bescholten gewesen sein. In Speier waren Bäcker und Müller in einer Zunft; noch 1429 schlugen sich die Mühl- und Bäckerknechte gemeinschaftlich gegen die Schneidersgesellen um das ausschließliche Recht, einen weißen und einen schwarzen Schuh zu tragen³). Auch in Frankfurt a. M., in Landau, in Mainz waren Bäcker und Müller beisammen, sowie in den übrigen rheinischen Städten Worms, Oppenheim,

---

¹) Chroniken der deutschen Städte IV, Beilage 133.
²) Jäger a. a. O. 233. 625.
³) Lehmann a. a. O. 907.

Bingen, Bacharach, Boppard¹), deren Bäcker mit denen in Mainz, Frankfurt und Speier im Handwerksverband standen. In Straßburg waren Müller und Oelleute in einer Zunft und rathsfähig, in den schon bei den Leinwebern angezogenen Urkunden von 1369 und 1398 ist in jeder ein Müller mit seinem Namen und dem Beisatze „der Rath" unterzeichnet²). In Eisenach hatten wieder Müller und Bäcker eine Zunft und ein Banner³). In Erfurt führten die Aufsicht über sämmtliche Mühlen zwei Anweiser, welche Müller, Bürger und Meister vom Handwerk sein mußten⁴). — Die Bescholtenheitsfrage stellt sich, wie man sieht, bei den Müllern ebenso wie bei den Leinwebern; bis zum sechszehnten Jahrhundert ist in jenen Städten, wo die Mühlen nicht von Unfreien betrieben werden, keine Spur von Bescholtenheit, von Verachtung zu finden; in späterer Zeit findet sie auch hier sich ein.

Auch in Betreff des Bader geschäftes müssen zweierlei Betriebsarten unterschieden werden, der Betrieb durch Leute des Eigenthümers und der bürgerliche handwerksmäßige Betrieb. Die Grundherrn, Klöster und Kirchen

---

¹) S. in Betreff dieser Städte: Böhmer a. a. O. 625; Mone a. a. O. XVIII, 12; Siebenkees, Beiträge zum deutschen Recht I, 44.

²) Limmäus a. a. O. VII, Kap. 3, 6 und Schiltern a. a. O. 1055.

³) Ortloff, Rechtsbuch nach Distinktionen 305.

⁴) Manuscript über Erfurts Rechte (XIV. Jahrh.) in der Universitäts-Bibliothek zu Gießen.

hatten Bäder und ließen sie durch ihre Leute bestellen; die Städte errichteten, bei dem allgemeinen ausgedehnten Gebrauche der Bäder, Anstalten auf öffentliche Kosten und hielten sie in Selbstbetrieb, übergaben sie ihren Dienern zu diesem Zwecke¹). Wo dieß der Fall war, da waren auch die Bader im XIV. und XV. Jahrhundert nicht zünftig und nicht handwerksfähig. So geschieht in Kölln der Bader, wie der Müller keine Erwähnung als Handwerk, sie gehören keinem Amte zu, während die Bartscherer, als bürgerliches Gewerbe, dem Amte der Taschner und Schwerdtfeger eingereiht waren. Jedoch erging es den Bartscherern wie den Leinwebern. Waren sie durch die Aufnahme in eines der 22 Aemter noch 1396 für den Rath wahlfähig und wählbar, so wurde dagegen 1428 vom Rathe beschlossen, daß man keinen Bartscherer zu dem Rathe noch Vierundvierzigern wählen solle, und als 1482 dennoch ein solcher gewählt wurde, ward ihm die Annahme verweigert, weil nach altem Herkommen und ausdrücklichem Rathschluß kein Bader in den Rath gewählt werden dürfe²). Das mochten sie wohl ihrer Berufsverwandtschaft mit den Badern zu danken haben, die oft selbst schoren und Knechte darauf hielten, so daß an vielen Orten beide Geschäfte in eines zusammenflossen.

In manchen Städten dagegen waren die Badeanstalten Eigenthum und Erwerbsquelle der Bürger, wurden von diesen selbst betrieben, dann bildeten auch die Bader

---
¹) Heffner, die Baderzunft in Franken 10. — Außerdem ergibt sich das hier Gesagte, wie bei den Mühlen, aus den zahlreichen Nachrichten über Verkauf und Abtretung der Bäder.

²) Ennen, Geschichte von Köln III, 12. 29.

ein Handwerk, duldeten bloß Bürger unter sich, zählten für sich oder mit anderen unter den Zünften und waren sogar rathsfähig. Hierfür folgende Belegstellen:

In Basel waren die Bader (1360) mit den Malern und Sattlern eine Zunft. Sie gingen dort mit unter dem Namen der Scherer, denn der Rath verfügte, daß jeder Scherer heißen solle, der eine Badestube halte und schere, persönlich oder durch Knechte [1]). In Zürich bildeten sie (1336) mit den Scherern, Schneidern, Schwerdtfegern, Glockengießern, Spenglern und Waffenschmieden die siebente der dreizehn Zünfte und waren rathsfähig [2]). In Ulm gehörten sie (1330) zu den siebenzehn rathsfähigen Zünften [3]). In Straßburg sind sie mit den Bartscherern zusammen und rathsfähig. Auch ihrer Einer ist in den erwähnten Urkunden von 1369 und 1389 mit unterzeichnet. In Frankfurt a. M. haben sie eine Zunftordnung 1388 [4]). In Würzburg kommt bei der Aufschwörung und dem Vertrage aller Handwerke mit dem Rathe (1373) auch der Bademeister unter den übrigen Zunftmeistern mit seiner Unterschrift und dem Siegel der Baderzunft vor [5]). In Breslau sind sie 1389, 93, 95 und 99 mit den übrigen Gildemeistern im Verzeichniß genannt [6]). In Hamburg bildeten sie 1375 eine aner-

---
[1]) Ochs a. a. O. III, 161.
[2]) Hofmeister a. a. O. 5.
[3]) Jäger a. a. O. 636.
[4]) Frankfurter Archiv.
[5]) Heffner a. a. O. 14.
[6]) Röppel, Zeitschrift des Vereins für Gesch. u. Alterth. Schlesiens IV, 186.

kannte und bestätigte Zunft, und dem erbgesessenen Bade=
meister war der Besuch der bürgerlichen Konvente ebenso=
wohl gestattet, wie jedem Haus und Erbe besitzenden
Bürger ¹). — Auch im fünfzehnten Jahrhundert erscheinen
sie noch als geachtetes Handwerk und Zunft, allein oder
mit anderen verbunden, so z. B. in Wien 1408 ²). In
Hagenau sind sie 1426 unter den rathsfähigen Zünften ³).
In Regensburg waren sie 1485 und noch 1516 im
Rathe ⁴). In Bamberg wurde 1515 eine neue Bader=
ordnung gemacht, in welcher sich das Handwerk selbst gegen
unredliche Leute abschließt. Wenn ein fremder Meister sich
niederlassen will, sollen die Geschworenen prüfen, ob er
von ehrlichen Leuten herstamme und gut beleumundet
sei; das ganze Handwerk klagt auch 1495 bei dem Rathe,
daß zur Hochzeit eines Knechtes der Scharfrichter gekommen,
sich zwischen Bräutigam und einen anderen Knecht gesetzt
habe. Sämmtliche Mitglieder baten daher, damit Ehr=
barkeit und Zucht erhalten bleibe, dem Bräutigam das
Handwerk zu verbieten. Dieser erklärt, er habe den Scharf=
richter nicht geladen, sondern er sei als Nachbar seines
Weibes von selbst gekommen und habe auch sein eigenes
Essen mitgebracht ꝛc. Der Beklagte wurde zwar nicht
ausgestoßen, aber bestraft ⁵).

Diese Thatsachen sollen und können zwar nicht be=
weisen, daß die Baber im vierzehnten und fünfzehnten

---

¹) Bencke a. a. O. 60.
²) Hormaier, Geschichte von Wien III, Hft 3, 56.
³) Mone a. a. O. XV, 33 und XVI, 181.
⁴) Gmeiner a. a. O. III, 698. IV, 291.
⁵) Heffner a. a. O. 40.

Jahrhundert überhaupt nicht anrüchig gewesen, denn dagegen würde schon der bekannte Akt König Wenzels sprechen, der 1406 dieselben durch das ganze Reich für ehrlich und dem angesehensten Handwerke gleich erklärte, weil ihn eine Badmagd aus dem Gefängnisse befreit hatte; aber sie sollen darthun, daß die Anrüchigkeit der Baber gleich jener der Leinweber und Müller durchaus nicht allgemein galt, daß sie vielmehr in vielen großen und wichtigen Städten gar nicht bestand, die Baber dort geachtete Leute und zu allen bürgerlichen Ehren und Würden berechtigt waren; sie sollen ferner darthun, daß ihre Anrüchigkeit, wo sie bestand, nicht nothwendig sittliche Makel bekundet, sondern schon aus der Unfreiheit der Personen, welche das Babergeschäft betrieben, abgeleitet werden kann.

Auch bei den Schäfern stößt diese Erklärung der Bescholtenheit und Handwerksunfähigkeit nicht auf Schwierigkeit, empfiehlt sich vielmehr gerade als die einfachste und natürlichste. Oben ist nach Garzoni ein anderer Grund für sie angeführt, welcher freilich nicht stichhaltig ist, und leicht erkenntlich die Zeichen späterer Erfindung, auf keinerlei Thatsachen gestützt, an sich trägt; dagegen war noch eine dritte Erklärungsart lange geltend, und wird noch heute für die plausibelste gehalten: daß nämlich die Schäfer deßwegen anrüchig seien, weil sie dem Schinder in das Handwerk griffen, indem sie gefallene Schafe selbst zu enthäuten und einzugraben pflegten, daher das Sprichwort: Schäfer und Schinder sind Geschwisterkinder. Diese Erklärung verdient um so mehr eine nähere Betrachtung, als sie einigermaßen ihre Bestätigung findet in einem Dekrete des Königs von Böhmen (1637) des Inhaltes,

daß die Schäferſöhne, wenn ſie ſich ehrlich und redlich gehalten, obſchon ihre Väter die verreckten Schafe abgezogen
hätten, in alle Zünfte aufgenommen und ſonſt zu allen
Würden zugelaſſen werden ſollen: damit ſtimmt auch noch
eine weitere Urkunde (1704), worin Kaiſer Leopold I.
abermals die Schäfer für ehrlich erklärte, eine Zunft aus
ihnen machte, mit dem Zuſatze: es mögen auch die Schäfers-
leute ihre Kinder anderen ehrlichen Leuten verheurathen,
und zu allen Handwerken als ehrliche Kinder aufdingen
laſſen, hingegen ſich auch der Abdeckerei des umſtehenden
Viehes wie aller unehrlichen Handlungen ſich gänzlich ent-
ſchlagen [1]). Auch A. Beier [2]) (1688) erwähnt, daß die
Schäfer anrüchig ſeien, weil ſie das gefallene Vieh (Sterb-
linge) ſelbſt einzugraben, alſo Schindersdienſte zu thun
pflegen, und weil ſie die männlichen Schafe kaſtrirten,
alſo dem Schweineſchneider in das Geſchäft griffen (der
freilich erſt ſpät ſo unglücklich wurde, unter die Beſcholte-
nen zu zählen). Somit iſt wohl anzunehmen, daß im
ſiebenzehnten Jahrhundert die Anrüchigkeit der Schäfer
von dieſem Grunde abgeleitet wurde, aber nicht, daß dieſes
der urſprüngliche Grund war. Vor dem genannten Jahrhundert geſchieht deſſen keine Erwähnung, und Garzoni,
der erſt 1641 ſchrieb, hätte, wäre dieſe Anſicht die allgemeine geweſen, ſie gewiß nicht übergangen, um jenen ab-
geſchmackten Grund, die Schäfer ſeien verachtet, weil ſie
oft dummer ſeien, als ihr Vieh, einzuſchieben. Es iſt
auch an ſich ſehr unwahrſcheinlich, daß die Verachtung

---
[1]) Friedenberg, ſchleſiſches Recht II. Buch II, 156.
[2]) Tyro Kap. VI, 82.

der Schäfer aus oben angeführter Ursache entsprungen sei. Wohl war schon im XIV. Jahrhundert in manchen Handwerksstatuten verboten, sich mit gefallenem Vieh zu befassen oder Theile desselben zu verarbeiten. Der Metzger oder Gerber, der solches Vieh schindete oder schinden ließ, der Tuchmacher, der Sterblingswolle verarbeitete, der Kammmacher, der Horn oder Klauen von gefallenem Vieh benutzte, war straffällig, selbst mit dem Ausschluß aus dem Handwerke bedroht; aber er wurde nicht bescholten, gewöhnlich konnte er seine Missethat abwaschen und jedenfalls ging ihre Wirkung nicht auf den Sohn über, wie dieß bei den Schäfern der Fall war und zur Bescholtenheit gehört. Die Vergehungen gegen dieses Verbot waren bei den genannten Handwerkern sehr häufig, besonders bei den Gerbern, die gar oft in Versuchung und Gefahr kamen und daher den Schinder so fürchteten, daß sie von ihm nur als von dem „ungenannten Mann" sprachen. Dennoch liegt kein einziger Fall vor, daß das Gerberhandwerk oder das Metzgerhandwerk deßhalb je und irgendwo bescholten war. Den Kammmachern passirte dieß, aber erst im siebenzehnten Jahrhundert und nur in Schlesien. Es ist aber nicht zu erwarten, daß gerade die Schäfer der Verachtung unterlagen auf eine Veranlassung hin, welche bei Gerbern, Metzgern ꝛc. ebenfalls und kaum seltener vorkam. Weiter spricht gegen die fragliche Erklärung eine Angabe, welche bei A. Beier sich findet [1]); er sagt: es sind drei Arten von Schäfern zu unterscheiden, die Kostschäfer, welche eigene Schafe haben und sie mit

---

[1]) a. a. O. 82.

ihrer Familie besorgen, die Pachtschäfer, deren Beschäftigung
im Namen selbst gegeben ist, und die Dienstschäfer, welche
die Herden Fremder zu weiden pflegen, und diese sind die
Unredlichen. Es ist kein Grund vorhanden, anzunehmen,
daß die Kostschäfer und Pachtschäfer ihr Geschäft anders geführt, als die Dienstschäfer, daß jene die verpönte That
nicht oder seltener vorgenommen hätten. Dagegen liegt
hier der Umstand der Unterscheidung sehr nahe, daß letztere,
die Dienstschäfer, die Schafknechte, als Unfreie handwerksunfähig waren und daß sich diese Eigenschaft um so leichter mit der Zeit auf die Schäferei überhaupt übertrug, als
hier nicht einmal ein Unterschied zwischen Stadt- und
Landschäfer bestand. Die Schäferei war nie und nirgends ein
Handwerk, sie war immer ein bäuerlicher Beruf im vollsten
Sinne des Wortes, sie wurde von Bauern und Bauernknechten
geübt. Daher kommen auch in älterer Zeit nirgends
redliche Schäfer vor, sie waren stets und überall handwerksunfähig. In späterer Zeit — nicht vor dem XVII.
Jahrhundert — wurden sie wohl in Verbindungen mit
fester Ordnung zusammengefügt, welche (z. B. in Würtemberg 1651 und 1723) Bruderschaft oder auch Zunft, Zeche
(in Schlesien 1704) genannt wurden; aber gerade diese
Ordnungen bestätigen, daß es sich nicht um eine städtische
Zunft, ein Handwerk handelt, und daß in die Verbindung,
obwohl in so später Zeit auch freie Schäfermeister und
Knechte vorkamen, doch noch so viele Unfreie einge-
mischt sind, daß ihrer mit besonderen Sätzen und Gesetzen
gedacht werden muß. Ein paar Artikel der Schäferzeche
in Schlesien mögen dieß darthun. Sie enthält die Vorschrift, daß jeder regelmäßig drei Jahre lernen, dann

dienen müsse und nach bestandener Probe zum Meister vorrücken könne; diese Bestimmung hat sie mit jeder Handwerksordnung gemein, nur daß im Handwerk das Gesetz allein maßgebend ist, während die Schäferordnung zugleich der Herrschaft oder Obrigkeit das Recht gibt, daß sie jeden, den sie will, zum Gesellen und zum Meister machen kann, die Meister haben ihn auf ein Certifikat solches Inhaltes hin sofort aufzunehmen ohne Examen. Ein solches Recht, von Lehrzeit, Dienstzeit, Meisterstück zu dispensiren kommt aber in keinem Handwerke, das aus freien Bürgern besteht, vor. Ein anderer Artikel derselben Ordnung weist die Anwesenheit Höriger ganz direkt nach: Unterthanen müssen so lange bei der Schäferei bleiben, als die Obrigkeit und der Meister haben will, freie Meister müssen der Herrschaft ein halbes Jahr vorher kündigen, freie Knechte vom Meister einen Abschied nehmen und dem Zechmeister vorzeigen [1]). Wenn nun noch im achtzehnten Jahrhundert die Unfreien dermaßen unter die Schäferei vertheilt waren, daß besondere Gesetze für sie gemacht werden mußten, so darf man um so sicherer behaupten, daß in den älteren Zeiten ein besonderer Grund, die Schäfer vom Handwerk auszuschließen, gar nicht nöthig war, sie waren ohnehin als Unfreie handwerksunfähig, und diese Eigenschaft verknüpfte sich im Verlaufe der Zeit mit ihrem Berufe überhaupt. So war es einfach der Gebrauch, auf den man sich auch stets nur berief, welcher die genannten Erwerbsarten allgemein vom Handwerk ausschloß; er war entsprungen aus einem bürgerlichen Gesetz, das dann aus

---

[1]) Friedenberg a. a. O.

dem Gedächtnisse entschwand. Als aber 1548 ihre Unredlichkeit vom Reichstage aufgehoben wurde, hörte der Gebrauch deßwegen noch nicht auf, und nun kam man wohl darauf, Gründe des Ausschlusses erst aufzusuchen. Aus dieser Zeit mögen die verschiedenen Erklärungsarten, von welchen die Rede war, stammen, wenigstens kommen sie früher nicht vor, und so lag es auch nahe, für die Schäfer die Behandlung gefallener Thiere herbeizuziehen, wodurch sie dem Abdecker nahe kamen, der noch mehr als zweihundert Jahre länger anrüchig blieb. Als auch solcher Grund nicht mehr zog, indem ihn kaiserliche Dekrete als unzulässig erklärten, halfen sich die Handwerke in anderer Weise, sie behaupteten in jedem einzelnen Falle, wenn die Obrigkeit auf Annahme eines Schäfersohnes drang, daß sie derzeit keinen Lehrjungen bedürften[1].

Die bisher betrachteten Berufsarten, insbesondere die Leinweberei, Baderei und Müllerei haben das Besondere, daß sie selbst nicht nur städtische Gewerbe, sondern sogar Handwerke in dem Sinne waren, wie er in vorliegendem Werke immer mit dem Worte Handwerk verbunden ist, sie boten deßhalb ein besonderes Interesse dar. Außer ihnen gab es aber noch sehr viele andere Berufsarten, welche allmählich in den Kreis der Bescholtenen eintraten, welche aber um so kürzer behandelt werden können, da sie nur insofern hier von Interesse sind, als sie die bisher ausgesprochene Ansicht über Entstehung der Bescholtenheit unterstützen oder wanken machen können. Der Scharfrichter wurde erst im XIV. Jahrh. unredlich, obwohl bis dahin

---

[1] Friedenberg a. a. O.

seine Funktion vom jüngsten Schöffen oder demjenigen, der etwa wegen Mordes eines Verwandten Klage gestellt hatte, mit allen Ehren geübt wurde. Der Abdecker scheint schon seit den frühsten Zeiten verachtet gewesen zu sein; beide waren es nicht bloß bei den Handwerkern, sondern ganz allgemein, und nicht vor dem Ende des XVIII. Jahrhunderts wurde versucht, ihre Söhne oder Angehörigen den Handwerken aufzudrängen. Nun reihten sich aber im Verlaufe der Zeit eine Menge andere Bescholtene an, als: Zöllner, Landgerichts- und Stadtknechte, Gerichts-, Frohn-, Thurm-, Holz-, Feldhüter, die Förster[1]), Todtengräber, Nachtwächter, Kirchner, Schweinschneider, Marktschreier, Zahnzieher, Wurzelkrämer, Gaukler, Seiltänzer, Schauspieler, Reimsprecher, Zigeuner, Gassenkehrer, Bachfeger. Sie alle waren handwerksunredlich, ihre Söhne konnten in keinem ehrlichen Handwerke Aufnahme finden. Wer wollte, auch mit Benutzung aller Betrugswörterbücher, es unternehmen, für alle diese Leute eine zur Begründung ihrer Handwerksunfähigkeit genügende Betrugsart oder Unsittlichkeit aufzufinden? Für Bachfeger und Gassenkehrer mag man etwa die Unreinlichkeit der Beschäftigung geltend machen, obwohl die Handwerke in älteren Zeiten darin nicht so zartfühlend waren, vielmehr die meisten Meistersfrauen ganz ähnliche, gleichwerthige Funktionen gar oft, wenn nicht regelmäßig, selbst vornahmen. Die Marktschreier, Zahnzieher, Gaukler, Seiltänzer, Zigeuner mochten vielleicht ihres unsteten herumziehenden, leichtfertigen Lebens

---

[1]) (In Baiern) Beier a. a. O. Ausgabe 1717, S. 67.

halber, den Spielleuten gleich, verachtet gewesen sein, wie denn in der That viele von ihnen nicht bloß vom Handwerke ausgeschlossen waren; aber für Zöllner, Gerichts-, Frohn-, Thurm-, Holz-, Feldhüter, für Gerichts- und Stadtknechte, für Todtengräber und Nachtwächter läßt sich kein anderer Grund auffinden, als ihr Dienstverhältniß; die Wirkung der Unfreiheit wurde auf alle D i e n s t e ausgedehnt; findet sich doch sogar, daß schlechthin alle S t a d t dienste, alle H e r r n dienste und sogar der K r i e g s d i e n s t handwerksunfähig machten. Schon 1525 sah sich der Rath in Augsburg veranlaßt, gegen den Mißbrauch einzuschreiten, daß die Handwerke die Gesellen, so Herrendienst genommen, als unredlich in Strafe zogen [1]). Die Rede des Altgesellen der Schneider in Nürnberg [2]) weist die Gesellen zurück, welche in Herrn- oder Kriegsdienst waren, auch die Reichsverfügungen späterer Zeit (1751) nehmen auf diesen Gebrauch Bezug. Solche zeitweise ausgetretene Handwerker wurden zwar nicht gänzlich bescholten, aber sie mußten schwer bezahlen, oft wieder von Neuem lernen. Dieser Umstand wird gewiß die oben versuchte Erklärung der Unredlichkeit nur unterstützen.

Man möchte nun wohl fragen, wozu diese weitläufige Auseinandersetzung über die Entstehung der Anrüchigkeit dienen solle, da es doch ziemlich gleichgültig, ob Weber, Müller und Bader in Folge ihres Betragens oder ihrer Unfreiheit halber handwerksunfähig waren; immer ist es doch gewiß, daß sie es waren und daß die Bescholtenheit zu

---

[1]) v. Stetten, Geschichte von Augsburg I, 301.
[2]) Gatterer, technolog. Magazin II, 128.

großem Mißbrauch und schwerer Bedrückung führte. Darauf wäre in der That keine rechtfertigende Antwort zu geben, wenn es sich lediglich um die Geschichte des Handwerkes, um Aufzählung seiner Thaten und Missethaten handelte; diese sind aber für vorliegende Schrift nur Mittel zum Zweck, denn es handelt sich gerade um den Geist, aus welchem die Thaten und Missethaten, alle Einrichtungen des Handwerkes entsprungen sind. Die Erklärung der Bescholtenheit aber, wie sie etwa vom Ende des XVI. Jahrhunderts an üblich ist und wohl der damaligen Ansicht allgemein entsprechen mag, würde mit dem Geist des Handwerkes, wie er sich in der vorausgegangenen Zeit kund giebt, in grellem Widerspruche stehen. Die schlagendsten Belege werden sich im Verlaufe dieses Werkes dafür ergeben, daß bis gegen das XVI. Jahrhundert hin die Handwerke sich stets bestrebten, sich auszudehnen, statt sich einzuengen, daß sie alles thaten, was die allgemeinen bürgerlichen Gesetze gestatteten, um den Eintritt zu erleichtern, den Zutritt zu fördern, den Abzug zu erschweren. Da wäre denn eine auffallende Anomalie ein Gebrauch, durch den die Handwerke sich nicht nur gegen Nichthandwerker, sondern gegenseitig, Handwerk gegen Handwerk, abgeschlossen hätten. Wohl kommt es vor, daß e i n Handwerk sich gegen alle übrigen abschloß, sich bloß durch die Söhne desselben Handwerks ergänzte, und auch das war eine so seltene Ausnahme, daß ihm bei Feststellung des Charakters der Handwerke im Allgemeinen gar kein Einfluß zugemessen werden darf; aber daß a l l e Handwerke sich gegen eines oder einige abgeschlossen hätten, dazu gegen den Willen der Obrigkeit, das würde zu sehr dem Geiste, der sich in den übrigen Einrichtungen zeigt, zuwider sein. Auch wird sich ohne große Mühe und zu voller Genüge ergeben, daß den Handwerken gar nicht das Recht zustand, solche Beschränkungen aus eigener Machtvollkommenheit einzuführen, daß sie vielmehr, in der bezeichneten Periode, gehalten waren, jeden Bürger in ihre Reihen aufzunehmen, womit wieder nicht vereinbar ist, daß sie gegen den Willen des Regimentes ganze Klassen von Bürgern auf Grund einer solchen Sittencensur, wie sie ihnen unterlegt wird, ausgeschlossen hätten. Dieses Raisonnement hat den Verfasser veranlaßt, zunächst die Thatsachen selbst festzustellen, und das führte schon zu dem Resultate, daß der Bescholtenheit für die ältere Periode ein viel zu großer Umfang zugesprochen wird, daß sie gar nicht so allgemein galt. Auf das richtige Maß zurückgeführt, und die Thatsachen richtig gewürdigt, bot sich dann einfach eine Erklärung der Bescholtenheit dar, welche mit dem, im Uebrigen herrschenden, Geiste des Handwerks vollkommen harmonirt.

Sämmtliche genannte Berufsarten, mit Ausnahme des Scharfrichters und Abdeckers und weniger anderer, waren nur bei den Handwerken bescholten oder verachtet, daher muß auffallen, daß sich die Behörden nicht ihrer gegen die Handwerke ernsthafter annahmen, und einer so großen Ausdehnung, wie die Sache allmählich gewann, nicht zeitig Schranken setzten; das wäre doppelt schwer zu begreifen, wenn nicht wirklich ein, auch von den Behörden anerkannter Grund, wie Unfreiheit, vorlag, welcher nur allmählich zu einem ungerechtfertigten Gebrauche führte. In einzelnen Fällen zwar, wenn Beschwerde kam um verweigerte Zulassung zum Handwerke wegen Verschwägerung mit einem

10*

Unreblichen, liegt obrigkeitlicher Entscheid vor: so z. B. in Bremen entscheidet der Rath 1440 auf Klage eines Schuhmachers gegen das Handwerk, daß dasselbe mit Berufung auf das Herkommen ihm das Amt verweigere, weil er die Tochter einer Weberin geheirathet, zu Gunsten des Klägers[1]). Ein Fall, daß etwa der Sohn eines Unredlichen einem Handwerk aufgezwungen wurde, kam dem Verf. nicht vor. Doch muß der Gebrauch schon in der ersten Hälfte des sechszehnten Jahrhunderts sehr weit um sich gegriffen, und zu schwerem Mißbrauche Anlaß gegeben haben, da 1548 die Reichspolizei einzuschreiten sich veranlaßt sah, und nun Leinweber, Müller, Barbierer, Bader, Schäfer, Zöllner, Pfeiffer und Trumeter für redlich, ihre Söhne für handwerksfähig erklärte; die übrigen genannten Unredlichen wurden, ebenfalls vom Reiche, in verschiedenen Perioden, 1577, 1732, 1772 redlich gesprochen.

Der Erfolg des Reichspolizeigesetzes von 1548 ist wohl der Beachtung werth. Keine Rede davon, daß die Handwerke dem darin ausgesprochenen Befehle nachgekommen wären, vielmehr hielten sie mit aller Hartnäckigkeit, und nun auch mit dem bereits sehr bemerkbaren Geiste der Exklusivität, der Absicht, den Eintretenden Hindernisse in den Weg zu legen, an ihrem Gebrauche fest; ja es wurden immer neue Berufsarten in den Kreis der Unredlichen gezogen, deren erst im Gesetze von 1732 Erwähnung geschieht. Auch war ein anderer Erfolg kaum zu erwarten. Es ist schon angeführt worden, wie sich seit Einführung des Wanderzwanges die Handwerke durch alle Städte

---

[1]) Böhmert a. a. O. 63.

Deutschlands in immer engere Verbindung gesetzt hatten, wie die Institutionen und Gebräuche sich immer gleichförmiger gestalteten, und jedes Handwerk einer Stadt, das sich von diesen, dem gleichnamigen Handwerke in anderen Städten gemeinsamen Einrichtungen, Vorschriften und Gebräuchen lossagte, aus dem Verbande ausgeschlossen, unzünftig erklärt und damit in sehr viele Unannehmlichkeiten und Nachtheile gebracht wurde [1]). Dieser Umstand und die mangelnde Einheit im Verfahren der vielen Obrigkeiten vereitelten nicht nur den gewünschten Erfolg des Gesetzes von 1548, sondern wandelten ihn in den entgegengesetzten um. Hätte der Rath einer Stadt etwa die Bestimmungen trotz des heftigen Widerstrebens der Handwerke durchgeführt, was wohl möglich gewesen wäre, so hätte er damit seine Handwerke mit denen der anderen Städte in Widerspruch, in deren Strafe gebracht; deßhalb ignorirten die Behörden nicht nur das Gesetz, sondern der Handwerksbrauch wirkte auf sie zurück, sie erkannten selbst die Bescholtenheit, wie sie in diesem ausgesprochen war, förmlich an und bestätigten sie. Wenn für das vierzehnte Jahrhundert gesagt werden konnte, daß außer den Gerbern in Bremen kein Handwerk in seinen Statuten die Weber, Müller 2c. für handwerksunfähig erklärte, sondern jedes nur gewahrte Ehre und guten Leumund von den Meisterschaftskandidaten verlangte,

---

[1]) Als Beleg nur ein Beispiel von vielen: Die Metzger weigerten sich (1646), einen Jungen, dessen Vater Gerichts- und Stadtknecht, dessen Großvater Oberstadtknecht war, aufzunehmen; „es möchte dasselbe dem Handwerke an ihrer Innung und bei anderen Meistern den Fleischhauern aufrücklich sein." Beier a. a. O. 74.

so beginnen im XVI. Jahrhundert die Statuten häufiger die Bescholtenheit anzuführen, und zwar Statuten, welche von der Obrigkeit oder dem Landesherrn gegeben oder wenigstens ausdrücklich genehmigt sind, und die Beschwerde der Ausgeschlossenen findet gar oft keine Stütze mehr bei der Obrigkeit.

Das Stadtrecht von Greuffen (1556) enthält den Satz: „wer Handwerk treiben will, soll des Handwerks redlich sein"[1]), dieser nun, bei den Handwerken übliche Ausdruck umfaßt alle Arten der Bescholtenheit, nicht mehr bloß schlecht Beleumdete, oder solche, die eine entehrende Handlung begangen haben. In Frankfurt a. M. schreibt die Kürschner-Ordnung von 1609 die schriftliche Beurkundung ehelicher Geburt und redlichen Herkommens vor, wovon in den vorausgegangenen Ordnungen noch nichts enthalten ist [2]); daselbst wurde (1666) einem Metzgerknecht die Aufnahme verweigert, weil er nicht vollen Beweis ehelicher Geburt noch dafür beibringen konnte, „daß er nicht vom Schäfergeschlecht abstamme"; ein anderer wurde (1707) abgewiesen, weil er nicht nachgewiesen, „daß er nicht von Schäfer, Leinweber, Pfeifer, Sänger, Reimsprecher, Schweineschneider" abstamme; ja sogar der Nachweis, daß man durch vier Ahnen nicht vom Schäfer abstamme, wurde verlangt. Die Metzger-Ordnung in Würtemberg, 1651 von dem Landesherrn erneut und verbessert, enthält: es soll im Metzgerhandwerk zu lernen dem Herkommen gemäß kein

---

[1]) Walch a. a. O. V, 93.
[2]) Frankfurter Archiv. Kürschner-O.

Junge angenommen werden, welcher eines Stadtknechtes oder Büttels Sohn, oder welchen auch andere ehrliche Handwerke nicht paſſiren laſſen ¹). Die Färberordnung in Würtemberg, 1706 vom Landesherrn erneut und beſtätigt, ſchreibt vor : kein Junge ſoll angenommen werden, er habe denn Kundſchaft ehelicher Geburt, auch daß er keines Scherganten oder die ſonſten eines leichtfertigen Handwerks, fürnämlich ſolcher Eltern Sohn nicht ſei, die mit dem Nachrichter geſtraft werden ²). Auch bei den dortigen Webern ſollte (1720) unehelichen und unredlichen Jungen ohne Vorwiſſen der geſchworenen Zunft- und Kerzenmeiſter zu lernen anzunehmen, auch dergleichen nicht eingeſchrieben werden, ohne gnädigſter Herrſchaft Befehl ³); und noch die Kammacherordnung von 1740 läßt nur Söhne von redlichen Eltern zu ⁴). Sogar die, ſelbſt anrüchigen, Leinweber zu **Dornburg** (1675) laſſen keinen Jungen in die Zunft aufnehmen, der von tadelhafter Art und Herkommen iſt, der Zunft und Innung verſagt werden können. Jedoch ſoll ſolches jedesmal in der hohen Obrigkeit Erlaubniß geſtellt werden. Vielleicht, daß hierunter nur die Angehörigen derjenigen gemeint ſind, welche entehrende Handlungen begangen. Die allgemeine Handwerksordnung in **Hamburg**, vom Rathe erlaſſen (1710), ſchreibt vor : Der Lehrling ſoll erweiſen, daß er ehelicher Geburt und ſeine

---

¹) Sammlung der Würtemberger Handwerksordnungen, 1758. S. 638.
²) Ebendaſelbſt 203.
³) Ebendaſelbſt 3087.
⁴) Weiſſer, Recht der Handwerker 451.

Eltern von keiner solchen Profession gewesen, die eine
Infamie oder levem maculam mit sich führt, worunter
aber die Bürgermeisters- und Gerichtsverwaltersbediente,
wie auch die Krahndreher und Spinnhausbediente ausdrücklich nicht gemeint seien [1]); da kamen also auch lokal
Bescholtene, die Krahndreher, vor, von denen anderwärts
nirgends in dieser Beziehung die Rede ist.

So wurde von den geringen Anfängen, die im XIV.
und XV. Jahrhundert sich finden, die Ausscheidung der
bescholtenen Berufsklassen nicht nur unter den Handwerken
immer allgemeiner, sondern errang auch durch den Gebrauch, trotz den Reichsgesetzen von 1548 und später, mehr
und mehr die gesetzliche Anerkennung von Obrigkeiten und
Landesherrn. Die Zahl dieser Berufsklassen wuchs dauernd;
ja es wurden sogar Amtspersonen davon berührt und ent-
würdigt, welche durch ihr Amt vielmehr auf die höchste
Achtung Anspruch hätten machen können, selbst Richter
wurden unter die Bescholtenen gerechnet, wie Folgendes zeigt:
in einem Bericht über das Kayserliche Centgericht in dem
Hennebergischen Dorfe Friedelhausen erzählt der Bericht-
erstatter, daß 1536 Georg und Dietz Auerochs, welche das
Centgrafenamt erblich hatten, es an Graf Wilhelm zu
Henneberg abtraten, und als Ursache gibt er an, „weilen
zu solcher Zeit die Centgerichte von sieben Orten nicht
zum tauglichsten sondern mit **leichtfertigen** Personen,
als Stadtknechte, Flurschützen, Leinwebern, Kirchnern und
Hirten besetzt gewesen, womit denn auch das **Amt des
Richters**, der mit dergleichen schlechten Leuten das Ge-

---

[1]) Lünig, Reichsarchiv XIII, 1213.

richt halten müssen, in solche Verachtung gekommen, daß solches ein redlicher Mann nicht mehr auf sich haben möge. Und dieß ist auch gegenwärtig (1740) noch eine gemeine Sage, daß in dem Würzburgischen und Hessischen kein Beamter, der zugleich bei seiner Bedienstung das Centamt zu verwalten hat, wenn er in gehegtem hochpeinlichem Halsgerichte den Stab einmal gebrochen habe, weiter befördert werde, sondern auf seine Lebenszeit in seinem Amte sitzen bleiben müsse, ob er auch noch so große Geschicklichkeit besitzet, welches ohne Zweifel von obiger Ursache herrühren mag ıc." [1]). Mag nun der Amtmann und Richter verachtet worden sein, weil er mit unredlichen Personen, wie Stadtknechte ıc. in Berührung kam, oder weil er, nachdem er den Stab gebrochen, mit denjenigen zusammen geworfen wurde, welche mit Malefizpersonen zu thun hatten, die Thatsache, daß Richter verachtet und ihre Kinder handwerksunfähig werden konnten, ist hier angenommen und als gemeine Sage angeführt, sie wird aber geradezu bestätigt in der Polizei-, Kleider- und Handwerksordnnng Churf. Georgs II. zu Sachsen 1661, Titel 21 : „Was die Leinweber, Barbierer, Schäffer, Müller, Zöllner, Pfeiffer und Bader, wie auch deren Amtsfrohnen, Stadt- und Landknechte betrifft, dieselben sollen, zufolge des heil. Reichs verbesserter Polizeiordnung 1577 bei allen und jeden Handwerken, wenn sie eheliche Geburt darthun können, und sich sonst ehrlich verhalten, unweigerlich auf- und angenommen, am allerwenig-

---

[1]) Nachrichten von dem Kaiserl. Landgericht in dem Hennebergischen Dorf Friedelhausen, entworfen von weiland k. Rath und Amtmann Schröder zu Maßfeld. Manuscript in der Universitäts-Bibliothek zu Gießen, Nr. 1127.

sten aber die Richter und Gerichtspersonen, die bei denen von Adel und Rittergüthern auf dem Lande das Beistehen verrichten müssen, oder **ihre Kinder von ehrlichen Handwerkszünften** deßwegen ausgeschlossen werden ꝛc. [1]).

Bisher war nur von den Gewerben, Aemtern und Stellen die Rede, welche mit Bescholtenheit belastet waren. Solche konnte aber auch als Folge von Handlungen eintreten, und auch hier ist wieder zu beachten, daß gewisse Handlungen ganz allgemein, man kann sagen bürgerliche Bescholtenheit mit sich brachten, während andere nur handwerksunredlich machten. Zu den ersteren gehörten alle Verbrechen, Mord, Diebstahl, Meineid, Ehebruch, überhaupt **entehrende Thaten**. Sie machten auch handwerksunfähig und zwar schon sehr früh: „Welcher Mann oder Frau seine Ehre nicht bewahrt, die wollen wir nicht in unsere Zunft haben" [2]); oder „und der aufgenommen sein will, sei ein unberüchtigter Knecht, und seine Hausfrau in gleichem echter Geburt, und in Handlungen guten Gerüchtes" [3]). Wer aber bereits als Zunftmitglied solche That vollbracht, wurde ausgestoßen. Auch die Kinder solcher Ehrlosen waren handwerksunfähig, selbst wenn sie zur Zeit des Verbrechens noch nicht am Leben waren. So war z. B. 1649 ein Leinweber wegen Mordes gerichtet worden; seine schwan-

---

[1]) Herold, die Rechte der Handwerke und ihrer Innungen, 48.

[2]) Satzungen der Gewandmacher in Frankfurt von 1355; Böhmer, codex, 655.

[3]) Rolle der Harnischmacher in Lübeck 1433; Wehrmann a. a. O. 283.

gere Frau heirathete, nachdem sie einen Sohn geboren, einen Schneider. Die Schneider verlangten nun die Ausstoßung dieses Handwerksgenossen, und die Leinweber weigerten später dem Sohne das Handwerk um der Missethat seines Vaters willen [1]). Jedoch hatten solche entehrende Handlungen nicht immer volle Bescholtenheit im Gefolge; vielfach konnten sie gesühnt, z. B. die Strafe für Diebstahl abgekauft werden; dieser Umstand, hier von geringer Bedeutung, findet eine geeignetere Stelle, wenn von Handwerksjurisdiktion und Handwerksstrafen die Rede sein wird.

Die Handlungen, welche nur handwerksunfähig machten, ohne bürgerlich zu entehren, zerfallen wieder in zwei Gruppen, deren erste alle diejenigen umfaßte, welche in Berührung mit Malefizpersonen brachten, mit solchen, welche in Hände des Nachrichters kamen. So wurde der Barbier oder Chirurg unredlich, welcher einem Gefolterten den Verband anlegte, oder ihn in anderer Weise bediente, aber nicht minder derjenige, welcher einen Selbstmörder aus dem Wasser zog, oder vom Strang abschnitt, oder überhaupt ihn berührte; ferner, wer mit dem Galgen, dem Rade beschäftigt war. Meist war die Pflicht, diese Hülfsmittel der Exekution zu beschaffen, den Handwerken gewisser Orte im Gerichtsbezirke auferlegt, z. B. den Müllern die Erstellung der Leiter, den Zimmerleuten die Herstellung des Galgens, den Wagnern die Lieferung des Rades, sowie auch die Ortschaften bezeichnet wurden, welche das Material zur Richtstelle zu schaffen hatten. Dieser Zwang entband aber nicht von der Strafe, sondern milderte sie nur.

---

[1]) A. Beier, der Lehrjunge. Ausgabe von 1717, S. 101.

Das große Handwerk der Wagner vom Unterrheinischen Kreise, von Hagenau bis Bingen, hatte darüber in der 1603 und 1660 vom Kaiser bestätigten Ordnung folgende Bestimmung: Kein Meister soll einem Scharfrichter ein besonderes Rad, Uebelthäter zu strafen, anders zustellen, als wie er Bürger und Bauern gibt, ihm auch keine Brechen fertigen, noch die Naben abschneiden, oder sonst etwas davon helfen, auch da ein Nachrichter, am Galgen ein Rad aufzumachen, einen Bohrer haben wollte, keinen dazu leihen oder geben, es sei denn Befehl nnd Geheiß der Obrigkeit, in solchem Fall mag er ihn geben, aber ihn nicht wieder annehmen, sondern Geld dafür begehren. Es soll auch kein Meister oder Geselle unter uns Rad oder Hochgericht nicht helfen aufrichten, oder sonst eine Anleitung dazu geben, ob ihm solches von der Obrigkeit auferlegt und befohlen wäre. Auf solchen Fall soll er sich, daß es wider Handwerksbrauch und demselben zum höchsten Nachtheil gereichen thäte beklagen, und fleißig darum bitten; wäre aber einer, der solches, wie oben steht, muthwillig bricht, demselben Meister oder Gesell soll das Handwerk, so lange er lebt, verboten sein; da er aber (was nicht leichtlich geschehen wird) von der Obrigkeit gezwungen wird, soll er einen Weg als den andern in der Meister und Gesellen hohe Strafe verfallen, die wir uns allewege vorbehalten wollen"[1]). Freiwilliges Verfehlen gegen das Gebot führt also zur untilgbaren Bescholtenheit, erzwungenes konnte durch eine — wenn auch hohe — Handwerksstrafe gesühnt werden. — Wie nicht an Galgen und Rad so durfte man

---

[1]) Lersner, Chronik von Frankfurt I, 487.

auch nicht an einem Zucht- oder Strafhaus oder einem Gefängnisse arbeiten, wenn man handwerksredlich bleiben wollte, und es kostete daher viele Mühe, mit zünftigen Handwerkern solche Arbeit zu vollziehen. Auch hiefür mag es an einem Beispiel genügen, das zugleich zeigt, wie man sich zu solchem Falle zu helfen pflegte; als 1722 das Amtshaus in der Rauhensträsse zu Wien neu erbaut wurde, berief zuerst der Magistrat alle Handwerker auf das Rathhaus, verlas ihnen den kaiserlichen Befehl wegen des Baues, dann verfügte sich der Unterrichter in feierlichem Zuge mit Meister und Gesellen nach dem Amtshause, zeigte ihnen, daß es von Verbrechern ganz leer sei, rief dreimal der Stadt Befehl, daß Keiner dem Anderen wegen des Baues einen Vorwurf machen solle, that dann mit seinem Stabe, Meister und Geselle jeder mit seinem Werkzeuge drei Streiche an das Haus, das damit völlig frei und ehrlich gesprochen war [1]).

Bescholtenheit solchen Ursprunges scheint übrigens erst spät aufgekommen zu sein, wenigstens hat Verf. ältere Beweise dafür nicht gefunden.

Eine andere Gruppe von handwerksunredlich machenden Handlungen bildeten diejenigen, welche dem Abdecker in seine Verrichtung griffen, deren einer die Bescholtenheit der ganzen Schäferei zugeschrieben wird, wie oben erwähnt ist. Wer mit gefallenem Vieh sich befaßte, es kaufte, selbst enthäutete oder enthäuten ließ, wer Theile desselben in das Handwerk verwendete, wurde dadurch unredlich. Das

---

[1]) v. Hormayer, Geschichte und Denkwürdigkeiten der Stadt Wien, N. 262.

Verbot solcher Handlung kommt schon sehr früh vor, z. B. in der Ordnung der Schuster-, Gerber-, Altbüsserzunft zu Striegau (1365) ¹). Die darauf gesetzte Strafe ist Ausstoßung aus dem Handwerk. Auch das Verarbeiten der Hundefelle machte die Weißgeber unredlich, wie der Reichsschluß von 1732, der diese Unredlichkeit aufhob, darthut. Dasselbe war auch den Rothgerbern in Würtemberg (1718) bei Strafe der Ausstoßung vom Handwerke untersagt ²). Daß der Grund dieses Verbotes mit dem Eingriffe in die Verrichtung des Abdeckers ursprünglich zusammenhing, wird nirgends gesagt, es ist vielmehr sehr zweifelhaft, da es sich nicht bloß um Felle gefallener Hunde handelt, und wird auch durch die älteste Erscheinung des Verbotes unwahrscheinlich gemacht. Die Gerberordnung von Bremen (1300) verbietet nämlich die Verarbeitung des Hundefelles oder des „Seehundes" ³); es scheint demnach vielmehr die Absicht untergelegen zu haben, Betrug, die Anwendung solcher Felle für Rinds- oder Kalbfelle, zu verhüten. Es ist überhaupt fraglich, ob schon in älterer Zeit solche Handlungen handwerksunredlich im vollen Umfange machten, so daß auch noch die Kinder des Uebelthäters mit betroffen wurden; daß sie aber in späterer Zeit nur mit dieser Wirkung eintraten, daß auch hierin weit übergegriffen wurde, darüber kann kein Zweifel bestehen; macht doch später nicht bloß

---

¹) Codex diplomatic. silesiae VIII, 59.

²) Würtemberger Handwerksordnungen 770.

³) Oelrichs a. a. O. 14. Item nullus operari debebit cutem canis vel animalis, quod sale vulgariter appellatur.

das Befassen mit gefallenem Vieh unreblich, sondern auch das Tödten eines Hundes oder einer Katze, wie u. a. aus der, an anderer Stelle zu erwähnenden, Taufrede zu entnehmen, welche bei Aufnahmen des Schmiedelehrlings unter die Gesellen gehalten zu werden pflegte [1]; selbst ein wüthender Hund konnte nicht ohne Folgen getödtet werden, nur daß solche That sühnbar war. Wie weit aber die Wirkung eines Eingriffes in die Abdeckerei ging, dafür folgendes Beispiel: in Erfurt weigerten 1626 die Fleischer einem Jungen die Aufnahme, weil seines Vaters Schwager dem Schinder einmal in die Verrichtung gegriffen, nämlich ein Pferd abgezogen hatte [2]. Die strenge Handhabung des genannten Verbotes gefährdete besonders die Metzger und die Gerber, letztere hatten daher eine solche Scheu vor dem Abdecker, daß sie dieses Wort nie über die Lippen brachten, sondern von ihm, wie schon erwähnt, nur als von dem „ungenannten Mann" sprachen.

Sollte das weitläufige Kapitel von der Handwerksunreblichkeit vollständig erschöpft werden, so wären hier noch die Handlungen zu erwähnen, welche nur den Thäter ausschlossen, aber nicht auf dessen Angehörige wirkten, oder sogar den Thäter selbst nur vorübergehend ausschlossen. Da jedoch zunächst nur die Bedingungen der Aufnahme des Lehrlinges Gegenstand der Erörterung sind, welche von jenen Thaten gar nicht berührt wird, so kann von ihnen vorläufig abgesehen werden.

---

[1] Fristus, Ceremoniell der Handwerke und Künste. Leipzig 1708—14. Schmiede 25.
[2] A. Beier a. a. O. Ausgabe 1717. S. 65.

4) **Bürgerliche Geburt. Geburt im Handwerke. Ein gewisses Alter.**

Eheliche Geburt, Freiheit, deutsche Zunge, eheliches Herkommen, das waren ganz allgemein gültige Erfordernisse für die Aufnahme in das Handwerk, das ehrliche Herkommen im bürgerlichen, nicht im ausgearteten Sinne der Handwerke genommen. Zwar sind Ausnahmen in Betreff der ehelichen Geburt angeführt, aber diese wirken kann nur indirekt auf die Aufnahme, indem sie immer auch das Bürgerrecht gestatten, von dem die Handwerksberechtigung in erster Linie abhing, und nach dessen Erwerbung auch das Handwerk nicht verweigert werden konnte. Sie waren aber auch die einzigen, allgemein und zu allen Zeiten gestellten Anforderungen.

Dazu kamen, aber nur örtlich, für einzelne Handwerke, noch einige weitere Bedingungen, welche trotz ihrer geringeren Wirksamkeit nicht ganz übergangen werden dürfen. Stellenweise durften nur Bürgerssöhne, oder nur Handwerkssöhne, d. h. Söhne eines Meisters aufgenommen werden, oder ein Handwerk nahm gar nur seine eigenen Söhne in die Lehre.

Die Vorschrift, daß nur Bürgerssöhne des Ortes aufgenommen werden durften, findet sich nirgends als in Nürnberg, aber da schon im XIV. Jahrhundert. Ein ganz allgemeines Handwerksgesetz jener Zeit lautet: es haben auch die Bürger vom Rathe gesetzt, es soll keiner einen Lehrknecht nehmen, er sei denn eines Bürgers Sohn" [1]. Dieses Gesetz kommt dann wieder in Statuten

---

[1] Siebenkees, Materialien zur Geschichte Nürnbergs IV, 680.

einzelner Handwerke vor, wie bei den Schmieden; daß alle Meister der Schmiede sollen keinen Knaben mehr lernen in fünf Jahren, er sei denn eines Bürgers Sohn in der Stadt. Ebenso bei den Taschnern [1]). Hier ist also gegeben, daß nicht bloß die Abstammung von einem Bürger, sondern von einem Nürnberger Bürger verlangt wurde.

Die einleitenden Worte: es haben auch die Bürger vom Rathe gesetzt, beweisen, daß diese Beschränkung nicht Handwerksbeschluß war; es ist auch schon früher bemerkt worden, daß in Nürnberg die Ordnung des Handwerkswesens nie den Handwerken selbst überblieb; diese blieben vielmehr immer streng unter der Aufsicht und in der Hand des Rathes, sie konnten nichts ohne dessen Willen und Wissen thun oder bestimmen. Der Geist des Rathes in Nürnberg war aber in Gewerbs- und Handelssachen stets der einer eigenthümlichen Abschließung gegen außen, dafür sprechen schon im XIV. Jahrhundert seine Verfügungen über Auswanderung gewisser Handwerker, das Verbot über Verkauf von Werkzeugen außer der Stadt, und vieles andere, worauf an geeigneter Stelle zurückzukommen ist; und dieser Geist ist durch die vielen Jahrhunderte herauf bis zu dem Beginn des laufenden zu verfolgen. In Bezug auf die, hier angeführte, Vorschrift bestätigt sich dieß durch die Wiederholung noch 1573, 1700 und 1727 bei dem Handwerke der Buchbinder und Futteralmacher [2]), und 1694 bei den Rothschmieden [3]).

---

[1]) Baader, Nürnberger Polizeigesetze des 14. und 15. Jahrh. 160. 166.

[2]) Gatterer, technolog. Magazin II, 92.

[3]) Ebendaselbst I, 93.

Noch beschränkender war die Bestimmung, daß nur Meisterssöhne, oder vollends nur Meisterssöhne desselben Handwerks „die zum Handwerke geboren sind", in die Lehre genommen werden sollen, und die hierfür vorhandenen Belege lassen nicht bezweifeln, daß solche Beschränkung den Handwerken nicht vom Rathe oktroirt, sondern von ihnen selbst verfügt worden ist. Zuerst kommt diese Beschränkung vor in der Handwerksgewohnheit der Bäcker der acht Städte am Rhein (1352) (in Mainz, Worms, Speier, Oppenheim, Frankfurt, Bingen, Bacharach und Boppard), sie legt dem Meister, welcher einen Knaben oder Knecht das Handwerk lehrt, die nicht zum Handwerk geboren sind, eine Strafe von 2 Pfund Heller auf [1]). Auch die Metzger in Wien hatten im XIV. Jahrhundert diesen Gebrauch, wie aus einer Urkunde Herzogs Rudolf IV. vom Jahr 1364 erhellt, worin gesagt ist: „wir wollen auch, daß die Fleischhaker die Gewohnheit, die sie von Alters her gehabt haben, d. i. daß Niemand Fleischhaker sein soll, er wäre denn eines Fleischhakers Sohn, oder hätte eine Tochter zur Ehe, fürbaß nicht mehr fürziehen ꝛc." [2]). Die Handwerke, in welchen solche Bestimmung vorkommt, Metzgerei und Bäckerei, leiten zu der Ansicht, daß die Bestimmung in Zusammenhang steht mit der eigenen Stellung dieser Handwerke, ihrem Vorknüpftsein mit dem öffentlichen Markte, den Brod- und Fleischbänken. Es sind dieß Gewerbe, in welchen sehr zeitig und

---

[1]) Böhmer, cod. diplom. Moenofrancf. 625.
[2]) v. Hormayer, Geschichte und Denkwürdigkeiten der Stadt Wien. Urkunden Bd. V, Heft 2. Urk. CXLV, S. 43.

an vielen Orten sich die Realrechte einstellten; darum trat das Bestreben hervor, den Besitz dieser Bänke, an welche das Recht des Betriebes geknüpft war, der Familie zu sichern. Noch manche Stellen sprechen dafür, daß gerade in diesen Handwerken sich die Beschränkung auf Handwerkssöhne festsetzte, wenn sie auch hier nicht erwähnt werden, weil sie nicht bestimmt genug dieselbe ausdrücken, so z. B. die Metzler in Frankfurt 1355, ihr Handwerksbrauch sagt, es soll niemand hier Fleisch feil halten, er habe denn eines Metzlers Tochter zur Ehe [1]). Das Verbot andere Jungen, als Handwerkssöhne in Lehre zu nehmen, ist hier nicht bestimmt ausgesprochen, aber kann doch wohl mit Wahrscheinlichkeit aus dem Ganzen abgeleitet werden. Eine allgemeine Ausschließungstendenz läßt sich hieraus um so weniger folgern, als gerade in Frankfurt sehr viele schlagende Beweise für den freien Sinn der Handwerke überhaupt sich finden, daher möchten jene anomalen Fälle der Bäcker und Metzger auf ihre besondere Stellung zurückzuführen sein, aus welcher sich die Realrechte entwickelten. Daß freilich auch hierin später die allgemeine Entartung der Handwerke sich äußerte, dafür möge nur die Angabe, daß in Amberg im XVI. Jahrhundert nur die Söhne der Handwerker und kein anderer ein Handwerk lernen durfte [2]), und die Ordnung der Zeugmacher in Würtemberg (1680) Zeugniß geben, welche nur Söhne inländischer Meister in Lehre zu nehmen gestattet [3]).

---

[1]) Böhmer, 625.
[2]) v. Löwenthal, Geschichte der Stadt Amberg, 365.
[3]) Würtemberger Handwerks-O. S. 4073.

Nur um alle vorkommenden Bedingungen für Aufnahme als Lehrling zu erwähnen, sei noch Einiges über das Alter des Lehrlings gesagt. Man kann darin so wenig die Absicht, viele auszuschließen, erkennen, als man der Vorschrift, daß Kinder nicht unter und nicht über einem gewissen Alter in eine Lehranstalt aufgenommen werden dürften, solche Absicht unterlegen wird, obwohl in der That wohl mancher faktisch ausgeschlossen wird. Die Altersvorschrift findet sich auch nur sehr selten, vielmehr blieb es den Meistern überlassen, das, was etwa hierbei in Betracht zu ziehen ist, zu würdigen, ob nämlich der Lehrling bereits körperlich sattsam entwickelt ist, wofür jedes Handwerk einen anderen Maßstab anlegen muß, und ob er nicht etwa bereits zu alt ist, um gefügig genug zu sein. Häufig aber nehmen die Handwerksbestimmungen auf das Alter bei Festsetzung der Lehrjahre Rücksicht, indem diese für jüngere Lehrlinge höher, für ältere niedriger angesetzt werden, auf die Voraussetzung hin, daß größere körperliche und geistige Reife auch schnelleres Erfassen der Lehre mit sich bringt.

Ein Minimum des Alters findet sich sehr selten vorgeschrieben, und nicht vor dem XVI. Jahrhundert. Ein solches gibt z. B. die Buchbinderordnung in Nürnberg (1598)[1], welche mindestens vierzehntes Jahr vorschreibt, die Zieglerordnung in Würtemberg (1589)[2], welche in

---

[1] Gatterer a. a. O. II, 92.

[2] Würtemberger Handwerksordnungen 5022, ebenso die Schreiner (1595) und die Hutmacher (1580), die Maurer und Steinmetzen (1582) in Würtemberg.

Betracht der erforderlichen Stärke fünfzehn zurückgelegte Jahre verlangt, die Ordnung der Schneider in Hohenzollern (1593) mit einem Minimum von dreizehn bis vierzehn Jahren, „damit der Lehrjunge etwas Rechtes lernen und fassen könne" [1]). Eine solche Vorschrift scheint auch ganz überflüssig gewesen zu sein, da in jener Zeit der allgemeine Drang war, die Knaben möglichst früh in das Handwerk zu bringen, damit sie möglichst schnell zu eigenem Erwerbe gelangten. Dadurch kam es auch zu solchen Klagen, wie die der Metzger: „die Kinder gingen so früh zum Handwerk, daß sie noch nicht so kräftig, ein Lamb zur Schlachtbank zu hetzen" [2]). Aber auch diese Klage gibt den Mißbrauch noch nicht in seinem vollen Umfange, denn es kam sogar vor, daß die Kinder, namentlich Meisterssöhne, noch in der Wiege liegend in das Handwerksbuch eingeschrieben wurden [3]). Ob diese Eile daraus entsprang, daß Lehrzeit, Wanderzeit und Dienstzeit immer mehr verlängert wurden, oder ob umgekehrt diese Verlängerung von den Handwerken eingeführt wurde, um jene Entartung wirkungslos zu machen, wie Beier meint, mag dahin gestellt bleiben, da es sehr schwer zu entscheiden wäre; jedenfalls war diese Ausartung Veranlassung zur Festsetzung des Altersminimums, welches aber schließlich auch überflüssig wurde durch Einführung der allgemeinen Schulpflicht, wie

---

[1]) Mone a. a. O. XIII, 314.
[2]) Beier a. a. O. 41.
[3]) Ebendaselbst und Lersner, Chronik von Frankfurt I, 479. Kammmacher.

durch die kirchliche Satzung, daß keiner vor der Confirmation zum Handwerk aufgenommen werden dürfe ¹).

Auch ein Altersmaximum ist der älteren Zeit fremd, nur ein einziger Fall seines Vorkommens ist im XIV. Jahrhundert gegeben in der Rolle der Lohgerber in Lübeck, welcher zufolge der Lehrling w e n i g e r a l s zwölf Jahre alt sein mußte, ein Maximum das kleiner, als das kleinste vorkommende Minimum ²). Im sechszehnten Jahrhundert und später findet sich wohl hier und da ein Maximum, z. B. bei den Kammmachern in Lübeck (1531), welche achtzehn Jahre hierfür festsetzen ³), und auch die Motivirung durch Handwerkssprichwort fehlt nicht, als: „alte Hunde sind schwer zu bändigen", oder: „alte Lehrlinge sind dem Meister über die Hand gewachsen" ⁴); aber immerhin kommt es seltener vor, als das Minimum. Bei manchen Gewerben wurden sogar verheirathete Lehrlinge zugelassen, oder sie durften sich während der Lehrzeit noch verheirathen, z. B. bei den Deckern in Lübeck ⁵), und bei den Maurern

---

¹) Z. B. in Württemberg durch Synodalrestript 1771 u. 72. Vgl. Weißer, Recht der Handwerker 1780.

²) Wehrmann a. a. O. 317, lat. Rolle: „ille minus quam duodecim annorum senex esse deberet." Dieser Satz ist so auffallend, daß man wohl einen Schreibfehler in der Urkunde, die Auslassung eines „non" vor dem minus vermuthen darf, so daß die zwölf Jahre nicht ein Maximum, sondern ein Minimum festsetzen sollten.

³) Ebendaselbst 344.

⁴) Beier a. a. O. 40.

⁵) Wehrmann 195: „wenn der Knecht, der unser Handwerk lernen wollte, der eine Frau hatte, die berüchtigt oder wandelbar, oder er selbst, der wäre unseres Amtes unwürdig."

und Steinmetzen in Würtemberg (1582)¹); da kann natürlich die Festsetzung eines Altersmaximums nicht erwartet werden.

5) Resultat dieses Kapitels.

Betrachtet man die Bedingungen für Aufnahme des Lehrlinges nach den hier vorgelegten Thatsachen, so wird man schon in ihnen den Charakter und die Stellung erkennen, welche dem Handwerk ursprünglich zugehörten; die Handwerker waren abgeschieden einerseits von dem Adel, andererseits von den Unfreien, dem erstern zuerst untergeben als dem Inhaber der öffentlichen Macht, dann mit ihm um diese Macht kämpfend, die Unfreien, als unter ihnen stehend, stets aus ihren Reihen fernehaltend. Sie waren nur Bürger, nicht ein gesonderter Handwerkerstand, daher enthalten auch ihre Aufnahmebedingungen nichts, als daß der Aufzunehmende bürgerschaftsfähig sei. Alle die Bedingungen, welche für das Bürgerrecht erforderlich waren, waren auch die Bedingungen für den Eintritt in das Handwerk, weil eben der Handwerker Bürger sein oder werden mußte, aber mehr wurde auch nicht verlangt: nämlich eheliche Geburt, Freiheit und Deutschthum, Ehrenhaftigkeit (Unbescholtenheit); kein Handwerk in irgend einer Stadt, in welchem diese nicht gefordert, aber auch keines, in welchem mehr gefordert wurde. Nicht für das Handwerk waren sie erforderlich, das ersieht man daraus, daß auch unehelich Geborene und Unfreie das Handwerk er-

---

¹) Würtemb. Handwerksord. 581: „wenn ein Lehrjunge während der Lehrzeit heurathet, muß er dennoch die zwei Jahre auslernen" ic.

lernen und später üben durften; aber Meister des Handwerks konnten sie nicht werden, denn das erforderte eben Bürgerrecht. Mit der Zeit änderten sich Karakter und die Stellung des Handwerks; es betrachtete sich als einen gesonderten Stand innerhalb des Bürgerthums, es setzte sein Interesse dem Interesse der Bürgerschaft oft entgegen, und über dasselbe. Das drückt sich bei der Aufnahme zum Meister auch in neuen Anforderungen aus; bei der Aufnahme als Lehrling erkennt man die geänderte Stellung nur in der Deutung und Anwendung der alten Bedingungen im Sonderinteresse des Handwerkes, im Mißbrauch der altherkömmlichen Berechtigung.

Zweites Kapitel.
Aufnahme in das Handwerk.

In der Erinnerung unserer Zeit existirt der Handwerkslehrling fast nur als ein übermäßig geplagtes Geschöpf. Ein Sklave des Meisters, der ihn zu allem, was ihm dienlich däuchte, gebrauchen durfte, zur Feldarbeit wie zur Handwerksarbeit, gleichgültig ob der Lehrling für seinen Zweck dabei etwas lernen konnte oder nicht, benutzt von der Meisterin zu Küchen- und Hausarbeiten wie in der Kinderstube, Gegenstand der rohen Späße und der Mißhandlung der Gesellen, denen er auch mannichfache Dienste leisten mußte, war er vielmehr ein Dienstbote für alle in das Meisters Hause, als ein Lehrling, besonders wenn er in der ungünstigen Lage war, kein Lehrgeld bezahlen zu können, sondern während der Lehrzeit und in dem darauffolgenden Dienstjahre durch Leistungen seines Meisters Mühe und Ausgaben ersetzen zu müssen. Die Frucht seiner Lehrzeit für ihn war dann allerdings meist eine sehr geringe, soweit es sich um erworbene Handfertigkeit im Gewerbe handelt, wenn auch nicht zu verkennen ist, daß sich dabei sein Karakter besonders in der Kunst des Gehorsams und Ertragens sehr entwickelte, und daß er den Genuß daraus zog, später diese Kunst in anderen Lehrlingen gleichfalls im vollsten Maße ausbilden zu können. Diese Karakterentwickelung scheint schließlich sogar als vorzüglichster Zweck der Lehrlingseinrichtung angesehen worden zu sein; wer nicht die übliche strenge und harte Schule eines Lehrlings durchgemacht hatte, den hielt man nicht für fähig, einen tüchtigen Handwerksmeister abzugeben, wogegen er die technische Kenntniß und Fertigkeit zum größten Theile in den vorgeschriebenen Dienstjahren und Wanderjahren sich leicht nachträglich aneignen konnte. Daher, als sich in neuester Zeit der Streit erhob, ob mit Abschaffung der übrigen Zunfteinrichtungen auch der Lehrzwang aufgehoben werden solle, konnte man sich wohl mit Erfolg auch auf die Erfahrung stützen, daß das Lehrlingswesen nicht viel Gutes, aber um so mehr Verwerfliches in seinem Gefolge gehabt habe. Freilich kann dieser Umstand allein noch nichts entscheiden, sondern müßte erst noch untersucht werden, ob nicht mit Beibehaltung des Lehrzwanges — dem übrigens hier das Wort zu reden nicht die Absicht ist — eine entsprechendere Einrichtung des Lehrlingswesens gefunden werden könne, und zu diesem Zwecke wird — was allerdings hier Aufgabe ist — erst zu untersuchen sein, ob jene oben geschilderte Einrichtung mit dem Handwerkswesen untrennbar verbunden, ja ob sie überhaupt immer in solcher Gestalt bestanden hat, oder ob sie, gleich so vielen anderen Einrichtungen, nur die Entartung eines zweckmäßigeren Lehrlingsverhältnisses war.

Das Verhältniß des Lehrlings (Lehrknechts, Lehrknaben oder Lehrboten) zum Meister war zum Theile — ähnlich dem Verhältniß der Dienstboten zum Herrn — durch den allgemeinen Gebrauch bestimmt, der sogar oft in die geschriebenen Stadtrechte aufgenommen wurde. Es sei hier erinnert an die früher angezogenen Sätze aus dem Augsburger Stadtrecht, dem Mühlhauser Stadtrecht, der Nürnberger Reformation ꝛc., in welchen die Pflicht der Lehrknaben und Lehrmädchen ganz allgemein angegeben ist. Noch viel häufiger finden sich in den Stadtrechten Bestimmungen für den Fall, daß der Lehrling seinem Meister entweicht, sei es aus Leichtsinn, oder durch die Mißhandlung des Meisters gedrängt, auf welche Bestimmungen bald zurückzukommen sein wird. Aber diese allgemeinen rechtlichen Bestimmungen waren nicht nur nicht allein geltend, sondern sie traten sogar bald ganz zurück, und wurden durch die Bestimmungen des Handwerks ersetzt. Das Verhältniß zwischen Meister und Lehrling kombinirte sich mit dem Verhältniß zwischen Handwerk und Lehrling; nicht der Meister nahm den Lehrling an, sondern das Handwerk; ohne dessen Einwilligung konnte ein Lehrling überhaupt nicht, und nicht vom dem Meister angenommen werden, an den er sich darum gewendet hatte. Alle Punkte des Vertrages waren durch das Handwerk vorgeschrieben; Probezeit, Lehrzeit, Lehrgeld, Haltung der Lehrjungen, in keinem Falle durfte davon abgewichen, etwa ein spezieller

Vertrag abgeschlossen werden; der Meister und der Lehrling waren dem Handwerke für Einhaltung der Vorschriften verantwortlich, wogegen auch das Handwerk den Meister und den Lehrling in ihren Rechten schützte, und vorkommenden Falles für deren Schadloshaltung Sorge trug. Der Lehrling wurde ganz als ein Angehöriger des Handwerks betrachtet, über den selbst seine Eltern keine Macht mehr hatten, sondern statt ihrer der Meister, der aber nach Vorschrift und unter Aufsicht des Handwerks den Lehrling zog und unterrichtete. Diese gegenseitige Verpflichtung und Verbindung wurde um so vollkommener und strenger, je mehr sich die Autonomie des Handwerkes entwickelte; in dem sechszehnten Jahrhundert ist bereits alles, was auf den Lehrling Bezug hat, durch Handwerksbrauch oder Statut strenge festgesetzt.

Die Annahme des Lehrlings verpflichtete diesen für mehrere Jahre bei dem gewählten Meister auszuharren, und den Meister, ihn für die festgesetzte Zeit in der vorgeschriebenen Weise zu halten und zu unterweisen. Nur mit großem Schaden konnte einer von diesen beiden das Verhältniß lösen. Ehe daher von der definitiven Annahme die Rede sein konnte, mußte sich erst erproben, ob die Lust des Lehrlings zum Handwerk noch fortbestehe, nachdem er es durch nähere Beobachtung und eigenen Versuch kennen gelernt hatte, und mußte auch der Meister erst sich überzeugen, daß der Junge befähigt genug sei, das Handwerk zu lernen, und daß beide, Meister und Lehrling, die vorgeschriebenen Jahre hindurch werden mit einander leben und sich in einander finden können. Wie bei Dienstverträgen, auch wenn sie der allgemeinen Dienstordnung nach nur auf längere Zeit, auf ein halb oder ein viertel Jahr geschlossen werden konnten, die ersten vierzehn Tage als Probezeit angenommen wurden, so daß im Falle des Nichtbehagens Dienstbote und Herr innerhalb dieser Zeit kündigen, den Dienst verlassen oder aus demselben entlassen durfte, und erst nach Ablauf der vierzehn Tage, wenn keinerseits gekündigt worden, die allgemeine Vorschrift über Kündigung in volle Wirksamkeit trat, so gab es auch für den Lehrling eine, gesetzlich oder durch den Brauch festgesetzte, Probezeit, später der Handwerksversuch genannt, nach deren Ablauf erst die definitive Aufnahme in die Lehre und in das Handwerk stattfinden konnte.

Eigenthümlicher Weise ist in den oft erwähnten Handwerksstatuten von Paris, welche doch in Bezug auf die Form der Aufnahme, Lehrzeit, Lehrgeld, Entlaufen des Lehrlings ebenso allgemein bestimmte Vorschriften haben, wie die deutschen Handwerke, von dem Erforderniß solcher Probezeit nicht nur keine Rede, sondern diese ist öfter geradezu verboten; dem Lehrling ist untersagt, eine Hand anzulegen, ein Werkzeug zu gebrauchen, ehe der Vertrag formell abgeschlossen, oder, was dasselbe bedeutet, ehe von ihm die dem Handwerk zukommende Gebühr bezahlt ist [1]).

Dagegen ist in Deutschland in vielen Statuten schon vom XIV. Jahrhundert an die Probezeit vorgeschrieben, und es darf sogar angenommen werden, daß sie schon früher

---

[1]) Boileau, Reglemens etc. Vgl. Boucliers d'archal p. 60, Patenotriers de corail et de coquilles 68; Cristalliers etc. 71; Tapissiers de tapiz sasarinois 127; Tabletiers 172; Paintres et Séliers 212; Blasoniers 219; Corroiers 234.

üblich war, da in jenen Statuten auf den „Gebrauch von alten Zeiten her" Bezug genommen wird. So sagt z. B. die Ordnung der Decklachenmacher in Köln (1336): wer einen Lehrknecht nehmen will, soll ihn vier Wochen versuchen, ob er ihm eben kommt oder nicht; kommt er ihm nicht eben, soll er es den Meistern kund thun und sich des Lehrknechtes quitt machen¹). Dieses Beispiel ist von vielen andern gewählt, weil darin zwar die Probezeit ausgesprochen ist, aber einigermaßen eine Abweichung vom gewöhnlichen, wenigstens vom späteren Gebrauch vorliegt. Die Probezeit scheint hier nach Abschluß des Lehrvertrages zu beginnen, und die ersten vier Wochen der Lehrzeit in Anspruch zu nehmen, also diese zu verkürzen; gewöhnlich trat aber die Aufnahme erst nach Ablauf der Probezeit ein, und reihte sich dieser die Lehrzeit an, so daß der Lehrling dem Meister um die Dauer der Probezeit länger diente, als die Lehrzeit vorschrieb; so lauten z. B. die Bestimmungen bei den Schneidern in Frankfurt a. M. (1352, 1377 und noch 1585) dahin, daß der Meister den Lehrlinge nicht länger als vierzehn Tage halten darf, ehe er ihn in das Handwerk eintragen läßt und die Gebühr bezahlt wird²); das ist die auch in späteren Zeiten meist noch übliche Form der Vorschrift.

Mit dem Verlauf der Zeit enthalten die Statuten immer allgemeiner diese Vorschrift, wenn auch die Dauer der Probezeit stets eine sehr verschiedene bleibt. Die ge-

---

¹) Ennen und Eckerz, Urkunde zur Geschichte von Köln 399.
²) Böhmer, codex 624; Schneiderordnungen im Archiv zu Frankfurt a. M.

ringste Dauer hatten die Weißgerber in Frankfurt a. M. (1499), sie hatten nur acht Tage Probezeit; am häufigsten kommt eine solche von vierzehn Tagen, oder vierzehn Tagen bis drei Wochen vor; auch sechs Wochen sind manchmal gestattet [1]); die längste Probezeit findet sich bei den Tuchmachern in Dortmund (1597), sie darf drei Monate währen und nicht länger [2]). Dieser Beisatz: nicht länger, weist nun darauf hin, daß wohl Versuche gemacht wurden, die Probezeit möglichst lange auszudehnen, und dafür spricht auch, daß so viele Statuten noch bis tief in das achtzehnte Jahrhundert ein Maximum für die Probezeit festsetzen [3]). Die Veranlassung hierzu, das Interesse, das der Meister daran hatte, die Probezeit zu verlängern, lag darin, daß die Probezeit gesondert der Lehrzeit voranging, in dieser nicht mitzählte, während der Meister doch die Leistung des Lehrlings dabei benutzte. Wenn daher das Handwerk oder die Obrigkeit diesem Streben durch das Maximum Einhalt that, so war das ganz im Interesse des Lehrlinges. Jedoch soll damit nicht gesagt sein, daß immer nur dieses Interesse hierbei zu Grunde lag, vielmehr wird noch ein anderer Grund angegeben, der mit

---

[1]) Z. B. in Maler- und Glaser-O. in Hamburg aus dem XV. Jahrhundert in Zeitschrift für Hamburger Geschichte, neue Folge II, 322.

[2]) Fahne, Statutarrechte von Dortmund 247.

[3]) Z. B. die Glaserordnung von Göttingen, von Georg dem II. 1753 dem Handwerk auf Ansuchen verliehen, gestattet ausdrücklich nur vierzehn Tage. Gatterer, technolog. Magazin I, 651. Die meisten Statuten lauten in ähnlichem Sinne von den oben angeführten aus dem XIV. Jahrh. bis zur spätesten Zeit.

dem Handwerksgeiste späterer Zeit besser übereinstimmt: die Metzger setzten das Maximum der Probezeit auf sechs Wochen, wer sie weiter ausdehnte, sollte den Meistern Strafe bezahlen „weil bei solcher Zeit mancher schon so viel absehe, daß er einen Pfuscher abgeben könne" [1]). Diese Motivirung läßt erkennen, daß die Vorschrift erst ziemlich spät erlassen wurde. — Uebrigens wußten sich die Meister auch trotz dieser Maxima zu helfen. Es schlich sich allmählich der Brauch ein, daß, wie vor der Lehrzeit die vierzehn Tage Probezeit so am Schluß der Lehrzeit noch vierzehn oder mehr Tage frei angehängt wurden; diese Anhängetage wurden dann bei der Entlassung des Lehrjungen in den Lehrbrief geschrieben „zur guten Nachrede" [2]). Daß dieß nicht bloß Unterschleif, sondern anerkannter Brauch wurde, dafür zeugt u. a. die Färberordnung in Würtemberg, von der Landesobrigkeit (1706) erlassen, sie setzt die Freisprechung des Lehrlings erst vierzehn Tage nach dem Schlusse der vorgeschriebenen Lehrzeit an [3]). So schlich sich selbst in dieser wohlgemeinten, an sich doch ziemlich geringfügigen Sache der Mißbrauch ein.

Die formelle Aufnahme des Lehrlings nach bestandener Probezeit geschah nicht durch seinen Meister, sondern durch das Handwerk. Dieß wird begreiflich bei einem kurzen Blick auf die Stellung des Lehrlings zum und im Handwerk, wie sie oben vorbereitend gezeichnet ist. Es ist

---

[1]) A. Beier, Handwerkslexikon, Artikel: Versuch des Handwerks. Ort und Zeit dieser Metzgerregel ist nicht angegeben.

[2]) Ebendaselbst.

[3]) Sammlung würtemberger Handwerksordnungen 206.

etwas dem deutschen Handwerk allein eigenes, denn nur in ihm gehörte der Lehrling dem Handwerk an, wenn gleich auch in anderen Ländern die Aufnahme nicht ganz einfach auf einen, zwischen dem Lehrling oder dessen Eltern und dem Meister abgeschlossenen Lehrvertrag hin von letzterem vorgenommen wurde.

Auch die Pariser Handwerke gestatteten solch einfaches Verfahren nicht; denn da gewisse Gesetze für Meister und Lehrling auch dort bestanden, mußte wenigstens darüber gewacht werden, daß der Lehrvertrag diesen nicht widersprach. Ohne Ausnahme bei allen Handwerken war daher vorgeschrieben, daß die Aufnahme, der Abschluß des Vertrages nur in Gegenwart zweier oder mehrerer Handwerksvorsteher vorgenommen werden dürfe; waren diese nicht erreichbar, so konnte eine Anzahl anderer Meister dafür eintreten [1]). Diese Zeugen hatten aber nicht immer bloß Form und Inhalt des Vertrages zu überwachen, sondern manchmal kam ihnen auch eine Art Schutz des Lehrlings gegen den Meister zu. Die Prudhomme hatten sich, ehe sie den Vertragsabschluß gestatteten, zu überzeugen, daß der Meister auch im Stande sei, den Lehrling ordentlich zu lehren, daß er Vermögen und Verständniß hierfür habe [2]), damit die Eltern nicht ihr Geld, die Lehrlinge nicht die

---

[1]) Bei den Messingdrahtziehern (trefiliers d'archal) mußten mindestens zwei Meister und zwei Gehülfen, bei den Feiseurs de claus mindestens ein Meister und ein Gehülfe bei dem Abschluß des Vertrages anwesend sein. Boileau a. a. O. S. 62. 65.

[2]) Boileau a. a. O. „. . est souffisans d'avoir et de sens." Toisserans de lange 117; Corroiers 235 u. a.

Zeit verlieren; auch erlangte bei einigen Handwerken der Lehrling durch eine gewisse vorgeschriebene Abgabe an die Bruderschaft das Recht, daß für den Sterbefall seines Lehrherrn das Handwerk ihn mit einem anderen versorgen mußte [1]), oder daß mit diesem Gelde die Rechte der Lehrlinge gegen ihren Meister vorkommenden Falls gewahrt wurden [2]). Aber außer diesen nur vereinzelt vorkommenden Anzeigen einer Sorge für den Lehrling, wobei überdieß die Zunftvorsteher vielmehr als die Vertreter des Prevosten, der sie ernannte, denn als Vertreter des Handwerks erscheinen, ist ein Zusammenhang zwischen Handwerk und Lehrling nicht zu erkennen.

In Deutschland fand in der ersten Zeit die Aufnahme zwar auch meistens nur von den Zunftmeistern, den Aldermännern, oder von einer bestimmten Anzahl der ältesten Meister statt, aber sie vertraten dabei bereits das ganze Handwerk, sie waren von diesem beauftragt. Wo die Handwerke, wie es in früherer Zeit besonders in den Reichsstädten häufig der Fall war, unter unmittelbarer Aufsicht des Rathes standen, jedem derselben ein Vorstand vom Rathe gesetzt wurde, z. B. in Kölln im XIV. Jahrhundert (meist aus der Richerzeche) [3]), in Nürnberg bis zuletzt, geschah zwar die Aufnahme und Eidesleistung vor diesem Rathsvertreter, aber immer schickte das Handwerk auch einige Meister dazu. Schon im XIV. Jahrhundert sprechen manche Handwerksstatuten ausdrücklich aus,

---

[1]) Ebendaselbst Batteur d'archal. 55.
[2]) Ebendaselbst Boucliers de fier 57.
[3]) Vgl. Ennen u. Eckerz Urkunden ꝛc. 406 u. 387.

daß das Handwerk es sei, welches den Lehrling empfängt, und daß die Zunftvorsteher ꝛc. nur von ihm dazu beauftragt seien; ja es kommt sogar schon in jener frühen Zeit die Vorschrift vor, daß der Lehrling vor dem ganzen Handwerk aufgenommen werden soll [1]).

Noch im fünfzehnten Jahrhundert ist der Empfang vor den Zunftvorständen vorherrschend, aber schon im folgenden Jahrhundert tritt der Zusammenhang zwischen Lehrling und ganzem Handwerke scharf dadurch hervor, daß er vor der ganzen Versammlung, vor sämmtlichen Meistern und Gesellen, empfangen wird, während die Aufnahme vor den Vorstehern allein immer seltener erscheint; der Zunftmeister nimmt ihn in offenem Gebote auf mit den Worten: in Kraft des ganzen Handwerkes will ich diesen Jungen aufdingen. Die Bedeutung der Aufnahme blieb demnach dieselbe, ob vor dem Vorsteher allein oder vor allen Mitgliedern des Handwerks, immer war es das Handwerk, das den Jungen empfing, nicht bloß der Lehrherr; aber die Form änderte sich, und zwar in Folge der Nothwendigkeit, weil die Anforderungen an den Lehrling und den Lehrherrn mit der Zeit so komplicirt, die Folgen eines Mißgriffes so schwer wurden, daß die Zunftmeister allein nicht mehr im Stande waren, für alles einzustehen. Eine kurze Schilderung der üblichen, bei allen Handwerken im Wesentlichen gleichen Aufnahmsform wird dieß am Besten darthun.

So lange nur die Zunftmeister zur Aufnahme nöthig waren, konnte der Akt jederzeit vor sich gehen, Lehrherr

---

[1]) Bei den Seilern in Lübeck 1390. Wehrmann a. a. O. 385: er sei empfangen vor dem Amte.

und Lehrling mit dessen Eltern, Vormund oder Pathen als Bürgen für dessen eheliche Geburt ꝛc. gingen vor die Zunftmeister, die Vorschriften über Lehrzeit ꝛc. wurden vorgelesen, der Lehrling verpflichtet und in das Zunftbuch eingeschrieben. Sobald aber der Akt vor das ganze Handwerk gewiesen war, trat hierin eine Beschränkung ein. Die Versammlung des ganzen Handwerks, das Gebot, fand nur zu bestimmten Zeiten, meistens alle Vierteljahr einmal, manchmal auch vierwöchentlich statt; nur an diesen Terminen wurden Lehrlingsaufnahmen, Handwerksgericht ꝛc. vorgenommen; wollte etwa ein Junge in der Zwischenzeit aufgenommen sein, mußte er hierfür ausdrücklich ein Gebot erbitten, was nicht ohne beträchtliche Kosten möglich war. Zum Gebote mußte jeder Meister und jede Meisterin, welche das Geschäft als Wittwe oder überhaupt selbstständig führte, bei Strafe erscheinen. Ehe die Gesellen eine besondere Verbindung gebildet und ihre eigenen Gebote eingerichtet hatten, waren sämmtliche Gesellen und alle Lehrlinge — diese natürlich ohne Stimme und nicht für alle Versammlungen — im allgemeinen Gebote, und selbst nach ihrer Trennung, wobei die Lehrlinge mit den Gesellen zogen, waren noch häufig genug alle Gesellen oder wenigstens eine bestimmte Anzahl von ihnen zur Aufnahme und zur Lossprechung der Jungen anwesend.

Vor dieser Versammlung erschien Lehrherr und Junge, mit ihm sein Vater oder beide Eltern oder ihre Vertreter; bei manchen Handwerken durften die Eltern, wenn der Vater nicht Meister desselben Handwerks war, bei der Aufnahme nicht anwesend sein, sondern erschienen erst nach Vollendung des Aktes um die Gratulation und das Geschenk (Antheil am Trunk) entgegen zu nehmen. Wo die Eltern oder ihre Vertreter ausgeschlossen waren, mußte der Lehrling zwei Handwerksmeister als Bürgen haben, welche einzustehen hatten für eheliche Geburt und redliches Herkommen, für sein entsprechendes Betragen, und, wenn der Junge etwa entlief, für das Lehrgeld und die Handwerksstrafe.

Der Zunfmeister brachte das Gesuch vor : „ihr wißt, daß der N. N. auf x Jahre das Handwerk zu lernen verlangt, er wolle sich halten, wie es einem ehrlichen Lehrling zusteht, wüßte Einer oder der Andere etwas auf ihn, so soll er es melden, damit er könne etwas anderes vornehmen." Der Lehrling tritt hierbei ab, und jene Umfrage wird dreimal an jeden einzelnen Meister und Gesellen gerichtet, jeder mußte sich äußern, ob er nichts gegen den Lehrling habe. Dann wurde die Frage noch zum vierteninal allgemein gestellt, und, wenn kein Einwand erhoben ward, der Junge hereingerufen; er legt seinen Geburtsschein vor, die Bürgen sprechen für sein redliches Herkommen ꝛc., worauf der Junge wieder abtritt. Nun wird der Geburtsbrief untersucht, und die Umfrage wie vorher, speziell auf eheliche Geburt gerichtet, vorgenommen; ebenso wird die Frage über redliches Herkommen behandelt. Dreimal mußte der Junge entweichen und wieder eintreten. Bei seinem letzten Eintritt, wenn keinerlei Einrede gegen ihn gemacht worden, wurde er nun gefragt, ob er seine Probezeit bestanden, ob er noch Lust zum Handwerke habe, da es noch Zeit sei zu etwas anderem, ob er gesonnen, die gesetzten Jahre auszustehen, nicht zu entlaufen, sich nicht verführen zu lassen, auch dem Lehrherrn und

seinem Weibe nichts entwenden wolle; hatte er dieß alles
versprochen, so wurde er mit oben angeführtem Spruch:
„kraft des ganzen Handwerks will ich . . ." aufgenommen,
und ihm von jedem Anwesenden mit Handschlag zur Lehre
Glück gewünscht; damit war der Lehrling zwar in das
Handwerk aufgenommen, aber die Sache noch nicht fertig.
Die Reihe kam nun an den Lehrherrn. Wie vorher über
den Lehrling, so wurde nun in Betreff des Lehrmeisters
an Meister und Gesellen die Umfrage gestellt: ob jemand
eine Klage wider den Meister und seine Lehrzucht habe,
der solle es bescheidentlich sagen, und hernach schweigen
und reinen Mund halten. War auch diese Umfrage dreimal an jeden Einzelnen und dann noch einmal im Ganzen
ohne Einrede erfolgt, dann wurden Lehrherr und Junge
wieder hereingerufen und an ihre Pflichten in weiterer
oder engerer Rede erinnert [1]).

Dieses Verfahren, in seinem Wesen betrachtet und
der umständlichen Form entkleidet, zeigt die Gründe, welche
zur Vornahme des Aktes vor dem ganzen Handwerke
drängten. Bei den vielen Einreden, welche gegen den
Lehrling geltend gemacht werden konnten und stetig zu-
nahmen, wie im ersten Kapitel weitläufig erörtert ist, und

---

[1]) Ein besonderes Ceremoniell, wie es wohl bei der Lossprechung
vorkam, und später einige Erläuterungen erfordert, fand bei der Aufnahme nicht statt, nur bei den Hutmachern war es üblich, daß der
Lehrling so oft zur Thüre hereinspringen mußte, als er Lehrjahre
zu bestehen hatte; dagegen mußte er bei der Lossprechung so oftmal
zur Thüre hinausspringen, als er Lehrjahre bestanden hatte. Frise
a. a. O. 468.

bei den schlimmen Folgen, die ein kleines Versehen hierin für den Lehrling mit sich bringen mußte, war der Zunftmeister weder im Stande, mit Sicherheit zu sagen, daß der Aufnahme des Lehrlings nichts im Wege stehe, noch konnte er für einen Mißgriff verantwortlich gemacht werden. Wenn von einem Meister oder Gesellen irgend ein kleiner Makel am Lehrling aufgefunden werden konnte, der dem Zunftmeister entging, wenn etwa seines Vaters Schwager einmal mit dem Schinder auf einem Wagen gefahren 2c., konnte dieß jederzeit geltend gemacht werden und der Lehrling hatte seine ganze Lehrzeit, vielleicht auch das Lehrgeld ganz oder theilweise verloren; fand sich eine Einrede ähnlicher Art gegen den Lehrherrn (nicht bloß gegen die Lehrzucht, wie in Frankreich, sondern gegen seine Person), hatte er irgend etwas begangen, was ihn unredlich machte, und das konnte doch so gar leicht vorkommen, so war die Lehre wieder ungültig und der Junge mußte bei einem anderen Meister von vornen anfangen. Solchen Mißständen wurde nun — ähnlich wie bei Ehebündnissen durch Verkündigung von der Kanzel — in der Weise vorgebeugt, daß v o r der Aufnahme sämmtliche Meister und Gesellen aufgefordert wurden, ihre allenfallsigen Einreden und Bedenken vorzubringen, nachher aber auf jede Einrede zu verzichten. Waren die zwölf Umfragen ohne Einspruch vollendet, so haftete nun die Verantwortung auf dem ganzen Handwerk, dieses wie jedes einzelne Glied mußte für den Lehrling einstehen, und wenn etwa Unredlichkeits halber später von dem Handwerke an einem anderen Orte Vorwürfe kamen, hatte das Handwerk den Kampf durchzuführen, der Lehrling selbst stand dann nicht schlimmer als jeder

Meister, Geselle und anderer Lehrling seines Handwerks am Orte.

Am Schlusse des ersten Kapitels ist vorläufig darauf hingedeutet worden, daß das Handwerk im Anfange nichts Gesondertes an sich hatte, die Handwerker nur eine Abtheilung der Bürger ausmachten, in späterer Zeit aber fast eine ganz gesonderte Kaste bildeten. Der vollständige Nachweis hiervon kann erst später geführt werden, wenn von der Entwicklung des Handwerkes als Korporation die Rede sein wird; aber einzelnes Material kann schon vorher angeführt, und so auch schon bei der Lehrlingsaufnahme eine Aenderung erwähnt werden, welche darauf hinweist.

Es war vielfach, besonders in Reichsstädten, wo ja die Entwicklung des Handwerks eigentlich vor sich ging, üblich, daß der Lehrling bei der Aufnahme einen Eid leisten mußte. In ganz früher Zeit findet sich dies schon in England: der Lehrling mußte im ersten Jahre von seinem Meister, oder wenn dieser es übersah, von dem Aldermann vor die Chamber of the Guildhall zur Einzeichnung geführt werden, und hatte einen Eid zu leisten, daß er befolgen wolle, was in der Handwerksordnung steht [1]). In Deutschland galt dieser Eid noch im vierzehnten Jahrhundert nicht dem Handwerk, sondern der Stadt. Bei den Sarwärtern (Harnischmachern) in Kölln (1391) mußte der Lehrling in die Hand der Meister, „die

---

[1]) Munimenta Guildhallae, Artikel der Schreiner (1309). Vol. II, 538. Artikel der Sporenmacher, ebendaselbst 535. Auch die Vorschrift, daß keiner einen Lehrling nehmen darf, wenn er dazu nicht fähig ist, kommt an der ersten Stelle vor.

unsre Herrn in der Zeit zum Amte geschickt haben, in guter Treue sichern und zu den Heiligen schwören in Gegenwart der Meister, die das Amt zur Zeit auch dazu geschickt hatte, daß er unseren Herren vom Rathe zur Zeit und ihrer Stadt hold und getreu sein sollte, und sie ihres Schadens und Aergsten warnen, und daß er ihr Bestes vorkehren und ihnen beiständlich sein sollte in allen Sachen, die er vernehmen kann, daß sie ihre Stadt angehen, ohne Arglist" [1]). Auch in Frankfurt a. M. mußte in demselben Jahrhundert jeder Geselle und jeder Lehrling bei Aufnahme einen Eid ohngefähr gleichen Inhaltes wie der oben angeführte vor dem Rathe leisten [2]). Später, als die Aufnahme bereits vor dem ganzen Handwerke erfolgte, kam solcher Eid nicht mehr vor, sondern die Verpflichtung beschränkte sich lediglich auf Handwerkssachen und Benehmen gegen das Handwerk: Treue, Gott vor Augen zu haben, fleißig zur Kirche gehen, alles, so es nicht gegen Gottes Gebot ist, zu thun, was der Meister befiehlt, über alle Handwerkssachen verschwiegen zu sein.

Die später vorherrschende Aufnahme vor dem ganzen Handwerk konnte nicht verfehlen, einen bedeutenden moralischen Einfluß auf den Lehrjungen zu üben; einer großen, ihm als das Höchste und Würdigste erscheinenden Körperschaft gegenüber gestellt und nicht bloß seinem Lehrmeister, den er doch mehr oder weniger als eine Art Tyrannen betrachten mußte, von allen Gliedern der Genossenschaft

---

[1]) Ennen und Eckerz Urkunden ꝛc. 406.

[2]) In Böhmers codex diplomatic. und in verschiedenen Handwerksordnungen im Frankfurter Archiv.

aufgenommen, beglückwünscht und verpflichtet, fühlte er sich schon bei seiner Aufnahme als dieser Genossenschaft ganz angehörig, und wurde schon bei seinem Eintritt in ihm jener korporative Sinn geweckt, der ihn sein ganzes Leben hindurch nicht verließ, seine Ansichten beherrschte, seine Handlungen leitete, und neben dem engherzigsten Egoismus doch immer ein gewisses Maß von Gemeinsinn wach erhielt; er fühlte sich sogleich als ein Glied eines großen Ganzen, dessen Anordnungen er sich stets willig unterordnete.

Die Aufnahme war immer mit Kosten verbunden, welche später, wie die Freisprechungskosten, eine nicht unbeträchtliche Höhe erreichten, wenngleich sie nie so drückend wurden, daß sie ein ernstliches Hemmniß des Eintrittes abgeben konnten, wie dieß von den Meisterschaftskosten wohl behauptet werden darf. Gewöhnlich fielen sie dem Lehrling zur Last, öfter auch, insbesondere in späterer Zeit, ihm und dem Lehrherrn zu gleichen Theilen, manchmal mußte der Meister für den Lehrling gut stehen [1]). Auch diese Kosten beweisen in ihrer Vertheilung und Anwendung, daß der Lehrling als ein Handwerksmitglied angesehen wurde.

Die Handwerke in Paris hatten eine ähnliche Vertheilung der vorgeschriebenen Kosten wie in Deutschland, nemlich ein Theil fiel dem König zu, ein anderer den Handwerksvorständen oder den bei der Aufnahme in Anspruch genommenen Meistern für ihre Versäumniß, ein

---

[1]) Z. B. bei den Beutlern in Danzig. 1412. Hirsch, Danzigs Gesch. 333.

Theil der Bruderschaft (confrarie). Die letzte und erste Abgabe waren nicht immer vorgeschrieben; wo aber an die Bruderschaft abgegeben werden mußte, ist nirgends über ihre Verwendung etwas zu ersehen, als in den wenigen, schon angeführten Fällen: wenn der Lehrherr starb, mußte das Handwerk dem Lehrling einen anderen Meister schaffen, als Folge seiner Abgabe an die Bruderschaft; oder die Gabe des Lehrlinges wurde verwendet für Unterbringung armer Kinder des Handwerkes und zur Wahrung des Rechtes der Lehrlinge gegen die Meister [1]). Auch die Herbeiziehung des Lehrherrn zu den Kosten kommt dort vor [2]). Dem Maße nach war die Abgabe bei allen Handwerken 5 sols, nur bei den Ebenisten beschränkte sie sich auf 2 s. [3]).

In Deutschland war die Abgabe an die Herrschaft, Amt oder den Rath eine Ausnahme, und es genügt, hierfür einzelne Belege anzugeben: bei den Seilern zu Lübeck (1395) mußten 12 Schillinge zu der Stadt Behuf und der Herrn, bei den Fleischern in Liegnitz (1399) der Stadt 8 gr. abgegeben werden; die Tuchkarter in Augsburg (1549) verlangten 30 pf. zur Büchse, 30 pf. für die Stadtverordneten, „wie von Alters her"; die Weißgerber in Würtemberg (1650) fl. 1. 30 kr. für die Herrschaft, die Nagelschmiede in Würtemberg (1690) 30 kr. für die Herrschaft [4]).

---

[1]) Boileau a. a. O. 55 u. 57.
[2]) Ebendaselbst 219. 216. 212.
[3]) Ebendaselbst 172.
[4]) Wehrmann a. a. O. 385. Codex diplom. silesiae VIII, 95. Die Tuchkarter-Ordnung in Augsburg (Manuscript). Würtemberger Handwerks-O. 4043 u. 722.

Geschah die Aufnahme vor den Zunftvorstehern oder einigen Meistern, so erhielten sie, wie in Paris, eine Vergütung ihrer Versäumniß; immer aber, in diesem Falle wie bei Aufnahme vor dem offenen Gebote, mußte auch dem Handwerk, und dann, mit wenigen Ausnahmen, den Meistern und Gesellen etwas gegeben werden. Die Abgabe zu des Handwerks Nutz wurde in Geld (in die Büchse) oder in Wachs zu Lichten, oder in beiden Formen bezahlt, wie auch jeder angehende Meister beides zu entrichten hatte. Die Abgabe in Lichten oder in Wachs ist an sich klar; der Lehrling nahm nemlich als Handwerksglied auch Theil an der Bruderschaft, die in jedem Handwerk zu gemeinschaftlichem Gottesdienst, Beerdigung der Leichen, Verpflegung der Kranken, Unterstützung der Armen ꝛc. bestand und der jedes Handwerksglied angehören mußte, die aber auch Mitglieder außer dem Handwerke haben konnte. Der Bedarf an Lichten für solchen Gottesdienst wurde aus der Abgabe eintretender neuer Glieder bestritten. Bei den Riemenschneidern zu Bremen (1300) wurden 2 Solidi bezahlt, einer an die Societät, der andere an die Kirche zur heiligen Mutter für Kerzen [1]); in dieser Kirche hatten die Riemenschneider ihren gemeinschaftlichen Gottesdienst. Die Sarwärter in Kölln (1391) verlangten fünf Mark in die Gottesehre [2]). Die Glaser und Maler in Hamburg (1375) 2 Pfd. Wachs zu Handwerkslichtern [3]); die Kürschner zu Lübeck (1409) 12 ß zu des Amtes Lichtern, die Beutler

---

[1]) Böhmert a. a. O. 72.
[2]) Ennen und Eckerz a. a. O. 339.
[3]) Zeitschr. des hist. Vereins zu Hamburg, neue Folge II, 322.

ebendaselbst (1459) 7 Mark zu Wachs ¹). Die Bruderschaft der Schneider und Tuchscherer in Stuttgardt (1484) verlangt von dem Schneiderlehrling einen halben Wochenlohn: „dafür, wenn er stirbt, wird er begangen wie ein anderer Bruder", von dem Tuchschererlehrling ein Pfund Wachs in die Bruderschaft ²). Die meisten Handwerksartikel sprechen einfach von einem gewissen Gewicht Wachs.

Was in Geld, in die Handwerksbüchse, ohne Angabe des Zweckes verwendet wurde, mag, wenn nicht für Lichte eine besondere Forderung gestellt war, immerhin zu gleichem Zweck für die Bruderschaft oder zu anderen allgemeinen Handwerksausgaben verwendet worden sein, welche bei Aufnahme als Meister oft speciell erwähnt werden, wie für das Leichentuch, die Kirchenstandarten, das Zunfthaus ꝛc. Immerhin sind diese Anforderungen ganz naturgemäß dadurch begründet, daß der Lehrling durch die Aufnahme Handwerks- und Bruderschaftsmitglied, und daher mit Recht auch einigermaßen zu den Lasten herbeigezogen wird. Eine andere Motivirung der Forderung an den Lehrling, dem Handwerk zu gemeinem Nutz, fand der Verfasser nur zweimal, nemlich bei den Kürschnern (1528) und den Sattlern (1547) in Frankfurt a. M. ³); erstere sagen: dann ist ihm das Handwerk schuldig, wenn er etwas gelernt, ihm dessen Kundschaft auszustellen; die Sattler: und gibt 20 ß, wofür er seiner Zeit eine Kundschaft er-

---

[1] Wehrmann a. a. O. 357 u. 187.

[2] Sattler, Geschichte des Herzogthums Würtemberg III, Beilage 104.

[3] Frankfurter Archiv. Kürschner-O. u. Sattler-O.

hält. Diese ganz isolirt stehenden Motivirungen würden an sich keine sonderliche Bedeutung haben; übrigens scheint damit auch nicht gemeint zu sein, daß der Lehrling gerade für diese Kundschaft schon bei der Aufnahme bezahlt, sondern vielmehr nur, daß für die Lossprechung und den Lehrbrief nichts mehr gefordert wird, während bei den meisten Handwerken hierfür wieder bezahlt werden mußte.

Da oft bloß eine Geldsumme verlangt und hieraus dann auch der Kirchenbedarf bestritten, in anderen Fällen dagegen hierfür eine besondere Abgabe erhoben wurde, so kann die Gabe ihrem Maße nach nur verglichen werden, wo bloß Geld verlangt wurde, und hier findet sich denn, daß meist in jeder Stadt bei allen Handwerken die gleiche Summe vorgeschrieben war, z. B. in Lübeck im XIV. Jahrhundert 12 ₰, in Frankfurt a. M. zu derselben Zeit 10 ₰, in Breslau, Liegnitz, Striegau 6—8 gr., in München ist (1347) ein allgemeines, im Stadtrecht gegebenes Statut, daß jeder Lehrling ein Pfund Wachs zu geben habe[1]). In den Würtemberger Handwerkssatzungen, welche alle den letztvergangenen drei Jahrhunderten angehören und für jedes Handwerk durch das Land hindurch gelten, zeigt sich unter diesen Handwerken eine Verschiedenheit in den Aufnahmekosten von fl. 1 bis 3 fl. Auch dieser höchste Satz ist übrigens nicht so groß, daß ihm große Bedeutung beigelegt werden kann, besonders da die Last sehr oft zwischen Lehrherrn und Lehrling getheilt wurde.

Die eben näher beleuchteten Abgaben wurden bezeichnet: „in die Büchse" oder „zum gemeinen Nutz des Hand-

---

[1]) Auer, ältere Münchener Satzungen 272.

werks". Dazu war der Lehrling noch in den meisten Fällen, wenn nicht immer, verpflichtet, den Meistern, und wenn Gesellen bei der Aufnahme gegenwärtig waren, auch diesen¹) zum sofortigen gemeinschaftlichen Genuß, "etwas zum Vertrinken" zu geben. Die Sitte ist sehr alt und so weit verbreitet, daß auch da, wo sie nicht ausdrücklich erwähnt wird, dennoch ihre Geltung jedenfalls in den späteren Zeiten angenommen werden darf; ein direkter Ausspruch, daß der Lehrling hierzu nicht verpflichtet sei, kommt nur einmal vor: bei den Drehern in Lübeck (1507)²).

Längs des Rheines, in Regensburg, Passau oder wo sonst Wein wuchs, war auch der Trunk in Wein festgestellt, ein Viertel oder zwei Viertel Wein, wo Bier das übliche Getränke war, eine halbe oder eine Tonne Bier. Das älteste Vorkommen in den Städten am Rhein im XIV. Jahrhundert scheint einigen Aufschluß über die Bedeutung dieser Gabe geben zu können. Der Lehrling gibt dort "ein Viertel Wein" "den Meistern zur Urkunde"³). Mit demselben Ausdruck kommt dasselbe Maß auch bei neu aufgenommenen Meistern vor: "den Brüdern zur Urkunde". Es scheint nun diese Abgabe ähnliche Bedeutung gehabt zu haben mit dem, weiland bei allen Ver-

---

¹) Wollamt der Markgrafschaft Baden 1486: 2½ ß zum Vertrinken für Meister und Knechte. Mone a. a. O. IX, 157.

²) Wehrmann a. a. O. 199: "soll er geben zu des Amtes Besten 12 Schillinge lübisch in die Büchse und nichts in den Krug".

³) Böhmer a. a. O. und in sehr vielen Handwerksordnungen im Frankfurter Archiv, 1352 u. 55 bei den Schneidern, 1355 bei den Schustern u. Lohern, 1377 bei den Bäckern u. a.

trägen üblichen Weinkauf. Der Vertrag galt erst für perfekt, wenn darauf getrunken worden, bei Verlobungen wie bei Viehkäufen, und noch heute wird dieß in manchen Landstrichen bei jedem Vertrag gefordert, wenn nicht durch das Gesetz, so doch durch die Sitte. Diese formelle Anerkennung und Bescheinigung der Aufnahme in das Handwerk scheint in dem gemeinschaftlichen Trunk gegeben zu sein. In späterer Zeit fällt der Zusatz: zur Urkunde weg, wurde vielmehr der Wein oder das Bier als ein Recht der Meister an den Lehrling betrachtet, und die Forderung wohl auch qualitativ und quantitativ gesteigert. 1392 verlangen die Leinweber in Kölln schon statt ein Viertel zwei Viertel Wein; 1431 die Bartscherer in Frankfurt a. M. „ein Viertel Wein vom Besten, was man zu zapfen pflegt".

Aus dieser, ursprünglich so unbedeutenden Gabe zur Urkunde sind für die angehenden Meister später die ärgsten Belästigungen hervorgegangen. Zum Bier oder Wein gesellte sich die Forderung von Brod und Käs, oder einem Braten, einem ganzen Kalb, bis zu so großen Mahlzeiten, daß sich die Reichspolizei in das Mittel schlagen, die Mahlzeiten verbieten und sie mit Geld von fl. 30 bis fl. 60 und mehr fixiren mußte. Bei der Aufnahme des Lehrlings ist zwar solche Verschwendung und Bedrückung nie vorgekommen, jedoch hat es offenbar auch hier an Ausschreitungen nicht gefehlt und ist statt des mäßigen Trunkes eine größere Gasterei getreten, wie aus der Würtemberger Handwerks-O. des XVII. und XVIII. Jahrhunderts erhellt: der Lehrling der Gürtler (1745) soll jedem Meister, der bei der Aufnahme zu thun hat, statt der Mahlzeit 30 kr. geben und bei den Schneidern (1685) soll der Lehrling dem Obmann und jedem Kerzenmeister für die bisher gewöhnlichen, aber sehr mißbrauchte Mahlzeiten, welche hiermit bei Strafe von fl. 10 abgethan werden, 15 kr. zu reichen schuldig sein [1]). Die Handwerksordnung, welche der Churfürst Georg von Sachsen 1661 erließ, läßt sogar auf noch viel weiteren Unfug hierein schließen, denn sie sagt: „weil auch öfters unziemlich Aufdinggeld und allzuhohe Zehrung bei deren Lehrjungen Aufnehmung aufgewendet, und ihrer viele von denen Handwerken dadurch abgeschreckt werden, sollen die Beamten und Räthe in Städten fleißige Aufsicht haben, daß die Meister und Handwerke hierinnen Niemanden zur Ungebühr beschweren, sondern vielmehr alles unordentliche Wesen, welches bei Aufnehmung mit etwa also genannten Täuffen oder üppigen Hänseln vorzugehen pflegt, gänzlich abschaffen oder deßwegen ernstlich bestrafet werden" [2]). Diese Stelle darf übrigens nicht sehr hoch gewerthet werden, sie ist offenbar von Beamten, nicht von Handwerken verfaßt und zwar von solchen, welche die Sache nicht recht kannten und vielerlei verwechselten, denn die Täuffe und das Hänseln kam nie bei der Aufnahme, sondern immer nur bei der Freisprechung des Lehrjungen vor. Mehr als die Gewohnheit, daß neben einem mäßigen Trunk auch eine Mahlzeit bei der Aufnahme Platz fand, darf daher aus obiger Stelle nicht abgenommen, und die Abschreckung von dem Zutritt zum Handwerk muß um so mehr be-

---

[1]) Würtemberger Handwerksordnungen 294 u. 1016.
[2]) Herold, die Rechte der Handwerker 85.

zweifelt und als eine arge Uebertreibung angesehen werden, da selbst die bei der Freisprechung auferlegte Last des Taufen und Hänseln, wie an geeigneter Stelle erwiesen werden soll, solche Wirkung weder hatte, noch haben konnte.

Drittes Kapitel.
Lehrzeit und Lehrgeld.

Mit dem ganzen Wesen und der Einrichtung des Handwerks war es in Uebereinstimmung, daß die Dauer der Lehrzeit nicht von dem Willen der unmittelbar Betheiligten abhing, sondern durch Handelsbrauch oder Statut für Alle gleich bindend geregelt war; nahm ja doch nicht der Lehrherr, sondern das Handwerk den Jungen an. Daher findet sich auch für jedes Handwerk an allen Orten Gleichförmigkeit der Vorschrift, und spricht sich in dieser auch nicht weniger als in den übrigen Einrichtungen die Aenderung des Handwerksgeistes aus, welche im Verlaufe der Zeit vor sich ging.

Zwar waren auch in anderen Ländern bindende Vorschriften in dieser Beziehung schon frühe vorhanden, aber sie entsprangen anderen Anschauungen und Absichten, so daß der Karakter der deutschen Einrichtung sie immerhin von jenen unterschied.

In Paris bestanden in so vielen Handwerken bindende Festsetzungen in Betreff der Lehrjahre, daß man solche wohl bei allen voraussetzen darf, in welchen nicht ausdrücklich das Gegentheil ausgesprochen wird; beachtet man, daß gerade in solchen Gewerben die Statute keine vorgeschriebene Lehrzeit erwähnen, welche anderwärts überall solche vorschreiben: Schneider, Schlosser, Nadler, Walker, so wird man dieß wohl als eine zufällige Auslassung in den Statuten betrachten, und einen festen Brauch annehmen dürfen, besonders, da daneben bei einigen anderen Handwerken, in welchen die Lehrzeit dem freien Uebereinkommen der Parteien überlassen blieb, wie bei den Zinngießern, Böttchern, Oelschlägern, Töpfern, Beutlern dieß ausdrücklich in den Statuten ausgesprochen ist [1]). Die vorgeschriebene Lehrzeit war dabei meistens ein Minimum in dem Sinne, daß nur keiner einen Lehrling für kürzere Zeit annehmen durfte, und gewöhnlich ist hinzugefügt, auf mehr Jahre mag man sie wohl dingen; wogegen in Deutschland das Statut oder der Gebrauch eine bestimmte, gleichförmig geltende Lehrzeit festsetzt, und nur in verhältnißmäßig seltenen Fällen der erwähnte Zusatz vorkommt, also die Bestimmung auch nur das Minimum ausdrückt.

Dieses bloße Beengen nach unten und Offenlassen nach oben, wie es in Frankreich üblich war, läßt nur auf die Absicht schließen, zu verhüten, daß der Lehrling nicht zu früh die Meisterschaft erlangen könne. Damit stimmt auch überein, daß ein Zusammenhang zwischen Zahl der Lehrjahre und der Natur, den Schwierigkeiten des Gewerbes sich nicht entdecken läßt, und die meist sehr lange Lehrfrist. Die kürzeste Zeit war vier Jahre [2]), die längste Lehrzeit

---

[1]) Boileau a. a. O. 43. 103. 159. 190. 204. 192.

[2]) Ebendaselbst 41. 105. 126. Seiler, Zimmerleute, Verfertiger innländischer Teppiche.

zwölf Jahre ¹); die meisten Handwerke hatten sechs Lehrjahre. Dabei war die Lehrzeit meistens verschieden, je nachdem der Lehrling Lehrgeld bezahlte oder nicht; z. B. bei den Wollwebern mußte er vier Jahre lernen, wenn er 4 Pfund, fünf Jahre wenn er 60 s., sechs Jahre wenn er nur 20 s. Lehrgeld bezahlte; die Verfertiger von sarazenischen Teppichen hatten acht Jahre bei 100 s. oder 10 Jahre ohne Lehrgeld ²). Diese letzteren sind auch ein Beleg für eine sehr frühzeitige Steigerung der Lehrzeit; die angegebenen Zahlen gelten noch 1261 und 1277, wogegen 1290 das Minimum bei 100 s. Lehrgeld bereits zehn Jahre betrug.

In England hatten die Spornmacher (1261) „wenigstens zehn Lehrjahre" ³), die Weber im XIII. und XIV. Jahrhundert sieben Jahre. 1588 setzte ein Statut Eduards VI. noch für die Wollweber sieben Jahre fest, die Königin Marie widerrief das Gesetz, weil es die Abnahme der Wollmanufaktur veranlaßt und verschiedene Städte zu Grunde gerichtet habe, und Elisabeth führte es wieder ein ⁴). Mit der Zeit wurden diese sieben Lehrjahre bei allen Handwerken Englands üblich und wurden selbst nach Amerika mit hinübergenommen ⁵).

So lange Fristen wie in Paris, zwölf oder zehn Jahre, kamen in Deutschland gar nicht, und die in Eng-

---

¹) Ebendaselbst 69. Paternostermacher in Korallen und Muscheln.
²) Ebendaselbst 115. 405.
³) Munimenta Guildhallae Vol. II. P. II, 535.
⁴) Hume, Gesch. v. England IX, 407.
⁵) Bankroft, Gesch. der amerikan. Revolut. übers. von Drugulin II, 235.

land übliche Zahl von sieben Jahren nur bei ganz wenigen, etwa drei Handwerken vor; daher konnte der Lehrjunge hier viel früher zu seinem Ziele kommen, als dort; jedoch gilt dieß nicht für alle Zeiten. In England und Frankreich fand der Lehrling nach überstandenen Lehrjahren kein Hinderniß mehr, Meister zu werden, wann er wollte. In Deutschland war dieß in früheren Zeiten ebenso mit wenigen Ausnahmen, in welchen bereits nach den Lehrjahren noch Dienstjahre vorgeschrieben waren, und selbst in diesen Fällen beläuft sich die ganze Summe von Jahren nicht über sechs[1]). Später änderte man zwar die Lehrzeit nicht sehr bedeutend, aber es schlossen sich an diese die Dienstjahre, Wanderjahre, Sitzjahre und die Muthzeit an, wodurch der Zwischenraum vom Beginn der Lehrzeit bis zur Erwerbung der Selbstständigkeit ebensoweit und oft noch weiter erstreckt wurde, als in Frankreich und England.

Die Zahl der in Deutschland vorgeschriebenen Lehrjahre erreichte aber nicht nur nicht die Höhe wie in den beiden genannten Ländern, sondern sie hatte auch ein kleineres Minimum, und auch die meist übliche Zahl war beträchtlich kleiner. Die kürzeste Lehrzeit war nur ein Jahr, so bei den Tuchscherern in Kölln (im XIV. Jahrhundert), bei den Tuchkartern in Augsburg (1549), deren Ordnung noch beisetzt: von Alters her, bei den Leinwebern in Lauten-

---

[1]) Bei den Nadlern in Lübeck 1356 vier Jahre Lehrzeit und das fünfte durfte der Junge nur seinem Lehrherrn dienen; Wehrmann a. a. O. 252; bei den Hutmachern in Kölln (1378) vier Lehr- und zwei Dienstjahre, Ennen und Eckerz, Quellen ꝛc. 333. Nur die ältere lat. Rolle der Gerber in Lübeck hat sechs Jahre Lehrzeit und drei Dienstjahre. Wehrmann 317.

eckern (1571), den Müllern in Zürich ¹); die längste Frist hatten die Goldschmiede zu Kölln, XIV. Jahrhundert, nemlich acht Jahre ²); sechs Jahre waren vorgeschrieben bei den Sarwärtern in Kölln (1391), und den Gerbern in Lübeck (XIV. Jahrhundert), welche letztere aber in der Ordnung von 1454 nur mehr, gleich anderen Gerberhandwerken, drei Jahre hatten ³); überwiegend war die Vorschrift von drei Lehrjahren. Wie in Paris war auch in Deutschland eine Verschiedenheit üblich, je nachdem Lehrgeld bezahlt wurde, oder nicht, und war durch Statut festgesetzt, wie viele Jahre der normalen Zeit zugefügt werden mußten und durften, wenn kein Lehrgeld bezahlt wurde, z. B. bei den Schreinern in Breslau (1390) vier statt drei Jahre, bei den Lederern in München (um dieselbe Zeit) fünf Jahre statt drei, bei den Zimmerleuten in Straßburg (1478) fünf statt vier Jahre, bei den Bortenwirkern in Würtemberg (1601) sechs bis sieben statt fünf Jahre, bei den Buchbindern daselbst (1719) fünf bis sechs statt drei Jahre. Gewöhnlich wurde für das wegfallende Lehrgeld die Lehrzeit nur um ein Jahr verlängert, wie die Gewerbeordnung von Sachsen (1780) es ganz allgemein für alle Handwerke vorschreibt ⁴).

---

¹) Die Quellen sind nach der Reihenfolge: Ennen, Gesch. von Kölln II, 622; Ordnung der Tuchfärber von Augsburg (Manuskript); Mone a. a. O. IX, 180; Hofmeister, Gesch. der Zunft zum Weggen 29.

²) Ennen a. a. O. II, 622.

³) Ennen und Eckerz, Quellen ꝛc. 406; Wehrmann a. a. O. 317, 314.

⁴) Cod. siles. VIII, 85; Schlichthörle a. a. O. XVI, 159; Würtemb. H.-O. 82. 133; Herold, Handw.-Recht 109.

Außerdem gab es noch einen weiteren, aber selteneren Grund, auf dem eine Verschiedenheit in der Zahl der Lehrjahre fußte, nemlich Alter und Stärke des Jungen, z. B. bei dem Wollamt in Dortmund (1472) hatte ein siebenzehnjähriger Junge nur zwei, ein jüngerer drei Jahre, bei den Schreinern in Würtemberg (1595) ein älterer Junge nur zwei, ein jüngerer drei Jahre, bei den Hutern daselbst (1644) ein fünfzehnjähriger drei, ein jüngerer mehr Jahre, bei den Küblern (1606) ein kräftiger Junge weniger als vier, ein älterer vier Jahre zu lernen [1]). In den Ordnungen vor dem XV. Jahrhundert kommt solche Unterscheidung nicht vor.

Es ist oben gesagt worden, daß die Länge der Lehrzeit in Frankreich keine Abhängigkeit von der Schwierigkeit des Gewerbes erkennen, und sich insbesondere deßhalb, weil sich meistens nur eine untere, keine obere Grenze findet, kein anderes Motiv dafür finden läßt, als die Hinausschiebung des Rechtes an die Meisterschaft. In den deutschen Bestimmungen ist dagegen die Abhängigkeit von der Natur des Handwerks wohl auffindbar, und in den älteren Zeiten auch ein anderes Motiv für die Vorschrift wohl ersichtlich. Es lag in der Sicherung des Publikums, insbesondere der Kaufleute gegen Beschädigung durch die Handwerker, eine Vorsorge, die nicht überflüssig war, da einerseits die Käufer sich nicht so leicht selbst sicher stellen konnten, wie heutzutage, andererseits auch der Kredit des ganzen Handwerks eines Ortes, sein ganzer Absatz davon

---

[1]) Fahne, Statutarrechte von Dortmund 237; Würtemberger H.-O. 1048. 346. 457.

abhing, daß von ihm nur gute Waare abgegeben wurde, es war dasselbe Motiv, welches dem Meisterstück und der Schau zu Grunde lag. Dieß erklärt auch die auffallende und ganz isolirt dastehende achtjährige Lehrzeit der Goldschmiede, welche überall und in den mannichfachsten Weisen zum Schutze des Publikums beengt und kontrollirt wurden; es läßt auch die sechsjährige Lehrzeit der Sarwärter verstehen, welche in Kölln ein sehr umfassendes und wichtiges, großen Handel nach außen treibendes Handwerk bildeten, dessen Bedeutung und Umfang auf dem großen Ansehen beruhte, das ihre Produkte im Ausland genossen; es lag auch der fünfjährigen Lehrzeit der Lederer in München zu Grunde, wo der Lederhandel sehr große Wichtigkeit hatte, und ist dieses Motiv in dem betreffenden Statut der Lederer (1394) und dessen Bestätigung durch Rathsschluß ausdrücklich ausgesprochen, ebenso bei den Loberern daselbst, denen eine Rathsverordnung dreijährige Lehrzeit anbefiehlt mit dem Zusatze: wer weniger lernt, versteht sich mäniglich, daß er das Handwerk nicht wohl gelernt hat.

Aber auch das ist nicht zu verkennen, daß diese Sorge für das allgemeine Wohl, für die Konsumenten und den Kredit des Handwerks nicht dauernd die Bestimmungen über die Lehrdauer beherrschte. Eine Erstreckung derselben hat wenigstens im Einzelnen stattgefunden, wenn sich diese auch nicht oft im Einzelnen nachweisen läßt, weil man hierzu die Ordnungen eines Handwerkes durch viele Zeiten zur Hand haben mußte und selbst dieß nicht weit reichen würde, weil solche Aenderungen nicht immer neue Ordnungen veranlaßten, sondern meist nur in die Zunftbücher eingetragen wurden, deren dem Verfasser wenigstens nicht

viele zu Gebote standen. Doch fehlt es nicht an Beispielen
dafür, wie bei den Buchbindern in Nürnberg, welche 1573 noch
drei, 1700 schon vier Jahre, und den Schneidern, welche
ursprünglich (in Altenburg noch im XVII. Jahrhundert)
zwei, später meistens drei Lehrjahre hatten. Davon noch
mehr solche Fälle speziell zu kennen hat übrigens keinen
Werth, dagegen ist es von Interesse zu verfolgen, in welcher
Art diese Aenderungen der Lehrzeit vor sich gingen. Bei
den Schneidern ist, wie eben bemerkt, die Erhöhung nicht
durchgehends gewesen, sondern begann an einzelnen Orten
und zerstörte so die Einheit der Handwerkseinrichtung.
Die Gerber zerfielen, wie schon einmal erwähnt wurde, in
zwei Theile, welche sich in der Lehrzeit unterschieden. Das
große Handwerk der Rothgerber[1], das in Frankfurt seinen
Sitz hatte, schrieb drei Jahre Lehrzeit vor, und wer nicht
so lange lernte, „soll weder Meister noch Geselle mit ihm
essen oder trinken", d. h. der war unredlich; daher die
Spaltung des Handwerks. Diese Methode der einseitigen
Aenderung mit der daran hängenden Folge, der Unred=
lichkeitserklärung, trat im XVI. Jahrhundert, als bereits
die Verbindung der Handwerke verboten und dadurch sehr
locker geworden war, als die gemeinschaftlichen Handwerks=
tage, welche solche gemeinschaftliche Institutionen allein er=
richteten oder änderten, außer den großen Handwerken
(Wagner, Gerber) nur sehr selten mehr vorkamen, oft ge=
nug ein, wie aus der interessanten Beschwerde der Reichs=
städte auf dem Reichstage zu Regensburg 1594 erhellt:
„wie denn auch aufgekommen, daß sonderlich in etlichen

---

[1] Lersner, Chronik von Frankfurt a. M. I, 488.

Städten die Meister neue Innungen (Einungen) machten und darein setzten, daß der Lehrjunge drei und vier Jahre lernen soll, und unterstehen sich hernach, die alten Meister anderer Städte, welche viele Jahre zuvor dem damals üblichen Handwerksbrauch nach redlich ausgelernt, ihr Meisterrecht genommen, auch das Handwerk ohne Jemandes Einrede lange Zeit ruhig getrieben, zu tadeln, die Gesellen, welche bei diesen vor der neuen Einung redlich ausgelernt haben, oder sonst den alten Meistern arbeiten, zu schelten, aufzutreiben und zu nöthigen, andermals zu lernen, oder sich strafen zu lassen"[1]), worauf dann der Reichstagsabschied dahin erfolgte, daß dieser Mißbrauch abgeschafft und dagegen mit körperlicher Strafe, Staupenschlag und dergl. von jeder Obrigkeit verfahren werden soll. Die angeführte Stelle hat den doppelten Werth, daß sie nicht nur den unmittelbar vorliegenden Gegenstand, die mißbräuchliche Erweiterung der Lehrzeit bespricht, sondern auch beweist, wie vordem nicht üblich war, daß eine einzelne Stadt Aenderungen der Art vornahm, vielmehr jedes Handwerk überall gleiche Lehrdauer zu haben pflegte. Uebrigens dauerte der Unfug trotz des angeführten Reichsschlusses fort, denn 1731 verfügte ein anderer Reichsschluß, daß die Anforderung an Gesellen oder Meister in Betreff der Lehrzeit sich nach der Vorschrift zu richten habe, welche an dem Orte seiner Lehre hierfür bestand. Da aber der Erfolg aller Reichsschlüsse auf diesem Gebiete nichts weniger als sicher war, halfen sich die Handwerke manchesmal auf

---

[1]) Häberlin, deutsche Reichsgeschichte VII, 455. Reichsabschied zu Regensburg 1594. § 126.

andere Weise: die Schneider von Altenburg, welche am längsten zweijährige Lehrzeit beibehielten, pflegten ihre Gesellen dadurch vor Unannehmlichkeiten auf der Wanderschaft zu bewahren, daß sie ihnen im Lehrbrief, statt zwei, drei Lehrjahre bezeugten [1]).

Wenn man mit Sicherheit behaupten darf, daß die Lehrzeit überall von dem Handwerke bestimmt war, so kann das Gleiche nicht ebenso allgemein für das Lehrgeld gesagt werden; zwar ist in der älteren Zeit kein direkter Beleg dafür aufgefunden, daß das Lehrgeld durch freies Uebereinkommen zwischen Lehrherr und Lehrjungen bestimmt wurde, aber es fehlt nicht an solchen in der späteren Zeit, und dieß läßt, dem ganzen Gang der Entwicklung nach, darauf schließen, daß es auch in früherer Zeit an solchen Fällen nicht fehlte. Die Gerber in Konstanz (1538) hatten hierin offene Hand, viel oder wenig, bei den Kupferschmieden (1554) und den Zeugmachern (1680) in Würtemberg war die Bestimmung des Lehrgeldes dem Meister und den Eltern überlassen, ebenso bei den Strumpf- und Hosenstrickern (1686), nur war hier ein Maximum von höchstens fl. 40 angesetzt; auch bei den Schneidern (1685) war dieser Punkt und die Entschädigung des Meisters, wenn er gar kein Lehrgeld bekam, freigestellt, jedoch durfte diese nicht weniger als zwei Jahre betragen [2]), wogegen die Ordnung der Schneider zu Hohenzollern (1593) vorschreibt, ein Meister solle Lehrgeld nehmen, wie der andere, nemlich

---

[1]) Frise, Ceremoniell der Schneider 7.

[2]) Kostnitzer Stadtbuch (Manuskript) Blatt 455; Würtemberger H.-O. 535. 4074. 1016.

für zwei Jahre 2 fl. ¹). Die Ordnung der Rothgießer in Nürnberg (1694) sagt: soll der neu eingeführte Mißbrauch der Meister, daß sie wider altes Herkommen von den Lehrjungen Lehrgeld nehmen, abgethan und verboten sein bei „10 fl. Strafe". Demnach scheint in diesem Handwerk nie Lehrgeld gestattet und dafür stets die Anfügung von zwei Dienstjahren an die vier Lehrjahre üblich gewesen zu sein ²).

Dennoch war meistens auch das Lehrgeld ein bestimmtes und oft für das ganze Handwerk auf den Handwerkstagen festgesetzt, und blieb in solcher Bestimmung oft durch lange Zeit unverändert. Die Bender in den rheinischen Städten Bingen, Speier, Worms, Oppenheim, Frankfurt, Kreuznach hatten auf dem Handwerkstage (1341) hiefür 6 fl. vorgeschrieben ³); dieser Satz findet sich noch in der Benderordnung zu Frankfurt 1495 ⁴). Die Gerber in Frankfurt hatten 1355 und 1377 ein Lehrgeld von 2 Mark Pfennig und ein Malter Korn, und dieselbe Summe erscheint noch 250 Jahre später in dem Statut von 1609 ⁵). Die in den Statuten angegebene Zahl bezeichnet meistens das einzig Zulässige, manchmal jedoch ist sie nur das Minimum des Lehrgeldes z. B. in der Schuster- und Gerber-Ordnung in Schweidnitz (1387): zwei Mark Groschen und nicht weniger ⁶).

---

¹) Mone a. a. O. XIII, 313.
²) Gatterer, technol. Magazin I, 94. 95.
³) Weidenbach, Regesten von Bingen 46.
⁴) Bender-O. Archiv.
⁵) Böhmer, codex 652; Archiv: Gerber-O.
⁶) Cod. siles. VIII, 78.

Einer Würdigung der Höhe des Lehrgeldes, wie es bei den verschiedenen Handwerken und an den Hauptorten Deutschlands üblich war, einer Vergleichung nach den Perioden stehen dieselben Schwierigkeiten entgegen, welche bei der Lehrzeit angeführt sind, noch erhöht durch die Verschiedenheit des Geldwerthes in den verschiedenen Zeiten. Da hierin auch die Einförmigkeit nicht so allgemein war, wie bei anderen Handwerksstatuten, so wird es genügen, einen Anhalt zur Beurtheilung zu geben, in wieweit das hohe Lehrgeld etwa den Zugang zum Handwerk erschwerte. Einzelne Sätze sind bereits angeführt, z. B. für die Bender am Rhein, die Schneider in Hohenzollern, die Gerber in Frankfurt, so mag hier noch angefügt sein, daß die höchste Summe, welche dem Verfasser vorkam, im XVIII. Jahrhundert nur 60 Gulden betrug, soweit von eigentlichen Handwerken die Rede ist; allerdings jedoch fand er bei einem Gewerbe, das kein Handwerk, wohl aber eine den Handwerken ziemlich ähnlich eingerichtete Zunft war, eine noch höhere Summe, nemlich bei den Trompetern und Paukern. Nach ihrer Redlichsprechung bildeten sie eine sehr angesehene, mit vielen Privilegien begnadigte Verbindung; nach dem ihnen 1623 verliehenen Privilegium durfte nun der Lehrherr oder, wie die Trompeter ihn nannten, der Lehrprinz (Lehrprincipal) „nicht weniger als hundert Thaler nach vor Alters Brauch Lehrgeld nehmen" [1]).

---

[1]) Frise, Ceremoniell der Trompeter und Pauker 19.

Viertes Kapitel.
Haltung des Lehrlings.

Es ist in dem Eingang des zweiten Kapitels gesagt worden, daß der Lehrling mannichfachen Mißhandlungen von Seiten seines Meisters, dessen Frau und Gesellen ausgesetzt war, welche zugleich seinem Zwecke, dem Erlernen des Handwerkes, hinderlich waren, und daher eine nähere Untersuchung, ob dieß unzertrennlich vom Handwerk, oder bloß eine Entartung gewesen, wohl motivirt sei; dabei handelt es sich um Haltung der Lehrjungen im Hause des Meisters, um die Macht und Pflicht des Letzteren in Bezug auf Erziehung und Disciplin, um Sicherstellung des Hauptzweckes, der vollständigen Vorbereitung für den eigenen Broderwerb, und schließlich um die Stellung des Jungen zu den Gesellen.

Begreiflicher Weise ist hierüber aus den älteren Zeiten, in welchen die Gesetze noch nicht so vollständig nach allen Seiten ausgearbeitet und wenigstens nicht schriftlich gemacht waren, auch die Organisation des Handwerks noch im Werden, dasselbe noch nicht ein so fest geschlossenes Ganze war, wenig Aufschluß zu erwarten; ebenso begreiflich ist, daß bei denjenigen Handwerken, in welchen schon ältere, sogar verheirathete Lehrjungen Zugang fanden, der Lehrling also häufig eigenen Hausstand führte und nur auf dem Werkplatz mit dem Herrn in Berührung kam, Bestimmungen über Haltung des Jungen nur wenig Bedeutung hatten und selten vorkamen. Dieß waren jedoch immer nur ganz wenige Gewerbe, während die meisten keinen verheiratheten Lehrling dulbeten und diese meistens in dem Alter eintraten, in welchem noch Zucht begründet und nöthig, dabei der Lehrling noch zu jung war, um sich selbst einigermaßen helfen zu können. Das Folgende bezieht sich daher nur auf diese allerdings maßgebenden Handwerke.

Mit dem Eintritt in das Handwerk wurde der Lehrling der Macht der Eltern entnommen und dem Meister vollständig übergeben, nicht bloß zur Lehre, sondern zur Erziehung und Beaufsichtigung. Daher mußte er, selbst wenn seine Eltern am Orte wohnten, deren Haus verlassen und vom Meister in Wohnung und Kost genommen werden. „Welcher Meister einen Lehrling nimmt, soll ihn Tag und Nacht in seinem Hause, in seinem Brode und seiner Versorgung halten und mit Thür und Angel verschließen" [1]. Diese Vorschrift, wofür das angeführte Beispiel nur der absonderlichen Form halber gewählt ist, findet sich dem Sinne nach in zahlreichen Handwerksstatuten in ziemlich früher Zeit [2]. Dieß ist auch nicht auffallend, wenn man in Betracht zieht, daß Meister, Geselle und Lehrling eine Familie bildeten, daß daher auch der Geselle meistens nicht verheirathet sein durfte, bei dem Meister

---

[1] A. Beier, Handwerkslexikon 280. Ordnung der Metzger in Waltershausen.

[2] Selbst das Handwerk der Maurer und Steinmetzen (in Wien 1453), von dem es am wenigsten zu erwarten, da diese meist verheirathete Lehrlinge zuließen, verlangt, daß der Lehrling in Meisters Hause gehalten werde. v. Hormayer, Gesch. v. Wien. V. Band, 3. Heft. Urkundenbuch 118.

in Wohnung und Brod sein mußte, und für jede Nacht, welche er außer Meisters Haus zubrachte, einer Strafe verfallen war; so ist denn nicht zu verwundern, daß der Lehrjunge demselben Zwange unterlag.

Der Meister hatte den Lehrjungen ziemlich und gebührlich nach des Leibes Nothdurft zu halten. Nur eine Ausnahme findet sich hiervon bei den Gerbern in Kostniz (1538), denen untersagt war, dem Jungen Imbiß zu geben¹). Das Gesetz findet sich schon im XV. Jahrhundert, z. B. bei den Schneidern (1487) und den Hafnern (1509) in Regensburg²), und etwas später schon in einer Form, welche beweist, daß dagegen gesündigt und sogar soweit gesündigt wurde, daß die Lehrlinge entliefen. Die Ordnung der Zimmerleute in Würtemberg (1690) sagt: der Meister soll den Lehrknecht auch sonst mit Essen ziemlich und gebührlich halten, daß er bleiben möge"³), und mit demselben Beisatze und Angabe der Strafe, welche den Meister trifft, wenn der Lehrling aus solchem Grunde entläuft, ist das Gesetz in vielen Handwerksordnungen späterer Zeit enthalten. Da eben das Statut der Zimmerleute erwähnt ist, so sei noch eine Besonderheit desselben angefügt, daß nemlich verboten war, während der Lehrzeit Wein einzubingen, ein Verbot, das sonst nirgends vorkommt. Manche Statute sprechen auch von leiblicher

---

¹) Kostnizer Stadtbuch (Manuskript), Blatt 455.

²) Verhandlungen des histor. Vereins der Oberpfalz und Regensburg VIII, 151, 160.

³) Würtemberger H.-O. 5044.

Liegerstatt ¹). Die Schneider-Ordnung in Württemberg setzt noch hinzu, wenn der Lehrjung Hungers oder anderer unverantwortlicher Traktemente halber zum Weglaufen gezwungen würde, verliert der Meister das Recht auf das Lehrgeld und muß, was von diesem er bereits erhalten hat, wieder zurückbezahlen.

Auch die Kleidung hatten manchmal die Meister zu stellen und ist diese sogar genau bestimmt. Während die Zeugmacherordnung (1680) vorschreibt, daß der Lehrknecht während der Lehrzeit sich selbst mit Kleidung versehen müsse, was auch das allgemein übliche war, bestimmt die Ordnung der Dreher in Lübeck (1509) ²) zwar dasselbe für das erste Jahr, die anderen beiden Lehrjahre dagegen hat der Meister ihn nach Nothburft damit zu versorgen; und der Zimmermann in Straßburg muß (nach der Ordnung von 1478) dem Lehrjungen (bei 4 Pfund Heller Lehrgeld) geben: gebundene Schuhe und weiße Hosen nach Nothburft, dazu alle Jahre 4 Ellen graues Tuch zu einem Rock, 4 Ellen Zwillich zu einem Schantz (Kittel); ferner eine Axt, ein Beil, ein Texel, Winkelmaß, Nagelbohrer und alle Wochen 2 Heller zum Vertrinken ³); was bei den Zimmerleuten in Württemberg verboten, war demnach in Straßburg von Handwerks wegen vorgeschrieben.

Der Meister war überall verpflichtet, den Lehrling zum Kirchen- und Katechismus-Besuch, zu Gottesfurcht und Ehrbarkeit mit eifrigem Ernst anzuhalten, und ihn

---

¹) Schneider-O. in Württemberg 1685. Strumpfweber 1750.
²) Wehrmann a. a. O. 199.
³) Mone a. a. O. XVI, 159.

sonst zu ziehen, als ob er sein Sohn wäre; er hatte zu
sorgen, daß der Lehrjunge nicht ohne seinen Willen und Wissen
aus dem Hause noch weniger aus der Stadt gehe, oder
muthwilliger Weise auf der Gasse herumlaufe, sondern bei
rechter Zeit nach Hause komme. Dazu bedurfte aber der
Meister der Disciplinargewalt, die er dann wohl auch miß=
brauchen konnte. Ob dies geschehen, und ob das Handwerk dem
ruhig zugesehen, geht aus den Statuten selbst hervor. Die
erste Bestimmung hierin ist bei den Schuhmachern in Würs=
temberg gegeben (1588)[1]: er soll ihn nicht, wie öfters
geschieht, „thrannisch und grausam, sondern also traktiren,
daß der Junge auch bleiben könne," mit denselben Aus=
brücken: grausam und thrannisch wird diese Bestimmung
vielfach gefunden, und meist mit dem bedeutsamen Zusatze,
wie es öfter unchristlicher Weise zu geschehen pflegt. Die
Färber heißen den Meister gebührende Bescheidenheit mit der
Zucht brauchen, und also den Jungen, der ihm anvertraut ist,
für einen Menschen und kein Vieh halten; drohen auch gleich
eventuell die Strafe von acht Gulden an; jedoch, sagt die
Schneiderordnung, bleibt dem Meister billig eine erträgliche
Züchtigung unverwehrt. Bei der Aufnahme des Lehrlings
vor dem Handwerk pflegte der Zunftmeister der Metzger
dem Lehrling einzuschärfen, er möge sich so benehmen, daß
der Lehrherr ihm mehr mit Liebe als mit Schärfe begegnen
möge, wobei dem Lehrjungen ein Ochsencingul vorge=
wiesen wurde.

Daß das Handwerk die Behandlung des Lehrjungen
nicht aus dem Auge verlor, obwohl es sicher nicht im

---

[1] Würt. Handwerksord. 1078.

Stande war, jedem Mißbrauch vorzubeugen, erhellt genügend aus dem Gesagten, und daraus, daß überall, wenn dem Meister eine Ausschreitung hierin zur Last gelegt werden könnte, er den Lehrling nicht nur entschädigen mußte, sondern auch dem Handwerke, oft auch dem Amte, in Strafe verfallen war.

Das Recht des Meisters, den Jungen zu züchtigen, ohne dessen Eltern dafür verantwortlich zu sein, ist kein, ursprünglich vom Handwerke verliehenes, er hatte solches schon, ehe das Handwerk befugt war, solche Rechte an seine Angehörigen zu verleihen, ehe es eine geschlossene Korporation bildete. Schon das Stadtrecht von Augsburg (1276) gestattet dem Handwerksmann, der ein Lernkind hat, in welchem Handwerke es sei „der mag es wohl züchtigen mit Ruthen und anders, wie er will, ausser mit gewaffneter Hand und ohne Verwundung, und soll auch dessen dem Gerichte noch den Freunden keine Geltnuß haben" [1]). Im Vorhergehenden sollte nur angeführt werden, wie das Handwerk, sobald es organisirt, und ihm die Gesetzgebung und Verwaltung in allen inneren Angelegenheiten, und die Jurisdiktion über alle seine Angehörigen zugefallen war, die Züchtigungsgewalt des Meisters begrenzte und den Lehrjungen in Schutz nahm.

Auch in Betreff der Unterweisungspflicht ist in allen Zeiten und bei allen Handwerken der Meister für Verwahrlosung verantwortlich. Er mußte in allem, so handwerkshalber gebührt, treulich und fleißig unterweisen und lehren und den Jungen zum Handwerke anhalten, damit er solches

---

[1]) Walch, vermischte Beiträge zum deutschen Recht, Nr. 331.

vor Gott verantworten könne, auch der Junge Zeit und Geld nicht übel anlege; er soll ihm nichts verhalten, damit er nach ausgestandener Lehre einem Meister einen rechten Wochenlohn abverdiene; das sind die Vorschriften, welche in zahllosen Statuten in verschiedenen Formen den Lehrherren eingeschärft werden. Sollte sich am Ende der Lehrzeit ergeben, daß der Lehrjunge durch Schuld des Meisters nicht gelernt habe, was einem Lehrjungen gebührt, so wurde dieser zu einem anderen Meister gethan, und der erste Lehrherr mußte alle Kosten bezahlen, dazu noch Strafe an das Handwerk oder das Amt. Zur Sicherstellung des Jungen in dieser Beziehung wurde auch in dem geschilderten Akte der Aufnahme die Umfrage gethan, ob Einer gegen den Meister und seine Lehrzucht etwas einzuwenden habe. Hier und da kommen auch, obwohl sehr vereinzelt, besondere Prüfungen schon für die Lehrlinge vor, z. B. bei den Schiffszimmerleuten in Lübeck (1593) [1]; der Lehrknecht mußte als Probestück eine Segelstange, einen Mast und ein Steuerruder machen; nach der Schneider-O. in Würtemberg (1685) sollte er vor Obmann und Kerzenmeister examinirt und von ihm erkundigt werden, ob er des Handwerks, soviel ihm gebührt, genugsam unterrichtet worden sei; wenn nicht und ihn der Meister versäumet hatte, so sollen die Verordneten den Jungen einem anderen geschickten Meister, bis er das Handwerk gehörig begriffen, aufdingen; der erste Meister hat das hiezu benöthigte Lehrgeld entweder nicht zu fordern oder wieder heraus-

---

[1] Wehrmann a. a. O. 412.

zugeben¹). Bei den Beutlern und Schreinern wurde dem Lehrling die Probe durch die Gesellen bei dem Hänseln, dem Akte der Aufnahme als Geselle abgenommen, wovon später mehr²). Unabhängig von Handwerkssatzungen, als Pflicht gegen die Eltern des Jungen schreibt das Stadtrecht von Mühlhausen in Thüringen jedem Meister vor, er müsse ihn auf Verlangen der Eltern nach geendeten Lehrjahren, von unpartheiischen Meistern examiniren lassen, und falls durch Meisters Schuld der Lehrling nicht bestehe, habe jener das Lehrgeld herauszugeben, oder wo keines gegeben worden, sonst den Schaden zu ersetzen³).

Ueber den Umfang, in welchem der Lehrherr den Jungen nutzen durfte, scheinen die Streitigkeiten überall weit zurückzureichen, dieß läßt sich wenigstens aus dem Inhalt vieler Satzungen erster und späterer Zeit ableiten. Ein Statut der Walker in Paris (XIII. Jahrh.) verlangt vom Lehrlinge, daß er alle Dinge des Handwerks thun müsse, die ihn der Meister thun heißt, was auf Widersetzlichkeit des Jungen schließen läßt. Andererseits scheinen die Meister, wenigstens in späterer Zeit, wie schon einmal gesagt worden, den Jungen vielfach zu anderen, als Handwerksarbeiten gebraucht zu haben, die Handwerke duldeten das nicht, und ihre Bestimmungen hierüber bestätigen eben die Thatsachen; einzelne solche Bestimmungen mögen hier angeführt sein: Die Schreiner-O. (1595) verbietet, den Lehrjungen sonst zu

---

¹) Würtemberger Handwerksord. 1016.
²) Frisc, Ceremoniell der Schreiner, der Beutler.
³) Stadtrecht der Stadt Mühlhausen i. Th. gedruckt 1692, III. Buch 325.

keinen häuslichen Geschäften, sondern einzig und allein zum Handwerk zu gebrauchen. Die Zeugmacher-O. (1680) untersagt, ihn nicht mit allerhand Posselarbeiten und Hausgeschäften in seiner Lehre und Arbeit zu hindern; die Strumpf- und Hosenstricker-O. (1686) gestattet nur, ihn zum Handwerk nicht zu anderen Verrichtungen zu halten, die Nagelschmieds-O. (1690) weist den Meister an, ihn zu lehren ohne Zumuthung allerhand davon verhinderliches Trempel- und Hausarbeiten. Am vollständigsten zeigt den Umfang des Mißbrauchs die Schneider-O. (1685) : er soll ihn auch zur Erlernung des Handwerks nicht zum täglichen Hauspossen und Geschäft, oder Holz, Wasser, Kinder hin- und hertragen anhalten." Diesen Bestimmungen, welche alle die Sorge der Handwerke bestätigen, den Jungen seiner Aufgabe zu erhalten und vor Mißbrauch zu wahren, steht eine einzige gegenüber, welche darin dem Meister volle Macht läßt, es ist die Färber-O. von Würtemberg (1706) [1]: „jeder Lehrknecht ist verbunden, alles dasjenige in Feld und Haus, so dem Handwerk nicht zuwider und nachtheilig ist, und ihn der Meister heißen würde, mit Fleiß zu thun, und sich dawider nicht zu setzen." Hier kann also der Meister jede Handlung und Verrichtung verlangen, welche den Jungen nicht handwerksunredlich macht. Hierzu muß aber bemerkt werden, daß die angeführte Ordnung nicht bloß hierin ganz allein steht, sondern auch im Uebrigen sich durch auffallende Härten gegen die Jungen auszeichnet.

Ueber die Stellung des Jungen zum Gesellen in Bezug auf Mißhandlung ist aus den Handwerksstatuten nichts zu ent-

---

[1] Würtemberger Handwerksord. 204.

nehmen; nur eine Stelle ist dem Verf. hierüber vorgekommen, in der Bäckerordnung zu Passau (1432), welche befiehlt: die Bäckerknechte in Passau sollten keinen Jungen schlagen, sondern vorher den Meister fragen [1]). Doch gibt A. Beier als Handwerksbrauch an, daß der Geselle, dem der Lehrjunge speciell zur Unterweisung oder Lehre zugewiesen war, ihn züchtigen durfte, wenn er etwas verfehlte, ihn verschicken durfte, wenn er etwas brauchte, Bier oder Branntwein; „jedoch ohne vorsätzlichen Mißbrauch, und daß der Junge nicht an seinem Tagewerk gehindert wird." Ein anderer Geselle hatte keine Macht über den Jungen zu verfügen, außer mit besonderer Erlaubniß jenes berechtigten Gesellen.

Noch sind einige andere Handwerksgesetze wenigstens kurz zu erwähnen, welche dahin zielten, die gegenseitigen Verpflichtungen von Lehrherrn und Lehrjungen zur vollen Ausführung zu bringen und jeden in seinem Rechte zu schützen. Veranlaßte der Meister den Jungen, durch Hunger oder Mißhandlung, „unverantwortliches Traktament", mußte er ihn, wie schon gesagt, entschädigen. Entlassen durfte ihn der Meister nur wegen Diebstahl oder Unzucht; in anderen Fällen hatte er ihn erst bei dem Handwerke zu verklagen, und hatten die Vorstände, wenn sie sich nicht vertrugen, zu richten und zu erkennen [2]).

---

[1]) Verhandlungen des historischen Vereins für Oberpfalz und Regensburg VIII. Heft 2, S. 40.

[2]) Z. B. Seiler in Nürnberg, Spinnrabmacher (1559), Lakenmacher (1553) in Lübeck u. a.

Ging dagegen der Lehrling, ohne genügenden Grund seitens des Lehrherrn, aus Muthwillen oder Leichtsinn davon, so mußte auch dem Meister durch das Handwerk für Schadenersatz gesorgt werden. Der besprochene Fall muß aber seit ältesten Zeiten her gar oft vorgekommen sein, da alle Handwerksstatute und viele allgemeinere Rechtsquellen davon handeln. Die verschiedenen Bestimmungen hierüber verdienen eine kurze Betrachtung.

Schon die alten oft erwähnten französischen Handwerkssatzungen lassen hierüber Festsetzungen nicht vermissen. — Die Messerheftmacher lassen den Jungen zweimal ohne weitere Folgen entlaufen, auf das drittemal darf ihn kein Meister mehr nehmen, weder als Gehilfen noch als Lehrjungen. Diese Einrichtung haben die Prud'hommes getroffen, um die Thorheit und den Leichtsinn des Lehrjungen zu zähmen, denn er bringt ihm und dem Meister großen Schaden. Wenn er zweimal entflieht, vergißt er soviel als er gelernt hat [1]). Bei den boîtiers [2]) mußte der Meister den Entlaufenen erst eine Tagereise auf seine Kosten, dann ebenso dessen Vater und Bürge eine Tagereise auf ihre Kosten suchen: fanden sie ihn nicht, mußte der Meister seiner harren bis zu Ende seiner Lehrzeit, und ihn, wenn er wiederkam aufnehmen, dabei der Lehrling alle Dienste ersetzen, die er versäumte; wollte der Lehrjunge nicht mehr in das Handwerk, so mußte er es kund thun, dem Meister seine Kosten ersetzen, konnte aber dann bei keinem anderen

---

[1]) Boileau 49. Coutelliers, faiseurs de manches.
[2]) Ebendaselbst 53, „boitiers, faiseurs de serrures à boites."

Handwerk in Paris mehr angenommen werden. Die Kristallschleifer und die Fertiger orientalischer Teppiche gestatteten nicht, daß der Meister während der Zeit, die der Entlaufene bei ihnen zu lernen hatte, einen anderen Lehrling annahm [1]), die letzteren verlangten auch wieder, daß der Meister ihn einen Tag auf seine Kosten suche. Bei den Seidenwebern mußte der Meister mit der Annahme eines anderen Jungen Jahr und Tag warten. Bei den Walkern hatte der Junge dem Meister den Schaden zu ersetzen, und nach Ablauf der Lehrzeit noch zwei Jahre zu dienen, ehe er als Geselle (um Lohn) arbeiten durfte [2]). Dieß sind die mannigfachen Bestimmungen, welche mit wenigen unwesentlichen Abänderungen in den vielen Statuten vorkommen.

Alle diese Gesetze (die Vorschrift des Suchens abgerechnet) kamen auch in Deutschland nebst noch manchen anderen vor, welche das Eingreifen des Handwerks und die Erhebung der Frage zu einer solchen zwischen ihm und dem Jungen darthun.

Eine Verpflichtung des Entlaufenen, und wenn er nicht fähig, seiner Bürgen, den Meister schadlos zu halten, und die Verpflichtung des Meisters, den Zurückkehrenden wieder anzunehmen, ist in vielen Stadtrechten enthalten [3]). Von den hierher gehörigen Handwerkssatzungen

---

[1]) Boileau 71. 127.

[2]) Ebendaselbst 93. 133.

[3]) Das Freisinger Stadtrecht sei hier erwähnt, wegen des eigenthümlichen Schlußsatzes: „und kommt er wieder, dieweil er vierzehn Jahr alt ist, und will er wieder zu ihm, er soll ihn em-

sind folgende der Anführung werth und repräsentiren die verschiedenen wichtigeren Bestimmungen, welche überhaupt vorkommen. Die Schneider-O. von Striegau (1353) hat das Eigenthümliche, daß sie ausdrücklich die freiwillige Lösung des Lehrvertrages gestattet, und zwar in dem ersten Jahr gegen einen entsprechenden Theil des Lehrgeldes, nach dem ersten Jahre ist der Junge das ganze Lehrgeld schuldig. Für den Fall des Entlaufens hat der Meister, wenn der Lehrknecht nichts hat, die Bürgen um Schadenersatz zu mahnen, den Lehrknecht aber soll niemand mehr arbeiten lassen, noch die Zunft geben, es sei in dem Handwerk oder einem anderen, bis er sich mit seinem Meister berichtigt hat. Hierin ist also Solidarität aller Handwerke in Striegau, während die Lakenmacher in Lübeck (1553) die Solidarität ihres Handwerkes durch alle Orte konstatiren. Entläuft Einer in dieser oder einer anderen Stadt, darf ihn kein Meister nehmen, bis er sich mit dem ersten vertragen hat [1]). Bei den Seilern in Lübeck (1390) mußte er dem Amte (d. i. dem Handwerke) 12 ₰ bezahlen; ebenso bei den Spinnradmachern daselbst (1559) den Herrn 1½ Mark, dem Amt 12 ₰, vorher durfte er nicht wieder angenommen werden. Bei den Rothlöschern (1471) mußte er von neuem drei Jahre lernen, verlor also die ganze Lehrzeit vor seiner Entweichung; bei den Schwertfegern (1473) das Amt neu nehmen, was mit dem vorigen übereinstimmt,

pfangen, und soll seine Zeit gar auslernen." Maurer, das Stadt- und Landrechtsbuch Rupprechts von Freising, 1839, S. 181, Kap. 162 von Lernkindern.

[1]) Codex diplom. siles. VIII, 42. Wehrmann a. a. O. 204.

nur hatte er noch die Kosten dafür wiederholt zu bezahlen. Dieses letztere Handwerk schloß ihn bei dem zweiten Entlaufen ganz aus, die Kammmacher (1575) bei dem drittenmal; blieb er bei diesen eine Nacht aus, mußte er aufs neue Lehrgeld geben, für 4 Wochen neu in die Lehre gehen. Bei den Kannengießern (1508) konnte ihn bei dem erstmaligen Entweichen nicht mehr der Meister, wohl aber die Albermänner, das zweitemal nur das ganze Amt wieder aufnehmen, und das drittemal war noch die Erlaubniß der Herrn dazu erforderlich [1]).

Es bleibt von den französischen Bestimmungen nun noch die eine der Kristallschleifer, der Teppichweber und der Seidenweber unerledigt, daß der Meister für den entlaufenen Lehrjungen keinen anderen setzen darf, bis des ersten Lehrzeit abgelaufen ist. Dieses Gesetz kam aber auch in Deutschland vor, und zwar in solchem Umfang, daß es ganz allgemein geltend angenommen werden darf, und dafür der Handwerksspruch entstand: der Stuhl ist besetzt, und zwar von dem Lehrgeld; da dieses durch das Entlaufen verfallen sei, so sitze es noch auf dem Stuhl und der Junge sei in der That noch zur Stelle [2]). Diese spätere Erklärung in ihrer gezwungenen Weise möchte doch nicht genügen; vielmehr möchte sich die allerdings auffallende Bestimmung folgendermaßen erklären und rechtfertigen lassen:

Alle pariser Handwerke, welche dieses Gesetz haben, gestatten auch nicht, daß der Meister mehr als eine bestimmte Zahl Lehrlinge (meist nur einen) halte; würde nun der

---

[1]) Wehrmann a. a. O. 384. 449. 390. 457. 255. 248.
[2]) A. Beier, Handw. Lexikon 422. Art. Ufm Stuhl sitzen.

Meister für einen Entlaufenen während des Laufes seiner Lehrzeit einen anderen nehmen, und jener, den er doch aufnehmen muß, zurückkehren, so hätte er mehr Jungen, als ihm das Gesetz, das überdieß sehr scharf überwacht wurde, gestattet. Daher konnten auch die Seidenweber, welche nur zwei Jungen halten durften, und sechs Lehrjahre hatten, ihm gestatten, schon nach Jahr und Tag einen andern für den Entwichenen zu nehmen, weil er diesen, selbst wenn er zurückkehrte, nicht mehr annehmen durfte. Auch in Deutschland war in den Handwerken, mit sehr wenigen Ausnahmen, die Zahl der zu haltenden Lehrlinge fest bestimmt, und daher mußte, um ein größeres Anhäufen derselben in einer Werkstätte zu vermeiden, obiges Gesetz auch hier geltend gemacht werden. Hiermit stimmt auch das abweichende Gesetz der Decklachenmacher in Kölln (1336) [1]: wenn der Lehrknecht entlief, mußte der Meister, wenn er einen anderen nehmen wollte, 2 Mark in die Büchse bezahlen, und der Entlaufene, den er dann nicht wieder zu nehmen brauchte, durfte von keinem andern Meister gehegt werden, bis er ersterem die zwei Mark ersetzt hatte. Ferner stimmt hiermit auch das Recht des Meisters, vom Jungen Schadenersatz für das Versäumniß zu fordern; denn er brachte ihn durch sein Entlaufen in die mißliche Lage, einen Arbeiter weniger halten zu können, als ihm ohne diesen Zwischenfall rechtmäßig zustand.

Darinnen scheint auch der Grund zu liegen, warum der Junge, wenn er krank wurde, gehalten war, das Versäumte wieder nachzuholen, d. h. um so länger in der

---

[1] Ennen und Eckerz a. a. O. 399.

Lehre zu bleiben. Bei den Färbern in Würtemberg, deren Gesetze schon als besonders strenge gekennzeichnet worden sind, mußte er aus der Kautionssumme, die er überhaupt bei seinem Eintritte für alle Verluste, welche er etwa dem Meister bringen würde, zu leisten hatte, auch die Verluste seiner Versäumniß durch Krankheit tragen.

Starb der Meister vor Ende der Lehrzeit, war kein sehr langer Zeitraum mehr bis zum Schlusse der Lehrzeit, und führte die Wittwe das Geschäft mit einem tüchtigen Gesellen fort, so konnte der Junge auch die Lehre bei ihr vollenden. War bis zu ihrem Schlusse noch eine längere Zeit in Aussicht, dann übernahm das Handwerk, ihm einen geeigneten Lehrherrn für seine volle Ausbildung zu suchen, und kein hierfür ausgesuchter Meister durfte sich weigern, ihn anzunehmen. Auch im ersten Falle, wenn er bei der Wittwe auslernte, konnte ihn diese nicht zur Lossprechung bei dem Gebote präsentiren; da trat wieder für sie das ganze Handwerk ein, in seinem Namen wurde er bei dem Gebote empfohlen, und das Handwerk beantragte und vollzog seine Lossprechung nach den im nächsten Kapitel zu besprechenden Normen.

Fünftes Kapitel.
Lossprechung. Gemachter Geselle.

War der letzte Tag der vorgeschriebenen Probe- und Lehrzeit vollendet, so konnte der Lehrling sofort die Lossprechung und die Aufnahme unter die Gesellen verlangen, falls er nicht einem der wenigen Handwerke angehörte, welche noch verlangten, daß er einer vorgängigen Prüfung genüge. Solche waren, wie schon im vorigen Kapitel gesagt, anberaumt, um die Gewissenhaftigkeit des Lehrherrn zu kontroliren, und fanden zu dem Zwecke bald jährlich, bald am Schlusse der Lehrzeit statt, oder ihr Zweck war, die erlangten Fähigkeiten des Lehrlings darzulegen, wie bei den Zimmerleuten in Lübeck und bei den Dachdeckern in Frankfurt (1467); „damit den Leuten gleich geschehe und ihre Dachung um so besser in Stand gehalten werde," und am eingehendsten bei den Nestlern, einem großen Handwerke, das zu Frankfurt a. M. seinen Hauptsitz und sein Handwerksgericht hatte [1]), und eine vollständige Prüfung über alle Arbeiten, welche dem Gesellen zukamen, vorschrieb. Die Lossprechung und die Aufnahme unter die Gesellen konnte der Lehrjunge verlangen. Beides waren getrennte Akte, denn zwischen dem Lehrjungen und dem Gesellen stand noch der Mittler, Jünger oder Halbgeselle und in diesen Rang nun wurde er durch die Lossprechung durch das Handwerk erhoben; ein weiterer solenner Akt, die Taufe, von den Gesellen vollzogen, machte ihn dann erst zum Gesellen.

Die Lossprechung geschah in ganz ähnlicher Weise wie die Aufnahme oder Aufdingung. Sie wurde vor dem Gebote des ganzen Handwerks für den Lehrjungen von dem Lehrherrn verlangt, oder wo ein solcher nicht da war, sondern der Junge bei der Wittwe seines Lehrherrn die Lehrzeit vollendet hatte, trat das ganze Handwerk für ihn ein

---

[1]) Ordnung der Dachdecker, im Frankfurter Archiv. — Beier, Handw. Lexikon 305, Art. Nestler.

und der Zunftmeister verlangte in dessen Namen vom Handwerk die Lossprechung: bei einzelnen Handwerken, z. B. den Kürschnern, mußte der Lehrjunge selbst darum anhalten. Es wurde erörtert, ob die Lehrzeit vollständig abgelaufen, und, wie bei der Aufnahme, die dreimalige Umfrage bei jedem anwesenden Meister gestellt, ob er etwas gegen den Jungen oder seine Lehre einzuwenden habe. War dieß nicht der Fall und lautete die allgemeine Antwort, daß man nichts als Liebes und Gutes von dem Jungen wisse, so wurde von dem Zunftmeister, weil er die Lehrzeit ehrlich ausgestanden, **kraft und im Namen des Handwerks**, bei den Schustern **im Namen Gottes des Vaters, des Sohnes und des heiligen Geistes** losgesprochen. Es wurde ihm von dem Meister eine entsprechende Anrede gehalten über seine Pflichten, verschieden bei den verschiedenen Handwerken, aber immer dieselbe bei einem Handwerke, und stets einen Satz folgenden Inhaltes enthaltend: „du bist bisher Junge gewesen und hast dich zu den Jungen gehalten, jetzt wirst du Jünger und wirst dich zu den Jüngern halten, wird dir aber Gott die Gnade verleihen, daß du in den Gesellenstand trittst, so wirst du es auch mit ehrlichen Gesellen halten." Auch wurde der Junge bei diesem Akte gefragt, ob er bei dem Meister in der Lehre nichts, was dem Handwerke zuwider wäre (nichts Unredliches) wahrgenommen, das möge er jetzt sagen, hernach aber für immer schweigen. — Auch die Kosten fehlten bei diesem Akte nicht, und zwar, wie bei der Aufnahme, solche für das Handwerk, den Landesherrn oder die Stadt, und an die Meister; jedoch waren sie nie sehr hoch, meistens den Aufnahmekosten gleich oder sogar niedriger, die übliche Mahlzeit wurde in späterer Zeit in eine feste Geldgabe umgewandelt.

Die Gesellen waren in verschiedenem Grade bei diesem Akte betheiligt; entweder sie waren bei dem Gebote des Handwerks alle zugezogen und hatten hier wie die Meister bei der Umfrage die Stimme abzugeben, oder sie waren durch Deputirte dabei vertreten, wie bei den Nagelschmieden in Würtemberg, bei den Tuchscherern, in welchen beiden Handwerken stets zwei Gesellen zur Lossprechung anwesend sein mußten; oder nach vollzogener Lossprechung durch die Meister wurden die Gesellen zu diesen entboten, wie bei den Drechslern. Sie wurden hier gefragt, ob ihnen etwas wissend sei, das von dem Handwerk nicht zu dulden, das sollten sie melden, oder daß sie auf den Jungen etwas wüßten, das sollten sie sagen, und nachdem sie mit Nein geantwortet, wurde ihnen der Lehrjunge übergeben mit den Worten: hier ist der N. N., der seine Lehrzeit ehrlich ausgestanden, ist auch vor offener Lade frei und losgesprochen. Nun wüßte man nichts Böses von ihm, darum sollten sie ihn zu einem **ehrlichen** Gesellen machen, der Sache aber nicht zu viel und nicht zu wenig thun. Sie antworteten, sie wollten hören, ob er ein Rekompens geben wolle, und nun fragt der Altgeselle in ihrem Namen den Jünger, ob er gesonnen sei, auszustehen, was ein anderer ehrlicher Geselle ausgestanden? und erhielt die Antwort: ja, sie würden aber dabei es leiblich machen.

Die Uebergabe an die Gesellen durch die Meister, mit den angeführten Worten, die Antwort der Gesellen, die Frage des Altgesellen und die darauf erhaltene Antwort beziehen sich auf den zweiten Akt, die Aufnahme unter die

Gesellen, das Gesellenmachen und alles Gesagte deutet schon darauf hin, daß es sich um eine besondere Procedur handelt, bei der leicht ein zuviel möglich ist, und daß das leidende Subject, der Jünger, wohl oft Grund haben mochte, zu bitten, daß sie es leidlich machen. Noch heutzutage pflegt man sich von dem Akte des Gesellenmachens, dem Hänseln, Taufen, Schleifen, Hobeln, Feuer aufblasen, oder wie sonst der Akt genannt sein mochte, ein Bild zu machen, als ob der Junge wahrhaft gemartert und gequält worden sei. Es läßt sich nicht mit Bestimmtheit sagen, daß dieß nie vorkam, vielmehr liegt die Möglichkeit hierzu ziemlich nahe, jedoch gehen offenbar die Vorstellungen weit über die Wirklichkeit hinaus und hat der Lehrling wohl während seiner Lehrzeit meistens mehr und Härteres ausstehen müssen, als bei dem Gesellenmachen. Auch wird die Tendenz, welche dem Akte zu Grunde lag, vollkommen mißkannt; sie war eine entschieden lobenswerthe und die Form früher vollkommen entsprechend. Gerade dieser Aktus, so weit er bekannt ist, gewährt jetzt noch einen näheren Einblick in die Sitten der Gesellen, ihr Betragen in den verschiedenen Hauptlagen des Gesellenlebens. Deshalb lohnt es auch, hier darüber zu geben, was aus älterer Zeit noch auf uns überkommen ist.

In sofern Hänseln nur den Akt der Aufnahme in einen Bund (Hanse) bedeutet[1]), ohne Rücksicht auf die Form, ist es durchaus nicht den Handwerksgesellen allein eigen gewesen, vielmehr hat man in allen Korporationen

---

[1]) Hansen, in societatem suscipere, Hänseln, in societatem suscipere modo ridiculo, s. Haltaus, glossarium germanicum medii aevi.

und Ständen gewisse Ceremonien gehabt, um den Kandidaten die Pflichten, denen er sich mit dem Eintritt unterzieht, recht feierlich einzuprägen, der Ritterschlag und die Ritterwache, die Feierlichkeiten bei der Priesterweihe, später und noch bis heute die Ceremonien der Doktorpromotionen, hatten solchen Zweck. Ein gleiches thaten die Kaufleute, aber die Ceremonien waren doch von sehr verschiedenem Charakter und Sinne und fanden auch zu sehr verschiedenem Zwecke statt. Ueberall hatte die Kaufmannschaft gewisse Ceremonien bei der Aufnahme in die Zunft oder Stube. Aber außerdem hatten sie das Hänseln auch noch bei Gelegenheit der Reisen. Noth oder Zweckmäßigkeit ließ sie die Reisen nach den Stapelplätzen zu gewissen Zeiten (Messe) gemeinschaftlich machen. Wer sich einer solchen Karawane zum erstenmale anschloß, mußte sich dem Brauche des Hänselns unterwerfen; aber auch jeder Mitreisende, wenn er auch kein Kaufmann war. Dafür waren, bei der Regelmäßigkeit der Reiserouten, auch gewisse Stationen bestimmt, so bei Eger, Brixen, Neustadt bei Coburg, Hersfeld ꝛc. In Siebenbürgen am Wasser Keres[1]) war eine solche Hänselstation. Mannichfache, leichtere und schwerere Quälereien wurden dabei vorgenommen, jedoch konnte sich der Täufling — denn Taufe wurde der Akt genannt, wie bei den Handwerken — der es vorzog, sich mit einer gewissen Summe loskaufen, die dann im Quartier gemeinschaftlich vertrunken wurde. Manchmal fiel diese Summe nicht der Reisegesellschaft, welche auch das Hänseln nicht veranlaßte, zu,

---

[1]) Roth, Geschichte von München II, 311.

sondern den Bewohnern des Ortes; so in oben genannter walachischen Station, wo der siebenbürgische Fürst Stefan Bathori, später König von Polen, „durch selbsteigenes höchst ansehnliches Exempel das daselbst eingeführte höchst lobliche Herkommen rühmlichst bestätigte", welches darinnen bestand, daß ein neu Angekommener in das Wasser, das sie Jordan nannten, gesetzt und darinnen gezwackt wurde, wenn er sich nicht bei den Anwohnern mit $\frac{1}{4}$ bis $\frac{1}{2}$ Thaler löste. Hierbei war die Absicht des Hänselns, wie bei den Kaufleuten, die Einnahme, die gemeinschaftliche Erlustirung auf Kosten des Neulings. Das hat also gleichen Zweck mit dem sehr oft vorkommenden Einschließen der Brautleute mit Blumenguirlanden, dem Umspinnen der Besucher in einer Glasfabrik mit Glasfaden und mit dem Verfahren vieler Vergnügungsgesellschaften, die jedem neu Eintretenden in einer oder der anderen Weise eine Gabe abdrangen.

Das Hänseln haben weiter die Fuhrleute im Brauch, die es von den Kaufleuten, welche man als Erfinder nennt, gelernt haben sollen [1]). In ihrer dem Stadtrath zu Jena vorgelegten Ordnung von 1641 lautet der erste Artikel: „Alle und jede so allhier mit Pferden ꝛc., auch alsbalden 1 Reichsthaler 3 Schilling andere Gebühren, Hänselgeld, wie an anderen Orten gebräuchlich, bezahlt habe ꝛc." und später: „sollen alle schuldig sein vor der Gespahnschaft zu stehen und sich Hänseln zu lassen." Im Anhange von 1667 dann: „daß hinfort kein Fremder, so allhier nicht

---

[1]) Beier, Handwerkslexikon. Joh. Limnaeus, lib. VIII. Cap. VI, Nr. 13. H. Lersner, Chronik der Stadt Frankfurt a. M. I, S. 472.

Bürger und gehänselt worden." Auch hier tritt also der Zweck der Einnahme sattsam hervor; der Akt selbst ist nirgends beschrieben, so daß nicht zu sehen, ob sonst noch eine Absicht damit verbunden war.

Eine ganz andere Tendenz dagegen, sogar mit principieller Ausschließung der obigen, da ein Abkaufen der Handlung selbst nicht zulässig war, zeigt uns das Hänseln oder die sogenannten Spiele auf den hanseatischen Komptoirs, insonderheit in Bergen. Sie waren äußerst gewaltsam, schmerzhaft, ja lebensgefährlich. Jeder, der im Komptoir als Handlungsdiener eintreten wollte, mußte sich ihnen nicht bloß **einmal**, sondern wiederholt unterziehen. Sie hatten die **ausgesprochene** Absicht, durch ihre Strenge die Söhne reicher Bürger von dem Eintritt in das Komptoir abzuhalten und die sehr gewinnreichen Stellen den ärmeren ausschließlich zu bewahren. Von den dreizehn Spielen, welchen sich der Kandidat unterziehen mußte, sind nur die drei vorzüglichsten, das heißt wohl, schlimmsten in den zu Gebote stehenden Quellen aufgezeichnet und sie sollen hier zur Rechtfertigung der Handwerke beschrieben werden.

Diese drei Spiele waren das Schmauchspiel, das Wasserspiel und das Staupenspiel[1]).

In der Nacht zogen die älteren Genossen der Niederlassung je zwei und zwei nach der Schustergasse (in welcher die deutschen Handwerker wohnten) und füllten Gefäße mit Haaren und anderen, bei der Verbrennung sehr stin-

---

[1]) H. Marquard, de jure mercatorum lib. III. cap. 2, p. 398, Nr. 80 f. Sartorius, Gesch. des Hansebundes II, S. 364.

fenden Sachen, um das **Schmauchspiel** zu begehen; der Zug wurde von Masken begleitet. Der eine als Narr, der andere als norwegischer Bauer, der dritte als Bauersfrau verkleidet, welche die Zuschauer, die in Masse nebenher zogen, mit Unflath bewarfen. Kam der Zug in das Komptoir zurück, so wurden die Lehrlinge an einen Strick gebunden und im Schütting in die obere Oeffnung, welche bestimmt war, den Rauch hinauszulassen, hinaufgezogen, das gesammelte Material unter ihnen angesteckt und den Gepeinigten mehrere Fragen vorgelegt, die sie beantworten und daher den Mund öffnen mußten, um den Rauch genügend einzuschlucken. Nach vollendeter Prüfung, bei welcher auch Erstickungsfälle vorkamen, wurden die Lehrlinge herabgelassen, in den Hof geführt und aus sechs Tonnen mit Wasser begrüßt.

Das Wasserspiel wurde um Pfingsten gehalten, die Lehrlinge zuvor frei bewirthet, dann zu Schiffe gebracht, entkleidet, dreimal ins Wasser getaucht und wenn sie heraufkamen mit Ruthen und Spießen gepeitscht. Dieses Spiel sollte auf folgenden Anstoß hin erfunden worden sein. Die Diener des Komptoirs mußten im Cölibat leben, damit sie nicht etwa ihren Frauen die Handelsgeheimnisse der Gesellschaft anvertrauten und durften auch keine Weibspersonen bei sich haben. Nun hatte sich dennoch einmal eine solche in Verkleidung als Lehrling eingeschlichen. Das Spiel sollte nun angeblich dienen, über das Geschlecht des Zöglings keinen Zweifel übrig zu lassen. Auch dieses Spiel ging nicht immer ohne Tödtungen ab.

Das dritte Spiel ward einige Tage später mit vielem Gepränge vollzogen. Der Schütting wurde, während man die Lehrlinge zur nächsten Holzung ruderte, um den Maien= schmuck aber auch die Ruthen für ihre eigene Züchtigung zu holen, für die Hauswirthe und Gesellen zugerichtet, die eine Ecke mit Teppichen behangen und dadurch zum „Pa= radies" umgeschaffen. Des anderen Morgens versammelte man sich zum feierlichen Aufzug, vom Komptoir aus paar= weise mit Trommelschlage zum Thore hinaus in einen Garten zu ziehen. Die jüngeren Hauswirthe führten den Zug mit schwarzen Mänteln, den Degen an der Seite. Nebenher liefen wieder jene Masken, der Narr mit der Kappe, der verkleidete Bauer und das Bauernweib, mit Kalbfellen, Ochsen= und Kühschwänzen wohl verziert. Sie erklärten und rühmten in plattdeutschen Reimen das Spiel, neckten, begossen und schlugen die Zuschauer mit der Peitsche. Das ganze Volk von Bergen betheiligte sich jubelnd bei dem Aufzuge. Ebenso ernst komisch war die Rück= kehr. Im Schütting angekommen hielt einer der ältesten Hauswirthe den Lehrlingen eine Rede, ermahnte sie zu Ordnung, Fleiß und Treue, warnte sie vor Trunkenheit, Unruhe und Schlägerei, wenn ihnen die Probe angerechnet werden solle und schloß mit den Worten, wer sich nicht getraue, das Spiel auszuhalten, der habe noch Freiheit zurückzutreten. Mittags folgte ein Schmaus, bei welchem die Lehrlinge aufwarteten. Darauf wurde der Narr in Folge eines fingirten Streites mit seinem Herrn zuerst in das Paradies geschickt, während dessen die Lehrlinge ein Mahl erhielten und etwas berauscht wurden, damit sie ihre Peiniger nicht erkennen sollten. Der Narr holte nun einen nach dem anderen. Jeder mußte sich die Hosen aufknüpfen und unter dem Vorhang weg auf allen Vieren in das

Paradies kriechen. Dort empfing ihn einer mit einem
Sacke, den er ihm über den Kopf warf, während vier an=
dere starke Gesellen ihm das entgegengesetzte Ende der=
maßen mit den Ruthen bearbeiteten, daß Blut floß. Unter=
dessen ergötzten sich die Gäste außen unter Beckenschlagen
und Trommelschlag, welche das Geschrei der Gepeinigten
übertäuben sollten. Nach vollendetem Spiele bat der Narr,
daß „zum F l o r e der Handlung und des Komptoirs" diese
edle Sitte stets erhalten werden möge. Das Staupenspiel
wurde aber mit jedem Lehrling nicht bloß einmal vorge=
nommen, sondern er mußte es acht Jahre hintereinander
bestehen, ehe er voller Geselle wurde.

Im Jahre 1554 wurden diese grausamen Spiele ver=
boten, da selbst ein König von Dänemark — deren mehrere
solchen Spielen mit großem Vergnügen beigewohnt hatten
— sich bei der Hansa darüber beschwerte. Jedoch schon
1585 mußte die Hansa sie ihrer Kaufmannschaft in Bergen
wieder frei lassen, weil diese vorstellte, „daß sonst reicher
Leute Kinder sich allzu häufig zu Bergen einfänden und
aus dem Handel zum Nachtheile der armen Handlungs=
diener ein Monopol machen würden." Dieß war auch der
Grund, weshalb ein A b k a u f e n der Peinigung nicht ge=
stattet wurde. Man ließ daher die Spiele wieder zu, aber
mit der Abkürzung, daß das Staupenspiel, statt während
acht Jahren, nur d r e i Jahre hintereinander durchgemacht
werden sollte; die Fortdauer selbst aber fand man nöthig,
„damit die Handelsdiener desto mehr ihrem Herrn mit
Fleiß und Treue dienen und desto eifriger sich in den
nöthigen Kenntnissen unterrichten möchten"; daher denn
auch der alte Brauch, sie zu necken, zu peitschen, zu baden,

aufzuhängen, zu brennen und mit Gefahr ihres Lebens ihnen noch weitere Plagen anzuthun fortgesetzt wurde [1]).

Das Hänseln der Handwerkergesellen war weder so lebensgefährlich und peinlich, noch darf es seinem Zwecke nach mit jenen hanseatischen Spielen verglichen werden. Zwar wird von einzelnen Handwerken, den Weißgerbern oder Beutlern behauptet, daß auch sie die Gesellen **öffentlich mit Dornenkrone** ꝛc. bis aufs Blut gemartert und so in dem Orte herumgeführt hätten, um Andere von Erlernung dieses Handwerkes abzuschrecken [2]): aber weder die Zeit, wann, noch der Ort, wo dieß üblich war, wird näher angegeben, während doch gesagt ist, daß an **gewissen Orten** solcher Mißbrauch üblich. In der That war weder bei Weißgerbern noch bei den Beutlern die angegebene Weise des Hänselns üblich, bei letzteren war wohl von einem Strohkranz auf dem Kopf und Kniebändern von Stroh die Rede, aber nicht von Dornenkronen und in dem Hänselakt der Weißgerber kommt etwas Analoges gar nicht vor. Die Dornenkrone kann daher nur in ganz vereinzelten, unbedeutenden Orten zur Anwendung gekommen sein.

Der Zweck des Hänselns der Handwerke war **nicht bloß**, die Aufnahme mit einem gewissen Ceremoniell zu umgeben, dadurch ihm eine gewisse Würde und Feierlichkeit zu verleihen, welche dem Aspiranten sein ganzes Lebenlang vorschwebe und ihm eine gewisse Haltung und Pflichttreue geben sollte. Wäre das die Aufgabe gewesen, so

---

[1] Fischer, Geschichte des Handels III, S. 52.
[2] Beier, bosthus. p. 45, nro. 138.

würde nicht erklärlich sein, warum manche der bedeutendsten Handwerke, in welchen sich überdieß der Korpsgeist unter den Gesellen allenthalben durch Zusammenhalten, Aufstände ꝛc. sehr energisch dokumentirte, wie z. B. die Schuster, einen Hänselakt gar nicht kannten, sondern die neuen Gesellen ganz einfach durch Handschlag aufnahmen; es war eben so wenig, wie bei den Fuhrleuten oder ziehenden Kaufleuten, die Einnahme zu gemeinschaftlicher Lustbarkeit, denn dann würde man die Einnahme möglichst gesteigert und den Abkauf für den Hänselakt eingeführt haben, während solcher bei den Handwerken nicht gestattet wird, und auch die zur Festlichkeit, welche gewöhnlich mit einem Schmause schloß, erforderlichen Mittel derart fest bestimmt wurden, daß keinem Jünger zugelassen wurde, mehr zu geben, als herkömmlich, dem Handwerksbrauch gemäß war, was aus den Hänselreden klar genug erhellt. Es war auch, wie bemerkt, nicht beabsichtigt, von dem Zugang zum Handwerk abzuschrecken, denn selbst die Erwerbung des Meisterrechtes hing bei den meisten dieser Handwerke gar nicht vom Hänseln ab; auch der Jünger konnte Meister werden, und wo die Eigenschaft eines gemachten Gesellen dazu verlangt wurde, stellte sich diese Forderung, wie schon bemerkt, erst in späterer Zeit ein. Ueberdieß war das Ceremoniell, wie sich bald ergeben wird, gar nicht der Art, daß irgend ein Jünger sich etwa durch die Härte desselben hätte abschrecken lassen; mit Ruthen auf die Finger klopfen, Haarhuschen, Streiche auf die Schulter, eine Ohrfeige ꝛc. das waren Leiden gegen die sich abzuhärten der Lehrling drei Jahre hindurch hinreichend Zeit und Gelegenheit hatte. Wenn daher die Handwerke die Hänselkunft wirklich erst von den Hanseaten überkommen haben sollten, wie Beier[1] meint, und was der Zeit und der Art nach nicht unmöglich ist, so haben sie dieselbe doch ganz anders und zu ganz verschiedenem Zwecke benutzt.

Als solcher Zweck stellt sich vor Allem vor, dem neuen Gesellen den Handwerksbrauch beizubringen. Die Meister hatten ihn bei der Lossprechung bloß im Allgemeinen zur Sittlichkeit, Treue ermahnt, ihm dieselben Lehren gegeben, die man einem angehenden **Meister** geben konnte. Sie haben ihn geheißen, fortan das unmännliche und unweise Spielen und Treiben des Lehrlings aufzugeben. Die Gesellen übernehmen es, indem sie ihn zu einem der ihrigen machen, ihn zu unterweisen in der Art, wie ein Geselle sich zu benehmen hat, was der Handwerksbrauch von dem Gesellen fordert, den er nie außer Acht lassen darf, bei dessen Uebertretung er sofort unredlich wird, mit hoher Strafe sich wieder lösen muß, oder sogar das Handwerk ganz verlieren kann.

Diese Unterweisung konnte für nicht geschenkte Handwerke umgangen werden, in so fern nur der Geselle litt, wenn er sich mit dem Gebrauch nicht bekannt machte. Bei den geschenkten Handwerken dagegen trat ein besonderes Moment hinzu und machte gewisse Formen zweckmäßig, ja nothwendig. Der Geselle auf Wanderschaft bezog in diesen Handwerken ein Geschenk, das er von Rechtswegen ansprechen konnte. Aber die Gesellschaft konnte auch eine Garantie dafür verlangen, daß der Fordernde wirklich ein Geselle des Handwerks sei, daß nicht ein Unberechtigter

---

[1] Handwerkslexikon.

unter falschem Vorgeben es usurpirte. In gegenwärtiger Zeit würden dafür amtliche Briefe und Siegel dienen, das Paß- und Legitimationswesen war aber in jenen Zeiten, in welchen das Handwerkswesen sich entwickelte, nicht so ausgebildet, wie jetzt, solche Zeugnisse nicht so üblich und nicht so verlässig. Die Gefahr des Betruges war der Grund, warum man zu dem Akte des Hänselns griff; was dort dem Gesellen vorkam, konnte er anderwärts nicht erfahren und daher nicht täuschen. Zwar stellten manche Handwerksgesellschaften auch schriftliche Kundschaft ¹) aus, so die Schreiner, dann die Maurer, welche die wandernden Gesellen in Briefträger und Grüßer theilten, d. h. in solche, welche durch schriftliche Kundschaft und solche, welche auch durch den Handwerksgruß sich legitimirten, aber sie fanden jene Kundschaften nicht sicher genug und verzichteten ganz darauf oder verlangte den Gruß dazu ²). Wie schwer es war, hierin ohne besondere Vorsichtsmaßregeln zurecht zu kommen, zeigt noch eine Zeugmacher=Ordnung vom Jahre 1680; sie trägt dem Herbergsvater auf, jeden Gesellen auf- und anzunehmen, freundlich zu empfangen, „fleißig auszuforschen woher er komme und ob sie auch rechte Zeugmacher=Gesellen seien, damit nicht der Vater selbsten mit Betrug hinterführt werde"; dieß fand jetzt die Behörde noch für nöthig, obwohl der Geselle bei Antritt der Wanderung „einen ordentlichen Abschied gedruckt, oder schriftlich, wie

---

¹) Gewohnheitszettel, Handwerksgewohnheit schlechtweg genannt. Beier, Handwerkslexikon Art. Handwerkszettel.

²) Strumpfstricker mußten Gruß und Kundschaft vom Handwerk haben. Lersner, Chronik von Frankfurt, I, S. 436.

die Zeiten es verlangen oder geben sollten, seines Wohlverhaltens halber mitgetheilt erhalten sollte." Diese besondere Gefahr des Betrugs, in der nur geschenkte Handwerke sich befanden, scheint die Veranlassung eines besonderen Aktes der Aufnahme in die Gesellschaft und der damit verknüpften Handwerksgrüße gewesen zu sein. Jedenfalls legte man beiden diese Bedeutung später unter, wie denn der Reichsschluß von 1731, welcher die Mißbräuche des Schleifens, Hobelns ꝛc. und die Handwerksgrüße läppischer Art abschafft, auch genau formulirte Kundschaften dafür vorschreibt und damit die Abschaffung jener Mißbräuche als fortan überflüssig motivirt.

Den Kern des Aufnahmeaktes bildete daher eine Rede, welche in den meisten Handwerken zur Aufgabe hat, den Neuling in dem Handwerksgebrauch insbesondere für die Zeit der Wanderschaft zu unterrichten und ihm diesen auf das beste einzuprägen. Der Geselle erhielt dann auch theils gewisse Zeichen, die er zu seiner Legitimation stets bei sich haben mußte, Ohrringe, Kreuze, Paternoster, Medaillen, und nach Vollzug dieser nicht nothwendig zu verheimlichenden Vornahme wurden ihm, mit Ausschluß der Jünger, die geheimen Reden und Zeichen mitgetheilt, die ihm als Parole dienten. Damit war er in den Stand gesetzt, sofort auf die Wanderschaft zu gehen und überall die Erleichterungen und Vorzüge, die nur dem gemachten Gesellen zukamen, höheren Lohn und höheres Geschenk, anzusprechen. Die Hauptsätze dieser Rede dem Gedächtnisse genügend einzuprägen dienten einzelne Theile des Ceremoniells, welche so gewählt waren, wie man überhaupt in der Jugend die Erinnerung gewisser Ereignisse oder Dinge festzuhalten suchte. Wie man vor Zeit, ehe die Katasteraufnahmen eingeführt waren, die Grenzsteine jedes Jahr in Prozession mit der Jugend besuchte, damit sie sich eines jeden Lage genau merke, oder nach englischer Sitte durch Aufstoßen auf solche Steine einigermaßen das Gedächtniß schärfte, wie der Vater des Benvenuto Cellini seinem jungen Sohne die Erscheinung eines in das Feuer gehenden Salamander durch eine derbe Ohrfeige für die ganze Lebenszeit in Erinnerung zu halten suchte, so wurden die Hauptstellen der Rede von ähnlichen Handlungen, einer Haarbusche, oder einem derben Schlage ꝛc. bei gleichem Zwecke begleitet. Aus demselben Grunde, der der ganzen Handlung zu Grunde lag, wurde auch so strenge darauf gehalten, daß der Wortlaut der Rede strenge festgehalten wurde, keine Aenderung, keine Auslassung vorkam. Der neue Geselle wäre dadurch wohl einmal in Gefahr gerathen, für nicht voll geachtet zu werden und das ganze Spiel nochmal durchmachen zu müssen, oder wegen Verstoß gegen Handwerksgewohnheit in Verruf und außer Erwerb zu kommen. Daher wurde der Geselle, welcher den Akt vollzog, gestraft, wenn er in der Rede von der Vorschrift abwich und war es auch nur in einem Worte. Das war die Bedeutung des Hänselaktes bei den Handwerken, was weiter dann noch zugefügt wurde, das Gastmahl, zum Theil auf Kosten des jungen Gesellen angestellt, oder der Trunk, den er den handelnden Personen stellen mußte, einige weitere Ceremonien, Masteraben u. dgl., das sind nur Anhängsel, wie sie allen solchen Festlichkeiten von je zugefügt wurden und noch zugefügt werden. Mit allmählichem Verschwinden der Nothwendigkeit des ganzen Aktes, welche in dem Maße abnahm, als die Handwerksgewohnheiten schwächer wurden, oder andere zeitgemäßere Mittel in Anwendung kamen, änderte sich wohl auch der Karakter. Die Reden wurden nicht mehr strenge auswendig behalten, nicht mehr so stereotyp vorgetragen, wie man in der That aus den, gedruckt auf uns überkommenen und erst später aufgenommenen Reden sieht, wo Verstümmelungen und Auslassungen sich finden, die sich, wenn man mehrere mit einander vergleicht, recht gut ergänzen lassen und die ursprüngliche Tendenz und Zweck wieder zeigen. Das Ceremoniell trat mehr hervor und wurde zur Hauptsache, die Beschränkungen der Mißhandlung „auf das, was Gebrauch ist, nicht mehr und nicht weniger", wurden unbeachtet gelassen. Die Schläge, Stöße 2c. wuchsen, wie die Reden abnahmen, und auch der Kostenpunkt mag immerhin sich mit in den Zweck hineingetrieben haben, so daß das Eifern gegen den Hänselakt, nachdem man ihn lange nicht nur geduldet, sondern sogar vorgeschrieben hatte, in den eingetretenen Aenderungen des Bedürfnisses und des Aktes selbst wohl begründet gewesen sein mochte. Es war also auch hier nur eine Entartung, welche mit dem Verfall des Handwerkswesens überhaupt zusammentraf, sobald sich die Einrichtungen nicht mehr der Zeitforderung anschlossen, während das Hänseln an sich, mit einem untadelhaften, ja nothwendigen Zweck, nur die allgemein üblichen Formen in nichts weniger als schädlicher Ausdehnung verband.

Die Aufnahme in die Gesellschaft wurde als ein **Taufakt** betrachtet und führte den Namen der Taufe. Dem entsprechend hieß der Geselle, welcher den Akt vollzog, der **Pfaffe**, dazu brauchte man noch einen oder einige Zeugen, Taufpathen, und einen Glöckner. Der Jünger bekam auch einen eigenen Gesellennamen, wozu jedoch auch sein bisheriger Vorname gewählt werden konnte, wenn sich nicht etwa Gesellen gleichen Namens unter den Anwesenden fanden. Fortan wurde er dann nur bei seinem Gesellennamen genannt. Sie erschienen im Zuge in der Herberge, voraus der Pfaffe in seltsamer Verkleidung mit Buch und Fleberwisch, dann der Pathe mit dem Jünger, zuletzt der Glöckner und sangen: laudate dominum, ora pro nobis etc. Solche Profanirung eines kirchlichen Aktes erregte Anstoß, daher gingen die Gesellen zu anderen Namen über. Die Handlungen selbst hießen, je nach dem Handwerk, Einweichen, Schleifen, Hobeln, Feuer anblasen ꝛc. Der Name Pfaffe ging dann über in Schleifgeselle, Hobelgeselle; der Name Pathe fiel oft dem Jünger zu und die Pathen hießen Zeugen, oder, wie bei den Böttichern, Schleifgöttinnen u. s. f. Der Jünger bekam bis nach dem vollendeten Akte eine besondere Bezeichnung, wie Schlüssel bei den Schreinern, Ziegenschurz bei den Böttchern. Die Weißgerber drückten auch hierin den Gedanken an die Taufe aus. Sie nannten ihn Juden. „Ich thue über diesen Juden meine Glocke schwingen, welche den alten Rheinisch-Weiß-Sämischen Gerbergesellen zu Ehren thut erklingen."

Die Richtigkeit der obigen Annahme über die Bedeutung des Gesellenmachens und der dabei üblichen Form wird sich am besten würdigen lassen, wenn man eine Rede selbst zur Hand nimmt, und eine solche soll hier eingerückt werden. Dabei wird man auch Gelegenheit haben, zu beurtheilen, in wie weit der Ausdruck lächerliche oder läppische Redensarten,

der für diese wie für die Handwerksgrüße in den Reichs=
schlüssen gebraucht wird, Begründung hat. Dem Verfasser
scheint vielmehr in diesen Reden ein gar nicht verachtendes
Muster der damaligen Sprachweise gegeben, so wie auch das
deutsche Wesen, insbesondere das deutsche Mährchen sich
mit hineinspinnt. Endlich wird damit Gelegenheit geboten,
eine große Zahl von Handwerksgebräuchen kennen zu ler=
nen, die, im einzelnen an anderen Orten angeführt, an Reiz
verlieren und kaum ein so anschauliches Bild geben würden.
Es ist dazu der Schleifakt, die Rede der Böttcher ge=
wählt, weil sie unter allen überkommenen die vollständigste
ist und nichts von den Unsauberkeiten enthält, die sich
bei anderen mit hineinmischen, weil sie beinahe systematisch
den ganzen Lauf des jungen Gesellen verfolgt und ihn in
alle Situationen versetzt, die ihm auf der Wanderschaft
bevorstehen. Sie ist entnommen aus dem nicht häufig
mehr zu erhaltenden, schon öfter citirten Werke von Frisius,
Ceremoniell der Handwerker. Wenn der Böttcherjunge los=
gesprochen sein will, erkührt er sich sogleich einen Gesellen,
der hernach die Rolle des Schleifgesellen oder Schleif=
pfaffen übernimmt. Mit diesem ladet er alle Meister zum
Lossprechen auf die Herberge ein. Sind sie alle da und
der Akt der Ausschreibung vollzogen, sind auch die Gesellen
auf der Herberge versammelt, so hält jener Schleifgeselle
folgende Ansprache:

„Glück herein, Gott ehr ein ehrbar Handwerk, Meister
und Gesellen. Ich bitte Meister und Gesellen, sie wollen
mir doch vergönnen, ein Wort oder zwei zu reden: Ich
sage mit Gunst, Meister und Gesellen, es ist Meister N. N.
sein Ziegenschurz zu mir gekommen und hat mich ange=

sprochen und gebeten, daß ich ihn heutigen Tages schleifen und seinen ehrlichen Namen segnen soll, nachdem es Handwerksgebrauch ist, so habe ihm dasselbige nicht wollen abschlagen, sondern vielmehr zusagen. So mit Gunst! günstige liebe Meister, desgleichen alle Gesellen: ich wollte sie alle miteinander gebeten haben, sie wollen mir doch vergönnen, daß ich den Ziegenschurz möchte hereinholen." Der Junge (Ziegenschurz) wird in die Stube geführt. „Glück herein: Gott ehr ein ehrbar Handwerk, Meister und Gesellen. Ich sage mit Gunst: Meister und Gesellen,

ich komme daher ohne alle Gefähr,
es tritt mir nach, ich weiß nicht wer,
ein Ziegenschurz,
thut solches Meister und Gesellen zum Trutz,
ein Reiffenmörder und Faßverderber,
ein Pflastertreter,
ein Meister- und Gesellenverräther,
er tritt auf die Schwellen,
er tritt wieder davon,
er spricht, er habe es nicht gethan,
er tritt mit mir herein,
er spricht, er will nach diesem seinem
Schleifen auch ein guter Geselle sein.

So mit Gunst! günstige liebe Meister sowohl, als Gesellen, es ist dieser gegenwärtige Ziegenschurz zu mir kommen und hat mich angesprochen, daß ich ihn nach Handwerksgewohnheit schleifen und seinen ehrlichen Namen segnen soll, nachdem es Handwerksbrauch ist. Ich hätte zwar vermeint, es wären wohl ältere Gesellen zu finden, die mehr von Handwerksgewohnheit vergessen, als ich junger

Geselle mag gelernt haben; so habe ich ihm doch solches nicht wollen abschlagen, sondern vielmehr zusagen: denn wenn ich ihm solches hätte abgeschlagen, so wäre es mir ein Spott und ihm sein erst Unglück auf der Wanderschaft gewesen. Derohalben will ich ihn schleifen und vorsagen, so viel als mir mein Schleifpfaff hat vorgesagt; was ich ihm nicht kann vorsagen, das mag er auf seiner Wanderschaft noch erfahren. Ich bitte aber Meister und Gesellen, so mir etwa ein Wort oder etliche an diesem meinem Schleifen fehlen möchten, so wollen mir solches nicht zum ärgsten auslegen, sondern zum Besten kehren und wenden.

So mit Gunst! Meister und Gesellen, ich habe drei Umfragen zu thun, derohalben frage ich zum erstenmale: ob etwan ein Meister oder Geselle vorhanden wäre, der auf mich, oder auf diesen gegenwärtigen Ziegenschurz, oder auf seinen Lehrmeister etwas wisse? Der wolle jetzund aufstehen, mit Bescheidenheit vor den Tisch treten und solches bei Zeiten melden und hiernach stille schweigen, damit ich in meinem Schleifen nicht gehindert und der Schleifpathe hernach auf seiner Wanderschaft möchte geehrt und gefördert werden. Weiß aber einer etwas auf mich, so will ich mich von einem ehrsamen Handwerk, nachdem es der Gebrauch ist, willig strafen lassen; weiß aber einer etwas auf diesen gegenwärtigen Ziegenschurz, so soll derselbe nicht so würdig und werth gehalten werden, daß er von mir oder von einem ehrsamen ganzen Handwerk zu einem Gesellen gemacht werden soll; weiß aber einer etwas auf seinen Lehrmeister, so wird derselbige sich auch, nachdem es der Gebrauch ist, willig strafen lassen, dreimal mußt du umfragen, „frage um zum anderen und drittenmale."

So aber keiner nichts weiß, so wollen wir etwas anderes mit einander anfahen; der Tag wartet unser nicht, viel weniger Zeit und Stunde.

So mit Gunst! Meister und Gesellen, daß der Ziegenschurz mag auf den Tisch steigen.

So mit Gunst! Meister und Gesellen, daß der Ziegenschurz mag auf den Schemel sitzen.

So mit Gunst! Meister und Gesellen, daß ich mag um den Tisch rum gehen und sehen, ob auch der Tisch wohl verkeilet ist, damit ich und mein Ziegenschurz nicht herunterfallen.

Ich sage mit Gunst! Meister und Gesellen, daß ich mag auf den Tisch steigen.

Ich sage mit Gunst! Meister und Gesellen, daß ich mag dem Ziegenschurz in die Haare greifen, ich in die seinen und er nicht in die meinen; denn wenn er es so gut Macht hätte in die meinen, als ich in die seinen, so würden wir der Sache nicht lange eins bleiben, es würde uns der Tisch zu schmal, die Stube zu enge, die Thüre und Fenster viel zu wenig sein. Darauf greif ich ihm in sein Haar."

(Der Junge, der einen Schemel auf der Schulter eingebracht hat, setzt diesen auf den Tisch, sich auf den Schemel; alle Gesellen ziehen ihm der Reihe nach jeder dreimal den Schemel weg, daß er auf den Tisch fällt, der Pfaffe aber hilft und zerrt ihn bei den Haaren wieder in die Höhe, was sie schleifen nennen, dabei wird er mit Bier einigemal eingeweiht.)

> Nun wohlan, auf das Haupt das ich greife,
> Das ist hohl wie eine Pfeiffe,
> Darunter ist ein rother Mund,
> Darein schickt sich ein guter Bissen, wie ein guter Trunk.

Nun mein lieber N. N. du hast mich angesprochen, daß ich heutigen Tages schleifen und dich segnen soll, so hab ich dieß nicht können abschlagen, sondern vielmehr zusagen. So ist hier und anderswo mehr Handwerksgewohnheit und Gebrauch, daß, wenn man einen schleift, neben dem Schleifpfaffen man auch muß zwei Schleifgöttinnen haben, so sieh dich um allhier unter den Gesellen, lies dir einen oder zwei aus, die neben mir deine Schleifgöttinnen seien.

Dieweil du nun einen Schleifpfaffen und zwei Schleifgöttinnen hast, so ist hier und anderswo mehr Handwerksgebrauch, daß muß einen anderen Namen haben; so will ich dich gefragt haben: wie willst du mit deinem Schleifnamen heißen? Erwähle dir einen feinen, der kurzweilig ist und der den Jungfrauen wohl gefällt, denn wenn einer einen kurzweiligen Namen hat, so gefällt es Jedermann wohl und trinkt ihm auch Jedermann eher ein Glas Bier oder Wein zu, das er sonst wohl darben müßte. Sage eines nun, wie willst du mit deinem Schleifnamen heißen?

> Hans spring ins Feld? oder
> Hans sauf aus? oder
> Hans friß umsonst? oder
> Hans selten fröhlich? oder

Urban mache Leim warm? oder

Baltin Stemshorn? oder was sonst der Namen mehr sein? Nun du sollt bei deinem Taufnamen bleiben, und spreche wieder also:

So mit Gunst! günstige liebe Meister und Gesellen, ich muß es derohalben anmelden: er will mit seinem Schleifnamen also heißen. Ist einer oder der andere da, der also heißet, so wollen wir eine Weile diesen unter die Bank stecken und jenen schleifen, ist aber keiner da, der also heißt, so wollen wir den behalten und schleifen.

Nun, mein lieber N. N., dieweil kein anderer hier ist, der also heißt, so werde ich dich müssen behalten und schleifen. So will ich dich nun fragen, was du zum Namengelde gibst, oder wie man es nennen möge, des allen Gesellen gehörig, da bist du her, verehre denen Gesellen eine Kuh und ein Kalb, dazu ein fettes Schwein und ein paar Hühner und Gänse, ein Faß Bier und ein Faß Wein, das liegt alles zu Kölln am Rhein. Nun hast du auch weder Roß noch Wagen, und kannst solches auf deinem Buckel nicht selbst hertragen, was gedenkest du denn zu geben? Da bist du her, und gib, was ein anderer gegeben hat, so werden Meister und Gesellen mit dir zufrieden sein. So mit Gunst! Meister und Gesellen, daß ich fragen mag, was der Ziegenschurz zum Namengelde gibt, oder ob er es schon erlegt hat?

So mit Gunst? Meister N. R., daß ich euch fragen mag, habt ihr euren Jungen auf dießmal ausgelernt? hat er euch auch viel Holz und Reifen zerweicht und zerbrochen? Ist er auch oft bei Bier und Wein gewest, und schönen Jungfrauen nachgelaufen? hat er auch gerne gespielet und wacker geturniert? hat er auch gerne lange geschlafen und wenig gearbeitet, oft gegessen und zeitlich Feierabend gemacht? hat er auch seine Lehrjahre ausgestanden, wie es einem ehrlichen Jungen gebührt und wohl ansteht?" Antwort „Ja." „Hast du denn nun ganz ausgelernet?" Antwort „Ja".

Ei, du kannst nicht gar ausgelernet haben; denn schau dich ein wenig um allhier unter den Meistern und Gesellen, wie so feine alte Meister und Gesellen hier sein, doch hat noch keiner ausgelernet und du willst schon ausgelernet haben? das ist noch weit gefehlet.

Gedenkest du auch Meister zu werden? Antw. „Ja".

Ei du mußt zuvor ein Geselle werden. Gedenkest du auch zu wandern? Antw. „Ja".

Wo willst du hinausziehen? Du kannst nicht zum Thore hinaus wandern, sondern du mußt zuförderst aus deines Meisters Thüre hinaus, und so machst du kein Loch durch die Mauer, es fällt dir auch kein Stein oder Ziegel auf den Kopf, denn wenn du ein Loch durch die Mauer machest, so würden die Herrn mit dir nicht zufrieden sein, du müßtest es wieder machen lassen, dazu würde es dich auch viel kosten. Da schleife ich zum erstenmale. Nun so stehe auf und kehre dich dreimal um und sprich mir nach:

Glück herein! Gott ehr ein ehrbar Handwerk, Meister und Gesellen, da schleife ich N. N., ein ehrlicher Geselle, N. N. zum erstenmale. Wische ihn ab. Nun wohlan, habe einen frischen Muth, deine Sache die bald wird werden gut. Ei, so siehest du schon, wie ein halber Geselle.

Wenn du nun wirst zum Thore hinausziehen, so werden drei Wege gehen, der eine zur rechten, der andere zur linken, der dritte gerade aus; welchen willst du ziehen unter den dreien? Gehest du gerade aus, so thust du recht daran; gehst du dem Wege nach, oder wie man in dem gemeinen Sprichwort zu sagen pflegt, der Nase nach, so wirst du leichtlich nicht irren, denn wenn du den Weg gingest zur Rechten oder zur Linken, so ziehest du zu einem Thor aus, zum andern wieder ein und so würde deine Wanderschaft bald aus sein. — Wenn du nun den Weg fortziehest, so wirst du vor einem Misthaufen vorüber gehen, da werden schwarze Raben darauf sitzen, die schreien: er zieht weg! er zieht weg! wie willst du es machen, willst du wieder umkehren, oder weiter fortgehen?" Antwort Ja oder nein. „Du sollst deinen Weg fortgehen und gedenken: Ihr schwarzen Raben, ihr werdet mein Boten sein. Wenn du nun weiter gehst, so wirst du kommen vor ein Dorf, da werden dich drei alte Weiber sehen und sagen: Junggeselle, kehrt doch wieder um, denn wenn ihr ein viertel Meilenwegs geht, so werdet ihr in einen Wald kommen und euch darinnen verirren, da wird dann Niemand wissen, wo ihr hin seid: wie willt du es machen, willt du wieder umkehren?" Antwort Ja. „Ei, du sollst es nicht thun, denn es wäre dir ein Spott, daß du dich ließest drei alte Weiber überreden. Wenn du nun bis an des Dorfes Ende gegangen bist, so wirst du kommen vor eine Mühle, die wird sagen: kehre wieder, kehre wieder, kehre, wie willst du es machen, denn das sein die drei Rathgeber, erstlich kommen die Raben, hernach die drei alten Weiber, jetztund die Mühle; es wird gewiß ein groß Unglück vorhanden sein. Willt du wieder umkehren oder fortgehen?

du sollt deinen Weg fortgehen und sagen: Mühle, gehe du deinen Klang, und ich will gehen meinen Gang.

Weißt du auch, wann gut wandern ist? Im Sommer, wenn es fein warm und die Bäume fein Schatten geben, da kannst du dich eine gute Weile unter einen Baum legen und schlafen, und wenn du eine Weile gerastet hast, kannst du wieder fortlaufen, willst du das thun? Wenn du wirst fortlaufen, so wirst du vor den großen und ungeheuren Wald kommen, davon dir die drei alten Weiber gesagt haben, in demselben wird es finster und ungeheuer sein und dir wird durchzugehen recht grauen, es wird auch kein anderer Weg zu sehen sein. Die Vögel werden singen jung und alt, der Wind wird wehen gar sauer und kalt, die Bäume werden gehen die Winke, die Wanke, die Klinke, die Klanke, die brausen, die brasseln, da wird es sein, als wenn alles mit einander wollte über den Haufen fallen, da wirst du in großer Gefahr stehen und gedenken: ach! wärest du daheim bei der Mutter geblieben; denn da steht zu besorgen, daß ein Baum umfallen und dich erschlagen möchte, da kommst du um dein junges Leben, deine Mutter um ihren Sohn und ich um meinen Schleifpathen; da wird es fürwahr von Nöthen sein, umzukehren, oder willst du deinen Weg fortgehen? Du sollt nicht wieder umkehren, sondern fortgehen. Kaum du nun wirst vor den Wald hinaus sein, da wirst du auf eine schöne grüne Wiese kommen, allda wird ein gar schöner Birnbaum stehen, und darauf schöne gelbe Birnen. Nun wird der Baum hoch sein, daß du wirst keine können herunter langen und dich wird doch gelüsten, Birn zu essen, wie willst du es machen, daß du welche davon bekommst? da bis her und lege dich eine Weile unter den Baum und sperre das Maul auf, denn wenn eine kühle Luft kommt: so werden sie dir schon Haufenweis in das Maul fallen; willt du das thun (Haarhusche), wenn du gleich wolltest auf den Baum steigen oder hinaufwerfen, so stehet dasselbe nicht zu versuchen, denn es möchte vielleicht der Bauer dazu kommen und dir deine Haut vollschlagen, die Bauern sein sehr grob, sie schlagen gemeiniglich zwei oder dreimal auf einen Fleck, darum höre ich will dir einen andern Rath geben: Du bist ein junger starker Geselle, bis an und nimm den Baum unten beim Stamme und schüttele ihn fein also (Haarhuschen) da werden sie häufig herunter fallen, so wirst du vielleicht einen Ranzen oder Bündel bei dir haben, wie willt du es machen, willst du sie alle auflesen?" Antwort Ja. „Ei, du sollt es nicht thun, sondern etliche liegen lassen und gedenken, wer weiß, wo etwa ein anderer guter Geselle durch den grausamen Wald kommen und ebenfalls unter diesem Birnbaum rasten möchte, der auch gerne Birn essen wollte, aber nicht so stark wäre, daß er den Baum schütteln könnte, so würde es ihm ein guter Dienst sein, wenn er etwas Vorrath fände. Willt du es thun?" Ant. Ja.

„Wenn du nun weiter fortgehst, so wirst du zu einem Wasser kommen, darüber wird ein schmaler Weg sein, darauf wird dir eine Jungfrau und eine Ziege begegnen. Nun wird der Steg so schmal sein, daß ihr einander nicht werdet weichen können, wie willt du es machen? da bis her stoß die Jungfrau und die Ziege ins Wasser, so kannst du hernach ohne allen Schaden hinüber kommen; willt du das thun?" Antwort Ja. „Du sollt es nicht thun, sondern ich will dir einen anderen Rath geben, bis her, nimm die Ziege auf die Achsel und die Jungfrau unter die Arme und führe sie hinüber, so werdet ihr alle drei hinüber kommen und die Jungfrau kannst du hernach zum Weibe nehmen, denn du mußt das Weib nunmehro haben, die Ziege aber kannst du schlachten; denn das Fleisch ist gut für die Hochzeit, das Leder gibt dir ein gutes Schurzfell, der Kopf gibt dir einen guten Schlegel, die Hörner ein gut Paar krumme Stecken, die Ohren ein gut Paar Flederwische, die Augen eine gute Brille, die Nase eine gute Sparbüchse, das Maul eine gute Reifziehe, die Beine ein gut Paar Bänklein, der Schwanz einen guten Fliegenwedel, daß du deiner Frau kannst die Fliegen wehren, desgleichen der Euter eine gute Sackpfeife, daß du deiner Frau damit kannst ein Lustiges machen. Nun auf diese Weise kannst du das alles gebrauchen und dir zu Nutzen machen, sowohl die Jungfrau, als auch die Ziege" (da schleift man zum andernmale).

Nun so stehe auf und kehre dich dreimal um und sprich mir nach:

Glück herein! Gott ehre ein ehrbar Handwerk, Meister und Gesellen, da schleife ich N. N. ein ehrlicher Geselle N. N. zum andernmale. Frisch auf und habe einen guten Muth, es gibt Kegel und Hut, Mantel und Röcke, Ziegen und Böcke, Messer und Schwerdt, Spieße und Stangen, mein Ziegenschurz thut verlangen, daß er bald möchte eines ehrlichen Gesellen würdig werden. So sei doch nun unverzagt, siehest du doch schon wie ein halber Geselle. Nun so mit Gunst! Meister und Gesellen, stillet euch ein wenig, so will ich Handwerksgewohnheit erzählen, damit er sich auf der Wanderschaft recht weis zu verhalten. So höre nun fleißig darauf, denn alles dasjenige, was ich dir itzt erzähle, das sind eitel Handwerkssachen, darnach du dich mußt richten und achten, so merke nun darauf:

Wenn du weiter gehest, so wirst du kommen für eine Stadt. Wenn du nahe hinzu bist, so setze dich eine Weile nieder, lege ein paar gute Schuhe und Strümpfe an, thue einen weißen Ueberschlag um und gehe darnach in die Stadt hinein. Wenn du nun wirst zum Thore hinein gehen, so wird dich der Thorwärter anschreien und fragen: Woher Junggeselle? denn die Thorwärter seien zuweilen auch spitzfindig, sie wollen immer gerne was Neues erfahren; so thue du, als wenn du es nicht hörest und gehe immer fort, schreiet er alsdann dich wieder an, so schreie zurück und sprich zu ihm: da komme ich aus dem Lande, das nicht mein ist; so werden ihn die anderen auslachen und wird ihm ein großer Spott sein, daß er dich gefragt hat, willt du das thun?" Antwort Ja. „Du sollt das nicht thun, sondern wenn dich Jemand fraget, so unterrichte ihn, sprich: da und da komme ich her; denn es ist an manchen Orten der Gebrauch, daß man die Handwerksbursche nicht pfleget einzulassen, er muß zuvor den Namen von sich geben, oder er muß sein Bündel unter dem Thore ablegen und das Zeichen holen, so wird dir es der Thorwärter schon sagen und sprechen: Gesellschaft, wie heißt ihr mit eurem Namen? oder, es ist hier der Gebrauch, daß wenn ein fremder Geselle in die Stadt will, so muß er das Bündel ablegen, zuvor auf die Herberg gehen und das Zeichen holen. Darum frage du den Thorwärter und sprich: Mein guter Freund, berichtet mich doch, bei welchem Meister ist die Herberge, so wird er dich schon berichten, daß sie in der oder jener Gasse ist; darnach lege das Bündel bei ihm ab und gehe auf die Herberge. Wenn du dahin kommst, so sprich erstlich:

Einen guten Tag, ich bitte ganz freundlich um Verzeihung, haben die Bindergesellen ihre Herberge allhier? so werden sie dich schon berichten; darnach gehe hinein, grüße den Herrn Vater, Frau Mutter, Bruder, Schwester und wer sonst da ist, ist die Herberge bei einem Meister, so grüße das Handwerk und sage alsdann:

Herr Vater, Frau Mutter, Bruder, Schwester und wer da ist, ich wollte euch angesprochen und gebeten haben, ob ihr mir so viel zu Willen sein und das Zeichen leihen wollet, damit ich und mein Bündel möchten zum Thore hereinkommen, so werden sie dir schon das Zeichen geben; alsdann nimm es und und weise es dem Thorwärter, so wird er dir das Bündel schon folgen lassen. Darnach gehe wieder auf die Herberge, gib dem Herrn Vater das Zeichen wieder und sprich: ich bedanke mich ganz freundlich, daß ihr mir das Zeichen geliehen habt, auch wollte ich euch angesprochen haben von wegen des Handwerks, ob ihr mich und mein Bündel heute wollet beherbergen, mich auf die Bank und mein Bündel unter die Bank, ich bitte, der Herr Vater wolle mir nicht den Stuhl vor die Thüre setzen, ich will mich halten nach Handwerksgebrauch, wie es einem ehrlichen Gesellen zukommt. Dann wird der Herr Vater sagen:

Wenn du willst ein frommer Sohn sein nach Handwerksgebrauch, so gehe hinein in die Stube und lege dein Bündel in Gottes Namen ab. Wenn du nun in die Stube hinein kommst und die Frau Mutter ist drinnen, so sprich: Guten Abend Frau Mutter. Hat der Herr Vater Töchter, so mußt du sie Schwestern heißen, desgleichen auch die Gesellen Brüder. An manchen Orten haben sie schöne Stuben, darinnen Hirschgeweihe angemacht, da bis an, hänge dein Bündel an ein Hirschgeweih, hat es geregnet und du bist naß, so hänge deinen Mantel an den Ofen, ziehe deine Schuhe und Strümpfe ab, hänge sie auch daran und laß alles fein abtrocknen, so kannst du auf den Morgen fein stark wieder fortlaufen; willst du das thun? Antwort Ja. „Ei, du sollt es nicht thun, wenn dir der Herr Vater die Herberge zugesagt hat, so gehe hinein in die Stube, lege dein Bündel bei der Stubenthür unter die Bank, setze dich auf die Bank und halte dich fein eingezogen.

Wenn es nun auf den Abend kommt und der Herr Vater will essen, so wird er zu dir sagen: Gesellschaft, komm her und iß mit, da darfst du nicht flugs hinzulaufen, sondern kannst sagen: Herr Vater, ich sage euch Dank davor, heißt er dichs zum andermal, so magst du dich wohl hinsetzen, denn zum drittenmale thun sie es gerne vergessen. Hast du Geld, so gib etwas zum Bier, hast du aber keins, so bedanke dich gegen den Herrn Vater und Frau Mutter, und sprich: Ich sage euch Dank vor euer Essen und Trinken und allen guten Willen, wo ich heute oder morgen diese Wohlthat um euch oder die eurigen wieder verschulden kann, will ichs gerne thun.

Wenn es nun auf den Abend kommt, so wird dir der Herr Vater lassen das Bett weisen; wenn dir nun die Schwester hinausleuchtet, damit du dich nicht fürchtest, denn es ist in fremden Häusern nicht überall heimlich, willst du es thun?" Antwort Ja. „Ei, du sollt es nicht thun, sondern sobald du hinaufkommst und das Bette gewahr wirst, so bedanke dich vor die Hinaufführung, wünsche ihr eine gute Nacht und sprich: Sie solle in Gottes Namen herunter gehen, du willst dich schon ins Bett finden. Auf den Morgen, wenn es Tag ist und die andern aufstehen, so darfst du immer liegen, bis die Sonne in dein Bett scheint, es wird dich Niemand herausjagen, willst du das thun?" Antwort Ja. „Ei, du sollt es nicht thun, denn wenn du siehst, daß Zeit ist aufzustehen, so stehe auch auf, und wenn du in die Stube kömmst, so wünsche dem Herrn Vater, Frau Mutter, Bruder und Schwester einen guten Morgen, da werden sie dich vielleicht fragen, wie du geschlafen hast, so sage es ihnen, was dir geträumt hat, damit sie was zu lachen bekommen. Hast du nun für den Morgen Lust in der Stadt zu arbeiten, so sage:

Herr Vater, ich habe Lust zu arbeiten, ich sage mit Gunst, daß ich fragen mag, wer schauet Einem um Arbeit um? So wird er dies bald sagen, denn an manchem Ort schauet der Altgeselle um, an manchem Orte der Bruder, an manchem Ort muß man sich auch selber umschauen. Wann du nun von dem Herrn Vater erfahren hast, wer Einem nach Arbeit umschaut, so gehe zu dem Meister, da der Altgeselle arbeitet, grüße das Handwerk und sprich:

Einen guten Tag, Gott ehre das Handwerk; ich bitte, ihr wollet mirs doch zu gute halten, daß ich fragen mag, arbeitet nicht der Altgeselle bei diesem Meister, so werden sie schon sagen ja; darnach sprich:

Gesellschaft, ich wollte euch angesprochen haben von wegen des Handwerksgewohnheit und Gebrauch, ihr wollet mir nach Arbeit umschauen, ich habe Lust hier zu arbeiten, ich wills wieder um euch verschulden, so wird der Altgeselle schon sagen: Gesellschaft, ich wills thun, hernach gehe du eine Weile zum Biere oder sonst spazieren, sieh dich um nach schönen Häusern oder nach dem Stadtzeichen, denn wenn man das Wahrzeichen in einer Stadt nicht weiß, so glaubt man es nicht gerne. Der Altgesell wird inzwischen auf der Herberg schon deiner warten. Willt du es thun?" Antwort Ja. „Du sollt es nicht thun, sondern auf der Herberg bleiben, bis der Altgeselle wieder kommt, es ist besser, du wartest auf ihn, als daß er auf dich warten muß. Zuvor aber kannst du dich wohl umsehen, da wirst du auch zu drei Meistern kommen; der erste hat viel Holz und Reifen, der andere hat drei schöne Töchter und schenket Bier und Wein, der dritte ist gar ein armer Meister; bei welchem willt du arbeiten? Arbeitest du bei dem, der viel Holz und Reifen hat, so wirst du ein gewaltiger Reisser werden; arbeitest du bei dem, der Bier und Wein schenkt und die schönen Töchter hat, so denken sie, du willst gern sein, wo man frisch einschenkt, tapfer austrinkt und mit den schönen Jungfrauen herumspringt; arbeitest du bei dem armen Meister, so höre ich wohl, du willt ein Reichmacher werden, bei welchem willt du nun arbeiten? du sollst keinen verachten, sondern bei dem Armen sowohl, als bei dem Reichen arbeiten. Wenn du dich nun satt hast umgesehen, so gehe fein langsam auf die Herberge, willst du das thun? Ei, du sollst es nicht thun, sondern wenn du von dem Altgesellen weggehst, so warte seiner auf die Herberge. Wenn er nun um Arbeit umgeschaut und wieder zu dir kömmt, so wird er sagen:

Gesellschaft ich habe dir nach Handwerksgebrauch um Arbeit umgeschaut und dieselbe gefunden. Dann sprich zu ihm: Gesellschaft, ich wollte euch angesprochen haben, daß ihr mich doch wollet nach Handwerksgewohnheit einbringen; wenn er es nun thun will, so bedanke dich zuvor gegen den Herrn Vater wegen seines Essens und Trinkens und seiner guten Herberge; wenn dich hernach der Altgeselle hat eingebracht, so bedanke dich gegen ihn auch; hast du Geld, so sprich: Gesellschaft wartet, ich will lassen eine Kanne Bier holen; hast du aber kein Geld, so bedanke dich gegen ihn und sprich:

Gesellschaft, ich bin jetzund nicht bei Gelde, wenn wir heute oder morgen wieder zusammenkommen, so will ich mich gegen Euch wohl wissen, dankbarlich zu erzeugen. Wenn nun der Altgesell weg ist, so gehe hinein und sprich: Meister, was soll ich machen? so wird dir der Meister schon Arbeit, desgleichen deine Eisen geben. Wenn du nun eine Weile gearbeitet hast, so werden die Eisen stumpf sein, dann sprich: Meister, ich weiß nicht, ob die Eisen nicht schneiden wollen, oder ob ich nicht Lust habe zu arbeiten, dreht nur um, ich will die Eisen nach meiner Hand schleifen. Willst du dieß thun? Du sollst es nicht thun, sondern wenn du anfängst zu arbeiten und mehr Gesellen neben dir sein, so darfst du dichs nicht verdrießen lassen, wenn dich der Meister nicht flugs obenan stellt, sondern wenn er sieht, daß du wohl arbeiten kannst, so wird er dir schon deinen Stelle geben. — Hast du nun mehr Gesellen neben dir, so frage, wenn alle Gesellen auf die Herberge gehen, was einer zum erstenmale pflegt? so werden sie dich schon berichten. Wenn nun alle Gesellen auf die Herberge gehen, so gehe auch mit und wenn sie in die Stube hineingehen, so gehe auch mit hinein: dann wird sich der Altgeselle hinter den Tisch setzen, dann bis du her und setze dich oben an, willt du das thun? Antwort Ja. Ei, du sollt es nicht thun, sondern warten bis sich die anderen Gesellen alle gesetzt haben, darnach magst du dich auch wohl setzen.

Alsdann wird der Altgeselle anheben: So mit Gunst! Meister und Gesellen, es ist allhier und anderswo mehr Handwerksgewohnheit und Gebrauch, daß man alle 14 Tage auf die Herberge geht und seinen Wochenpfennig auflegt, 8 Tage 1 Pfennig, 14 Tage 2 Pfennig, was frembe oder junge Gesellen sein, die werden vor den Tisch treten und fragen; werden sie recht fragen, so werden sie von Meister und Gesellen recht berichtet werden. Ich sage mit Gunst aller Gesellen, legt auf nach Handwerksgebrauch, ein jeder lege Geld vor sich, man hat gute Wissenschaft, daß man in keiner Gesellenladen böses Geld nimmt. Wenn man alle alte Gesellen auflegen, so warte fein bis zuletzt, alsdann stehe auf, nimm deinen Mantel gleich um, tritt ehrbar vor den Tisch und sprich: So mit Gunst! Meister und Gesellen, daß ich fragen mag, was legt hier ein frember Geselle zum erstenmale auf, der in dieser Stadt noch nicht gearbeitet, auch vor diese Handwerksgewohnheit nicht kommen ist, noch aufgelegt hat? so wird dir der Altgeselle schon sagen 1 Groschen oder 9 Pfennige, je nachdem es der Gebrauch ist. Hat dir nun deine Mutter genug Geld eingebunden, so nimms heraus und wirf es auf den Tisch, daß es dem Altgesellen an den Kopf springet und sprich: mit Gunst, da liegt vor mich, gebt mir Geld wieder: wilt du das thun? Antw. Ja. Ei du sollt es nicht thun, sondern nimm das Geld in die rechte Hand, lege es fein ehrbar für den Altgesellen und sprich: so mit Gunst, da liegt vor mich; du darfst auch keins wieder fordern, der Altgeselle wird dirs schon wieder geben, wenn du zuviel hast aufgelegt und bleibe vor dem Tische stehen, dann wird der Altgeselle sagen: So mit Gunst! Gesellschaft, es ist allhier und anderswo Handwerksgebrauch, wenn er einen zum erstenmale auflegt, daß man ihn fragt, wo er sein Handwerk gelernet? Ich bin auch gefragt worden um das meine, wo hast du nun das deine gelernt, so sprich zu N. N. hast du auch einen ehrlichen Lehrmeister gehabt? so sprich: ja, ich weiß nicht anders, hast du deine Jahre ausgestanden, wie einem ehrlichen Lehrjungen zustehet? so sprich: ja, ich weiß nicht anders. Bist du des Handwerks auch ehrlich geschliffen, so sprich: ja ich weiß nicht anders. Wenn er spricht: wer ist dein Schleifpfasse gewesen? so nenne ihn mit Namen und sprich: N. N. ein ehrlicher Geselle von N. N. Was sind vor Meister und Gesellen dabei gewesen? so erzähle sie alle fein ordentlich bei Namen und zwar erstlich derer Meister Namen hernach der Gesellen Namen. Wenn er fragt, was ließ dir dein Schleifpfasse zu guterletzt? so sprich: seinen und meinen ehrlichen Namen, ein frisches Glas Bier und eine **gute Haar-husche**. Alsdann wird er sagen: Gesellschaft, wenn es dem so ist, so werden die Meister und Gesellen Glauben geben, so setze dich wieder nieder und sprich fein mit Gunst! (Drittes Schleifen).

Nun so stehe auf, kehre dich dreimal um und sprich mir nach:

Glück herein, Gott ehr ein ehrsam Handwerk. Meister und Gesellen, da schleife ich N. N. ein ehrlicher Geselle von N. N. zu einem ehrlichen Gesellen zum drittenmale.

Nun ihr Gesellen alle, gehet hinaus, holet die Schrauben herein, damit ich ihn zu einem Ohre einschlage, zum anderen wieder raus.

Wenn nun alle Gesellen haben aufgelegt und die Lade vom Tische ist, so ist an manchen Orten der Gebrauch, daß Meister und Gesellen zechen. Wenn nun der Altgeselle spricht: Gesellschaft bis Meister und Gesellschaft so viel zu Willen und hole Bier, so darfst du es ihm nicht abschlagen. Wenn dir nun etwa eine Jungfer begegnet, oder sonst ein guter Freund, so schenke ihm davon ein, willst du das thun?" Antw. Ja. „Ei du sollt das nicht thun, sondern so du einem eine Ehre thun willst, so nimm von deinem Gelde und sprich: Davon trink von meinetwegen, wenn alle Gesellen von einander gehen, so will ich schon zu dir kommen; sonst wirst du gestraft. Nun so springe vom Tische und schreie Feuer, so werden sie schon kommen und löschen.

Ich sage mit Gunst! Meister und Gesellen! es soll auf diesem meines Schleifen verboten sein aller Hader und Zank, Würfel- und Kartenspiel, alle spitzige Gewehr und Waffen; wenn einer einen alten Groll auf den anderen haben möchte, der wolle es hier nicht ausfechten, sondern soll wissen, daß er so viel muß zur Strafe geben, als dieser junge Vetter zum Namengelde gegeben hat; er möchte es darnach anfangen, so soll er doch nicht auskommen. Ich sage mit Gunst! Meister und Gesellen, daß ich mag von dem Tisch heruntersteigen, daß ich Macht habe, den Schemel vom Tische zu nehmen und daß ich den Schemel mag auf die Achsel nehmen. Ich sage mit Gunst! Meister und Gesellen, daß ich Macht habe die Umfrage zu thun, derohalben frage ich zum erstenmale, so etwan ein Meister oder Geselle da wäre, der es wüßte, daß ich in diesem Schleifen ein Wort oder etliche möchte verfehlt haben, der wolle aufstehen, vor den Tisch treten und solches anmelden, hernach stille schweigen; ist umgefragt zum erstenmale. Ich sage mit Gunst! Meister und Gesellen, ich habe umgefragt zum erstenmale, derohalben frage ich nun zum andernmale, wie ich zuerst vermeldet habe. Ich sage mit Gunst! Meister und Gesellen, ich habe umgefragt zum ersten und andernmale, derohalb frage ich nun zum drittenmal, so etwan ein Meister oder Gesell da wäre, der etwas wüßte, das ich in diesem meinem Schleifen möchte verfehlt haben, der wolle aufstehen, vor den Tisch treten und solches anmelden, hernach stille schweigen. Ist umgefragt zum drittenmale. Ich sage mit Gunst! Meister und Gesellen, daß ich mag einen Abtritt nehmen."

Wenn er wieder hereinkommt, spricht er:

„Guten Tag, Glück herein! Gott ehre ein ehrbar Handwerk, Meister und Gesellen! Ich sage mit Gunst! Meister und Gesellen, vorhin habe ich mit hereingebracht einen Ziegenschurz, einen Reismörder, einen Holzverderber, einen Pflastertreter, einen Meister- und Gesellenverräther, ich hoffe jetzund werde ich hereinbringen einen ehrlichen Gesellen. Ist etwa Einer oder der Andere da, der besser geschliffen ist, als dieser, so wollen wir sie mit einander unter die Bank stecken und wieder hervorziehen, damit sie alle beide gut geschliffen werden.

Hiermit wünsche ich dir Glück und Segen zu deinem Gesellenstand und auf deine Wanderschaft, Gott helfe, daß dirs wohl gehe zu Wasser und zu Land! und wo du heute oder morgen mögest hinkommen, da Handwerksgewohnheit nicht ist, so hilf sie aufrichten, hast du nicht Geld, so nimm Geldeswerth, hilf Handwerksgewohnheit stärken und nicht schwächen, hilf eher, zehn ehrlich machen, als einen unehrlich, wo es sein kann; wo es aber nicht sein kann, so nimm den Bündel und lauf davon."

Der neue Geselle muß hier auf die Gasse laufen und Feuer schreien, da kommen die Gesellen und begießen ihn mit Wasser. Ist er wieder in tauglichem Zustande, so geht es zum Schmause. Dabei wird ihm der oberste Platz eingeräumt, ein Kranz aufgesetzt und seine Gesundheit herumgetrunken.

Die vorliegende Schleifrede enthält die Gewohnheiten der Gesellen von dem Beginn der Wanderung bis zum Ende am vollständigsten. Der Abschied vom Meister, die Anempfehlung der Beharrlichkeit im Wandern, ein Gegenstück zu Peter in der Fremde, das Verhalten beim Einzug, in der Herberg, bei der Umschau, dem Geschenke, sind die Hauptmomente, welche in den meisten der erhaltenen Reden gleichfalls das Schema abgegeben, wenn sie auch nur mehr verstümmelt und in Bruchstücken zu erkennen sind. Immer ist ein oder das andere Kapitel unvollständig, ja würde kaum erkannt werden, wenn nicht eine andere Rede darüber Aufschluß gebe. Auch die vorliegende hat solche Lücken gleich im Anfang, nach dem die Ehrlichkeit des Lehrlings anerkannt ist und die Lehren beginnen. „Du kannst nicht zum Thore hinaus, du mußt zuerst aus des Meisters Haus hinaus und so machst du auch kein Loch durch die Mauer ꝛc." Diese Stelle mit den Späßen, daß ein solches Loch ihm Kosten machen werde ꝛc. ist an sich allerdings ohne Sinn und läppisch, aber sie scheint auch nur die Einleitung zu der Lehre sein zu sollen, wie sich der Geselle bei dem Abschied zu verhalten, daß er dem Meister und der Meisterin **danken** müsse, was, wie alles auf das Handwerk Bezügliche und ebenso wie der Dank gegen einen Herbergsvater auf der Wanderschaft, genau mit gewissen vorgeschriebenen Worten geschehen mußte. Ob diese Lehre allmählich aus der Rede verschwunden, oder nur dem Autor verstümmelt übergeben worden, ist nicht zu entscheiden und gleichgültig. Die Lücke findet sich gut ausgefüllt in der Rede, wenn die Schmiede Feuer anblasen, welche überhaupt der Schleifrede am nächsten kommt, nur außer manchen Lücken auch mit manchem Unflath behaftet ist. Dort heißt es: „So nimm einen ehrlichen Abschied von dem Meister, **Sonntags zu Mittag nach dem Essen**, nicht irgend in der Woche, denn es ist nicht Handwerksbrauch, daß einer in Wochen aufsteht und sprich, wenn es der Lehrmeister ist: Lehrmeister ich sage Euch Dank, daß ihr mir zu einem ehrlichen Handwerk habt verholfen, es steht heute oder morgen gegen Euch oder die Eurigen wieder zu verschulden. Zur Lehrmeisterin sprich: ich sage Dank, daß ihr mich in der Wäsche frei gehalten, so ich heute oder morgen möchte wiederkommen, stehet es um Euch wieder zu verschulden. Ist es ein Meister, bei dem du in Arbeit stehst, sprich: Meister, ich sage Euch Dank, daß ihr mich so lange gefördert habt, es stehet heute oder morgen gegen die Eurigen wieder zu verschulden. Darnach gehe zu deinen Freunden und zur Bruderschaft, bedanke dich bei ihnen und sprich: Gott lohne es Euch, saget mir nichts Böses nach."

Das Verhalten auf der Wanderschaft, Mahnung zur Beharrlichkeit, findet sich auch in vielen anderen Reden und zwar immer in der Form, daß zunächst dreimal der Geselle gewarnt wird, umzukehren. Die drei märchenhaften Rathgeber fehleu nicht. Statt der Raben auf dem Misthaufen, der Mühle und der alten Weiber, haben die Schmiede Frösche an einem Teich, welche immer schreien „arg" „arg" laß dichs nicht irren, denn du hast's wohl so arg bei deinem Meister ausgefressen, als es da ist." Dann die Mühle, schließlich der G a l g e n , wobei er gefragt wird, ob er sich freuen oder darüber trauern solle? er wird ermahnt, fortzugehen, denn er habe sich weder zu freuen noch zu trauern, daß er gehenkt werden solle, sondern er habe des Galgens als eines Zeichens sich zu freuen, daß er an eine Stadt oder ein Dorf komme."

Die Höflichkeit lehren ihn die Schmiede bei Gelegenheit der Mühle, falls er Hunger habe, solle er die Müllerin angehen: guten Tag, Frau Mutter, hat das Kalb auch Futter? Was macht der Hund? ist die Katze auch noch gesund? legen eure Hühner auch viel Eier? was machen die Töchter, haben sie viel Freier? sagt, sie sollen fromm sein, so sollen sie alle Männer kriegen! Dann wird die Frau sprechen: das ist doch noch ein feiner Sohn, er bekümmert sich doch um mein Vieh und meine Töchter;

sie wird an sein und eine Leiter holen, in die Esse steigen und dir eine Knackwurst herunter wollen. „Aber laß sie nicht selbst hinauf steigen, sondern steig du hinauf, gib ihr eine Stange herunter; bis aber nicht so grob und nimm die größte und stecke sie in den Schubsack, sondern warte, bis sie dir selber gibt!"

In derselben Rede ist auch eine Warnung vor Unredlichwerden in folgender Art; wenn er vom Herbergsvater das Handwerkszeichen begehrt, alsdann wird dir der Meister schon ein Hufeisen oder einen Zinken geben, daß du deinen Bündel kannst herein bringen. Wenn du nun gehst, so wird dir ein weißes Hündlein begegnen mit einem feinen krummen Schwanze. Ei, wirst du denken, du wolltest bald nach dem Hunde werfen, wenn ich könnte den Schwanz abwerfen, es gäbe eine wackere Feder auf meinen Hut. Nein, mein Pathe, thue es nicht, du möchtest das Zeichen verwerfen, oder gar den Hund tödten, so kämst du um dein ehrlich Handwerk."

Dieser Reden dienen also, den neuen Gesellen im Handwerksbrauch zu unterrichten, Andere enthalten hiervon nichts. Die Schreinersrede z. B. trägt einen ganz anderen Karakter, nach einer Einleitung voll Obscönitäten muß der Hobelgeselle auf den Leib des Jüngers den Aufriß einer Säule fertigen, die ihm dann von Anderen als fehlerhaft korrigirt wird. Schließlich spricht er in Knittelversen eine Rede, welche die fünf Säulenordnungen beschreibt, auf deren Kenntniß die Schreiner sich von jeher viel zu gute gethan haben, vermischt mit baarem Unsinn und Unfläthigkeiten. Die Buchbinder, welche ihren Hänselakt Examen nennen, nehmen in der That ein Examen vor, der Jünger muß die sämmtlichen Manipulationen, welche bei dem Einbinden eines Buches vorkommen, wieder nach einer stereotypen Form aufzählen und beschreiben; hierzu wird ihm ein Stückchen Holz, Arbeitsholz, gegeben, darauf er sich setzen muß. Die Gesellen nehmen es ihm oft unvermerkt weg, werfen es auf die Straße, dort muß er es wiederholen und bekommt, sobald er wieder in die Stube tritt, etliche Schläge mit Rührlöffeln von den Gesellen, die in der Reihe stehen und rufen: Gesellschaft zur Arbeit! zur Arbeit! Er muß dann genau da fortfahren, wo er stehen geblieben, sonst erhält er vom Examinator mit dem Rührlöffel einen Schlag auf die flache Hand.

Was die Ceremonien betrifft, so stehen diese bei den Böttchern kaum im Zusammenhang mit der Sache. Abgesehen von dem Begießen mit Wasser, als Taufhandlung und den Haarbuschen als Gedenkzeichen bei den Hauptstellen der Rede, ist das Wegziehen des Schemels und bei den Haaren aufziehen des Gesellen nur Quälerei, bei manchen anderen Handwerken ist hier mehr Verband, obwohl natürlich auch da die reine Neckerei nicht fehlt. Im Allgemeinen soll die Handlung eine Umformung des Lehrlinges vorstellen, Drehen, Schleifen, Hobeln ꝛc. Bei den Schreinern wird der Kuhschwanz auf eine Bank gelegt; beschnitten, behackt, behobelt, überhaupt werden alle Schreinerwerkzeuge an ihm angewendet, dem Hobelgesellen wird dann, wie schon bemerkt, aufgegeben, aus ihm eine architektonische Säule zu machen. Er reißt sie auf dem Leib des Kuhschwanzes mit einem hölzernen Zirkel auf, dessen Spitze ein in schwarze Farbe getauchter Pinsel ist. Der Meister nennt diese Säule nichts nütze, worauf der

Geselle dem Jungen das Gesicht mit Ruß überstreicht. Nach Schluß der Rede spielen die Gesellen mit dem Jünger Karten, was bei vielen Handwerken vorkommt, als Zeichen, daß er nun Geselle ist, denn mit einem Halbgesellen oder Jünger dürfen sie nicht um Geld spielen. Der Beutlergeselle trägt auf dem Kopfe einen Hut mit hohen Rändern mit Wasser gefüllt, bei den wichtigen Stellen der Rede neigt er sich und tauft dabei den Lehrling. Auch das Kartenspiel tritt dann ein, wobei die Gesellen dem Jünger, sobald er nach einem Blatt greift, die Hand mit Ruthen klopfen.

Aber dazu haben sie die Prüfung, der Jünger muß Handschuhe, Strümpfe und Beutel mit Kohle auf den Tisch zeichnen, macht er einen Fehler, muß er ihn auslöschen, wobei die obligaten Ruthen mitspielen. Schließlich wird er dann behandelt durch einen Barbier, der ihn mit seinem Hackmesser beschabt, mit Ziegelstein abreibt und mit Staub pudert, dann wird ihm der böse Zahn ausgerissen, mit einem Rührlöffel der Mund geöffnet und ein rohes Ei hineingeworfen. Dieses oft vorkommende Ei soll den Zahn der Weisheit bedeuten. Die Weißgerber haben noch die Taufe mit dem Glockenschwingen, wie oben schon erwähnt, dazu bekommt der Täufling das Pathengeschenk, etwas Münze von seinem Pathen, bei einigen Handwerken kommt auch noch das ritterliche Merkmal dazu, so bei den Beutlern, den Messerschmieden, der neue Geselle bekommt einen Backenstreich vom Altgesellen, (bei den letzteren zwei vom Herbergsvater) mit den Worten: „dieß leide von mir, wenn dir aber ein Anderer eine gibt, so wehre dich."

Eine Beschränkung der Gesellen in ihrem Thun von Seiten der Behörden oder des Handwerks findet sich erst spät und zwar zunächst nur ermäßigend[1]). Zwar hob die R. Polizei-Ordnung von 1548 den Unterschied zwischen geschenkten und ungeschenkten Handwerken auf, aber dabei war nicht dieß Gesellenmachen, sondern der mit dem Schenken in Verbindung stehende Unfug, von dem später zu reden ist, im Auge behalten. Gegen das Taufen, als wie es sonst genannt wurde, findet sich zwar im 16. Jahrhundert manche Stelle, welche die Leistung des neuen Gesellen feststellt, z. B. in einer Ordnung vom 1587[2]), welche den Jungen bloß verpflichtet, den Gesellen 1 Reichsthaler und 1 Wochenlohn zu geben, dann sollten sie ihn zum Gesellen machen, oder die Sächsische oben citirte Handwerksordnung von 1661, welche vorschreibt, alles unordentliche Wesen, welches bei Aufnehmung mit etwan also genannten Tauffen, oder üppigen Hänseln vorzugehen pflegt, gänzlich abzuschaffen oder deswegen ernstlich zu bestrafen. Aber ebenso findet sich auch in manchen, von Amtswegen gegebenen oder revidirten Bedingen das Gesellenmachen geradezu als Vorschrift und nun die Kosten sind darin festgesetzt, um Mißbräuchen in dieser Richtung zu begegnen, so beispielsweise bei den Zeugmachern in Württemberg (1686). So auf der Quartalversammlung einer da wäre, der noch nicht zum Gesellen gemacht worden, so solle er sich zu einem Gesellen machen und ihm aus der Gesellschaft zwei Zeugen wählen, damit er bei anderen Auflagen

---

[1]) Vgl. Lersner, Chronik von Frankfurt a. M. I. S. 488.
[2]) Vgl. Lersner a. a. O. Herold S. 85.

Zeugniß hätte, daß er gemachter Geselle wäre. Er hat dann 45 Kreuzer zu erlegen, wovon 15 Kreuzer in die Lade und 30 der Gesellschaft zum besten gegeben werden sollen "und ob schon ein Jung, so unter die Stuttgarter Laden gehörig, nach dem 9. Artikel der Zeugmacherordnung durch verordnete Obherrn und Kerzenmeister solchen Handwerks von Lehrjahren ledig gesprochen worden, soll selbiger dennoch bei der Gesellschaft, als es anderwärts Herkommen, sich gleichfalls zu einem Gesellen machen lassen." Dabei wurden ihm aber bloß die Artikel V. und VI. der Gesellenordnung vorgelesen, welche enthalten die Satzungen über Züchtigkeit und Ehrbarkeit, gegen alle Bubenstücke, nächtliches Umlaufen auf den Straßen, in Summa sich so zu verhalten, daß der höchste Gott an seinem Leben und Wandel ein Wohlgefallen, eine Obrigkeit ein gutes Vergnügen und Ehrbar Meister und Gesellschaft keine Klage davon haben mag ꝛc. und im 17. Artikel die Vorschriften, wie der Gesell seinen Abschied fordern soll und was dabei zu beobachten. — In dem Artikelsbrief der Buchbindergesellen zu Nürnberg (1708) hat der Altgeselle den zugewanderten Gesellen zu fragen, ob er sich hier examiniren lassen wolle, oder schon examinirt sei; wenn beides nicht, darf der Altgeselle ihm weder mit Umbschau widerfahren, noch ihm den Gruß geben, sondern er soll ohne Ausbringen oder Geleithinausgabe wieder abreisen. Bei der sechswöchentlichen Auflage wird gefragt, ob sich einer examiniren lassen wolle; er hat dann 4 fl. zu erlegen, damit man ihn gleich zum vollkommenen Gesellen machen kann, davon sollen 30 kr. in die Lade gelegt werden. Aber er soll nur von 6 Gesellen zur Arbeit getrieben (geprügelt) werden und wenn einer von ihnen zu viel thun sollte, so soll er zur Strafe gezogen werden, auch darf das Klötzlein (Arbeitsholz) nicht mehr die Treppe hinunter vor das Haus, sondern nur in die Stube hingeworfen werden. So weit hat die Behörde die Vexation und die Kosten beschränkt. Noch später, im Jahre 1745, also nach Erlaß des Reichsschlusses (1771), der den Unfug aufhebt, erschien die W.=Ordnung der Gürtler, welche im ersten Artikel verlangt, daß jeder der Meister werden will, nicht nur gewandert, sondern „nicht weniger Zeugniß aufzuweisen haben muß, daß er von tüchtigen Gesellen zu einem Gesellen gemacht worden."

Von Erlaß des Reichsschlusses 1731 vermehrten sich die Verbote gegen das Hänseln und wurden die mannigfachsten, zum Theile sehr empfindliche Strafen darauf gesetzt. Demohngeachtet dauerte es lange, bis man der Sache Herr wurde. Noch im Jahre 1810 findet man Erlasse dagegen, in welchen die Fortdauer trotz wiederholter Verbote gerügt wird; so schwer sind auch Auswüchse dauernd zu entfernen und zu unterdrücken, wenn der Stamm krank ist.

Das Gesellenmachen war ein den deutschen Handwerken allein eigener Gebrauch, weil die Wurzel, aus der er entstanden, zunächst das Geschenk und als entfernterer Grund die Wanderpflicht nur deutsch ist, in England und Frankreich z. B. nicht vorkam. Dort bestand die Vorschrift der Lehre und zwar war sie viel länger gemessen als in Deutschland, nämlich 7 bis 10 Jahre. Nach Ablauf dieser Zeit konnte jeder ohne Vorschrift, daß er eine zeitlang als Geselle gearbeitet oder gewandert habe, Meister werden. Wollte er, so konnte er allerdings die

Ausübung des Meisterrechtes hinausschieben und so bildete sich auch in Frankreich eine Art Gesellen, die valets, die am Orte bei einem Meister arbeiten, oder auch im Lande zu diesem Zwecke herumziehen. Diesen valets fehlte aber jede Verbindung. So weit solche sich in Deutschland durch allerhand Händel kund gab, war sie auch dort bei den Lehrlingen, die bei so langer Lehrzeit begreiflicher Weise über die Knabenzeit und damit „dem Meister über die Hand gewachsen waren." Belege hierfür findet man in England und Frankreich genug; aber eine eigentliche Organisation wie die deutschen Gesellen hatten sie nicht. Sie galten daher auch, wenn sie nach Deutschland kamen, nicht für redliche Gesellen, und wollte einer mit diesen zusammengehen, oder auch nur neben ihnen arbeiten dürfen, so mußte auch er sich erst zum Gesellen machen lassen. Es wird sich noch Gelegenheit ergeben, um nachzuweisen, daß nicht bloß der an sich nicht gerade wichtige oder gefährliche Brauch des Gesellenmachens, sondern der feste Verband der Gesellen überhaupt mit allen seinen, zum Theil sehr schweren Folgen für das industrielle Leben jener Vorschrift des Wanderns entsprungen ist, die alle Gesellen jedes Handwerks im ganzen Reiche mit einander in Verbindung und persönliche Berührung in eine Weise brachte, wie das freiwillige Wandern nie im Stande gewesen wäre.

Zweiter Abschnitt.

Der Geselle.

I. Kapitel. Leben und Sitten.

Aus dem besonderen Leben der Gesellen bildeten sich auch besondere Formen, Gebräuche und Sitten heraus, welche jedoch ihre Gemeinschaft trafen. Wie bereits eigenthümliche Formen, Ceremonien der Aufnahme in die Gesellschaft erwähnt und erklärt worden sind, so finden sich andere, aus dem Specifischen des Gesellenwesens entspringende Vorschriften und Sitten für den Abschied, die Wanderschaft, den Einzug an fremden Orten, die Bewerbung um Arbeit, das Betragen bei Zusammenkünften. Alle diese Eigenthümlichkeiten beziehen sich jedoch nur auf ihre Gemeinschaft, die Gesellenschaft, sie sind analog den Eigenthümlichkeiten der Studentenverbindungen, der Adelsverbindungen u. s. w. Dagegen sind die Vorschriften für die Haltung und die Sitte des Einzelnen, soweit er nicht als Glied der Korporation erscheint, nichts besonderes. Vieles ist wohl hierin zu finden, was als Vorschrift bindend war und streng aufrecht erhalten wurde, das gegenwärtig keinem

Gesellen, überhaupt Niemanden mehr vorgeschrieben werden kann; das war aber nichts dem Gesellen eigenthümliches, sondern es war die allgemeine Sitte, die in alten Zeiten nicht wie jetzt jedem überlassen, sondern für jeden, je nach dem Stande, dem er zugehörte, geradezu erzwungen wurde. Die Gesellen gehörten dem Bürgerthum und soweit das Handwerk hierin eine besondere Abtheilung bildete, dieser zu, was dem Bürgerthum als Vorschrift galt, dem war auch der Geselle unterworfen. Die Kleiderordnung, als sie von Reichswegen, oder von dem Landesherrn, erlassen wurde, galt dem Gesellen, wie dem Meister. Die allgemeinen Polizeivorschriften für Leben und Sitte galten natürlich auch dem Gesellen. Die Einrichtung des Handwerkswesens, man kann wohl sagen seine Autonomie, übertrug die Handhabung der allgemeinen polizeilich vorgeschriebenen Sittengesetze den Handwerken selbst, und von dem Augenblick, wo die Gesellen eine gesonderte Korporation in den Handwerken sein durften, kam auch der Gesellschaft das Recht zu, das, was die allgemeine Sittenregel und die Polizeivorschrift gaben, unter sich zur Geltung zu bringen, und sogar die Uebertretungen zu strafen. Die spätere Beleuchtung der Gesellenverbindung wird ergeben, wie weit, unter welchen Einschränkungen den Gesellen solche Jurisdiktion zustand. Diese vorläufige Bemerkung mag schon dazu dienen, dem gewöhnlichen Vorurtheile zu begegnen, das noch jetzt so fest gehalten und überall benutzt wird, als ob die Handwerke vor Zeiten, d. h. zur Zeit des Zunftwesens, sich besonders ausgezeichnet hätten durch strenge Moralität, Zucht und Anstand, Enthaltsamkeit und vor allem durch große Frömmigkeit und kirchlichen Sinn.

So weit dieß aus den Statuten zu folgern ist, kann nur gesagt werden, daß die Handwerke darin zu keiner Zeit etwas besonderes, sondern stets nur der Ausdruck der Zeit waren. Die moralischen und religiösen Gesetze der Handwerker finden sich nicht nur bei ihm, sondern zu derselben Zeit in den Gesetzen für alle anderen Leute, in den allgemeinen Polizeiordnungen, und nur aus diesen in den Handwerksordnungen. Das Verbot des Schreiens und Fluchens, des Trinkens, des Spielens, des langen Wirthshaussitzens, des Degentragens, das Gebot des Kirchenbesuches ꝛc. findet man in zahllosen Statuten der Städte ausgedrückt[1]) und gewöhnlich fast mit denselben Worten in die Handwerksordnungen aufgenommen, hier aus dem Grunde, weil die Handwerke, wie gesagt, die Polizei unter sich haubhabten. Wenn daher die schriftlich vorhandenen und mit Strafen eingeschärften Sittenregeln — und deren ist in der That in den Handwerksordnungen eine große Zahl — Zeugschaft geben für einen hohen sittlichen Zustand, so besteht dieses Zeugniß nicht bloß für die Handwerke, sondern für alle anderen Stände gleicher Zeit. Jedoch möchte gerade die ofte Wiederholung dieser Gesetze ihre Nothwendigkeit und damit den Mangel an Sittlichkeit erzeigen. Das kann aber wohl angenommen werden, daß die Gesetze sicherer befolgt wurden bei den Handwerken, weil sie selbst die Strafgewalt übten und die Strafe, meist in Geld angesetzt, entweder ganz oder wenigstens zum Theil in ihre Kasse floß.

---

[1]) Vgl. z. B. Böhmer, cod. p. 641.

Dieses Recht der Bestrafung hatte dann allerdings weiter die Folge, daß die Handwerke sich wohl anmaßten, über das ihnen von Rechtswegen zukommende, die allgemeinen Sittenregeln hinaus, Vorschriften zu machen, Handlungen vor ihr Forum zu ziehen und zu bestrafen, welche außer den Handwerken ohne gesetzliche Bestimmung, daher frei blieben. Es entwickelte sich derart ein Mißbrauch, eine weitgehende Kleinigkeitskrämerei und eine Ueberwachung und Anwendung der einzelnen Strafen auch in Sachen, welche nicht das Handwerk, auch nicht die äußere Ehre oder Stellung des Handwerks berührten, aber von den Behörden nicht weiter gerügt wurden. Wie einer in der Schlafstube sich betrug, ob einer ein Glas zerbrach ꝛc. alles desgleichen kam vor das Handwerk und sogar vor das Gesellengericht. Das sind jedoch Auswüchse späterer Zeit. Sie waren nicht Ausfluß strengerer Sittlichkeit, sondern Ausfluß der Gewinnsucht im Interesse der Handwerkskassen. Der Stamm und das Grundwesen war für die Gesellen dasselbe, wie für die Meister und für diese, wie für alle anderen Städter. Diese Excesse konnten zur vollen Geltung kommen, weil den Gesellen, wie den Meistern, zwar eine Appellation von dem Handwerk an die Behörde freistand, aber solche Appellation in geringfügigen Dingen (und dazu zählten die angeführten) keine Folge hatte; es findet sich in einer solchen Ordnung geradezu ausgesprochen, daß den Gesellen zwar die Appellation an das Amt zustehe, dieselbe aber in Bagatellsachen zurückgewiesen und der Kläger sich mit dem Spruch des Handwerks begnügen zu lassen angewiesen werden solle.

Der Charakter dieser allgemeinen Sittenregeln und wie sie sich in den Händen der Handwerker gestaltet haben, wird aus dem Folgenden erhellen. Zeitabschnitte sind hierbei nicht einzuhalten, weil die Regeln im allgemeinen sich nicht wesentlich änderten.

Wie der Lehrling, so mußte der Gesell in dem Hause des Meisters wohnen und bei ihm Tisch haben, obwohl von einer Zucht über ihn seitens des Meisters nicht die Rede war. In Betreff des Lehrlings war das Maßgebende für diese Bestimmung lediglich die Zucht. Selbst wenn er am Orte seine Eltern hatte, ein Bürgersohn war, durfte er nicht bei diesen wohnen; denn der Meister hatte mit der Lehre die Zucht zu besorgen übernommen; er war für ihn verantwortlich gemacht. Bei den Gesellen hatte es einen andern Grund und bewährte sich den Verhältnissen so entsprechend, daß es als Gewohnheit festgehalten werden konnte, als jener erste Grund längst weggefallen war. (Der in älteren Werken z. B. von Beier angeführte Grund „denn sie können ihre Herberge nicht mit sich einführen" ist nicht verständlich.) Der Geselle durfte, wenige Ausnahmen, von denen später zu reden, abgerechnet, **nicht heirathen**, er durfte und konnte keinen eigenen Rauch führen. Es war aber der Sitte und dem Gesetze zuwider, daß er im Wirthshaus lebte. Die Wirthshäuser bestanden nur für **Fremde** und waren nicht für regelmäßige Gäste, wie gegenwärtig, eingerichtet. Schenken, Gasthäuser, durften vielfach nicht einmal etwas zu essen geben, sondern nur dem Gaste, was er sich mitbrachte, kochen und das Getränke liefern. Der Bürger der Stadt aber durfte seine Nahrung nicht im Wirthshaus suchen. So sagt eine Polizeibestimmung in Nürnberg aus dem XV. Jahrh.: „man hat schon gesagt, wenn man einen ledigen Mann hier als Bürger empfängt, derselbe soll dann haben seinen eigenen Rauch, oder er soll sich verdingen zu einem Bürger in seine Kost auf ein Viertel des Jahres, oder auf ein halbes Jahr, oder mehr, und soll nicht sein in eines Gastgeben Kost"¹). So scheint die Versorgung des Ledigen in einem Gasthaus oder Wirthshaus der Sitte anstößig gewesen zu sein, und da der Geselle eigenen Rauch nicht haben, da er nicht heirathen durfte, eine Magd nicht halten konnte, so war das naturgemäße, nächstliegende, daß er zu seinem Herrn selbst in die Kost und Wohnung gewiesen wurde. Das Gebot, daß der Geselle derart an den Meister gewiesen war, steht jedoch nicht isolirt. Man findet gleiche auch für andere Dienstboten, zu denen auch der Gesellen lange gerechnet wurde. So in dem alten Prager Recht (1335), „daß kein Bürger keinen Zinsmann noch keinen fremden Mann zu Diensten habe, oder mit ihm fahre nach der Stadt Prag, er sei denn sein Protesse (Brodesser) oder sein Magd oder sein geboren munt"²). Die gleiche Bestimmung findet sich für Wien in einer Urkunde von 1353³).

---

¹) Siebenkees, Beiträge zum b. Rechte III. S. 223.
²) Rößler, altprager Stadtrecht, S. 29.
³) Hormayer, Geschichte Wiens, Urkundenbuch S. 50.

In anderer Weise, als in dieser allgemeinen Form, findet sich auch die Vorschrift für die Gesellen nicht gegeben. In keiner Handwerksordnung höheren Alters ist davon etwas besonders gesagt, wohl aber in neuern (vom XVIII. Jahrh.) Die allgemeine Anschauung wie das beiderseitige Interesse machte eine solche specielle Anführung ebenso unnöthig, als jetzt ein Zwang darin in sehr vielen Fällen unerträglich wäre. Dem Meister war die theilweise Auslohnung in Naturalreichnissen, in Nahrung und Kost ebenso erwünscht und vortheilhaft, wie dem Gesellen, der, hätte er sich selbst versorgen müssen, in die größten Verlegenheiten und Schwankungen hineingekommen wäre. Fester Geldlohn und die früheren bedeutenden Schwankungen in den Frucht- und Lebensmittelpreisen, die häufige Wiederkehr der Theuerungen dürfen nur zusammengestellt werden, um das sofort einleuchtend zu machen. Auf der anderen Seite war für den Meister die Einrichtung um so bequemer, als in vielen Städten **jeder Bürger ein eigenes Haus haben mußte**, in den meisten ein solches hatte, daher die Nutzung der Häuser auf Miethwerth ungewöhnlich war und der Meister immer Raum genug hatte, seine Gesellen unterzubringen. Hiermit muß man noch zusammenhalten, daß der Meister nur eine geringe Zahl von Gesellen, nicht über vier, den Lehrling mit eingerechnet, haben durfte, während gegenwärtig schon die wirthschaftliche Nothwendigkeit für den Meister, möglichst viele Gesellen zu haben und dabei die Beschränkung der Räumlichkeiten auf das Minimum, sehr vielfach der Haltung der Gesellen im Hause des Meisters im Wege steht, und jedenfalls auch die neuere Einrichtung, die Gesellen für sich selbst sorgen zu lassen und sie ganz mit Geld auszulohnen, herbeigeführt hat. So weit die Handwerke einen großen Umfang des einzeln Betriebs nicht gewonnen, die Zahl der Gesellen nicht über das obige Maß hinausgeht, ist noch heute zu Tage die Aufnahme der Gesellen in das Haus das nächstliegende und zweckmäßigere. Aber Werkstätten, die eine große Zahl Gesellen und Jungen fassen, gestatten das nicht mehr; der Meister wenigstens thut für sich besser, den Gesellen ganz in Geld zu lohnen, wogegen freilich der Geselle dabei nicht gewinnt, vielmehr in mancherlei Beziehungen zu kurz kommt. — Man wird das um so leichter zugeben, wenn man bedenkt, daß der Geselle in des Meisters Haus nicht bloß Kost und Wohnung, sondern auch Feuer, Licht und Wäsche frei hatte, wie aus mehren Stellen der Gesellenreden (z. B. Rede der Schmiede) hervorgeht. „Frau Meisterin, ich bedanke mich, daß ihr mich in der Wäsche gehalten habt ꝛc."

Von der Verpflichtung, bei dem Meister zu wohnen, waren die Gesellen einiger Handwerke frei [1]). Die **Tuchmacher** oder **Tuchknappen**, **Zimmerleute**, **Maurer**; auch die Buchdrucker hatten darin freien Willen. Der Grund dieser Ausnahme ist sofort erkenntlich, wenn man bedenkt, daß gerade in diesen Handwerken den Gesellen das **Heirathen** erlaubt war, die Tuchknappen waren in der That meist verheirathet, ebenso Zimmer- und Maurergesellen, mußten sogar manchmal **Bürger** sein. Damit fiel nicht nur der Grund der Vorschrift weg, sondern auch die Unmöglichkeit, sie durchzuführen. Daher konnte auch der

---

[1]) Beier, Boethus S. 143, Nr. 491.

Geselle eines anderen Handwerks, wenn er, freilich gegen
die Sitte, geheirathet hatte, nicht mehr beim Meister wohnen; wurde er dadurch nicht geradezu unehrlich und ganz aus
dem Handwerk ausgeschieden, so verlor er doch das Recht je
Meister zu werden, er wurde **Stückwerker** (jetzt würde
man sagen Heimarbeiter), arbeitete in seinem Haus für Bestellung des Meisters und konnte daher füglich nur stück-
weise bezahlt werden, daher der Name. Das Recht zu
heirathen und daher außerhalb des Meisters Wohnung zu
hausen, haben obengenannte Gesellen behalten, als ein
Privilegium gegenüber den anderen Gesellen, bis auf die
neueste Zeit, überall da, wo das Zunft- und Handwerkswesen noch aufrecht erhalten und damit den Gesellen das
Heirathen verboten war. Der Grund liegt offenbar darin,
daß bei diesen Handwerken die Stellung des Gesellen eine
andere ist, als bei anderen Handwerken[1], bei letzteren ist
das Gesellenthum nur ein Uebergang zum Meisterschaft,
bei ersterem darf es nicht so betrachtet werden. Dieselbe
erfordern soviel Kapital für den selbstständigen Betrieb,
daß wohl die meisten der Gesellen von vornherein auf die
Meisterschaft verzichten und sich mit dem Erwerb der Arbeit begnügen müssen. Das war aber vor dem XVIII.
Jahrh. nicht in der Ansicht der Behörde noch der Bevölkerung, daß einer sein Leben lang unverheirathet bleiben
solle, es war vielmehr der allgemeinen Gesinnung geradezu
widersprechend. Auch in jener späteren Zeit, in welcher allerdings die Ehe als von der Behörde ertheilte, auf gewisse
Voraussetzungen (Ernährungsfähigkeit) gegründete Concession

---

[1] Böhmer S. 626.

war, ging man nicht so weit, die Klassen deren Beruf einen, selbstständigen Gewerbsbetrieb nicht in Aussicht stellte, schlechthin am Heirathen zu hindern, man setzte voraus, daß in solcher Lage sich der Arbeitslohn dem Bedürfniß eines Verheiratheten entsprechend stelle, man gestattete es daher, wie den Taglöhnern, auch den Gesellen gewisser Handwerke und zwar den oben genannten, sowie den Gerbern, für die in früheren Zeiten des Heirathsverbot allgemein war, wobei oben nicht zu übersehen, in welcher Weise sich diese Gewerbe umgewandelt haben. Während sie früher ganz gut nach sogenanntem handwerksmäßigen Betrieb, ohne große Geschäftsausdehnung und viel Kapital geführt werden konnten, wie denn sogar der Mann mit Frau und Magd das nöthige zu leisten im Stande waren, so kann jetzt nur in größerem Maße, mit bedeutendem Kapital eine Gerberei noch einigermaßen wirthschaftlichen Erfolg versprechen, oder stehen wenigstens die kleinen Gerbereien nur noch sehr vereinzelt neben den großen da. Was von der Gerberei, gilt ebenso von der Handschuhmacherei, in welcher das Kapital eine zu große Rolle spielt, als daß jeder Geselle, auch der von Haus aus unvermögende, auf einstige Meisterschaft rechnen könnte. Von Maurern und Zimmerleuten braucht weiteres nicht angeführt zu werden.

Das Zusammenhausen des Gesellen mit dem Meister hatte entschieden den moralischen Vorzug, daß der Geselle nicht aus dem Familienleben heraus und in das Wirthshausleben hineingezogen wurde. Es hatte ferner den Gewinn, daß der Geselle mit dem Meister mehr verwoben blieb, der Gegensatz zwischen dem Herrn und dem Arbeiter nicht in so scharfer Weise hervortrat, als wenn der Gesell rein auf die Geldlohnung gesetzt gewesen wäre, gleich wie der Knecht auf dem Lande in einem viel innigeren und wünschenswertheren Verhältnisse zum Herrn steht, als der Taglöhner. Gerade diese Seite des Handwerkslebens ist vielfach gerühmt worden und sieht man darin das Heil gegen die Arbeiterfrage, die der Zeit soviel zu schaffen macht. Ohne dieß ganz leugnen zu wollen, darf doch nicht unbemerkt bleiben, daß man sich das Leben der Gesellen in Meisters Haus nicht zu idyllisch vorstellen darf. Das gezwungene Zusammenleben hatte auch wieder seine Schattenseite, es legte zwischen Gesellen und Meister (oder vielmehr Meisterin) den Grund zu vielfachen Streitigkeiten und ernsten Händeln. Wenn man sich des Nürnberger Spruchs nach der Mahlzeit erinnert: „Gottlob, wieder einmal gegessen und nicht gezankt," so wird man sofort wissen, was hier gemeint ist. Die Sparsamkeit der Hausfrau und der gesunde Appetit der arbeitenden Gesellen haben nicht immer einerlei Urtheil über die Mahlzeit, der Wunsch nach möglichst wenig auf Seiten der Meisterin und möglichst viel auf Seiten der Gesellen stehen sich da gar zu gern. entgegen. In der gegenwärtigen Lage hat das wenig zu bedeuten und wird höchstens des Meisters übertriebene Sparsamkeit an ihm sich rächen, wenn ein tüchtiger Geselle bei ihm nicht bleibt. Aber in den Zeiten der Handwerksblüthe war das anders. Die Gesellen hatten Macht genug um ihre Wünsche gegen die Meister eines Ortes durchzusetzen und benutzten diese auch reichlich und ernsthaft, um puncto Kost den Meistern Vorschriften zu machen. Namentlich in Zeiten der Theuerung, in welchen der Meister vollkommen im Recht war, wenn er die Kost etwas einschränkte, wollten sich die Gesellen dergleichen gar oft nicht gefallen lassen. Sie verlangten mehr, als dem Meister dienlich, vielleicht möglich war, und wurde ihnen nicht willfahrt, so standen sie im ganzen Handwerk auf, und verließen die Stadt, also die sämmtlichen Meister ohne Gehülfen. Beweise hierfür finden sich in der Geschichte fast aller Reichsstädte. Der interessanteste Fall in Nürnberg 1475, wo die Gesellen der Blechschmiede, dort eines der ältesten und angesehensten Handwerke, sich aus solchem Grunde mit den Meistern überwarfen, sich zusammen verbanden, aus der Stadt zogen, weil jene nicht nachgeben wollten. Sie erklärten die Nürnberger Meister sämmtlich in Verruf, zogen nach Wunsiedel und Dünkelsbühl und ließen den Nürnberger Meistern keinen Gesellen mehr zukommen. Das Handwerk kam darüber in Nürnberg so herunter, daß keiner daraus mehr zum Rathe gezogen werden konnte. Daß die Gesellen dabei nicht bloß das, was ihnen gebührte verlangten, nicht bloß in theueren Zeiten die Last mit zu tragen sich weigerten, sondern vielmehr ihre Macht benutzten, um sich stets einen entsprechenden Küchenzettel zu sichern, sieht man aus den Reichsschlüssen von 1548 [1]): „Wir wollen, daß die Handwerkersknechte und Gesellen denen Meistern nicht eindingen, was und wieviel sie ihnen jederzeit zu essen und zu trinken geben, doch daß die Meister ihre Gesellen dermaßen halten, daß sie zu klagen nicht Ursache haben." Dieser Reichsschluß schnitt aber die Sache nicht ab, nicht nur, daß er 1577 wiederholt werden mußte, daß im XVII. Jahrh. noch Fälle solcher Art sich finden,

---

[1]) Reformirte Polizeiordnung 1548.

selbst im Reichsschluß von 1731 und 1777 wird noch darüber geklagt, „daß gedachte Gesellen (Papiermacher, die zu jener Zeit zu den schlimmsten gehörten) den Meistern absonderliche Maße geben, wie sie selbige speißen und sonst traktiren sollen." Der Mißstand oder Mißbrauch konnte nicht durch solche Gesetze aufgehoben werden, solange den Gesellen die korporative Macht blieb; mit dieser reducirte sich jener von selbst auf das geeignete Maß.

Was die Hausordnung betrifft, so war auch hier von specifischen Bestimmungen nicht allgemein und nur in späterer Zeit die Rede. Daß der Geselle nicht außer dem Hause über Nacht sein durfte, hängt schon mit dem Gebote, bei dem Meister in Wohnung und Kost zu sein, zusammen, daß er zu einer bestimmten Stunde zu Hause sein mußte, ist dann wieder nur die Wirkung der allgemeinen Polizeivorschrift. Nach einer bestimmten Zeit, meistens auf neun Uhr gelegt, öfters mit einem gewissen Läuten, dessen Moment uns nicht bekannt, verbunden, durfte Niemand mehr im Wirthshaus sein, ja nicht einmal ohne Laterne ausgehen. Dasselbe galt für den Gesellen, mochte er sich in der Herberge oder sonst wo zu seinem Vergnügen aufhalten, oder bei einer Gesellenzeche (selbst einer Hauptzeche)[1]. Um neun Uhr bot der Altgeselle aus, von da mußte er unmittelbar nach Hause gehen, Nachtschwärmen war verboten. In späteren von Amtswegen gemachten Verordnungen wurde den Wirthen untersagt, noch nach 9 Uhr

---

[1] Friese, Schneiderhauptzeche. Lersner, Frankf. I, p. 475.

etwas verabfolgen zu lassen ¹). Auf späteres Einschleichen im Hause oder Wiederverlassen desselben war Handwerksstrafe gesetzt. Wohl kam auch vor, daß der Meister, wenn er das Schwärmen der Gesellen nicht anzeigte, mit gestraft und daß der Geselle beim zweitenmale am selben Orte nicht mehr beschäftigt werden durfte, bis er ein halbes Jahr auswärts war. Ebenso durfte keiner eines anderen Meisters Gesellen oder Jungen mit sich heimbringen oder gar über Nacht behalten.

Vereinzelt kam wohl auch die Stunde um 10 Uhr vor, so im sächsischen Generale von 1780; aber auch schon früher und nicht von Amtswegen, sondern vom Handwerk festgesetzt, wie bei den Königsberger Kanngießern 1587. „Wenn die Gesellen Schenke halten oder sonst nicht zu Hause sind, so soll der Meister befehlen, bis seigers 10 Uhr auf die Gesellen zu warten; nach seigers 10 Uhr soll er nicht gezwungen sein, das Haus zu öffnen oder länger zu warten" ²).

Aber auch das Verhalten innerhalb des Hauses, das doch eine Sache des Hausherrn, des Meisters ist, wurde zur Handwerkssache gemacht und das Handwerk strafte noch für sich, auch wenn der allenfallsige Schaden ersetzt war. Daß dieß auf der Herberge so gehalten wurde, ist begreiflich und nicht auffallend, wenn das Handwerk jeden

---

¹) Glaserordnung in Göttingen: der Kneipvater soll bei unausbleiblicher Gefängnißstrafe nach 9 Uhr den Gesellen weiter nichts an Bier, Branntwein und Tabak vorsetzen, jeder Geselle bei gleicher Strafe zu solcher Zeit nach seines Meisters Haus gehn und sich alles Nachtschwärmens enthalten. Gatterer II, p. 672.

²) Friese, p. 668.

strafte, der auf der Herberge gegen das vorhandene weibliche Personal in Wort oder That den Anstand überschritt z. B. sollen die Gesellen vor und nach der Schenke sich mit ihrem Munde bescheidentlich gegen Frauen und Jungfrauen verhalten, damit auch Gottes heiliger Name nicht geschändet oder gelästert werde, wer dagegen handelt, soll nach Erkenntniß der Gesellen gestraft werden [1]), oder „wer sich mit ungeschickten Worten oder Wesen gegen Wirthin, Töchter oder Magd hält 10 Schilling ꝛc., wer es weiß und nicht anzeigt ebenso." Dieß galt bei allen und daher auch die stete Ermahnung: ehre den Herrn Vater, Frau Mutter und Jungfer Schwester (Schenkwirthin und ihre Töchter). Aber vereinzelt ist die Bestimmung, daß der Altgeselle alle vier Wochen vor dem Gebot den Herbergsvater und seine Angehörigen eigends fragen mußte, wer sich etwa in dieser Hinsicht während des Zeitraums zwischen zwei Geboten vergangen hatte. Aber das Handwerk mischte sich noch viel weiter in das Hauswesen ein, nicht bloß auf der Herberge, die man etwa als das Haus des Handwerks bezeichnen könnte, sondern sogar bei den Meistern und anderen Häusern. In der Schlafkammer soll Ordnung und Ruhe sein und jeder soll sich still und gebührlich daselbst verhalten, oder noch weitergehend: „Item, welcher sich ungebührlich hielte, in der Kammer, im Bette, oder sonst an unziemlichen Orten, derselbige soll sich mit denen vertragen, die ihn von Säuberns wegen ansprechen und dazu dem Handwerk geben 5 Schilling" und: „welcher seinem Wirth oder Hausvater, bei dem er zehrt, etwas zerbrach

---

[1]) Friese, p. 669.

ober verwahrlost, der soll, wie das Namen hätte, dem Wirth das bezahlen und dem Handwerk zur Straf geben fünf Schilling." "Soll kein Gesell, wenn er trunken und voll ist, in seines Meisters Haus bei Nacht schlafender Zeit Uebermuth oder Lärm anfangen, wenn was zu kurz ist geschehen, spare es lieber bis auf den Morgen, wer dawider handelt, soll von Meister und Gesellen gestraft werden, wenn aber ein oder mehr Gesellen es zu grob machen, daß der Meister sammt seinem ganzen Hause keine Ruhe oder Frieden haben könnte, so soll der Meister Macht haben, als ein Mitbürger der Stadt sich Friede in seinem Hause zu schaffen [1]).

Ueber die Kleidung der Gesellen läßt sich zunächst nur negatives berichten. Die Handwerker wurden als eine besondere Klasse der Städteeinwohner angesehen, neben den Kaufleuten und dem städtischen Adel. Bekanntlich hat man eine geraume Zeit den alten Brauch, daß sich die Klassen der Bevölkerung durch ihre Kleidung schon unterschieden, auf dem Wege des Zwanges aufrecht halten wollen; daher erließ man die Kleiderordnungen, deren einziger Zweck nicht Anständigkeit und Unterdrückung des Luxus war, die vielmehr auch der Vermischung der Stände in ihrer äußeren Erscheinung begegnen sollten. Das wurde allgemach, da die einzelnen Landesherrn und Städte nicht durchdrangen, oder wenigstens eine Einförmigkeit nicht erreicht wurde, zur Reichssache gemacht. Der Reichs-

---

[1]) Friese, Königsberger Kannugießer p. 670 (Zeichen, wie weit das Handwerk greift, daß der Meister erst fragen muß, ob er in seinem Hause Ruhe schaffen darf).

abschied von Lindau 1497 schrieb zu dem Zweck nur vor.... „wie sich Handwerksleut, die ihres Handwerks in Uebung sind, ihre Knecht, auch sonst ledige Knechte mit ihrer Kleidung ziemlich tragen und halten sollen, soll eine jede Obrigkeit bei so ziemlich Ordnung betrachten und fürnehmen, davon auf nächster Versammlung weiter zu handeln." Der Reichsschluß von Freiburg desselben Jahres lautet schon: „item Handwerker und ihre Knechte sollen kein Tuch zu Hosen und Kappen über drei Arten eines Gulden, zu Rock und Kamisol inländisch Tuch nicht über ein halb Gulden, kein Gold, Perlen, Sammt, Seide, Schamoloth, noch gestickelt Kleidung tragen" und auch dabei gegen die Kürze der Kleider (Mäntel) geeifert. Dasselbe auf dem Reichstag zu Augsburg in gleicher Weise wiederholt mit der Vorschrift: „jeder Rock und Mantel so, daß er hinten und vorne ziemlich wohl decke." 1530 Augsburger Handwerkerordnung: kein Gold, Silber, Perlen, Sammt oder Seide, nicht gestickelt oder zerschnitten, verbrämt, kein Marderpelz, sondern Fuchs-, Iltis-, Lämmerpelz. **Handwerksknechte und Gesellen** kein **Gold** und **Silber**, keine **Straußfedern**, kein **zerhauen** und **zerschnitten Kleid**. 1558 wurde wieder allgemein jeder Obrigkeit befohlen, eine ziemliche Kleiderordnung zu machen, für Handwerker, Kaufleute, **Bauern**, die unredlichen Leute. Das lange Kapitel der Kleiderordnungen und der allmähliche Fortschritt seiner Tendenz von Aufrechterhaltung der äußeren Standesmerkmale zur Bekämpfung des Luxus und zum Merkantilsystem (Verbot fremder Stoffe, Consumtion des Geldes) kann hier nicht weiter verfolgt und auseinandergesetzt werden, es genügt, gezeigt zu haben, wie die Gesellen in ihrer Kleidung waren und sei nur noch darauf hingewiesen, wie aus den angeführten Gesetzen und ihren Wiederholungen selbst erhellt, daß die Gesellen sich dem höheren Bürgerstande gleich achteten und führten, daß sie ihnen in der Mode folgten, zerhauene (gepuffte) Kleider trugen, Goldschmuck und Straußfedern. Nur der Pelz (wohl ihrer Jugend wegen nicht üblich) ist nicht erwähnt.

Das sind die allgemeinen Gesetze für das Habit der Gesellen, denen sich aber noch partikulare Bestimmungen des Handwerkbrauches zugesellten. Im Widerspruch mit der Erscheinung der Neuzeit durfte kein Geselle über die Straße gehen, ohne voll ausgerüstet zu sein. „Keine Zehe über das andere oder dritte Haus, ohne Rock, Mantel, ohne Kragen, mit unbedecktem Haupte, ohne Handschuhe" [1]. Dieß der Spruch des Altgesellen der Schneider bei der Auflage. Aber dieselbe Bestimmung findet sich mehr oder minder vollständig in den übrigen Handwerks-Ord., sobald sie auch die Bestimmungen für die Gesellen enthalten. Selbst die Zimmerleute durften nicht „ohne Rock oder Halsbinde auf den Zimmerplatz oder zurückgehen" [2]. In neueren Zeiten sind sie nicht so umfassend, bloß Mantel, Rock ꝛc. erwähnt und auf gewisse Tage und Gänge, Sonntags, Gang zur Kirche, zur Herberge beschränkt [3]. Ganz allgemein und immer

---

[1] Gatterer, II, p. 131. Friese.
[2] Zimmermanns-Ord. in Württemberg 1590, Kaminfeger-Ord. Gatterer III, 209.
[3] Ordnung der Weber 1644, p. 3094, Zeugmacher 1646.

ist dagegen das baarhäuptig und barfußgehen untersagt. Der Mantel mußte anständig, korrekt, getragen werden, nicht auf einer Schulter¹). Diese strenge Vorschrift des äußeren Anstandes hatte nicht die Absicht, seinen Stand zu verstecken und etwa in den Kleidern für einen Höheren angesehen zu werden, dazu war der Stolz der Handwerker viel zu groß. Vielmehr wurde von den Handwerken selbst vorgeschrieben und darauf gehalten, daß jeder sich als das bekenne, was er war und mußte er demgemäß ein äußeres Zeichen seines Handwerks tragen. Ging ein Geselle zur Kirche, zur Herberge oder zur Arbeit, er mußte ein Stück Handwerkszeug zur Hand haben, Böttcher, Schmied den Hammer, Beil, Schlägel, Schreiner das Winkelmaß, der Bäcker, wenn er zur Mühle ging, auch ohne Mehl holen zu wollen, mußte eine weiße Schürze und einen leinenen Sack auf dem Rücken haben, sogar der Kaminfeger durfte nicht ausgehen ohne den Kratzen zur Hand zu haben²), andrer specifica, wie z. B. für den Färber der „Fürplatz", nur schwarze, nie weiße Strümpfe³), nicht zu gedenken.

Zu Mantel, Hut und Feder gehört auch der Degen und auch er wird bei dem früheren Handwerksgesellen nicht vermißt. Er gehörte mit zu den freien Leuten und durfte ihn daher tragen, so gut wie sein Herr, der Handwerks= meister. Das Verbot des Degentragens traf nie ihn allein, sondern nur soweit, und dann wurde es auch auf ihn an= gewendet, wenn die übrigen freien Stände gleichfalls davon

---

¹) Beier, Boethus p. 154 Jäger Ulm p. 431.
²) Gatterer III, p. 209. Die Schornsteinfeger nennen es Eisen.
³) Färber-Ordn. von Württemberg 1706.

getroffen wurden. Das Waffentragen wurde überhaupt oft verboten, bezog sich aber immer nur auf gewisse Waffengattungen und Größen, der Schwerter-Degen, die großen italienischen Messer wurden der vielen Raufhandel halber schon im XIII. Jahrh. und von da an wiederholt bis in das XVIII. herauf verpönt, wofür zahllose, ja fast alle städtischen Statuten und Polizeiordnungen zeugen; die Städte schrieben eine gewisse Länge der Messer, welche getragen werden durften, vor und hefteten wohl auch, wie für Elle, Fuß ꝛc., ein Normalmaß am Rathhaus zum Vergleiche an. Auf Reisen durften auch andere Waffen getragen werden, in der Stadt mußte sie selbst der Fremde ablegen, das galt aber, wie gesagt, nicht bloß den Gesellen, sondern allgemein, konnte aber nirgends durchbringen und von Zeit zu Zeit mußte daher das Gebot wieder erneuert werden. Daß hierbei nicht ein Standesvorzug im Auge behalten wurde, sondern lediglich den Raufhändeln vorgebeugt werden sollte, ergiebt sich vielfach aus dem Wortlaut der Gesetze selbst; zum Beleg sei als prägnantes Beispiel der Erlaß angeführt, den die Stadt Frankfurt noch 1511 gegen die Schuhknechte richtete: „Wir der Rath haben Betracht, daß nicht allein auf und in den Gassen, sondern auch in Gesellschaften, da doch billig alle Zucht und Redlichkeit gehalten wird, Aufrühre geschehen und wollen darum solche Aufrühre und beschehen Unfug zuvorkommen, daß nun hinfüro kein Meister oder Knecht des Schuhmacherhandwerks dieser Stadt Frankfurt sammt Sachsenhausen, es sei reich oder arm, jung oder alt, dazu auch kein Fremder bei Tag oder Nacht, einige Schwerdt, lange Messer oder Degen, die länger sein, denn von Alters ein Maaß zu Frankfurt gegeben und an dem

Römer verzeichnet ist, auf die Stuben tragen soll, und sollen dieselben, die solch Maß haben, stomprecht (stumpf) sein, es soll auch niemals einige spitze Schweizerdegen noch sonst unmäßig Brodmesser ꝛc. ꝛc. oder dergleichen tragen [1])." Dieser Erlaß an die Schuster gerichtet, weil sie wohl gerade sich vergangen hatten, war nur Wiederholung vieler früherer, an alle gerichtete. Er zeigt die Absicht des Verbotes, insbesondere, daß der Degen als Ehrenzeichen nicht verboten war, denn stumpf durfte er getragen werden, und was besonders zu bemerken: er bezieht sich bloß auf die Stuben (Herberge). In der That findet man auch bei allen Handwerken, daß der Altgesell bei Eröffnung der Versammlung fragte, ob Niemand spitze Waffe oder Wehre (verboten) bei sich habe; wer solche hatte, mußte sie dem Wirthe bis zum Schlusse der Versammlung (des Gebotes) übergeben. Daraus ist aber wieder um so mehr abzunehmen, daß außerdem die Gesellen ein Gewehr trugen. Dafür sprechen noch speciell zum Theil die Formen des Vortrages z. B.: „Wann die Gesellen verboten (geboten) sind, so solle ein jeder Geselle sein Gewehr zu Hause lassen, da aber ein Geselle ein Gewehr, es sei kurz oder lang, aus Versehen ins Verbot brächte, der soll sie dem Erstengesellen zur Verwahrung geben [2])." Ferner manche Reden z. B.: „Grüße mir Meister und Gesellen, soweit das Handwerk redlich, ist es nicht redlich, nimm Geld und Geldeswerth und hilf redlich machen, ists

---

[1]) Lersner, Frankf. Chronik I, p. 488.
[2]) Kanngießer (1587), Friese p. 670.

nicht redlich zu machen, nimm den Degen an die Seite, laß Schelm und Diebe sein [1]."

Dieß mag genügen, um zu zeigen, daß auch hierin der Geselle gleich stand mit seinem Meister und allen Freien, daß das Waffentragen ihm so gut und so weit zustand wie jedem anderen, und dieß Recht ging sehr weit hinauf; ja die Gesellen trugen den Degen länger als die Meister. Die Zeugmacher-Ord. v. Würtemberg vom Jahre 1686 enthält noch die hierfür zeugende Vorschrift: „soll kein Geselle mit dem Degen in den Stein hauen, nicht auf der Straße und dem Markte essen ꝛc." Viele Statuten des XVII. Jahrh. sprechen aus, daß der Geselle außer auf Reisen den Degen nicht tragen soll. Erst im XVIII. Jahrh. wird hiergegen vorgegangen. In Würtemberg wurde es 1712 verboten, in Schlesien 1723, der Geselle solle ein Stück Werkzeug, oder einen Stock in der Hand tragen. Auch die Meister mußten ihn ablegen. 1732 endlich wurde von Reichswegen darüber verhandelt, und „da die Gesellen zum Tragen des Degens kein Recht haben", wurde ihnen gleichfalls das Degentragen verboten. In Oesterreich erschien das specielle Verbot erst 1770.

Von der Kleidung wenden wir uns zum Kirchenbesuch. So lange es überhaupt üblich war, daß man diesen den Bürgern obligatorisch machte, waren auch die Gesellen nicht von der Vorschrift ausgenommen, und diese beginnt früh und dauerte lange fort. Daher ist auch in den älteren Handwerksordnungen das Gesetz, daß der Meister Sonn-

---

[1] U. a. Beier p. 70.

tags den Gottesdienst besuchen und auch die Seinigen, Frau und Lehrjungen zu solchem Besuch anhalten müsse, sehr häufig mit vielen salbungsreichen predigenden Worten aufgenommen und ebenso wissen es die Gesellen recht gut anzubringen. Auch ihnen war der Kirchenbesuch eine Regel, auch sie stifteten, wie die Meister, Messen, deren Betrag nach der Reformation, soweit diese Eingang fand, an den allgemeinen Almosenfonds überging. Sie straften den Gesellen, der den Gottesdienst versäumte, errichteten überhaupt unter sich geistliche Brüderschaften gleich den Meistern und übrigen Bürgern. „Vor allen Dingen haben die Gesellen und Jünger der Zunft, so allhier in Arbeit stehen, Gottes Wort mit Andacht zu hören oder Predigt und Betstunden fleißig zu besuchen und das heilige Sakrament zu rechter Zeit würdiglich und andächtig zu gebrauchen"; und darauf hin kann auch der Altgesell der Schneider des Sonntagnachmittags das Gebot mit den Worten eröffnen: „sind wir fromm gewesen, so wollen wir auch fromm bleiben"[1]). Auch hier ist daher nichts den Gesellen gerade Eigenthümliches, sie standen unter allen anderen innen und thaten mit ihnen. Wie diese hielten sie die Kirchlichkeit hoch und versäumten nichts in der Form, und gewiß waren sie zu der Zeit, welche überhaupt durch religiösen Sinn sich auszeichnete, auch mit religiös, so wie in den Zeiten der Laxheit auch lax. Perioden großer Innerlichkeit der Gesellen finden sich allerdings in der Geschichte und um wieder darzuthun, daß sie immer nur in der Norm blieben, z. B. gerade in dem Handwerk, welches stets sich

---

[1]) Gatterer II, 131 und Friese p. 17.

durch Beschaulichkeit und Hang zur religiösen Schwärmerei auszeichnete, bei den Webern. Jene Brüderschaft der Webergesellen zu Ulm, die oben erwähnt worden ist, giebt hiervon ein merkwürdiges Muster. Da handelte es sich nicht bloß um Besuch der Messe und Predigt, um Genuß des Sakraments zu rechter Zeit, sondern das ganze Leben war streng und sittlich gehalten und jede Abweichung wurde von der Bruderschaft bestraft. Die Bruderschaft schrieb sich Zunftmeister, zwölf Meister und gemeine Gesellen des Weberhandwerks. Wer aber nur eine Elle in Ulm einmal gewebt hatte, war der Stuhlfeste verfallen, d. h. mußte das Büchsengeld bezahlen. In diese Bruderschaft konnte Niemand aufgenommen werden, der ein liebes Weib im Frauenhaus hatte, oder zu der Lesel saß, d. h. Verschwender war; hatte ein Bruder ein solch liebes Weib, wurde er zuerst abgemahnt, ließ er nicht von ihr, so legten die **Brüder ihm den Schuh**, d. h. das Handwerk nieder. Solche Macht hatte die Gesellengenossenschaft. Selbst der geringste Verdacht zog dem Gesellen sichere Ahndung zu. Jeder Geselle mußte bei dem Meister essen, hatte er keinen Meister und aß bei einer Dirne, wurde er gestraft (4 Pfd. Flachs), hatte ein Gesell keinen Meister und saß zur Zeche, so sah man ihm von Seiten der Bruderschaft zu, ob er nicht innerhalb 8—14 Tagen einen Meister bekam, wenn nicht und ließ er das Zechen nicht, so wurde er zur Verantwortung gezogen. Keiner durfte spielen, noch tanzen 2c. Diese Gesellschaft strafte, wie man sieht nicht, gleich den anderen, um Geld in die Kasse zu bekommen, sondern um der Missethat zu steuern, denn sie strafte mit Entzug des Handwerks, was bei anderen nur Geldstrafe zur Folge hatte. Uebrigens ist sie auch nur Beleg eines Zeitabschnittes für ein Handwerk, ja nur für einen Ort, und zwar zu einer Zeit, wo bereits als Vorläufer der Reformation sich viele innerliche Bruderschaften derart gebildet hatten.

So gewiß nun diese Webergesellschaft, von der noch öfter zu reden sein wird, darthut, daß die Gesellen, wo es an der Zeit, auch wirklich religiös und sittlich sein konnten und waren, so fehlt es auch nicht an Belegen, daß die Form und Redensart ihnen eigen war und der Sinn nach ganz anderem stand. Wie überhaupt in die Reden der Gesellen sich gern etwas Pathetisches einschlich, so figurirten fromme Ausdrücke, die dann auf den ganzen Stand einen Schein der Frömmigkeit warfen, von dem man sich noch bestechen läßt, gar zu vielfach. Bei der Aufnahme und Entlassung des Lehrlings, beim Gesellenmachen wird Gott Vater, Sohn und heiliger Geist angerufen, bei Versammlungen wird mit Frommheit um sich geworfen, ja um auch das Extrem der reinen Aeußerlichkeit zu erwähnen, seien gleich die Bäckergesellen angezogen. Sie nannten ihre Gesellschaft überhaupt nur die fromme Brüdergesellschaft, das Bett, worin der Gesell auf der Herberg schlafen sollte, hieß das fromme Bruderbett, alles war fromm, was auf sie Bezug hatte, und um zu zeigen, wie weit der Sinn bei diesen Worten mit anwesend waren, sollen die drei Worte angeführt werden, mit welchen der Altgeselle die fromme Bruderzeche zu schließen hatte: „Mit Gunst, ihr frommen Brüder, jung und alt, ihr werdet euch gewissermaßen zu erinnern wissen, daß wir heutigen Tags

einen sauberen Brudertisch gehalten und frommer Brüder
Strafbier getrunken; weil nunmehr die Zeit verflossen
und frommer Brüder Bier genossen und nicht vergossen,
wollen wir für dießmal einen frischen und fröhlichen Feierabend machen; wir wollen aber zuvor ehren Gott den
Allmächtigen, darnach den Herrn Vater, Frau Mutter,
Bruder und Schwester, ehren ein guter Bruder den anderen; werden wir das thun, so werden wir alle wohl
fahren, im Namen Gottes, des Vaters, des Sohnes und
des heiligen Geistes. **Wer will weiter trinken, der
laß weiter klingen, mein Pfennig sein Gesell**" [1]).

Wie die Frömmigkeit geboten, so war das Schwören,
Fluchen und Gottlästern verboten [2]), und wenn die Par-
tikularstatuten und die Reichsschlüsse solches allgemein
verfügten, so ging es auch in die Handwerksordnungen und
in die Gesellenartikel über und wurde bei jeder Gesellenversammlung (Gebot) vom Altgesellen ausgerufen. Auch
unzüchtige Reden, alle gottlosen Reime, Zoten und Possen,
alle unzüchtigen schandbaren Reden waren verpönt. Diese
Verbote erstreckten sich zunächst auf die Versammlungen,
und nur soweit sie hier vorkamen, stand dem Handwerk
das Strafrecht zu; was außer der Versammlung derart
vorfiel, mußte vom Zunftmeister dem Amt, der Behörde,
angezeigt werden und dieses hatte die Meister und Gesellen wie andere darob zu strafen. Jedoch dehnten die
Handwerke ihre Gerechtsame bald über das hinaus und
zogen für jedes solche Vergehen, auch wenn es außerhalb

---

[1]) Lersner, Frankf. Chronik I, p. 473.
[2]) Böhmer, Codex p. 640.

der Herberg, in der Werkstatt, des Meisters Haus oder sonst wo vorgefallen war, zur Verantwortung, d. h. sie straften zu Gunsten der Kasse, oder wo die Strafe in Getränken ausgesetzt war, für ihr Vergnügen.

Das unzüchtige Leben war besonders strenge, bei der höchsten Strafe verpönt, jeder Umgang mit einem argwöhnigen verdächtigen Kebsweibe untersagt. Wilde Ehe, Besuch öffentlicher Häuser machten unredlich, sogar die Anticipation der Ehe bei der erklärten Braut hatte diese Wirkung [1]). Bei Meistern schlich sich allgemach für die Schmähung, Unredlicherklärung, als Strafe Geldbuße oder ein gewiß nicht unbeträchtliches Maß an Getränken ein. Aeltere Ordnungen haben alle besondere Erwähnung dieses Verbots, in den späteren findet sich freilich nichts mehr davon. Dagegen wurde es mit Gesellen immer strenger genommen. Wer sich darinnen verging, hatte für alle Zeiten das Recht Meister zu werden verwirkt; unehelicher Beischlaf machte auch ganz unredlich; Heirath, wo es nicht erlaubt war, verurtheilt dauernd zum Gesellen. Es wurde hierin ein sehr ergiebiger Punkt gefunden, von dem aus man die Zahl der Meister einschränken konnte. Ganz besonders wurde der Besuch der Frauenhäuser an Feiertagen geahndet. 1403 wurde ein Kürschnergesell Paul Meichstern in Nürnberg aus der Stadt auf 1 Jahr in 5 Meilen Entfernung verbannt, weil er am Allerheiligen Abend ins Frauenhaus gegangen. Ein Rathschluß von 1542 verbietet es an Sonn- und Feiertagen [2]).

---

[1]) Gatterer III, p. 40.
[2]) Siebenkees, Materialien II. Bd. XI. Stück p. 585.

Das Spiel, mit Würfeln und Karten und alle andere Formen, war nicht schlechthin verboten, vielmehr ist immer nur das Maß gegeben, wie hoch gespielt werden darf; die Statuten im allgemeinen verweigern den Rechtsspruch in einer Spielschuldklage, bestimmen, wie hoch gespielt werden darf, was ein Knecht verspielen darf, ob der Herr für ihn zu haften ꝛc., wie mit Junggesellen d. h. unselbständigen zu halten! Kommt hier und da einmal das nackte Verbot des Spiels vor, so findet sich immer wieder dicht dabei eine Stelle, welche jenes Verbot einengt. Gleicher Weise finden sich bei den Handwerken die verschiedensten Bestimmungen, aber nur sehr ausnahmsweise gänzliches Verbot, wie z. B. bei den Kupferschmieden, deren Ordnung (1554) das Spiel verbietet, obwohl bei der Kürze dieser Abfassung noch daraus nicht abgeleitet werden kann, daß es allgemein galt, ob nicht vielleicht bloß für die Handwerkszusammenkünfte. Auch bei den Küfern (1680) wird hiermit alles Spiel beim Handwerk verboten und ernstlich abgestellt; er war unklar, ob nur die Handwerker, oder ob das Handwerk hier die Versammlung bedeutet, letzteres ist das wahrscheinliche. Bei den Gesellen war entschieden das Spiel mit Karten und Würfeln eine gewöhnliche Belustigung und Beschäftigung auf der Herberge, bei der Zeche, sobald nur die Lade geschlossen war. Es sei nur daran erinnert, daß viele Handwerke den Gesellen dadurch machten, den Jünger dadurch in ihre Gemeinschaft aufnahmen, daß sie mit ihm Karten spielten, freilich mit Chikane, Ruthenstrafen ꝛc.; aber es war eben das Zeichen, daß er fortan das Recht habe, mit ihnen zu spielen, was dem Jünger, um Geld, nicht zustand. Manche Ordnungen verbieten bloß das hohe Spiel, wie z. B. Bäcker (1629). Auch findet sich, daß überhaupt den Handwerken das Spiel auf der Herberg, in den Zunfthäusern erlaubt war, außerdem aber verboten, z. B. Augsburg (1403)¹). Selbst die oben erwähnten frommen Weber (1404), die ganz absonderlich auf Sittlichkeit hielten, verboten es nur auf öffentlichen Plätzen und in des Meisters Haus an Wochentagen. An Feiertagen war es demnach gestattet.

Das Laster des Volltrinkens war nicht bloß den Handwerksgesellen, nicht bloß den Bürgern eigen, sondern auch dem Adel und den Fürsten, so daß das Reichsoberhaupt gewaltig einschreiten mußte. Das Zutrinken zum Halben und zum Ganzen haben nicht erst die Studenten erfunden; es war allgemeiner Brauch, nur daß das Ganze nicht bloß ein Seidel war. Dieses „Zutrinken zum Halben und zum Vollen" wurde als „Gott erzürnend und viel Laster, Uebel und Unrath erzeugend" durch Reichsschlüsse²) allen Kurfürsten, Fürsten, Geistlichen und Weltlichen untersagt und befohlen, daß dieß Verbot alle Sonntage von der Kanzel gepredigt werde, für die hohen Herrn war eine schwere Strafe in Geld darauf gesetzt, für die niedrigen das Hand abhauen und solche Kleinigkeiten. Auch hierin ist also nur die allgemeine Regel auf die Handwerke übergegangen und findet sich das Zutrinken überall verboten, in manchen älteren Ordnungen aus ähnlichen Gründen, wie oben angeführt z. B. bei den Kupferschmieden (1554), „weil die Völlerei Mißwachs, Theuerung 2c. verursache."

---

¹) Stetten I, p. 140.
²) Z. B. 1548 zu Augsburg.

Eine Häfnerordnung (1554) beschränkt sich ausdrücklich auf das „gemessene und gezwungene Zutrinken." Dagegen wird an dessen Stelle später das Volltrinken, ohne Rücksicht auf das Zutrinken eingeschoben und in den verschiedenen Formen ausgedrückt. Die Handwerke, welche die Strafe dafür zu verhängen hatten, mußten auch den Zustand des Volltrinkens streng definiren und gaben es gewöhnlich: sobald sie mehr zu sich genommen, als der Magen bei sich behalten konnte. Jedoch beschränkt sich das Verbot auf die Herberge und die Straße, bezieht sich nicht auf das Haus, wogegen einzelne andere Ordnungen, z. B. Nadlerordnung wieder weit gehen und überhaupt Meister und Gesellen das versäumliche Spazierengehen und Müßiggehen und das schändliche Branntwein- und Tabaktrinken verbieten.

Was den Anstand auf der Straße betrifft, so war das Handwerk überhaupt sehr aufmerksam auf den Gesellen. So wie keiner ohne volle, entsprechende Kleidung auf die Straße durfte, wie keiner sich auf der Straße übergeben durfte, so galt es auch für unanständig, auf der Straße zu essen, oder zu trinken, oder zu spielen. „Es esse und trinke, es singe und es pfeife nur keiner auf öffentlicher Gassen"[1]. Derlei Unanständigkeiten für den Gesellen wurden als das ausschließliche Recht des Jungen erachtet, von dem sich fortan loszuschälen die Meister und die Gesellen bei Aufnahme als Geselle ermahnten. Auf äußere Form

---

[1] Gatterer III, p. 208: „Sollst nicht auf der Straße pfeiffen, noch sonst Jugendstücke vorholen, die einem ehrlichen Gesellen nicht wohl anstehen."

wurde auch in allen Dingen gehörig gesehen; daß der Geselle, wenn er vom Meister ging, nicht vergaß, seinen Dank zu sagen und sich dem Meister zu empfehlen und stets die Gegenleistung für alles, was ihm Meister, Geselle, Herbergsvater gaben, versprach „seis hier oder anderswo," daß er säuberlich esse und trinke, höflich bitte, daß er selbst das, was er auf der Herberg ansprechen durfte, demüthig erbat, daß er in der Herberg angekommen den Tornister nicht auf sondern unter die Bank legte, sich nicht an den Tisch, sondern auf die Bank am Ofen setzte, das wurde ihm schon beim Gesellenmachen mit den mannichfachen früher erwähnten Gedenkmitteln eingeprägt, ebenso daß er keines Gesellen Arbeit verachten, überhaupt immer dem Aelteren nachtreten, beim Essen das Messer nicht vor diesem herausnehmen sollte ... daß er nicht zu früh aufhören solle zu essen, damit er nicht mit besserem Appetit begabte Gesellen in schlechtes Ansehen bringe ꝛc. Ueberhaupt wurde, wie schon mannichfach gesagt und noch im weiteren Verlauf angeführt werden wird, sehr darauf gehalten, daß in allen Handwerkssachen in einer bestimmten; schön rednerischen Form gesprochen und verlangt wurde, gerade weil es Handwerkssache war und mochte dieß der natürlichen Rohheit gegenüber sehr nothwendig gewesen sein. Ein Muster solcher Rede als das Maximum mag hier für viele Platz finden. Es wird wieder belegen, wie weit das Handwerk alles, selbst das Schlafengehen regelte und mit Ceremonien und Sprüchen umgab. Wenn der Bäckerknecht irgendwo einwandert, sagt er: „Guten Tag! Gott ehre das Reich! Gott ehre das Gelag. Gott ehre den Herrn Vater, Frau Mutter, Bruder und Schwestern und alle fromme Bäckersknecht, wo sie versammelt sein." Er bittet den Vater um Herberg: „er wolle mich und meine Mitkonsorten beherbergen, wir wollen uns verhalten wie frommen Bäckersknechten gebührt und wohl ansteht, es sei gleich hier oder anderswo." Er legt den Bündel unter die Bank, das Zeichen, welches er bedarf, um nach Arbeit zu schauen, das gewöhnlich an der Wand hängt, darf er nicht selbst abnehmen, sondern muß den Vater darum bitten. Wenn es Abend will werden, muß der, so der letzte eingewandert, zu rechter Zeit um das Bruderbett bitten, so er es nicht weiß, muß er die anderen fragen und sprechen: „mit Gunst ihr Brüder, um wieviel Uhr wird hier ums Bruderbett gebeten", so werden sie ihm es sagen, alsdann spricht er um dieselbe Zeit also den Herrn Vater an: „Mit Gunst ich will den Herrn Vater gebeten haben, er wolle mir und meinen Mitkonsorten vergönnen, in dem frommen Bruderbett zu schlafen, wir wollen uns verhalten, wie frommen Bäckerknechten gebührt und wohl ansteht, es sei hier oder anderswo." Wann er dann schlafen gehen will, spricht er: „Mit Gunst, daß ich mag in der frommen Brüder Schlafkammer gehen, mit Gunst, daß ich mich mag ausziehen von oben bis unten, von unten bis oben. Mit Gunst, daß ich mag in dem frommen Bruderbett schlafen." Vor 8 Uhr Winter und 9 Uhr Sommer darf er sich nicht ins Bruderbett legen und nicht länger liegen, als bis 6 Uhr morgens. Die Kleider darf er nicht nahe an das Bett legen [1]).

---

[1]) Lersner I, 474.

Noch sei bemerkt, wie der Geselle angehalten wurde, seine Ehre im Geldpunkte zu wahren. Wer dem Wirth, oder dem Handwerke oder sonst Jemanden schuldig war, durfte nicht wandern. That er es und kam es später auf, wurde ihm nachgeschrieben, er wurde aufgetrieben, durfte nicht in Arbeit behalten werden, bis er zurückgekehrt, vom Handwerk abgeurtheilt und gestraft und seine Schuld getilgt war. Dieß Recht blieb den Gesellen noch, nachdem ihnen jegliches Auftreiben bereits untersagt war, noch im XVIII. Jahrhundert. Aber auch am Orte durfte er nicht zu lange schuldig bleiben: „So mit Gunst ihr Gesellen, so ist weiter Handwerksbrauch, wenn etwa gute Gesellen schuldig wären, in Bier- oder Wirthshäusern, oder bei den Wäscherinnen, oder ein guter Geselle dem anderen, die zahlen ab, daß nicht Klage kommt. Kommt Klage, kommt Strafe, es ist keine Strafe, sondern **Handwerksgewohnheit.**" So der Hutmacher Altgeselle bei dem Gebot [1]).

Zweites Kapitel.

Arbeit und Lohn.

Die Aufgabe des Handwerksgesellen war lediglich die Gewerbsarbeit im engeren Sinne, mit dem Einkauf und dem Verkauf hatte er nichts zu schaffen, und zwar war er nicht nur nicht verpflichtet zu anderen Leistungen, sondern er d u r f t e sie auch nicht vornehmen, im Laden zu stehen

---

[1]) Friese p. 473.

war ihm untersagt. Die Gleichförmigkeit hierin hatte eben nicht bloß den Zweck, die Gesellen gegen Anforderungen der Meister zu schützen, sondern nicht minder, die Betriebsart unter allen Meistern möglichst gleich zu machen, „damit jeder bestehen kann, arm und reich"; sowie der eine Meister keinen höheren Lohn bezahlen durfte, als der andere, wie der Eine nicht mehr Gesellen halten, nicht länger arbeiten durfte, als der andere, so sollten auch alle kleinere Vortheile, die etwa Einer zu benutzen im Stande war, abgeschnitten werden, wie z. B. Ersparniß eines Ladenmädchens oder Ladendieners. In derselben Absicht wurde kann später den Mädchen untersagt, solche Aufgaben des Meisters zu übernehmen, wie z. B. Einkauf und Zutreibung des Viehes für den Metzger, oder Feilhalten in den Buden; letzteres stand außer dem Meister nur dessen Frau zu. Dennoch finden sich in einzelnen Gewerben hierin Ausnahmen, jedoch nur so, daß solche allgemeine Handwerksregeln auf sie nicht Anwendung fanden, nur nicht unter den Gliedern eines Handwerks durfte Verschiedenheit statt haben. Es war z. B. untersagt, daß der Knecht hinter der Fleischbank stand und Fleisch feil hatte, dieß nicht als Handwerksbestimmung, sondern als polizeiliches Verbot, so schon in dem Sachsenspiegel. Aber der Knecht durfte für den Meister auf das Land gehen und einkaufen, dieß erhellt wenigstens aus einer Bestimmung der Metzgerzunft in Freiburg i. Br., „welcher Knecht einem Meister untreulich thäte mit Ueberrechnung, es sei im Kauf oder Zehrung, ist da der Schaden nicht über 5 Schilling, so sollen die Meister Gewalt haben zu handeln nach ihrem besten Verständniß. Ist es aber über 5 ß, soll es der Zunftmeister vor den Rath bringen[1]). Die Ordnung der Leinweber zu Frankfurt (1377) enthält sogar die Bestimmung, daß ihn der Meister auf sein Verlangen beim Einkauf mitnehmen muß[2]). Das sind aber so vereinzelte Erscheinungen, daß sie die Allgemeinheit der Begrenzung der Gesellenpflicht auf die technische Darstellung der Handwerksprodukte nicht beeinträchtigen.

Den Gesellen einzelner Handwerke war erlaubt, ein gewisses Maß Arbeit auf eigene Rechnung zu übernehmen oder für sich selbst in des Meisters Werkstube zu arbeiten, aber meistens war beides verboten. Die vorliegenden Bestimmungen zeigen, daß die Gesellen es wenigstens öfter und in den mannichfachsten Handwerken versucht haben, aber nur wenig Fälle sprechen direkt für die Gestattung. Zunächst kommt dieß bei den Schneidern in Betracht, sofern es sich um Arbeit für den eigenen Bedarf handelt. So weit es natürlich ist, daß der Schneidergesell den Taglohn an seinen Kleidern selbst genießt, nicht auswärts dafür bezahlt, möchte es billig scheinen, ihm solches auf des Meisters Werkstätte zu gestatten, nur daß dabei viele Gefahr ist, daß er des Meisters Stoff und Zubehör dazu benutze, was allerdings Anlaß zu einem allgemeinen Verbot geben kann. Das drückt sich auch in dem ältesten Statut, das diesen Gegenstand enthält, deutlich genug aus. Auf dem schlesischen Schneidertag, zu-

---

[1]) Mone, Zeitschrift für Geschichte des Oberrheins XVII, p. 50.
[2]) Leinweberordnung Art. 18 im Frankfurter Archiv.

Schweidnitz, 1361 gehalten, ward beschlossen: „welcher Knecht dient einem Meister ¼ Jahr, der mag ihm selbst machen eine Joppe, die er selber tragen will, wissentlich seinem Meister, dem er arbeitet, und was zur Joppe gehört, daß er das recht und redlich gekauft habe, und welcher Meister gestattet, daß der Knecht sich die Joppe mache vor dem ¼ Jahr, soll geben 2 Pfund Wachs, und so manchen Tag, als er ihn darüber behält, ebenso die 2 Pfund Wachs. Daß der Gesell die Joppe macht, ohne des Meisters Wissen, hat der Meister keine Strafe zu geben, aber die Joppe soll man nehmen dem Knecht und dem ältesten Meister überantworten."

Anders in Lübeck (Schneider-O. v. 1464)[1]: „der Montag bis 1 Uhr Mittags gehört dem Knecht, mögen sie ihr eigen Werk nähen, oder zum Baden gehen; dann wieder gehört ihnen zu dem Zweck der Donnerstag Abend von 6 Uhr bis 10 Uhr, nicht länger. — Fallen zu viele Feiertage in die Woche, oder hat der Herr nothwendige Arbeit, so müssen sie Montags für den Herrn arbeiten, wogegen ihnen der Herr in einer anderen Woche einen halben Tag gönnen soll." — Verboten ist die Arbeit für eigenen Bedarf den Plattenschlägern (1370), den Harnischmachern (1433) zu Lübeck. Für Fremde zu arbeiten, also selbst Bestellung anzunehmen ist nicht gestattet. So in der Leinweber-O. in Lübeck, XIV. Jahrh.[2]. Ferner in dem Beschluß der Schneider der

---

[1] Wehrmann S. 434.
[2] Ebendas. S. 234, 327, 365.

28 oberrhein. Städte (1457)[1]: „Welch Knecht in einer dieser benannten Städte und Gegend eines Meisters Kunden etwas ausbessert, oder mache für sich selbst und nicht des Meisters wegen, sowie das vorkommt, soll der Knecht bessern ½ fl. zur Bruderschaft und Handwerk in der Stadt oder Gegend, wo das geschieht, und dem Meister, dessen Kunde das ist, den Lohn vom Werke." Hierher scheint auch die Verordnung für die Schneider zu Wien[2]) (1422) zu gehören, daß die Schneiderknechte in ihrer Schneiderwerkstatt kein Schoßwerk nicht mehr arbeiten sollen, als sie bisher gethan, wer das überführe, soll dem Stadtrichter büßen." Dagegen erscheint als eine Ausnahme die Arbeit auf eigene Rechnung bis zu bestimmtem Maße erlaubt den Pelzern (Kürschnern) zu Lübeck[3]) (1409): „welcher Knecht hier dient, der mag machen für sich selbst 2 Frauenpelze und 4 Kinderpelze, darüber hinaus für jedes Stück ½ Pfund Wachs Strafe." Für sich selbst ist hier offenbar nicht zum eigenen Tragen, sondern zum eigenen Nutzen.

Die Dauer der Arbeitszeit war von dem Rath festgesetzt, sofern es sich um die Dingung der Arbeiter unmittelbar durch den Konsumenten handelte, und hier für Meister und Gesell, so für alle Bauarbeiter, auch für Schreiner, dann für Schneider und Schuster, welche früher häufiger auf die Stör gingen. Die Konsumenten bestell-

---

[1]) Mone, XIII, 163.
[2]) Hormayer S. 24.
[3]) Wehrmann S. 367.

ten sich bei dem Meister einen Gesellen, der ihnen im Hause flicken, wohl auch neue Bekleidungsstücke arbeiten mußte. Der Konsument hatte dann den Gesellen zu verköstigen und zu lohnen, der Meister dagegen von Zeit zu Zeit nachzusehen, ob der Knecht seiner Schuldigkeit nachkomme und die Haftung zu übernehmen. Verdarb z. B. ein Schneidergeselle eine Arbeit, so hatte sie der Meister zu ersetzen; verpfuschte der Maurergesell etwas, haftete der Meister dafür. Für solche Fälle waren die Bestimmungen über Arbeitsdauer, Lohn, Reichnisse bis ins Einzelne von dem Rath festgesetzt, und finden sich vielfach in Stadtrechten. Diese Bestimmungen waren so bindend, daß der Meister, wenn er auch wollte, seinem ausgeliehenen Knecht oder Jungen keine Suppe schicken durfte. — Die Arbeitsdauer in den Werkstätten dagegen ruhte auf Zunftbeschluß, wurde aber eben so strenge festgehalten. Kein Geselle brauchte, oder durfte auch länger arbeiten, theils so, daß Anfangsstunde und Ende angegeben, oder nur die Grenzen gestellt sind, die nicht überschritten werden dürfen. Meist ist der Beginn der Arbeit auf Morgens 5 Uhr, manchmal im Winter auf 6 Uhr Morgens, das Ende um 7 Uhr Abends festgestellt. Doch fehlt es nicht an Ausnahmen. Die Schmiede in den wendischen Städten[1] mußten von 3 Uhr Morgens bis Abends 6 Uhr arbeiten, die Gürtler in Köln (XIV. Jahrhundert)[2] durften nicht länger als bis 10 Uhr arbeiten. Die Sarwärter (Waffenschmiede) ebendaselbst

---

[1] Beschluß der Schmiede der 8 wendischen Städte zu Lübeck (1494) vgl. Wehrmann S. 464.

[2] Ennen u. Eckerz S. 402.

(1391) sollten, um die Nachbarn mit dem Amte nicht zu geniren, nicht über Nacht zu stören, da es etlicher Maßen unruhig ist, nicht früher als um 5 Uhr anfangen und nicht länger als bis 9 Uhr arbeiten, außer in sonderlicher Noth mit Erlaubniß des Amtsmeister [1]), die Kistenmacher in Lübeck (1508) nicht vor Morgens 4 Uhr, nicht nach Abends 7 Uhr [2]). An Sonnabenden war der Schluß meist früher vorgeschrieben, um 3 Uhr oder um 4 Uhr, in Löbau (1657) von amtswegen allen Handwerken schon um 12 Uhr [3]). Die Abkürzung der Arbeit an diesem Tage hing mit der Kirchenvorschrift zusammen, denn sie kommt auch an anderen Abenden vor einem Feiertag vor; sie wurde aber zugleich festgesetzt, damit die Knechte und Jungen ins Bad gehen konnten, zu welchem Behuf ihnen der Meister, oder (den Bauarbeitern) der Herr, für den sie arbeiteten, den Badegroschen geben mußte, entsprechend dem gegenwärtig üblichen Trinkgeld.

Für die Winterarbeit wird durch die vorausgegangenen Zeitbestimmungen Lichtarbeit nöthig, und bei der pedantischen Strenge, mit der Alles sich im Handwerk einem Gebrauch, einer Zunftbestimmung fügen mußte, konnte es nicht fehlen, daß auch die Zeit, in welcher der Knecht verpflichtet sei, bei Licht zu arbeiten, solchen Regeln unterworfen war. — In der Weberei scheint lange Zeit das Arbeiten bei Licht, wenn auch nur für gewisse Arten Weberei verboten gewesen zu sein. Schon in einer Urkunde

---

[1]) Ennen und Eckerz S. 407.
[2]) Wehrmann S. 253.
[3]) Weinert, Geschichte der Lausitz S. 239.

lange vor Entstehung der Zünfte wird den Weberinnen, welche bessere Tücher fertigten, die Nachtarbeit untersagt, und dasselbe Motiv scheint fortgewirkt zu haben. Im XIV. Jahrhundert findet sich das Verbot in Handwerks=statuten. In der Ordnung der Gewandmacher in Frank=furt (1355)[1] ohne nähere Bestimmungen als Feststellung der Strafe (1 Mark); in der Ordnung des Wollenhand=werks von Frankfurt (1377) lautet es: „den man Nachts findet auf einem breiten Webstuhl, der soll 4 Mark Strafe zahlen, deswegen weil er Nachts nicht so gut kann Gewand weben, als Tags, und dazu soll er sein Handwerk ein Jahr entbehren." — Nach der Tücherord=nung von Schweidnitz (1335) wird das Wirken bei Licht das erstemal von dem Meister und dem Gesellen mit 1 Mark gebüßt, das zweitemal ihm das Handwerk gelegt[2]. Ebenso verbietet die Tuchweberordnung in Liegnitz das Lichtweben bei 3 Mark Strafe und Entbehrung des Hand=werks auf Jahr und Tag[3]. Weiter im XIV. Jahrhun=dert das Wollenamt in Köln: wer mit Kerzen arbeitet, soll seines Amtes ein Jahr ledig sein und dazu seinen Stuhl verloren haben[4]. Die Frankfurter Leinweberord=nung von 1430 enthält noch den Satz: „das Recht hat der Rath dem Handwerk gegönnt, daß Niemand Nachts bei Licht arbeiten soll, sondern bei Tag ab und zu gehen, bei Strafe 1 Mark und 1 Monat vom Handwerk." In

---

[1] Böhmer, S. 636.
[2] Codex silesiae p. 18.
[3] Ibid. p. 129.
[4] Ennen und Eckerz S. 372.

der Ordnnng von 1500 dagegen wird ihnen schon gestattet, „sie sollen zwischen Michaeli und St. Peter ad cathedras bei Licht arbeiten dürfen, und Morgens um 5 Uhr anfangen, und Abends bis um die Steinglocke arbeiten ¹).“

Unter den Ordnungen anderer Handwerke enthält nur die der Bernsteindreher in Lübeck (1360) ²) das Verbot des Arbeitens bei Nacht; eine spätere Ordnung (1510) ³) sagt: „Niemand soll arbeiten bei Nachte, kann in diesen 4 Stucken, als hauen, schneiden, bohren und drehen, soll man Michaelis bis Paschen Morgens 6 Uhr anheben, nnd Abends 8 Uhr aufhören; und von Paschen bis Michaelis des Morgens von 5 Uhr bis des Abends auch um 8 Uhr, aber des heiligen Abends soll man allzeit um 4 Uhr aufhören." Da nun im Winter nicht bis 8 Uhr Tag ist, und dennoch bis 8 Uhr gearbeitet werden soll, kann der Ausdruck Nachts nicht, wie bei den Webern ausdrücklich gesagt ist, auf Lichtarbeit überhaupt sich beziehen, sondern ist wohl darunter der Gegensatz zum Abend gemeint und eben in der Bestimmung selbst gesagt, wann der Abend endigt, die Nacht anhebt. Bei dem genannten Handwerk wäre auch ein Grund des Verbotes durchaus nicht aufzufinden. — So weit nun Lichtarbeit zulässig war, — und das gilt von den meisten Handwerken — da wurde nach dem Kalender die Zeit angegeben, von wannen und wie lange der Knecht hierzu verbunden war, gewöhnlich von Burkhardi (14. October) bis Fastnacht. Bis zum ersten

---

¹) Frankfurter Archiv.
²) Wehrmann, S. 389.
³) Ebendas. S. 350.

Termin schloß die Arbeit mit Einbruch der Dämmerung, die die Arbeit bei Licht ausschloß. Daran knüpfte sich in späterer Zeit (im XVI. Jahrhundert) eine bestimmte Verpflichtung des Meisters. An dem Abend Burkhardi mußte der Meister, wenn er nicht krank war, den Knechten einen Lichtbraten geben[1]), der Jahreszeit nach gewöhnlich eine Gans, daher für den Braten schlechtweg Lichtgans[2]) gesagt wurde. Den Tag darauf begann die Lichtarbeit. Am Fastnacht Mittag wurde ebenso die Lichtarbeit mit einem Braten geschlossen. An diesen zweiten Lichtbraten schloß sich in Nürnberg eine eigene Ceremonie bei den Kupferschmieden und Rothschmieden[3]). Am 21. ob. 22. März, als dem Tag da Tag und Nacht gleich werden, pflegten sie einen großen Leuchter voll brennender Lichter in Procession durch die Stadt zu tragen[4]) und zuletzt in den Fluß zu werfen. Der Brauch erhielt sich bis 1763. (Hier war also Ende der Arbeitszeit nicht die wechselnde Fastnacht, sondern das Frühlingsäquinoctium.) Aus dem Recht, die Lichtarbeit vor Burkhardi zu verweigern, machten dann die Knechte eine Pflicht hiezu, und einzelne Statuten wahrten deshalb ausdrücklich das Recht des Gesellen, sich der Lichtarbeit zu unterziehen, nur hatte er dann ein Recht, für die Lichtzeit besondere Bezahlung zu verlangen.

---

[1]) Kanngießer in Königsberg 1587. Bei Friese S. 671. Rothschmiedordnung von Nürnberg. Gatterer I, 582.

[2]) Beier, Handwerkslexikon (Lichtgans).

[3]) Siebenkees III, XVI, S. 210. Gatterer I, 582.

[4]) Wagenreit, de sumti imperii litera civitate Nurembergensi commentatio etc. 1697.

So die erwähnte Ordnung der Kanngießer zu Königsberg [1]: „soll in eines jeden Gesellen Macht stehen, welche will, vor Burkhardi ihm selbst zu arbeiten bei Licht, ein Trinkgeld zu verdienen, oder soll sich was ehrliches üben, welches viel besser, denn daß er alle Abend auf die Herberge gehe, und das seine vertrinke."

An Feiertagen war, wie dem Meister so dem Knechte, das Arbeiten untersagt, durch das allgemeine Recht, wie sich dieß z. B. im **Alemannenrecht** ausspricht [2]; von einem Kirchengebot ausgehend, und auf die Kirchensatzungen beziehen sich auch die entsprechenden Statuten in den Handwerksordnungen. Theils war das Arbeitsverbot auf den Feiertag selbst beschränkt, wie in der Schweidnitzer Schneiderordnung [3] (1347): „so von Recht eintritt nach der heiligen Kirche Recht, das ist von 1 Uhr Mitternacht, so die Feier anhebt, bis die andere Mitternacht, so sich die Feier endet, soll keiner arbeiten." Häufiger aber ist schon, wie oben angegeben, der Vorabend damit eingeschlossen von 3 oder 4, oder 5 Uhr an [4], wann gewöhnlich die Gesellen das Bad besuchten auf Kosten des Meisters; eine Sitte, die jedoch mit der Minderung des Badegebrauches verschwand. Hin und wieder finden sich auch bloß gewisse Arbeiten verboten: z. B. Schweidnitz (1335) „Tucher sollen am

---

[1] Friese S. 672.

[2] „Nach dreimaliger Warnung geht ein Drittteil des Erbes verloren, bei weiterer Wiederholung Verstoßung in die Leibeigenschaft." Vgl. Königshofen ed. Schilter S. 671.

[3] Cod. silesiae p. 23.

[4] Böhmer S. 623.

Sonnabend nach Vesper kein Tuch waschen ¹)." Als Feiertage werden bezeichnet außer den Sonntagen die Weihnachten, Ostern, Pfingsten, 12 Botentage und unser lieben Frauen Tage. — Ausnahme, d. h. Arbeiten am Vorabend wie am heiligen Tag selbst, war den Schneidern gestattet, in sofern es für den Herrn oder für Brautkleider oder Trauerkleider zur Leiche galt. Zu solchen Zwecken war dem Meister das Arbeiten gestattet, und war der Knecht auf dessen Verlangen dazu verpflichtet.

An diese gesetzlichen Feiertage der Gesellen reihte sich aber eine Reihe ungesetzlicher, in solcher Weise, daß durch den Gebrauch derselben ein Recht gewonnen und dasselbe auch stellenweise selbst durch Handwerksstatuten, Rathsbeschluß oder Verfügung des Landesherrn anerkannt wurde. Die Montage wurden so regelmäßig Tage des Müßiggangs, wie die Sonntage, so daß sich die Arbeitswoche auf 5 Tage reducirte. Dieser Montag, in späterer Zeit unter dem Namen blauer Montag bekannt, hieß früher allgemein der lustige Montag. Ueber seine Entstehung sind die Meinungen sehr getheilt, und das geschichtliche Material, das hierfür vorliegt, läßt keine positive Entscheidung zu. Jedoch so viel kann gesagt werden, daß die bisherigen Erklärungen sämmtlich nicht zulässig sind. — C. R. Hausen ²) gibt dem blauen Montag „als Fastmontag" folgenden unwahrscheinlichen Ursprung: „In den Fasten wurden die deutschen Kirchen blau ausgeschmückt. Zu eben der Zeit fingen die Handwerker an, die Fasten über den Mon-

---

¹) Cod. silesiae p. 18.
²) Staatsmaterialien. Dessau 1783. Nr. 8, S. 275.

tag in allerlei Schwelgerei zuzubringen und führten das Sprüchwort ein: heute ist blauer Freßmontag. Die Erlaubniß behielten die Gesellen für den Montag bei." Diese Erklärung ist nach allen Seiten schwach. Die Gesellen hatten nicht bloß an Fasten blauen Montag, sondern alle Montage, und der blaue Montag erhielt diesen Beinamen erst später, vorher hieß er durchweg lustiger Montag, oder man sagte schlechtweg Montag machen, wie man sagt Feierabend oder Feiertag machen.

Eine andere Meinung ist, daß die wichtigsten, tonangebenden Handwerke, Schneider und Schuster, vielfach den Sonntag arbeiteten, um den Kunden zu genügen, und der Feiertagsverlust durch den Montag eingebracht wurde, dadurch habe sich der Brauch der Montagsfeier auf die anderen Handwerke erstreckt und verallgemeinert. Auch das ist eine nicht zulässige Erklärung. Irrthum ist, daß Schneider und Schuster die vornehmsten, tonangebenden Handwerke waren. Kaum irgendwo ist das richtig. Ueberall standen den Schneidern wenigstens die Kürschner, den Schustern diese und die Gerber vor; vielfach auch Bäcker, Metzger, Weber. Eben so wenig ist der Anlaß der Montagsfeier bei Schustern und Schneidern in der Sonntagsarbeit zu suchen, diese war, wie oben bemerkt, strenge verpönt, und die immer nur seltene Ausnahme, daß der König da war oder Herrenarbeit ꝛc. auskam, konnten keinen so allgemeinen Brauch veranlassen. Natürlicher ist die Erklärungsweise des blauen Montags, wie sie sich aus der Steinmetz- und Maurerordnung in Wien (1550)[1] ergiebt:

---

[1] Hormayer V, S. 121.

„so ist wissentlich, daß die Gesellen beider Handwerke, so oft sie sich am Feiertage überweinen den andern und sonst etliche Tage feiern, das denn kein kleiner Schaden ihrem Bauherrn zukommen thut; demnach so soll solcher blauer Montag und alle anderen ungewöhnlichen Feiertage in der Woche hiermit allerdings aufgehoben sein." Diese Bestimmung ist vom Jahr 1550, in welcher Zeit der Thatbestand gewiß richtig war, in sofern der Sonntag die Folge des Ueberweinens häufig genug mit sich brachte. Aber daß daraus der blaue Montag erklärt werden soll, ist doch wohl nicht zulässig, und ist nur in sofern begreiflich, als man in jener Zeit und wohl lange vorher von der Entstehung des blauen Montags keine Kenntniß mehr hatte. Einfacher und entsprechender ergiebt sich wohl dessen Entstehung oder vielmehr Verallgemeinerung aus dem, was die Handwerksordnungen und andere Bestimmungen hierüber enthalten; und soweit das Material reicht, soll dieß hier vorgelegt werden.

Es wird keiner besonderen historischen Entwicklung und Nachweisung bedürfen, daß die Knechte in frühesten Zeiten sich einen Feiertag gerne machten, so oft sie konnten, und das um so mehr, als der Wochenlohn, nicht der gedingte, Stücklohn, die Norm war, demnach ein Feiertag in der Einnahme des Knechtes keine Minderung hervorbrachte, und selbst bei Stücklohn gar etwa der Gelderwerb kleiner ausfiel, die Kost aber immer doch gereicht werden mußte. Gegen diese Lust zum Müßiggehen richteten sich die Ordnungen im Interesse der Meister schon frühzeitig und zuerst nur allgemein. So Pergamenterordnung zu

Lübeck (1330)¹): „welch Geselle müßig geht über den Tag, bezahlt jeden Tag, aber des Abends, Nachmittags, wenn die Vesper geschlagen, können sie spazieren, wohin ihnen beliebt ohne Excesse." — Nach der Schneiderordnung (1377)²) zu Frankfurt: soll jedem Knecht, der einen Tag oder mehr müßig geht, der Meister für jeden Tag 1 ß Heller am Lohn abziehen, und soll das der Meister dem Knecht beim Dingen schon sagen. Die Schwierigkeit solchen Abzug zu machen, muß sich schon damals gezeigt, der Meister sich dieser Verpflichtung oft entschlagen haben, wenn der Geselle drohte, ihm aus der Arbeit zu gehen. Dieß ist aus dem Zusatz zu erkennen, daß dem Meister 5 ß Strafe angedroht wurde, falls er jenem Gebot nicht nachkam. Noch deutlicher tritt dieß hervor in der **Schusterordnung von Straßburg**³) (1387): „soll jeder Meister seinem Knecht sagen, so er ihn dingt, gehe er ihm wider Willen müßig einen Tag, so viel Tage er müßig geht, so viel Schilling Abzug. Der Meister darf ihm diese **aufsparen und verschweigen, bis der Knecht von ihm will**, so mag er sie ihm drein rechnen und abziehen. Zieht der Meister nicht ab, bessert er für den Knecht dem Gericht jeden Tag 1 ß, so viel Tage so viele ß." Die Sorge der Meister vor dem sofortigen Kündigen der Gesellen, falls er ihnen Abzug machen wollte, ist hierin offen zu erkennen. Desselben Inhaltes ist die Straßburger Kürschnerordnung (aus dem 15.

---

¹) Wehrmann, S. 363.
²) Böhmer, S. 627.
³) Mone XVII, S. 60.

Jahrhundert)¹). Er mag dem Knecht den straffälligen Lohn bis Weihnachten zusammenlassen, und dann erst abziehen. Unterlassung ist mit 10 ß bedroht. Zur Kategorie der angeführten gehört noch die Ordnung der Schneider in Wien 1422²), daß „die Knechte keinen besonderen Feiertag nicht vornehmen, anders als man hier in der Stadt von der Kirchensatzung gemeiniglich hat, und alle Werkeltage ihren Meistern in der Werkstätte dienen." Dann die Lübecker Rolle der Maler (1425) und der Glotzenmacher daselbst (1436), daselbst die Rolle der Komthor- und Panettenmacher (1474)³). Sie alle enthalten die Regel, daß der versäumte Tag am Sonntag am Lohn abgezogen werden müsse bei Strafe. Die Zimmerleute zu Straßburg (1478)⁴) sprechen auch noch allgemein, wer aus Muthwillen müßig geht, soll baar Geld geben.

Im 15. Jahrhundert kommen aber schon weitere Bestimmungen vor. 1457 auf dem Schneidertag der 20 oberrheinischen Städte⁵) wurde schon beschlossen: „Wenn eine ganze Woche ist, mag ein Knecht wohl zu 14 Tagen einen Tag zu seiner Nothdurft ungefährlich müssig gehen, doch so, daß kein Feiertag in der Woche sei, und was der Knecht darüber müssig ginge, soll der Meister 1 ß dafür abschlagen."

Die Rolle der Schneider in Lübeck (1464)⁶) sagt:

---

¹) Mone XVII, S. 54.
²) Hormayer V, S. 21.
³) Wehrmann S. 211, 295, 327.
⁴) Mone XVI, S. 158.
⁵) Ebendaselbst XIII, S. 163.
⁶) Wehrmann S. 434.

„Vor dem vorgeschriebenen Sonntag und allen anderen heiligen Feiertagen, nyne buten bescheder, sollen die Knechte haben den halben Montag von früh Morgens an bis des Mittags 12 Uhr. In der mittleren Zeit für ihr eigen Werk nähen und zu dem Bade gehen, wem das beliebt, und anders nicht. Dann sollen sie fort die ganze Woche alles nur ihren Meistern arbeiten und nähen, ausgenommen des Donnerstags Abends, dann mögen die Knechte auch ihr eigen Werk nähen von 6 Uhr Abends bis 10 Uhr und nicht länger. Wenn der heilige Feiertag auf einen Montag fällt, da soll auch niemand arbeiten und arbeiten lassen. Item wenn zwei oder drei heilige Feiertage außer dem Sonntag in die Woche kommen, oder daß die ganze Woche heilige Feiertage wären, ausgenommen den Montag, den halben Montag mögen die Knechte sich selbst arbeiten, wie vorgeschrieben steht. Aber hat ein Meister denselben Montag Brautwerk, oder ander bringendes Werk, dann sollen ihm seine Knechte den ganzen Montag aus arbeiten und nähen helfen, dagegen ihnen der Meister einen anderen halben Tag gönnen soll."

1472. Freiburg im Breisgau. Schneider nach einer Rathsverordnung: „Wenn eine ganze Woche ist, mag der Knecht einen halben Tag müßig gehen oder selben Tag (für sich?) arbeiten und soll ihn der Meister doch speisen und tränken und aber nichts vom Lohn abschlagen. Geht derselbe über denselben Tag müßig, soll ihn der Meister nicht speisen, noch tränken und so manchen ganzen oder halben Tag er müßig geht, soll er dem Meister gelten, wie er ihm in eines Kunden Haus hätte gegolten."

In den letzteren Ordnungen des XV. Jahrhunderts ist, während in den vorausgegangenen nur vom Müßiggehen überhaupt ohne Beziehung auf den Montag, als zur Regel gewordenen Feiertag, die Rede ist, der Montag schon als Montag schlechthin oder als guter Montag genannt. Dazu aber ist schon den Gesellen concedirt, daß sie den Montag wenigstens **halb** als Feiertag benutzen dürfen, wenn kein Feiertag in die Woche fällt, und zwar bald nur alle 14 Tage, bald jede Woche. — In der Kürschnerordnung von Straßburg aus dem 15. Jahrhundert ist hiervon noch überall nicht die Rede, in der späteren durch Rathsschluß ebirten von 1509 dagegen ist schon eingeschaltet, wenn **in die Woche ein Feiertag fällt**, mag der Meister einen Abzug am Lohn machen [1]). In demselben Jahrhundert (das Jahr unbekannt) wird den Gesellen zu Amberg (allgemein) der **gute Montag** nur alle 14 Tage erlaubt, und zwar im Sommer von 3 Uhr, im Winter von 2 Uhr angefangen [2]). Die Nürnberger Rathsverordnung von 1550 gestattet den guten Montag, wenn kein Feiertag in die Woche fällt, **nach dem Vesperläuten**, und unter Androhung von Strafe falls Unordnung oder Unsittlichkeit vorkommt, so wie mit der Drohung, in solchem Fall den **guten Montag ganz zu verbieten**; wenn ein Feiertag in die Woche fällt, wird er nicht zugelassen.

---

[1]) Mone XVII, S. 54.
[2]) Löwenthal, Geschichte Ambergs.

Vom Jahr 1589 liegt eine Schuhknechtordnung in Frankfurt vor [1]), derzufolge „die Meister jedem Knechte, wenn ganze Woche ist, einen halben Feiertag gütlich zugelassen haben, nur daß die Jungen, welche kein ganzes Tagwerk machen können, nicht zugelassen werden, und für weiteren Müssiggang Lohnabzug eintritt."

Dagegen untersagt ein Breslauer Rathsschluß (1527): „es soll kein Junge einen guten Montag halten", so wie auch die Steinmetz- und Maurerordnung von Wien (s. o.) desgleichen wie diese. Die Schreinerordnung von Würtemberg (1593) sagt [2]): „Die Gesellen sollen nicht zu viele blauen Montag machen, höchstens in 4, 5 Wochen einen." Noch sei die Frankfurter Schreinerordnung (1487) [3]) angeführt, welche für den Fall des Müssiggangs Lohnabzug verfügt, aber dann noch beifügt: „kein Knecht soll zum Feiertag gezwungen werden."

Aus der einfachen Erscheinung, daß unter den Gesellen auch genug faule waren, die gerne einen Tag die Arbeit versäumten oder die Arbeitszeit abkürzten, erwuchs also das Eigenthümliche, daß die Gesellen regelmäßig der Woche einen Feiertag mehr zufügten, den Montag hierzu bestimmten, und daß schließlich kein Geselle diesen Feiertag versäumen und arbeiten durfte, und das ist das einzige Ernsthafte, was der ganzen Sache vom blauen Montag zu Grunde gelegt werden kann. Wir sehen, daß in der Mitte des 15. Jahrhunderts den Gesellen schon der Feiertag

---

[1]) Archiv.
[2]) W. O. S. 1059.
[3]) Archiv, s. auch Friese S. 672.

theilweise wenigstens zur Hälfte zugegeben werden mußte von Seiten des Handwerks, und sogar später seitens des Rathes. Wir sehen ferner, daß die Knechte von den Knechten hierzu gezwungen wurden. Im 16. Jahrhundert ist schon allgemein, daß der Montag theilweis oder ganz gestattet wird, und höchstens mit dessen Abschaffung, falls die Gesellen sich unanständig betragen, gedroht wird. Ferner ist nicht außer Acht zu lassen, daß die Meister gezwungen werden mußten mit Strafen, daß sie das Müssiggangsverbot aufrecht hielten; und daß ihnen das Gesetz zu Hilfe kommen mußte, damit sie durch Ausübung ihrer Pflicht nicht in bedrängte, gesellenlose Lage verfielen. Diese Zeitangaben weisen aber gerade auf jene Periode hin, in welcher sich die Gesellen als eigene Körperschaft constituirten, und mannigfach dem Handwerk sich als Ganzes widersetzten. Die Handwerke kämpften bis dahin gegen die Eigenwilligkeit der Knechte, sie straften sie und hielten die weitere Ausdehnung des Unfuges auch nieder, einfach durch die Bestimmung des Lohnabzuges. Aber der Meister konnte dieß nicht ausführen, weil er befürchten mußte, daß der Knecht ihm vor der Zeit aus dem Dienste ging. Dem war durch die, damals allgemeine Uebereinkunft unter den Handwerken begegnet, daß der Gesell, der dem Meister vor der Zeit wider seinen Willen aus der Arbeit ging, von keinem Meister in keiner Stadt in Arbeit genommen werden durfte. Aber mit der Entstehung der Gesellengemeinschaft hatte dieß Mittel wenig Kraft mehr, weil dafür die Gesellen den Meister in Bann erklärten, und letzterer keine Arbeiter mehr bekam. Daher die Furcht vor dem Kündigen, daher die Erlaubniß, das Abziehen am Lohn bis zu Ablauf der Zeit zu verschieben und zu verheimlichen. Mit dem Erstarken der Gesellenschaft wurde aber das Handwerk selbst immer schwächer, und selbst die Magistrate konnten gegen sie nicht aufkommen, weil sonst der ganze Ort in Verruf erklärt und ohne Arbeiter gelassen wurde. Man mußte ihnen **nachgeben**, so weit es ging, und so folgten die Concessionen alle 14 Tage einen Feiertag, wenn es eine **ganze Woche** galt, u. s. w. Da mußte sich aber auch der einzelne Gesell der Mehrheit fügen, die den Montag für frei erklärte, er durfte nicht arbeiten. — Daß gerade der Montag gewählt wurde, kann verschiedene Ursache haben, woran auch nicht viel liegt. Es kann wirklich die Unlust zum Arbeiten gerade am Montag nach durchschwärmtem Sonntag Anlaß sein, woher dann der spätere Spruch: „Montag ist des Sonntags Bruder." Wahrscheinlicher ist mir folgender Anlaß: Die Gesellen hatten, sobald sie eigene Gesellschaften bildeten, ihr **Gebot**, das heißt regelmäßige Versammlungen, an welchen alle Theil nehmen mußten und in welchen die Gesellschaftsangelegenheiten zur Verhandlung kamen. Diese Versammlungen zu halten war ihnen am Feiertag vielfach untersagt, sie **mußten** am Montag gehalten werden, und der Montag Abend oder Nachmittag war dann alle 4 Wochen der gemeinschaftliche Zechtag; es liegt sehr nahe, daß sie ihren eigenmächtigen Feiertag — gewöhnt an gemeinschaftliches Zechen am Montag — auf denselben Tag verlegten, an welchem sie alle 4 Wochen ex officio **zechen mußten**. Daß dieser Tag allmählig der **blaue** genannt wurde, ist damit freilich nicht erklärt, wird aber nach den bisherigen

Quellen nicht zu erklären sein, und ist auch des Besinnens nicht werth.

Die Gesellen blieben, im Gefühle der Macht und in der rohen Lust an Gelagen, nicht bei den gesetzlich zugelassenen halben Feiertagen stehen. Sie nahmen den ganzen Montag dazu, ja sie dehnten sogar noch auf weitere Tage aus. Dieß schreitet in dem Maße vor, als die Macht der Gesellschaft stieg, die der Zunft abnahm. Die Zunahme der Zuchtlosigkeit und der Gewaltthat wirkte auch hierin. Sie äußerte sich ferner darin, daß jeder Geselle den Montag absolut mitmachen mußte, wie die angeführten Ordnungen der Schreiner, der Kanngießer zeigen. Wenn der Geselle auch nicht selbst kam, mußte er wenigstens bezahlen. Daher der alte Vers auf die Schuhmacher:

„Montag ist Sonntags Bruder,
Dienstag liegen sie auch noch im Luder,
Mittwoch gehen sie nach Leder,
Donnerstag kommen sie weder,
Freitag schneiden sie zu,
Samstags machen sie Pantoffel und Schuh."

Dieser Unfug rief allgemein und allenthalben Maßregeln gegen das Müssiggehen hervor, seitens der Magistrate, Landesherrschaft und selbst des Reiches, es entstand ein mehrere Jahrhunderte dauernder und unwirksamer Kampf, welcher ganz geeignet ist, die Macht der Gesellenverbindung erkennen zu lassen.

Daß sich die Zünfte resp. die Meisterverbindungen seit lange, seit dem XIV. Jahrhundert, wehrten, daß sie den Meistern bei Strafe befahlen, den Lohn entsprechend zu kürzen, wozu der Geselle auch noch in besondere Handwerksstrafe genommen wurde, ist bereits erwähnt. Die von den Stadträthen genehmigten und zum Theil auch entworfenen Ordnungen enthalten das in zahlreichen Orten und Handwerken. Nach der Vergeblichkeit dieser Versuche wurde der **halbe** Montag concedirt, wenn kein Feiertag in die Woche einfiel; dagegen das mehr wieder verfolgt, und gegen den **Zwang** seitens der Gesellen gewirkt, es soll jedem **frei** bleiben, ob er arbeiten oder zehren will; daher Strafe für jeden Gesellen, der den anderen, arbeiten wollenden, etwa durch Vorbeiziehen an der Werkstätte zu verlocken suchte. Bis zum 17. Jahrhundert und noch in diesem war das das einzige, was man noch erstrebte. Von hier an hörte die Autonomie der Handwerke in Bezug auf die Gesellen überhaupt auf. Es treten alle Aenderungen an den Statuten nur als Ausfluß der Polizei, der städtischen, oder des Landesherrn auf. Sie führen das erwähnte System fort, und oft mit sehr hohen Geldstrafen, und selbst zeitweiligem Verbot der Arbeit, wie z. B. die **Ulmer Polizeiordnung**. Auch in der Hamburger Amtsordnung (1710) als merklichster Gegensatz spricht sich aus, daß der Montag **erlaubt**, nur das weitere Kneipen verboten war. „Den Gesellen ist nicht erlaubt, zu der Meister Ungelegenheit mit Versäumniß unter Händen habender Arbeit Krugtage zu halten, und sich einander zur Unzeit auf die Herberg zu laden, die Ausbleibenden aber zu strafen. Jedoch sollen ihnen die von Alterthum üblichen **Recreationstage** oder die sogenannten **Häge**, wie solche von der Obrigkeit vorher erlaubt worden, auf die Condition zugelassen werden, nicht zu raufen ꝛc. Außer diesen Tagen soll kein Gesell ohne Meisters Erlaubniß von der Arbeit gehen."

In Wien glaubte man damit zu helfen, daß man verordnete, „der Wochenlohn solle in Tagelohn umgewandelt werden." Es war vorauszusehen, daß dieß wirkungslos blieb, und man hätte das in Wien am besten wissen können, da die Steinmetzen und Maurer immer auf Tagelohn standen und dennoch die Verordnung von (1550) gegen den blauen Montag ganz erfolglos war, und nach 1770 noch weitere Bestimmungen nöthig machte.

In Baden enthalten die Gewerbeartikel von 1760, daß die Meister das Recht haben sollten, dem Gesellen vorkommenden Falles für jeden versäumten Montag einen ganzen Wochenlohn abzuziehen. So weit war man also im 18. Jahrhundert schon gekommen, wie es die Nürnberger Polizei nachher androhte, den schon concedirten Montag wieder ganz aufheben zu wollen.

Das Lüneburger Stadtrecht (IX. Thl.) lautet: „Alsdann die Gesellen und Knechte zu Zeiten etliche Tage müssig und dem Trunke nachgehen, unter dem Scheine einen guten Montag machen zu wollen, oder daß etwa ihres Handwerks einer angekommen sei oder wandern wolle, den sie zu empfangen oder zu geleiten dächten, dadurch einen ganzen oder halben Tag hinbringen und gleichwohl ihnen der Meister Kost und Lohn zahlen muß, so ordnen und wollen wir, daß hinfüro solches unterlassen werden soll, und so etliche Handwerke hergebracht hätten, daß sie guten Montag hielten, so soll solches doch erst Nachmittag geschehen, und über den Montag nicht länger währen, sondern der Knecht oder Gesell Dienstag wieder in der Werkstätte und an der Arbeit sein. Welcher das nicht thäte und länger feiern wollte, demselben soll auch der Meister solche Zeit über, als er nicht arbeitete, weder Kost noch Trank geben, ihm auch den ledigen Tag am Lohn abziehen. Wollte auch der Meister hierin durch die Finger sehen, und also anderen Meistern ein Ueberbein und böse Einführung machen, daß sie den müssigen Knechten eben so als den arbeitenden Speise und Trank geben müssen, soll er deswegen, so oft es geschieht, 2 fl. Strafe zahlen. So soll auch der gute Montag allein in den vollen Wochen, aber nicht wenn ein heiliger Tag in die Woche fällt, zugelassen und gehalten werden."

Im 17. Jahrhundert wurde demnach schon vielfach versucht, den freien oder blauen Montag radikal abzuschaffen, aber vergebens sowohl von Ortsbehörden als Landesherren. Im Jahr 1771 nahm sich das Reich auch dieser Sache an und suchte dem Unfug, wie man es nannte, zu steuern durch folgenden Reichsschluß:

„. . . Die in vielen Orten fortwährende Haltung der sogenannten blauen Montage, wo sich die Handwerksgesellen der Arbeit eigenmächtig entziehen, und nebst den Saumseligen, welchen mit dem Herumschwärmen gedient ist, auch die willigen Arbeiter mit Widerspruch der Meister davon abhalten, und mit dem großen Haufen zu ziehen, wo nicht genöthigt, doch veranlaßt werden, so daß an den Orten, wo dergleichen Unfug nicht gestattet wird, oft ein Mangel an Gesellen erscheint, weil sie diese Orte auf der Wanderschaft vermeiden, daher zur Abstellung dieses Unfuges für das dienlichste Mittel erachtet worden, daß für's Künftige die Haltung des blauen Montags nicht nur unter Eingangs vermeldeter, im Reichsschluß von 1731 bestimmter Strafe den Handwerksburschen verboten, sondern derselben Aufnahme und Beherbergung an diesen Tagen allen Wirthen, Gastgebern, Schenkern und anderen dergleichen Personen durchgängig und nachdrücklich untersagt werden, wobei den Landes- und Ortsherren die Bestrafung der ein und andern Contravenienten, wie auch die zu treffende Einrichtung überlassen bleibt, nach welcher den Handwerksgesellen nach Maß derjenigen Tage, so sie künftig mehr, als seither üblich gewesen, in der Arbeit bleiben, eine Vermehrung des Lohnes billigerweise angedeihen und sie zum Fleiße aufmuntern muß."

Faßt der erste Reichsschluß (1731) den blauen Montag nur allgemein auf und veranlaßt die Obrigkeiten, dagegen einzuschreiten, ohne abzuschaffen, so thut der Reichsschluß von 1771 dar, wie wenig jener Reichsschluß vermochte, und weist darauf hin, welche Schwierigkeit jenes Verbot fand, nemlich den Widerstand der Gesellen, die jeden Ort mieden, in welchem der blaue Montag, sei es durch die Obrigkeit oder den Landesherrn oder das Handwerk, untersagt war. Dabei wird richtig aufgefaßt, daß dagegen nicht aufzukommen, wenn man ihnen nicht da zu Leib geht, wo sie ihn halten wollen, d. h. das Verbot nicht allgemein sei, und sie dürfen nirgends einen solchen Tag feiern können, weil der Wirth durch Strafe abgehalten wird, ihnen das Nöthige zu bieten. Bemerkenswerth ist aber weiter, daß der Reichsschluß selbst anerkennt, daß die Gesellen bis anher ein Recht auf die Montagsfeier hatten, wofür ihnen eine Recompens gegeben werden müsse, eine Vermehrung des Lohnes müsse ihnen angedeihen. — Das allg. preuß.

Landrecht (1794) kommt diesem Gebot der Strenge in der That nach. Theil II. VIII, § 358—364 heißt es: „Nur an Sonn- und Feiertagen, deren Feier das Gesetz anordnet, mag der Geselle die Arbeit unterlassen; Gesellen, welche sich an, der Arbeit bestimmten, Tagen dieser entziehen, sollen mit Gefängniß bei Wasser und Brot das erstemal 3 Tage, im Wiederholungsfall 14 Tage bestraft werden. Bei hartnäckiger Fortsetzung eines solchen Mißbrauchs wird der Gesell auf 4 Wochen zum Zuchthaus abgeliefert und ihm sein Lehrbrief abgenommen. Jeder Meister, dessen Gesellen sich an den für Arbeit bestimmten Tagen der Arbeit entziehen, ist schuldig, bei 1—3 Thlrn. zur Gewerbe-kasse, der Obrigkeit Anzeige zu machen"; — und nach 1810 wurde in Sachsen gleichfalls das erstemal mit 6 Gr., das zweitemal mit 3 Tage bei Wasser und Brot, das drittemal mit 14 Tagen, einen Tag um den andern bei Wasser und Brot verhängt; fernere Contravenienten sollen zum Arrest gebracht und von den Obrigkeiten soll nach erfolgter In-struirung der Akten, ihrer härteren Bestrafung halber, an die ihnen vorgesetzten Behörden mit möglichster Beschleu-nigung Bericht erstattet werden [1]).

Alle diese Maßregeln erreichten das Ziel nicht, der blaue Montag währte bis in unser Jahrhundert hinein. Er konnte nicht beseitigt werden durch Abziehen an Lohn und selbst der Kost; denn der Gesell ging da fort, und kein anderer kam dahin, wo solches Gebot erlassen und durchgeführt wurde. Nur eine allgemeine Handhabung

---

[1]) Herold, R. d. Hdw. S. 151.

des Verbotes durch ganz Deutschland, wie solches durch den Reichsschluß von 1731 erlassen wenn auch nicht durchgeführt wurde, ein Brechen der Gesellenverbindung, welche jeden strafbar hielt, der der Behörde und nicht ihr gehorchte, und auch empfindlich strafte, konnte zum Ziele führen. Mit dem ersten Auftreten gegen dieselbe in allen deutschen Landen, mit der Gegenüberstellung einer anderen kräftigeren Verbindung, der Verbindung sämmtlicher deutscher Polizeibehörden kam man allmählich zum Ziel. Das Müssiggehen reducirte sich auf das Maß, aus dem es entstanden war, wird wieder Vergehen des Einzelnen, nicht einer ganzen Körperschaft, und wurde so allmählich dermaßen heruntergestimmt, daß die erste Maßregel dagegen, Abzug an Lohn oder Entlassung des Gesellen von Seiten des Meisters, ohne Gefahr für diesen wieder erfolgreich durchgeführt werden konnte.

Das Verhältniß des Gesellen zum Meister war derart, daß letzterer den ersteren zu einem festen Satze ablohnte, der Gesell war auf festen Lohn gesetzt. Jedoch werden auch hierin sogleich Ausnahmen zu erwähnen sein, in denen der Gesell theils als Mittheilhaber des Geschäftes erscheint, insofern sich sein Bezug nach der Größe des Absatzes (nicht seiner Arbeit) richtet, oder derselbe als Theilhaber mit Kapital, oder als Pächter auftritt. In der weit überwiegenden Regel aber bezogen sie feste Löhnung und zwar entweder nach der Arbeitszeit oder nach Stücken, und zwar ersteres als Tagelohn sowohl, wie als Wochenlohn. Taglohn war — obwohl der Geselle nur auf längere

Zeit gedingt wurde, auf 14 Tage, oder auf viertel-, halbes oder ganzes Jahr — dennoch häufig genug, und zwar findet es sich in den Handwerken vorherrschend, in welchen der Knecht nicht im Hause des Meisters wohnte und deshalb auch verheirathet sein durfte, wie bei den Bauhandwerken der Maurer, Dachdecker, Steinmetzen; bei den Webern und auch bei anderen Handwerken, in denen der Geselle Kost vom Meister erhielt, kommt Tagelohn vor. So z. B. bei den **Bäckern** in **Passau** (1432)[1]. Wenigstens muß aus dem Artikel ihrer Handwerksordnung: „daß jeder Bäcker alle Tage zur Vesperzeit den Knechten ihren Lohn geben muß" geschlossen werden, daß sie auch **auf Taglohn** gedungen waren. Ob sie auch Kost und Wohnung außer dem Hause hatten, wie jene oben genannten Handwerke, ist nicht ganz klar aus der Handwerksordnung zu erkennen, jedoch wird es aus dem eigenthümlichen Gesetze wahrscheinlich: „Es hat jeder Bäckersknecht das absonderliche Recht, wenn ihn am Sonntag zur Mittagszeit jemand zum Essen einladet, darf er es die ganze Woche wagen, dort zu Tische zu gehen, ohne zu fragen." Die sonst in jener Zeit sehr selten vermißte Regel, daß der Geselle nicht außer des Meisters Haus schlafen dürfe, wofür nur die Bestimmung gegeben ist, „daß er zur Mahlzeit heimgehen solle, wenn die Vesperglocke läutet", läßt auch im Zusammenhalt mit obigem schließen, daß er nicht in des Meisters Haus wohnen mußte. — Eine ähnliche Einrichtung für die Bäckersknechte ist dem Verfasser sonst nirgends vorgekommen.

---

[1] Zeitschrift des Vereines für Oberpfalz III. S. 40.

In allen anderen Handwerken, welche nicht dulbeten, daß der Geselle eigen Rauch habe, war der Taglohn nicht üblich, sondern der Wochenlohn oder Stücklohn, immerhin aber ersterer häufiger als letzterer. Der Wochenlohn, wie der Tagelohn, war von Handwerkswegen festgesetzt, dennoch konnte in demselben Handwerk der Stücklohn daneben bestehen. So war es in Frankfurt (1495) den **Benders=knechten** gestattet, „wenn sie mit dem festgestellten Werklohn von 9 Heller nicht zufrieden waren, **Werke zu bingen, wie das altes Herkommen ist**"; hier jedoch war noch die Eigenthümlichkeit dabei, daß der auf gebingte Arbeit eingestellte Knecht, wenn der Meister in der Zeit seines Gedinges **Tagelohnarbeit** brauchte, dieser sich nicht entziehen durfte, nachher mochte er seine gebingte Arbeit fortsetzen. Der zuwandernde Büchsenmachergeselle (in späterer Zeit) mußte gefragt werden, ob er auf Stück oder Wochenlohn arbeiten wolle [1]). In gleichem in Frankfurt bei den Tuchwebern [2]) (1355): „ist Tagelohn und Stücklohn gestattet und jedes bestimmt"; bei den Seilern in Freiburg im Br. (1778) [3]). In anderen Fällen findet sich nur Wochen= oder Taglohn verzeichnet, und erscheint Stücklohnarbeit als ungewöhnlich, wogegen wohl auch wieder nur Stücklohn verzeichnet vorkommt. Verboten war die Arbeit auf Stücklohn den **Webern in Ulm**. Dieß nicht in Folge einer Handwerksbestimmung, sondern als Rathsschluß (1492). Die Veranlassung war eine Beschwerde

---

[1]) Friese S. 610.
[2]) Böhmer, Cod. diplom. p. 637.
[3]) Mone XV, S. 184.

der Kaufleute daselbst über das Schlechterwerden des Ulmer Productes, das sich bis dahin eines ausgezeichneten Rufes erfreute. Die Sorge, daß dieser Ruf nothleide und damit der Absatz des Ulmer Productes verloren gehe, veranlaßte den Rath, nebst Verschärfung der Schau, zu der Verfügung, daß Keiner den Knecht nach Zahl der von ihm gewobenen Stücke lohnen dürfe, „weil die Eilfertigkeit der Güte Eintrag thue; es müsse daher auf Wochenlohn gearbeitet werden." Die Sorge des Rathes war hier nicht unbegründet deshalb, weil dem Meister nicht freistand, den Stücklohn festzusetzen, also für geringere Arbeit am Lohn zu kürzen; daher das Interesse des Knechtes wohl dahin brängte, die Quantität seiner Arbeit auf Kosten der Qualität zu erweitern. Man erkennt jetzt allgemein die Lohnung nach der Stückzahl, wo sie ausführbar, als die bessere an, aber doch immer nur in der Voraussetzung, daß der Lohnsatz per Stück nach der Qualität der Arbeit modificirt wird.

Es ist schon angedeutet worden, daß der Geselle wohl auch in anderer Stellung war, die ihn nicht auf festen Lohnsatz, noch Zeit oder Stückzahl setzte; dem seien hier noch einige Zeilen gewidmet, um so mehr, als es einigermaßen mit neueren Vorschlägen, die Lage des Arbeiters zu verbessern, in Beziehung steht.

Zu ältest fällt dieß in der Goldschmiedordnung von Ulm (1364) [1]) auf: „der Goldschmied durfte nur gedingte Gesellen beschäftigen, der arbeite nach Stücken oder dem 3ten Pfennig. Der letzte Theil ist nur so ver-

---

[1]) Jäger, S. 655. Vgl. auch: Würtemb. Ordnung der Leinweber S. 3052.

ständlich, daß der Geselle ⅓ Antheil hatte, und damit harmonirt die später auch in anderen Handwerken häufiger vorkommende Einrichtung, daß der Geselle den fünften Theil oder dritten Theil bezog. Die Einrichtung war folgender Art: Hatte der Meister einen oder zwei Gesellen, so wurde die ganze Einnahme des Geschäftes in eine Büchse eingelegt, und schließlich trat die Theilung des Ertrages nach genanntem Verhältniß ein; dieß war vorzugsweise beliebt, wenn der Meister fehlte und die Gesellen bei einer Wittwe waren. Solch ein Geselle, der in genanntem Theilungsverhältnisse stand, hieß auch Büchsengeselle, was aber nicht zu verwechseln mit dem chargirten Büchsengesellen in der Gesellenschaft, der die Kasse derselben führte. — Ein Büchsengeselle hielt sich wohl auch einen oder zwei Mittler (Jungen, welche ausgelernt hatten, aber nicht in die Gesellenschaft aufgenommen, nicht gehänselt waren) und bezahlte sie von seinem Antheil aus der Kasse, wogegen Meister oder Meisterin die Kost reichten [1]). — Dadurch wurde allerdings der Gesell mit Unternehmer. Es war ein Compagniegeschäft.

Ander Ortes war solche Verbindung zwischen Gesellen und Herrn verboten, so den Goldschmieden in Lübeck (1492)[2]): „Kein Goldschmied soll mit dem Knechte machen selshup oder maskap in seiner Goldbude oder jenen heimlichen vordracht, daß dagegen das Amt möchte sein"; und ebendaselbst den Malern und Glasern [3]): „Kein Meister

---

[1]) Beier, Handwerkslexicon (Art. Büchsengesell) S. 73.
[2]) Wehrmann S. 219.
[3]) a. a. O. S. 327.

soll mit seinen Knechten zu Halben arbeiten." Diese Verbote beuten wenigstens an, daß solche Verbände schon bis zum 15. Jahrhundert vorkamen, so wie dasselbe in dem späteren Verbot gegen die Gerber, das ein vollständiges Compagniegeschäft war. Der Meister benutzte der Gesellen Geld zum Einkauf von Häuten, und theilte mit ihnen den Ertrag zu Hälften. Aber auch das Pachtverhältniß zwischen dem Gesell und Meister kam vor in der Weise, daß der Metzgermeister, falls er einen tüchtigen Knecht hatte, diesem das Geschäft gegen ein wöchentliches Pachtgeld überließ. Man nannte das auf den Meister schlachten[1]). Für die auffälligen Einrichtungen der Büchsengesellen, der Verpachtung und des Compagniegeschäftes der Gerber sind Jahrzahlen nicht angegeben; sie sind Beier's Handwerkerlexicon entnommen, der im Anfang des 17. Jahrhunderts schrieb. Es ist einleuchtend, daß dieselben erst in späterer Zeit auftraten, ja daß sie, wie das „auf den Meister schlachten", eigentlich bienten, einem Gesellen, der das Meisterrecht nicht erwerben konnte, Gelegenheit zu schaffen für den Eigenbetrieb des Geschäftes. Sie können deshalb als Excrescenzen betrachtet werden; aber die Aufstellung eigener Namen für diese Stellung, wie „Büchsengesell", „auf den Meister schlachten", deutet darauf hin, daß sie noch bloß sehr vereinzelt vorkamen. Sie mochten am Ende des 16. Jahrhunderts in nicht unbedeutendem Umfang vorgekommen sein; also erst zu jener Zeit, wo die Macht der Zunft beträchtlich gesunken und diejenige der Gesellenschaft schon stark entwickelt war.

---

[1]) Beier, Handwerkslexicon (Art. auf den Meister schlachten) S. 21.

Die Tendenz der Handwerke, alle Meister möglichst in gleicher Lage zu erhalten, so daß jeder seinen genügenden Unterhalt finde, der Reiche nicht mittelst seines Reichthums den Armen drücken kann, welche sich in einer Menge von Anordnungen und Beschränkungen als durchgreifend und umfassend ausspricht, wird, namentlich aber in den Bestimmungen über den Ankauf von Rohstoff, in der beschränkten Zahl der Knechte und der Jungen, die ein Meister halten durfte, in den Bestimmungen über die Vertheilung der zugewanderten Gesellen u. s. w., überall mit dem Ausdruck kund gegeben, daß alle sich ernähren können, Reich und Arm, und tritt auch in der Feststellung der Löhne an den Tag. Wenige Ausnahmen sind vorhanden, daß nicht der Lohn von den Meistern, vom Handwerk geregelt wird, und der so entstandene Lohnsatz als Gesetz oder als Bestätigung des Brauchs an altes Herkommen bindend ist. Direct ist den Meistern das Recht der Lohnfestsetzung in älterer Zeit zuerkannt in der **Ordnung des Wollenhandwerks zu Frankfurt**[1]) 1377, aber es ist kein Zweifel, daß den Handwerken das Recht zustand, da in einer so ungemein großen Zahl von Statuten der Lohn als bindend angegeben ist. Eine einzige Ausnahme ist vorhanden, welche den Meistern diese Regelung verweigert und überhaupt von Gleichförmigkeit des Lohnes nichts wissen will; das ist in Basel[2]). Eine Rathsordnung für die Schneider daselbst

---

[1]) Archiv von Frankfurt: „Auch mögen sie ihren Lohn setzen im Handwerk, nachdem sie dünket, daß zu jeder Zeit bescheiden sei."

[2]) Ochs, Geschichte von Stadt und Landschaft Basel. 1786. II. Bd. S. 152.

vom Jahr 1399 verfügt: „es werde den Meistern verboten, eine Taxe des Lohnes für die Knechte und Knaben zu bestimmen, sie sollen jeden Knecht und Knaben lohnen darnach er werken und verdienen kann, indem einer ja nützlicher sei und besser werken könne als der andere." Dieselbe Verordnung verfügt aber auch: „daß sie jedem Meister so viel Knechte gönnen sollen und in seine Werkstatt sitzen lassen, als er will und halten mag." Diese Verordnung zeigt aber jedenfalls auch, daß bis dahin (bis 1399) auch in Basel die einheitliche Lohnbestimmung und die Beschränkung zu haltender Gehilfen vorhanden und üblich war. Ungefähr 100 Jahre darauf machten die Schneidermeister dagegen Vorstellungen, aber die Verordnung wurde bestätigt (1491).

Die Feststellung des Lohnes ist für alle Arten der Lohnung gegeben: für Wochenlohn, für Tagelohn und für Stücklohn. Jeder Meister war daran gebunden, er durfte weder mehr geben, noch weniger, bei fester Strafe in Geld oder selbst mit zeitweiliger Niederlegung des Handwerks (für ihn, Frau und Kind). Der Knecht durfte auch nicht mehr verlangen; widrigenfalls auch er der Strafe der Arbeitseinstellung, Geldstrafe oder Weinstrafe verfiel.

Der Lohn mußte in Geld bezahlt werden und zwar in Ortswährung, nicht in fremder Münze oder gar in Waaren[1]). Aus den entsprechenden Ordnungen geht hervor, daß dieses Mittel der Handwerker, sich an dem

---

[1]) Mone XVII, S. 56 u. 58.

Arbeiter einen lohnenden Gewinn zu schaffen, schon im 14. Jahrhundert bekannt und in Uebung gewesen sein muß. War noch eine besondere Gabe herkömmlich, so wurde sie wie der Geldlohn gesetzlich gefestigt, z. B. bei den Bäckern der 8 Städte am Rhein, Bingen, Mainz, Frankfurt ꝛc. (1352): die Bäcker haben beschlossen, es solle den Knechten zum Lohn jährlich auch ein Rock gegeben werden bei 1 Pfund Heller Straf[1]). Dagegen war auch wieder Anstalt getroffen, daß die Meister nicht den Zweck der Statuten umgingen, indem sie zwar nur den festgesetzten Geldlohn, aber auch noch andere Gaben dazu gaben, und so den Gesellen an sich fesselten, ja selbst noch auf weiteren Umwegen, daß sie scheinbar gar nicht mit im Spiel waren. Der Schneidertag der 28 oberrheinischen Städte (1457)[2]) bestand nun darauf, daß der alt herkömmliche Lohn von 2 Pfund Heller halbjährig festgehalten und eingehalten werde. Im Jahr 1483 dagegen beschloß er: „Wenn ein Meister einen Knecht hat, der ihm gefällt, soll er ihm doch nicht mehr Geld geben als nach Inhalt der Meisterordnung; auch keines Meisters Frau noch jemand von ihretwegen soll dem Knecht kein Liebniß, nicht wenig oder viel, thun oder geben." Jeder Knecht war darin gleich zu halten[3]), wogegen eben die Basler Rathsordnung bei den Schneidern vernünftiger Weise eiferte; jedoch sind gerade bei den Schneidern auch Beispiele von Abstufungen, wenn auch nicht im

---

[1]) Böhmer S. 626. Weidenbach S. 54.
[2]) Mone XIII, S. 162.
[3]) Wehrmann S. 303, 363.

Einzelnen nach der Leistungsfähigkeit, so doch in größeren Gruppen als in Schlesien. Die schlesischen Schneider beschlossen auf ihrem Tag zu Schweidnitz 1361 [1]): „welcher Knecht aufsitzet, der da nähet, für einen Gesellen, dem soll man geben zu einer Woche einen Groschen, und einem jungen Knecht zu drei Wochen einen Groschen; bei Straf 1 Pfund Wachs." Eine Unterscheidung im Lohn ergiebt sich auch bei den Schneidern in Ueberlingen aus einer Verordnung 1430 [2]), welche den Lohn festsetzt, den ein Kunde, wenn er vom Meister einen Gesellen ins Haus verlangt, zu bezahlen hat; dieser Lohn ist je nachdem der Meister dem Knecht in der Woche 1 ß giebt, auf 8 Pf., oder wenn er weniger erhält, auf 6 Pf. gesetzt. — Dem ist noch beigefügt, daß sie keinen Knecht ausleihen noch zu Hause setzen sollen, dem sie wöchentlich unter 6 Pf. geben. — Der festgesetzte Lohn heißt dann auch hie und da das Gesellenrecht, und wird nicht mehr in Zahlen, sondern mit jenem Ausdruck bezeichnet [3]).

In der Regel haben ohne Zweifel die Meister unter sich, oder das Handwerk den Lohn bestimmt, je nach der

---

[1]) Cod. silesiae p. 52. In derselben Schneiderordnung S. 54 lautet es: „Auch soll kein Junger Schwerdt tragen und welch Meister das seinem Knecht gestattet ꝛc.", also ist Jungeknecht nicht Lehrling, sondern steht dem Meisterknecht gegenüber, wie bei den Bendern in Frankfurt 1355: Meisterknecht — gemeiner Knecht.

[2]) Mone XIII, 297.

[3]) Freiburg i. Br. (1472) Schneider: „Man soll dem Knecht nicht mehr Lohn geben, als Gesellenrecht, d. i. 12 Pf." Mone XV, 284.

Stellung der Zünfte in der Stadt, mit oder ohne Genehmigung des Rathes. Aber doch findet sich auch schon sehr früh die Einwirkung der Gesellen in sehr scharfer Weise auf dem Wege des Streites vor. In der oben angeführten Bestimmung der Weber zu Speier (1351), welche Maß und Art des Lohnes feststellt, ist ein Compromiß zwischen Meister und Knechten, die Urkunde beginnt: „wir die Zunftmeister und die Zunft gemeiniglich der Tucher zu Speier ... daß wir eine solche Speisehalle in Gemeinigen als zwischen uns den Weberknechten gemeiniglich zu Speier wegen des Lohnes gewesen, als sie sprachen, der Lohn wäre zu klein, und sie möchten dabei nicht bestehen, und sie darum weggelaufen waren, mit ihnen lieblich, freundlich und gütlich geschlichtet und gerichtet sind alle Dinge wie aller Schaden, Kosten und Verlust, den jemand wegen desselben Weglaufens gehabt hat, ewiglich versöhnt und eines Lohnes übereinkommen, den wir und alle unsre Nachkommen ewiglich geben sollen, und die Weberknechte, die nun hier sind oder je herkommen, ewiglich nehmen sollen, und niemand mehr nehmen noch geben bei guter Treu und bei Strafen, wie hier geschrieben steht 2c." Am Schlusse steht: „dieß geloben wir und die Weberknechte gegeneinander für uns und unsre Nachkommen, die jetzt hier wohnen, oder hier wohnen werden, ewig und unwiderkomlich stet und fest zu halten 2c."

Es ist dieß der älteste urkundliche Beleg, der dem Verfasser vorliegt, von dem korporativen Auftreten der Gesellen, dem gemeinschaftlichen Abziehen, um etwas zu erzwingen.

Die Ewiglichkeit des Vertrages hat aber nicht sehr

lange gewährt: schon 11 Jahre darauf (1362) wiederholt sich das Spiel, und zwar wird hier zwischen den Webermeistern und Tuchermeistern einerseits und den Büchsenmeistern der Weberknechte (den Vorständen ihrer Gemeinschaft) verhandelt über den Lohn der Wollweber und der Leinenweber, ferner über die Zahlung in Geld (und auch haben wir gemacht, daß wir in unsern beiden Zünften keinem Knecht Unwerk an seinem Lohn geben sollen, sondern sein baares Geld), und schließlich wird zwischen beiden Partheien alles Vergangene abgethan und beschlossen, daß unter ihnen lauter Rathung und Verzeihung sein soll; auch daß jeder Knecht, der da ist, und ferner in die Stadt kommt, schwören soll, die stipulirten Punkte zu halten, vorher darf keine der beiden Zünfte (Tucher und Leinweber) ihn setzen und halten 2c. Es folgt aus dem Tone dieses Vertrages, daß auch in diesem Falle die Uebereinkunft Folge eines vorhergegangenen Streites zwischen Meister und Knechten war, der mit dem gewöhnlichen Mittel der Arbeitseinstellung zum Nachtheil der Meister geführt wurde [1]).

Mit dem weiteren Verlauf, mit der Erstarkung der Gesellenschaft wurde dieß allerdings allgemeiner; wenn auch natürlich die Meister immer den Lohn formell festsetzten, so waren es doch die Gesellen, die eine Erhöhung erzwangen; und zwar gab nun nicht mehr der Geldlohn allein, sondern auch die Kost häufig Anlaß zu Berufserklärungen, Auszügen 2c. Es bedarf hier nicht der Aufzählung der einzelnen Fälle, es genügt auf den Inhalt des Reichsschlusses von 1731 (welcher aber schon 1681 verordnet war, nur erst

---

[1]) Mone XVII, S. 66, 58, 143.

1731 mit Zusätzen vom Kaiser genehmigt wurde) hinzuweisen, welcher gegen diesen Druck der Gesellen auf die Meister eifert.

Die Tendenz der Meister, die Gleichheit unter sich zu erhalten, das Ueberbieten gegenüber den Arbeitern in aller Weise zu verhüten, spricht sich nicht bloß in dem directen Lohnsatz, nicht bloß in dem Verbot, dem Knechte Geschenke, Liebnisse zukommen zu lassen, sondern auch in den Bestimmungen über Vormiethe oder Borgen an den Knecht aus. — Die Vormiethe ist ein Aufgeld oder Handgeld bei der Miethe selbst, durch ein solches ist die Umgehung des festen Lohnsatzes sehr leicht gemacht, bis zu jedem Betrag. Auch gegen diese Art mußte daher Anstalt getroffen werden, wie gegen die besonderen Geschenke durch die Frau oder Andere. In Lübeck enthalten die meisten Handwerksrollen directes Verbot jeder Vormiethe bei Strafe des Meisters. Es ist hierauf eine besondere Aufmerksamkeit gewendet, auch in den Ordnungen des Rathes, und der Zuwiderhandelnde ist nicht bloß dem Handwerk, sondern auch dem Rathe straffällig. Die einzige Ausnahme, welche Vormiethe zuläßt, die Rolle der Filz- und Hutmacher daselbst, aus der Mitte des XIV. Jahrhunderts stammend, wenn auch erst 1567 datirt, hat diese zur Allgemeinheit und damit wieder zur Gleichheit erhoben, indem sie den Lohn nach dem Stück enthält und hinzufügt: „und für jedes Halbjahr 5 Schilling lüb. Vormiethe"; die sich damit von selbst in einen fixen Halbjahrslohn verwandelt. In Handwerksordnungen anderer Orten ist dem

Verfasser keine einzige Bestimmung über die Vormiethe aufgestoßen. Dagegen wohl über das Leihen an die Knechte. Am zahlreichsten findet sich auch dieß in den Lübecker Rollen berührt. Schlechthin ist das Leihen verboten bei den Glasern und Malern (1435)[1]) an Gesellen, die bei einem Andern arbeiten auf Verdienst. — Die übrigen Statuten von 1321 (Bötticher) bis ins 16. Jahrhundert enthalten dann die Beschränkung, wie viel geliehen werden darf, bei Strafe in Geld und auch des Verlustes des Handwerks für ein Jahr. Das Minimum ist 2 fl. 8 ß und dann 10 ß, 24 ß, 1 Mark. — Auch in Schlesien kam eine solche Sache vor bei den Breslauer Taschnern (15. Jahrhundert)[2]): „wem man 1 Groschen gibt, dem mag man wohl geben eine Miedung zuvor auf seinen Dienst, wem man unter 1 Groschen gibt, mag man geben $\frac{1}{2}$ Miedung zuvor auf seinen Dienst und nicht mehr."

Sonst vorkommende Fälle haben ein anderes Motiv, und sind nur Sicherung des Meisters für Rückzahlung, wie 1396[3]) Breslau-Liegnitzer Drathzieher und Nadler: „... welch Knecht dem Meister Geld abborgt, der soll es ihm abdienen nach Recht, und kein Meister soll ihn die Weile halten und ledigen mit seinem Gelde bei der großen Buße; welch Knecht aber von seinem Meister zöge und ihm Geld schuldig bliebe, es wäre an Gewand oder Geräthe, den soll fernerhin kein Meister halten, er habe sich denn mit seinem Meister verrechnet."

---

[1]) Wehrmann S. 328 u. m.
[2]) Cod. silesiae p. 123.
[3]) Ibid. p. 100.

Dieser Mißbrauch der Gesellen, Geld vorauszunehmen und zu entweichen, wird auch von den Schneidern der 6 wendischen Städte (1494)¹) berührt: „sobann die Knechte von ihren Meistern, bei denen sie dienen, zuweilen mehr Geld abborgen als sie verdient haben, und dann Streit und Handel mit Vorsatz machen, auf daß sie mit Ehren von ihrem Meister scheiden, und solch Geld ihm enttragen wollen, und sich in einer andern der 6 Städte vermiethen, ist einstimmig beliebt, beredet und beschlossen, solchem Knechte in unserm Handwerk das Dienen nicht zu gestatten, er habe denn erst seines Meisters Willen gethan, dem er entgangen. Deßgleichen bleiben oft Knechte ihrem Meister, dem sie dienen, Geld schuldig, und entgehen damit, solch Knecht soll nicht gestattet sein zu dienen, und des Amts unwürdig sein."

Aus derselben Zeit stammt auch ein Statut der Leinweber zu Frankfurt 1497²): „und als die Knechte der Barchentweber, Decktucher, Leinweberhandwerks zu Zeiten sich selbst zum Nachtheil mehr, als sie mit ihrer Arbeit verdienen mögen, verzehren, und von dem Meister Geld abzulehnen, ihm auch solch Geld mit ihrer Arbeit abzuverdienen in Treu und Glauben versprechen, aber entweder zuvor und ehe sie dem Meister solches ihnen dargestrecktes Geld abverdient haben, aus der Arbeit gehen, und ihr Werk demselben Meister zum Schaden ungearbeitet liegen lassen, sagen und ordnen, daß hinfüro kein Meister des obigen Handwerks einen Knecht, der genannter Maßen handelt, aufnehmen oder Arbeit geben solle, derselbe habe denn

---

¹) Wehrmann S. 447.
²) Archiv.

vorher den Meister mit Geld oder Arbeit bezahlt." Diese Regel, daß der Gesell dem Meister nicht entgehen darf, ehe er das Geliehene abverdient, resp. daß ihn kein anderer Meister annehmen darf, hat bis auf die neuste Zeit gegolten, und haben deßwegen die Meister einem tüchtigen Gesellen gern geborgt, damit er ihnen sicher sei. Jedoch steht es jedem andern Meister frei, den Gesellen dadurch, daß er für ihn Zahlung leistet, zu befreien. Darauf scheint sich in der Taschnerordnung von Breslau der Satz zu beziehen: „das soll er ihm abverdienen, und kein Meister soll ihn die Zeit halten und ledigen (losen)", denn daß der Gesell nicht mehr beschäftigt werden darf, folgt unmittelbar darauf. Einen anderen deutlicheren Beleg dafür, daß auch früher die Meister das Borgen an den Gesellen über seinen Erwerb benutzt haben, um ihn möglichst fest an ihren Dienst zu knüpfen, liefert eine Stelle aus dem Bundbrief des großen Handwerks der Gerber: „würde ein Meister seinem Gesellen Geld lehnen, soll er ihm redlich abverdienen und nicht mit Geld abwenden und bezahlen außer mit Meisters Willen [1])."

Noch sei einer Ordnung der Wollenweber zu Constanz 1386 gedacht, welche dem Meister gestattet, seinen Knechten zu leihen wieviel er will [2]). Sie beweist, daß auch in dieser Gegend das Borgen an Gesellen Streit erregte, und die Frage, ob es zugelassen oder beschränkt werden soll, in Verhandlung gekommen ist; nur ist dabei weiter zu bemerken, daß der Beschluß Folge eines

---

[1]) Lehmann, Chronik v. Deutschl. I, 478.
[2]) Mone IX, 143.

Uebereinkommens zwischen Meister und Knechten war, wegen der Stühle, die sie hatten.

Drittes Kapitel.

Wandern.

Daß die Gesellen, sobald sie frei waren und nur mehr Freie unter sich zählen konnten, also mit Beginn des Handwerks in unsrem Sinn, auch wanderten, von einem Orte zum andern nach Arbeit zogen, das läßt sich leicht denken. Sind doch die Meister ziemlich beweglich gewesen; sie zogen von einem Orte zum andern, um wieder an den Ausgangsort zurückzukehren. Das gibt sich zu erkennen in den häufig vorkommenden Gesetzen darüber, wie lange ein solcher ausbleiben darf, ohne sein Meisterrecht am Orte zu verlieren [1]); bald ist dafür ein Jahr gesetzt, bald kann er ausbleiben so lange er will, wenn er nur seine Gebühren am Orte entrichtet, nach der Formel der neueren Zeit, seine Steuerabgaben zahlt; bald war ihm vorgeschrieben, eine bestimmte Zeit am Orte zu bleiben, ehe er wieder ginge, dafür Kaution zu stellen, und bei Verlust nicht mehr zurückkommen zu dürfen, was namentlich in den schlesischen Städten fast in allen Handwerksordnungen vorgeschrieben ist; stellenweis war ihm auch das Wandern gar nicht erlaubt, und er verlor sein Bürger- oder Meisterrecht; er durfte nicht mehr zurückkehren, wenn er einmal abgezogen

---

[1]) Vgl. u. A. Böhmer 641; Mone XV. 47; Cod. siles. 123; Weidenbach 51.

war und nicht in kurzer Frist zurückkehrte. So auch bei den Gesellen. Das Wandern derselben ergiebt sich aus vielen Statuten schon des XIV. Jahrhunderts, indem sie über die Behandlung der abziehenden oder zukommenden Knechte Vorschriften machen.

Der Schneidertag der schlesischen Städte im Jahre 1361 zu Schweidnitz abgehalten, ist das älteste Zeugniß, das Verfasser für das Wandern der Knechte auffand. Derselbe schreibt vor: „wenn ein Knecht in fremde Städte wandert, trägt er etwas in seinem Brotsack, die Meister sollen ihn aufbinden und besehen, was im Sack ist, wenn das ungerecht wäre und ihn den Gerichten übergeben [1])." Das Mitschleppen fremden Eigenthums muß nicht selten vorgekommen sein, ehe ein solch formelles Handwerksgesetz darüber erlassen werden konnte.

Eine andere Stelle ist in der Ordnung der Schneider zu Lübeck (1370) enthalten[2]), „wenn die Knechte einen zum Nähen bringen, sollen nicht mehr als drei mitgehen." Dieß weist darauf hin, daß das Wandern der Gesellen schon damals so häufig vorkam, daß sich bestimmte Gebräuche daran knüpften. Der in viel späteren Zeiten oft gerügte und bekämpfte Mißbrauch, daß ankommende Gesellen empfangen und mit großem Geleite zu einem Meister gebracht wurden, wodurch die Gesellen wieder einen halben Feiertag gewannen, zeigt sich schon in obiger Bestimmung an, und veranlaßt später scharfe Maßregeln.

---

[1]) Cod. siles. Diplom. p. 53.
[2]) Wehrmann S. 423.

Im Jahre 1381 hatten die Schmiede von Mainz, Worms, Speier, Frankfurt, Aschaffenburg, Bingen, Oppenheim, Kreuznach eine Vereinbarung getroffen um Friedenswillen mit ihren Knechten[1]), unter anderem auch dahin: „die Knechte sollen von den armen Knechten, welche zu den Meistern kommen, weder Einstandstrunk noch Geschenk nehmen, noch Gegengeschenk geben." Das deutet auf einen andern, daran geknüpften Gebrauch, das Geschenk, hin.

Diese drei Urkunden werden genügen, um darzuthun, daß im XIV. Jahrhundert das Wandern schon sehr umfangreich war, da sich schon so bestimmte und feste Gebräuche, bis zum Mißbrauch entartet, daran knüpften. Aber eine Vorschrift zu Wandern, ein Wanderzwang ist im XIV. Jahrhundert noch nirgends aufzufinden, wohl aber ein stellenweises Wanderverbot, worauf später zu kommen.

Im XV. Jahrhundert häufen sich in den vorhandenen und vorliegenden Rollen die Verfügungen betreffs der wandernden Gesellen, aber sie gehen nicht hinaus über das Verfahren mit Zugewanderten, Regeln der Dingung, zulässige Probezeit; sie erstrecken sich auf die Vereidigung solcher Fremder, auf Probeablegung derselben, auf das Erforderniß des Erweises, daß sie in Frieden und Freundschaft von ihrem letzten Herrn geschieden, nur von einem Wanderzwang will sich noch lange nichts vorfinden. Dieß ist um so auffallender, als in dem XV. Jahrhundert schon von Anfang an die Erfordernisse für Aufnahme als Meister sehr weitläufig und vollständig angegeben werden, die Lehrzeit, der Erweis der Redlichkeit, der Erwerb des Bür-

---

[1]) Weidenbach S. 34. Böhmer Cod. Conf. 760.

gerrechtes, der Nachweis des Selbstwirkenkönnens, die Kosten, bis ins kleinste Detail, die Mahlzeiten ꝛc. bereits selten vermißt werden; aber nie findet sich, daß der Meister gewandert sein müsse. Die erste Erwähnung stellt sich unter den, dem Verfasser zu Gebote stehenden, Urkunden und Quellen ein im Jahr 1477, und zwar bei den Wollwebern zu Lübeck[1]), wo verlangt wird, daß der Meistersohn, wenn er Meister werden will, erst wandern muß Jahr und Tag und dann in der Morgensprache heischen, wobei besonders auffällig, daß grade vom Meistersohn die Rede, nicht von Gesellen, die nicht im Handwerk geboren. Dann bei den Schneidern in Regensburg 1497; das Wandern ist dort zwar nicht ausdrücklich befohlen; aber doch enthält die Rolle[2]): „wenn der Geselle das Meisterstück nicht besteht, soll er allermindestens ein Jahr wieder wandern." Dieß sind die einzigen zwei Urkunden, welche hiervon sprechen, und wovon die letztere nur die Ableitung gestattet, daß das Wandern bereits vorgeschrieben war.

Im XV. Jahrhundert ist der Wanderzwang bereits verbreitet, obwohl er noch lange nicht als allgemein gültig angenommen werden darf. Nicht die Hälfte der vorliegenden Ordnungen führt ihn auf, namentlich in der ersten Hälfte des Jahrhunderts ist nur ein Fall; am stärksten und häufigsten dann in den 90. Jahren und von da an im 17. Jahrhundert fortlaufend[3]). Es ist eigen-

---

[1]) Wehrmann S. 294.
[2]) Zeitschrift des histor. Verein für Oberpfalz ꝛc. S. 151.
[3]) In München war die Wanderschaft bis zur zweiten Hälfte des XVII. Jahrhunderts kein Requisit des Meisterrechts. Vgl. Schlichthörle, I, 39.

thümlich, daß dieses Gebot eintrat, wenn man bedenkt, daß die Meister sich so sehr bemühten, die Gesellen möglichst lange und fest zu binden, daß z. B. noch 1486 eine Zunft in Lübeck sich in solchem Sinne klagend an den Rath wendet [1]). Es lohnt daher der Mühe nach den Motiven dieses Zwanges zu forschen [2]). Die spätere und neueste Zeit allgemein finden ein sehr anerkennens- und lobenswerthes Motiv für diesen Zwang aus. Es handelte sich demnach darum, die inländischen Arbeiter auf der Höhe der Zeit zu erhalten, sie dem Fortschritt der Zeit folgen zu lassen, ihre technischen und geschäftlichen Kenntnisse und Fähigkeiten zu erweitern, sie die Kunst fremder Orte in die Heimath verpflanzen zu lassen, so daß nicht nur das Stagniren und Verphilistern des Handwerks verhütet würde, sondern dasselbe auch jederzeit richtige Einsicht in den Bedarf aller Orte gewänne, und seine Glieder immer vielseitiger und gewandter werden sähe. **Die Welt macht den Mann** [3]).

Das heißt, die Anschauungen der Neuzeit auf die

---

[1]) Wehrmann S. 297.

[2]) Das Wandern kam auch in Frankreich sehr häufig vor. Ausgelernte Lehrlinge, denen die Kosten der Ansäßigmachung zu hoch waren, bezahlten verhältnißmäßig als valets oder servans; dies waren freie Arbeiter, welche von Werkstatt zu Werkstatt, von Stadt zu Stadt wanderten, und bei Meistern für Lohn arbeiteten (Cassagnac p. 315), aber von Zwang war keine Rede.

[3]) So scheint es in der That in folgender Stelle gefaßt; das Stadtrecht der Stadt **Mühlhausen** in Thüringen, gedruckt 1672, sagt: .. Sollen die Rathsherrn von der Gemeinde 3 Jahre jura studirt, dann wie die **Handwerker** aber eben so lange in der **Fremde** zugebracht haben.

Vergangenheit übertragen. Die älteren Schriftsteller aus dem 17. und 18. Jahrhundert, welche der Sache näher lebten, gehen so gar weit nicht. Sie sagen: die Lehrlinge wurden von den Meistern vernachlässigt, nicht recht unterrichtet und zu andern Dingen gebraucht, ein anderer Meister am Ort nehme sie daher auch nicht gerne als Arbeiter an, deßhalb habe man ihnen die Wanderschaft auferlegt, damit sie bei fremden Meistern nachholten, was ihr Lehrmeister an ihnen versäumt.

Das wäre immerhin eher anzunehmen, als die neueste, gar zu weit vorgeschrittene Anschauung. Aber auch sie scheint nicht ganz stichhaltig.

Es ist nicht unwahrscheinlich, daß dieß in der That der ostensible Grund war, welchen die Zünfte für Einführung des Wanderzwangs angeben. Aber der wahre, tiefere Grund scheint es nicht gewesen zu sein. Bemerkenswerth ist hierfür die Eigenthümlichkeit, daß die Meistersöhne erst vom Wandern ganz befreit, dann auf eine viel kürzere Zeit angewiesen waren, und nur selten, bei einzelnen Handwerken, und erst spät ein Unterschied zwischen Meistersohn und andern Gesellen nicht gemacht wurde. Wenn in der That die technische und geschäftliche Ausbildung, der Weltschliff, die Tendenz des Gesetzes war, wie kam das Handwerk dazu, die Meistersöhne davon auszunehmen? Derjenige, der nicht Handwerker war, oder das Leben nicht durch eigene genauere Anschauung kannte, der mochte wohl glauben, der Vater verwende größere Sorgfalt auf seinen Sohn als auf einen fremden Lehrling, faktisch aber war es damals gewiß eben so wenig, als jetzt. Der Vater ist selten ein guter Lehrmeister für seinen Sohn, die Strenge fehlt.

Die Unterweisung des Lehrlings fiel ohnehin meist dem Gesellen zu, der gewiß den Lehrling anders und strenger hielt, als seines Meisters Sohn. Auch war nicht gerade Regel, wohl aus eben genannten Gründen, daß der Meistersohn bei seinem Vater lernte, er kam in eine andere Werkstätte. Es ist nicht zu muthmaßen, daß die Meister, wenn in der That die Fremde dem Handwerke so viele Vorzüge brachte, diese den künftigen Concurrenten ihrer Söhne aufdrängten und aufzwangen. Aber noch ein weiteres spricht gegen jenes Motiv. Nicht bloß Meistersöhne waren von dem Wanderzwang befreit, sondern auch diejenigen Gesellen, welche auf eine Wittwe oder Tochter mutheten, d. h. auf eine Verheirathung mit einer solchen hin, das Meisterrecht verlangten, waren privilegirt. Sie brauchten wie die Meistersöhne entweder gar nicht oder jedenfalls nur kürzere Zeit gewandert zu sein. Die Form mancher solcher Statuten weist die Zulässigkeit der obigen Erklärung ab, und zugleich auf das wahrscheinlich bestimmende Motiv gradezu hin [1]).

Die Exception der Söhne und Handwerksangehörigen, mit Rücksicht auf die Zeit, in welcher das Wandergebot eintritt, und auf einige später zu erwähnende Beschränkungen des Wanderns, drängen zu der Ansicht, daß die Tendenz des Wandergebots keine andere war, als die Concurrenz im Handwerk zu mindern, beziehungsweise ganz abzuschneiden, und die Erlangung des Meisterrechts zu erschweren. Es ist dieselbe Tendenz, die der Vorschrift der Sitz- und Muthjahre beigelegt werden muß. Erstere

---

[1]) Vgl. Gatterer I, 372, II, 43.

schrieb vor, daß jeder Geselle, ehe er das Meisterrecht verlangen konnte, ein oder mehrere Jahre am Orte selbst anhaltend und zwar bei **einem** höchstens **zwei** Meistern gedient haben mußte. (Man sagte, damit er das Bedürfniß des Ortes genau kennen lerne.) Trat er zwischen hinein aus, so mußte er die ganze Sitzzeit von vorn beginnen. Das führte dazu, daß die Meister, welche derart wieder Gesellen an den Ort gebunden hatten, wohl auch mit dem Sitzgesellen am Ende der Zeit Streit anfingen, und ihn so indirect zum Austritt aus ihrem Dienste zwangen; so wurde seine Meisterschaft wieder verschoben. Das Muthjahr, manchmal (z. B. bei den Metzgern in Basel), die Muthjahre bestanden darin, daß der Gesell in bestimmten Zwischenfristen, gewöhnlich ein Vierteljahr, das Handwerk heischen, um die Meisterschaft bitten mußte, wodurch mit andern Förmlichkeiten, dem Meisterstück 2c. die Selbstständigkeit wieder ein Jahr und mehr hinausgeschoben wurde. Der Zweck dieser Bestimmungen ist sicher nicht zu verkennen, und derselbe Zweck liegt wohl dem, für die Ausbildung der Handwerker so sorgsam bedachten, Wandergebot unter. Danach erklärt sich auch das Privilegium der Befreiung für Meistersöhne und Knechte, welche in das Handwerk heiratheten, von selbst. Die Zeit, in welcher der **Handwerkszwang** zuerst nachweislich ist, stimmt auch damit, denn vom Ende des XV. Jahrhunderts an beginnt schon die Blüthe des Handwerks und damit dessen freier Sinn zu schwinden, wenn es auch noch in Absatz, in Produktenmenge und Glanz ferner einige Zeit zunimmt; das ist nur der Glanz, der einen Staat noch umgiebt, wenn sein Verfall im Innern schon nicht mehr zu verkennen ist.

Es kommt dazu auch noch, daß **Dispensation vom Wandern** zulässig war und zwar **nicht bloß auf genügende Gründe**, etwa Krankheit oder Schwäche; sondern einfach gegen Geld. Die Last des Wanderns wurde damit in eine Erhöhung der Meistergebühren verwandelt. Der Geldsatz ist oft genug in den Statuten festgesetzt [1]).

Man könnte nun einwenden, daß für den hier untergelegten Zweck die Zwangsvorschriften über das Wandern sehr ungeeignet gewählt gewesen seien; denn der Erfolg konnte doch nur sein, daß von der Zeit der Einführung an die Konkurrenz zwar auf die Periode einer Wanderzeit hinaus aufgehoben worden sei, dann aber in ganz gleicher Weise wieder eintreten mußte, als ob keinerlei Maßregel bestanden hätte. Gewinn und Verlust hätte nur auf eine Periode von drei Jahren sich zusammengedrängt. Auch das war keine ungewöhnliche Methode jener Zeit, die Konkurenz zu tragen. Die Maßregel, daß auf 2 Jahr, auf 3 Jahr, ja auf 10 Jahre in einem oder dem anderen Handwerke an einem gewissen Orte kein Lehrling mehr angenommen werden durfte, konnte auch nicht anders wirken, als auf die festgesetzte Reihe von Jahren, und wurde dennoch vom XIV. Jahrhundert an einzeln, später gar nicht selten angewendet.

Aber hiervon ganz abgesehen mußte in der That der Wanderzwang die Konkurrenz auch dauernd vermindern.

---

[1]) Gerber in Frankfurt 1566. Wenn ein junger Meister, so keines Meisters Sohn, nicht 3 Jahre, oder ein Meistersohn nicht 1 Jahr gewandert hat, soll 30 fl. bezahlen. Lersner, Chron. I. p. 479. Kanngießer in Jena 1664. Jede Woche, die an 3 Jahren fehlt, 1 Thlr. dafür in die Zunft. Gatterer I, 372.

Das Reisen und Wandern jener Zeit war nicht so einfach, leicht und sicher, wie dermalen, daß die Mutter mit lachendem Gesichte dem Sohne Lebewohl sagen konnte, in der Ueberzeugung ihn als einen Gereisten, Gebildeten sicher wieder zu sehen. Das Wandern jener Zeit war mühselig und gefährlich genug, um manches Opfer zu fordern. Aber nicht bloß das. Ein Theil und zwar in späterer Zeit ein beträchtlicher Theil versank in das Landstreicherthum. Er fand Geschmack an diesem Herumstreichen und mochte sich nicht mehr setzen, es entstand die Fechtbrüderschaft, die keine kleine Gesellschaft war. Ein Theil, und auch dieser nicht unbeträchtlich, verfiel bei dem damals üblichen Werbesystem dem Militärwesen und kehrte nicht mehr zum Handwerk zurück, oder machte er sich auch hiervon los, so war er damit unehrlich und konnte nicht mehr in das Handwerk eintreten. Andere wurden durch Berührung untersagter Wanderziele unredlich. Mancher fand auswärts seine Unterkunft und Niederlassung, ohne daß gesagt werden kann, daß sich das durch alle Orte schließlich ausglich. Kurz eine genaue Statistik der wandernden Handwerksbursche würde noch vor wenigen Jahrzehnten ein beträchtliche Differenz zwischen den abziehenden und den zur Niederlassung wirklich kommenden ergeben haben, und noch größer mußte diese Differenz im 16. und 17. Jahrhundert ausfallen.

Der Wanderzwang war nicht ganz allgemein, er hatte nicht in allen Handwerken Geltung. In manchen Handwerken ist gerade der directe Gegensatz zu finden, ein Wanderverbot. Dieß waren die sogenannten gesperrten Handwerke, welche von den geschlossenen Handwerken zu unterscheiden sind. Das wesentliche der letzteren ist, daß sie nicht mehr als eine bestimmte Anzahl Meister enthalten durften. Gesperrte Handwerke hingegen hießen diejenigen, in welchen das Wandern verboten war. Sie finden sich wesentlich in Nürnberg und zwar sehr früh, während sie an anderen Orten entweder überhaupt nicht, oder doch wenigstens nur auf einer geringen Stufe der Entwickelung vorkommen. Es ward als Interesse der Stadt betrachtet, daß diese Handwerke nicht in die Fremde verpflanzt oder dort cultivirt wurden. Ein Wandern hätte die Ansiedelung des Wandernden an einem andern Orte, oder wenigstens Mittheilung des Verfahrens, der Handwerksgeheimnisse mit sich bringen können. Daher schloß man jeden ganz vom Orte aus, der einmal fortgewandert war, so wie man auch die Hinausführung von zugehörigen Werkzeugen streng untersagte und bestrafte. Nürnberg hatte gesperrte Handwerke, deren bloße Aufzählung schon den Beleg für den Anlaß zum Sperren geben kann. Es sind darunter [1]) jene großen Industriezweige, in welchen Nürnberg früher eine besondere Stärke hatte, und zum Theil noch jetzt hat. Da ist zuerst das ganze Drahtzieherhandwerk mit seinen verschiedenen Abtheilungen, in die es schon früh zerfiel (die Drathzieher am Wasser, welche den Drath mittelst Wasserkraft aber nur bis zu einer gewissen Feinheit ziehen, die Gold- und Silberdrathzieher, die Drathzieher, welche Kupfer- und Messingdrath mit Gold oder Silber überzogen u. a.); sodann das in Nürnberg lange einziglich florirende Handwerk der Brillenmacher, die Alabasterer, die Kompaßmacher, die Fingerhuter

---

[1]) Vgl. Gatterer, p. 235 fg.

(1373 bereits genannt), die **Spiegler**, welche Spiegel aus hohlem Glase (schon 1370) machten, die **Horndreher** (**Pfeifendreher**), die **Trompetenmacher**, die **Geschmeidemacher**, schon 1469 vorhanden, welche allerlei Gehäuse, Kapseln, Laternen, Schreibzeuge ꝛc. aus Messingblech machten, **Gold- und Silberspinner**, die **Sanduhrmacher**, die **Scheermesserer** (**Barbiermessermacher**); ferner das große Handwerk der **Messingverarbeitung**, früher wie jetzt, eine Hauptstärke der Nürnberger Industrie, bestehend aus den einzelnen zünftigen Handwerken der **Messingbrenner, Messingschläger** (schon im 14. Jahrhundert blühend) und **Lohngoldschläger**; die zusammengehörigen Handwerke der **Fliederleinschläger**, der **Messingschaber**, der **Rechenpfennigmacher** und **Bekenschläger** (alle schon im XV. Jahrhundert nachweisbar und letztere so zahlreich, daß sie zwei Straßen einnahmen). Die **Rothschmiedsbrechsel**, eine Abtheilung des großen Rothschmiedgewerbes, dessen zugehörige Handwerke (**Former, Gießer, Leuchtermacher, Ringmacher, Rollenmacher, Gewichtmacher, Waagmacher, Hahnen- und Zapfenmacher**) das Wandern übrigens nicht durchweg verboten, zum Theil sogar vorschrieben, während die **Rothbrechsel** gesperrtes Handwerk bildeten. Das ganze Gewerbe gehörte zu den größten Nürnbergs und beschäftigte zeitweise 600 Menschen.

In Nürnberg kann freilich eine solche Maßregel nicht Wunder nehmen, so wenig als die entgegengesetzte, des sehr langen Wanderzwanges. Es ist überhaupt Nürnberg von jeher sehr darauf bedacht, die zu starke

Konkurrenz zu vermeiden, Fremde mehr als anderswo fernzuhalten, so wie auch in Nürnberg der Rath mehr Gewalt über diese Handwerke ausübte, ihnen weniger Autonomie ließ, als andere Reichsstädte. Dieß wird später zu beweisen sein. Welche Furcht man aber vor dem Verschleppen der gesperrten Handwerke in Nürnberg hegte, mag aus folgender Notiz in Müllners Annalen entnommen werden: „Anno 1606 hatten sich unterschiedliche aus den gesperrten Handwerken, als Fingerhuter, Messingschlager ꝛc. in das Würtemberger Land begeben, die der Herzog zu Freudenstadt aufgenommen und Privilegien und allen Vorschub zu ihrem Handwerk gethan und gegeben hatte. Diese sollten nun allhier (in Nürnberg) an die Stöcke geschlagen und für unredlich geachtet und gemacht werden; es wollte aber E. E. Rath dieses den Meistern des Handwerks der Ausgetretenen nicht gestatten, um die Leute nicht desperat zu machen, sondern vielmehr auf andere Mittel, als per mandatum camerale, sie wieder aus des Herzogs Landen und Händen zu bringen bedacht seien" [1].

In anderen Städten konnte Verf. das Institut der Handwerks-Sperrung nicht auffinden. Aber ähnliches, Erschwerung, wenn auch nicht direktes Verbot ist auch anderwärts zu finden, und belegt, was oben gesagt, daß die Meister alles aufboten, um die Knechte festzuhalten. Die Ordnung der Goldschmiede in Lübeck (1492) sagt: „Wenn ein Knecht wegzöge und wäre ein Jahr weg und käme wieder, der soll noch ein Jahr mehr dienen, ehe er sein Amt heischt, und zöge ein Knecht weg und wäre

---

[1] Vgl. bei Roth: Geschichte des Nürnberger Handels IV, 168.

ein halb Jahr weg, der soll ein halb Jahr dienen, ehe er sein Amt heischt." Das ist eine Strafe auf das Wandern. Das gleiche beabsichtigte die Ordnung der Paternostermacher daselbst (1385): „Wenn Jemand aus dem Paternostermacheramt aus dieser Stadt wandert und in anderen Städten das Amt übt, den soll man nach der Zeit hier nicht gestatten des Amtes Werk.". Dieß bezieht sich zwar nicht auf die Gesellen, sondern auf die Meister, spricht aber deutlich aus, daß hier, wie in Nürnberg, die Verbreitung des Handwerks nach auswärts verhindert werden sollte; und wenn auch das Wanderverbot für Gesellen nicht ausdrücklich ausgesprochen ist, mußte sie doch obige Stelle handwerksunfähig machen. In den späteren Ordnungen ist dieß nicht widerrufen. Zuwandernde Gesellen wurden laut der Ordnung von 1519 auf Arbeit genommen, aber sie mußten sich nach 4 Wochen auf ½ Jahr vermiethen [1]).

Neben den gesperrten Handwerken mit dem Verbot und den Handwerken mit Gebot blieben bis zur letzten Zeit des Handwerkswesens nun noch welche, in denen das Wandern einfach erlaubt war. Selbst Nürnberg weist solche auf, z. B. gerade das Rothschmiedshandwerk; das doch in einer Abtheilung, den Rothschmiedsdrechseln, gesperrt ist. Bei alle den Handwerken, deren Gesellen verheurathet sein durften, war das Gebot an sich unmöglich.

Es ist oben gesagt worden, daß die Wanderschaft durch Dispensation erlassen werden konnte; diese fand zunächst Platz, wenn einer durch körperliches Gebrechen dazu

---

[1]) Vgl. Wehrmann, p. 217, 348, 851.

untauglich war, dann, wenn einer zu Hause unentbehrlich war, was aber bloß auf Meistersöhne, wo solche dem Gesetze unterlagen, oder auf Wittwengesellen bezogen werden kann [1]). Uebrigens sind Dispensationen in manchen Statuten allgemein gegeben, oder vielmehr es tritt an die Stelle der Wanderschaft ein andere Pflicht: deren Ablösung mit Geld, wobei auf den Grund des Unterlassens gar nicht Rücksicht genommen wird. Die älteste Erscheinung derart ist das erwähnte Statut der Gerber in Frankfurt [2]) von 1566. „Wenn ein junger Meister, so nicht Meisterssohn, erst 3 Jahre oder ein Meisterssohn nicht ein Jahr gewandert hat, soll 30 fl. bezahlen." Die Dispensation trat dann in dem Moment noch ein, wenn der junge Meister sich bereits setzen wollte, aus welchem Grund er auch das Wandern ganz oder theilweise versäumt haben mochte. So bei den Beutlern in Jena (1664) [3]): so viel Wochen an den vorgeschriebenen 3 Jahren fehlen, so viel Thaler Dispensationsgeld. In Würtemberg sind diese Abkäufe sehr häufig: bei den Färbern (1706) mußten die zwei Jahre mit 50 fl., von Meisterssöhnen mit 25 fl. abgekauft werden, bei den Buchbindern (1716) jedes Jahr 10 fl., bei den Strumpfwebern jedes versäumte von den 3 Jahren für Fremde 4 fl., für solche, die im Lande gelernt 3 fl., für Meistersöhne 1 fl. 30 kr. Noch später wurde in Würtemberg die allgemeine Ordnung von Obrigkeitswegen gegeben: daß jedes versäumte Wanderjahr mit 1 Goldgulden, bei Gebrechlich-

---

[1]) Beier, Boethus p. 97.
[2]) Lersner I. p. 479.
[3]) Gatterer a. a. O.

keit oder anderen mitleidenswerthen Umständen die ganze Zeit mit 1 fl. Gold abzulösen sei [1]).

Es ist nicht wundersam, daß nachdem der Handwerksbrauch des Wanderns so allgemein, fast für alle Gewerbe bestand und die Meisten gewandert waren, diese sich höher dünkten als der nicht gewanderte. Man hatte die Welt gesehen, daher es auch begreiflich, daß der Nichtgewanderte, Dispensirte, zwar als Meister nicht abgewiesen wurde, aufgenommen werden mußte, da die Dispens meist von der Obrigkeit ertheilt wurde, aber doch auch nicht für voll betrachtet wurde. Die Dispensation war nicht als gewohnheitsmäßig anerkannt. Die Gewanderten machten ihren Widerspruch gegen diese Verfügungen, wie gegen Dispensationen vom Meisterstück, welche auch vorkamen, in der Weise geltend, daß sie solchen Meistern den Namen Gnadenmeister gaben, und sie nie zum Ober- oder Zunftmeister wählten, wo diese Wahl in der Hand des Handwerks ruhte. „Man trug die Lade an dem Hause des Gnadenmeisters vorbei [2])."

Die vorgeschriebene Wanderzeit variirt von 1 Jahr bis zu 6 Jahren, jedoch beträgt sie am häufigsten 3 oder 4 Jahre. Es ist, da von den gleichnamigen Handwerken verschiedener Orte keine gleichzeitigen Ordnungen vorliegen, nicht genau zu bestimmen, ob die Wanderzeit in denselben von Anfang dieselbe war, so daß sich die Einführung des Wanderzwanges etwa auf ein gemeinschaftliches Uebereinkommen zurückführen läßt. Wahrscheinlich war dies in sehr aus-

---

[1]) Weisser, Recht der Handwerker, p. 155.
[2]) Beier, Handwerkslexikon, Gnadenmeister.

gedehntem Maße der Fall. In den Handwerken, welche ursprünglich 1 Jahr Wanderzeit vorschreiben, stieg diese später manchmal bis auf 3 Jahre, in solchen mit zwei- und dreijährigem Wandern auf 4, auch wohl bis 6 Jahr. Daß die Dauer des Wanderns verschieden war für Meisterssöhne, für solche, welche Töchter oder Wittwen des Handwerks heurathen, ist schon erwähnt. Auch darin wird unterschieden, daß der Einheimische, der am Orte gelernt hat, kürzere Wanderzeit hat als der Fremde. Es sind dies lauter Punkte, welche für die obige Hypothese über das Wandern ebenso in Betracht kommen wie für die Entscheidung über die Frage, ob die Wanderung sich auf das Inland beschränken darf, oder in ein anderes deutsches Land oder vollends in das Ausland gerichtet sein muß, ob die Wanderzeit kontinuirlich sein, oder durch zeitweise Rückkehr unterbrochen sein darf.

Die ältesten Statuten, welche den Wanderzwang enthalten, sprechen alle bloß von einem Wandern **aus der Stadt**. Da aber diese ersten Statuten aus Reichsstädten stammen, so könnte man den Ausdruck **aus der Stadt**, mit **Ausland**, insofern andere deutsche Staaten Ausland waren, gleich bedeutend nehmen, wenn nicht andere Fälle darthäten, daß dies Wandern und **von der Stadt fern sein**, das Ziel allein war. Hierfür spricht nemlich, daß auch ein Wandern auf ¼ Jahr vorkommt, was jener Zeit nicht weit geführt haben kann. Wenn ein Geselle von seinem Meister ging, ohne dessen Einwilligung, mußte er ¼ Jahr wandern (d. h. aus der Stadt sein, wie es anderswo heißt), ehe er in der Stadt selbst wieder Arbeit suchen durfte. Die Vorschrift aus dem **Lande** findet sich erst später da, wo eine Landespolizeiverordnung zu Grunde lag, und nur vereinzelt.

Ein anderer Streit, der offenbar die chikanöse Absicht bloß legt, bezog sich darauf, ob die vorgeschriebene Wanderzeit in continuo ausgehalten werden muß, oder ob mit Unterbrechung, so daß der Geselle zwischen hin heimkam und dann erst die Zeit vollendete. In einigen Statuten z. B. Buchbinder zu Nürnberg [1]) war diese Continuität vorgeschrieben, in den meisten ist nichts enthalten, aber dennoch fielen zahlreiche Streitigkeiten hierüber vor. Der Reichsschluß von 1731 erklärt die Continuität für nicht nöthig.

Eine Vorschrift, wohin die Wanderschaft sich zu richten habe, ist von Seiten der Handwerke nirgends aufzufinden. Es läßt sich von vornherein wohl vermuthen, daß sich der Zug des Wandernden in jedem Handwerke vorzugsweise nach jenen Orten richtete, wo ihr Handwerk vorzüglich in Blüthe stand, weniger vielleicht weil dort am meisten zu lernen war, als weil dort wohl leichter Arbeit zu finden und weil der gute Name nach der Rückkehr es heischte. Ein Zwang in dieser Richtung wäre auch nicht zu rathen gewesen und die Regierungen, die später solche Vorschriften machten, waren nicht gerade klüger als das Handwerk, denn wenn der Mann a l l g e m e i n in einen oder wenige Orte geleitet wurde, (und viele solche Orte gab es doch nicht, oder es wäre dadurch der Zwang noch vollends überflüssig geworden), so mußte sich dort die Zahl der Arbeiter so häufen, daß bei weitem nicht alle Beschäf-

---

[1]) Gatterer II. p. 93.

tigung finden konnten; zumal bis zum 17. Jahrhundert, so lange die Zahl der Arbeiter so sehr beschränkt war, daß auf jeden Meister höchstens 3 Gesellen kamen. Die Orte, welche Centralpunkte des Handwerks waren, namentlich bei den großen Handwerken, wurden ohnehin kaum von den Gesellen umgangen, schon die Organisation der Handwerke wirkte darauf ein. Und diese allein setzte der ganz freien Wahl der Wanderrichtung einigermaßen Schranken.

Schon im XV. Jahrhundert, noch vor dem Wanderzwang, war die Zunftmäßigkeit des Handwerks erforderlich, um von den gleichnamigen anderen Orten anerkannt zu werden, ein Geselle, der an einem Orte arbeitete, wo das Handwerk nicht zünftig war, wurde dadurch unehrlich, er durfte nicht mehr angenommen werden [1]). Damit war schon die Wanderschaft begrenzt und erstreckte sich je nach der Ausdehnung des Handwerks auf viele Orte im römischen Reich, oder wohl auch darüber hinaus, während es bei anderen Handwerken wenige Orte, jedenfalls nicht außerhalb Deutschland, zählte. Unter allen Umständen aber war das Arbeiten auf dem Dorfe damit unterdrückt, so lange die Handwerke auf die Städte allein angewiesen waren. Erst nachdem und so weit diese sich auf das Land zünftig verbreiteten, indem die Meister sich bei der Zunft

---

[1]) 1390 Seiler in Lübeck. Jeder Knecht mag mit uns dienen in den Seestädten und so in Lübeck, Hamburg, Wismar, Rostock, Stralsund und Stettin, so fern er thue, was recht; dient er aber in anderen Städten, da unser Werk kein Amt ist, den Knecht soll kein Seiler setzen oder zu arbeiten geben. Vgl. Wehrmann p. 386.

einer Stadt aufnehmen ließen, konnte der Geselle auch auf dem Lande arbeiten, zuerst bei Webern, Zimmerleuten, Schmieden und Sattlern.

So waren die Hutmacher ein großes Handwerk mit sehr großem Geschenke, das den Gesellen an den berühmten Orten viele Kosten verursachte, und sich über Deutschland hinaus erstreckte. Sie waren auch in Schweden, Dänemark, Polen, Kurland, Livland und in der Schweiz zünftig. Daher konnten die Hutmachergesellen ohne Nachtheil auch durch alle diese Länder wandern[1]) Ein ähnlich weites Wandergebiet, und zwar je mit besonders bevorzugten Oertlichkeiten, hatten die Kammmacher, Kartätschenmacher, Kupferschmiede, Messerschmiede, Schleifer ꝛc. Dagegen wurden alle Länder und Orte, in denen das Handwerk nicht zünftig war, d. h. nicht bloß von der Obrigkeit als Zunft anerkannt war, sondern auch sich dem Handwerksbrauch unterwarf, vermieden, damit nicht der Gesell unredlich zurückkehrte und sich erst wieder durch ziemlich empfindliche Strafe redlich machen lassen mußte, um Arbeit ansprechen zu können. Daher wanderten z. B. die Hutmacher selten nach Frankreich oder England. Aber auch innerhalb des Reiches entstanden dadurch Spaltungen der Handwerke, daß sie nicht immer und überall gleichen Handwerksbrauch hatten, und wer das Gebiet der Gegenpartei betrat, wurde so unredlich als ob er ein fremdes Land besucht oder bei einem unzünftigen Meister gearbeitet hätte. So schieden sich, wie schon früher erwähnt, die Rothgerber in zwei Theile. Die Franken, Schwaben, Schweizer, Rhein-

---

[1]) Beier, Lexikon. Ord. der Hutmacher.

länder, Hessen, Sachsen, Preußen und die Seestädte Bremen, Hamburg, Lübeck hielten zusammen und ihnen gegenüber standen die Gerber in Oesterreich, Baiern, Steiermark und Salzburg. Der Hauptunterschied zwischen beiden Gruppen war, daß die eine zwei Jahre, die andere drei Jahre Lehrzeit vorschrieb, daher sie sich gegenseitig für unredlich erklärten und dem Gesellen der einen Gruppe das Arbeiten im Gebiete der andern untersagt war. Ebenso waren die Gerber in Schweden, Dänemark, Holland gleichfalls für unredlich von beiden deutschen Gruppen angesehen, weil sie keine rechte Ordnung hatten, jeden in Arbeit nahmen, der ihnen anstand. Dennoch kam das Wandern dahin vielfach vor, weil man dort die deutschen Gesellen gerne hatte und gut bezahlte, aber der Rückkehrende entging auch der Strafe nicht [1]). Die Böttcher von Franken wurden in Oesterreich nicht länger als 14 Tage gefördert und umgekehrt, in geregelte Arbeit durften sie nicht genommen werden, sie nannten sich gegenseitlich ungeschliffen [2]). Es ist nicht zu bezweifeln, daß im Allgemeinen sich der Zug stets dahin richtete, wo in der That am meisten zu lernen, daß überhaupt vorzugsweise die größeren Städte Zielpunkt waren, auch ohne daß direkt die Route vorgezeichnet wurde, wenn auch zugleich mancher Ort besucht wurde, an dem in Bezug auf technische und geschäftliche Ausbildung nicht viel zu gewinnen war. Das gab sich sogar schon als Nothwendigkeit, wenn der Geselle nicht genügende Mittel hatte, geradezu auf sein oft weit entferntes Ziel loszugehen, oder nicht lediglich durch das Ge-

---

[1]) Friese, Weißgerber.
[2]) Beier, Art. ungeschliffen.

schenkt sich forthelfen wollte. Letzteres war ihm sogar vielfach unmöglich, denn er mußte, wenn Arbeit am Orte war, diese wenigstens 8 bis 14 Tage übernehmen, oder verlor sein Recht auf das Geschenk. Schwerlich hatte die direkt bindende Vorschrift besseren Erfolg. Solche trat erst dann ein, als die Regierungen nicht bloß die Handwerke gegen Ueber- und Mißgriffe überwachten, was nie außer Acht gelassen wurde, sondern den Handwerken die Autonomie gänzlich abnahmen und selbst übernahmen, die nöthigen Anstalten und Vorschriften zu deren Wohl zu treffen und zu geben. Erst im 18. Jahrhundert sind solche Vorschriften nachzuweisen; wie z. B. die Innungsartikel der Mark Brandenburg das Wandern in eine andere Provinz allgemein vorschreiben. Daß die Handwerksgesellen in berühmte Orte ihres Handwerks wandern sollen, machte die Braunschweigische Gilde-Ordnung zur Pflicht (1765). Am weitesten ging darin die Oettingen'sche Wanderordnung (1785), die ihrer Zeit als die vortrefflichste gepriesen ward. Was die Braunschweigische Gildeordnung nur allgemein als Richtschnur hinstellt, daß der Geselle die Emporien seines Handwerks besuchen soll, was als Empfehlung auch nicht im geringsten zu tadeln ist, wenn auch wahrscheinlich überflüssig, das spinnt die Oettingische Wanderordnung aufs feinste aus. Geradezu war jedem Handwerk sein Reiseziel vorgeschrieben, das es aufsuchen mußte, als ob das so ganz in der Wahl des Gesellen lag, der wandern nnd gewöhnlich den Lebensbedarf erst erarbeiten mußte, der an Ort und Stelle angelangt nicht länger als einen Tag bleiben konnte, wenn er nicht Arbeit fand, die nicht immer für jeden Zuwandernden so parat war. Es sprechen sich hierin recht deutlich die damals geltenden Regierungsmaximen aus, die da glauben, es könne kein Bürger der Schulzucht entbehren, auch wenn er lange in das Mannesalter eingetreten; noch als Geselle müsse für ihn gesorgt werden, daß er weiter in die Lehre und zwar in die rechte, von der Behörde anerkannte und autorisirte Lehre gehe, das Landeswohl hänge davon ab, daß alle Handwerker in der rechten Schule gebildet seien und der von der Wanderschaft zurückkehrende Schustergeselle könne nicht einen zerrissenen Schuh recht flicken, wenn er nicht in Paris oder Wien oder Berlin es gelernt und geübt habe. Erst dann, wenn er diese hohen Schulen vorschriftsmäßig besucht, könne man ihn ruhig und wenn auch erst nach vielen Jahren das Meisterrecht zu üben gestatten, ohne die Gefahr, daß er verarme, sich nicht nähren könne, oder den Kunden die Schuhe verderbe. Eine Verbesserung der Handwerkseinrichtung, wie sie aus deren eigenem Ermessen hervorging, war das Alles sicher nicht, aber die Sekte der Fechtbrüder mag es immerhin einigermaßen vermehrt haben. Neben diesen dirigirenden Maßregeln finden sich anderwärts andere, das Wanderwesen beeinflussende und zwar hemmende Maßregeln der Regierung. Den preußischen Unterthanen war das Wandern außer Landes im Allgemeinen verboten und verordnet, daß hierfür weder Kundschaft (Zeugnisse) noch partikuläre Verschreiben ertheilt werden sollen, daß Magistrat und Fiskale darauf vigiliren sollen, daß die Eltern ausgewanderter Inländer angehalten werden sollen, eidlich zu erhärten, daß sie von dem Sohne außerhalb keine Nachricht haben. Als Ausnahme von der Regel werden bei Professionen, die auswärts sehr floriren, an Subjekte, derer Vermögen im Lande sicher steht oder gegen Kaution von circa 100 Thlr. Päße zum Wandern außer Landes ertheilt [1]). Das Motiv dieser Hemmung liegt offen. In ähnlicher Weise finden wir noch in diesem Jahrhundert das Wandern an Orte, wo die Professionen allerdings sehr floriren, als Regel verboten, so daß nur gegen gewisse Kaution in Ausnahmsfällen Päße ertheilt werden, jedoch nicht aus militärischen sondern aus politischen Gründen.

An die Wanderschaft knüpfte sich eine große Zahl von vorgeschriebenen Formeln und Gebräuchen an, die eben als Formeln oft unsinnig genug, verhöhnt, in den Reichsschlüßen als „läppische Redensarten" untersagt wurden. Man hatte offenbar den Grund ihrer Entstehung und ihre Bedeutung längst vergessen, es war nur das eigenthümliche, oft bis zur Sinnlosigkeit unverständliche Aeußere geblieben und doch lagen sie in der ganzen Einrichtung tief begründet. Zugleich geben sie ein weiteres, für den Hauptzweck dieser Schrift nöthiges Zeugniß für das Maß der Beherrschung, welches der Gesellenschaft über ihre einzelnen Glieder zukam und die Kraft dieser Vereinigung begründete, die eine formelle freiwillige, nicht wie bei dem Handwerk durch das Gesetz erzwungene war, aber in der That doch einen viel größeren Zwang übte, — fürwahr ein zweckmäßiges Muster für die in der Jetztzeit angestrebten Arbeiterverbindungen. Der Abgang, das Verhalten auf der Wanderschaft selbst, die Arbeit auf dieser, die Weiterförderung, das Geschenk oder der Willkomm, wurde ebensoviele Gegenstände gesellschaftlichen Anordnungen, aber auch ebensoviele

---

[1]) Lamprecht p. 125.

Zankäpfel zwischen Gesellen und Meister, Gesellen und Obrigkeit.

Hatte der Geselle vorschriftsmäßig Sonntag nach dem Essen seinem Meister gekündigt, so mußte er Montags, oder je nach der festgesetzten Kündigungsfrist, nach 8 oder 14 Tagen Montags den Wanderstab ergreifen. Versäumte er diesen Termin, blieb er als wandermäßig noch am Orte, so verlor er mancherlei Vorrechte, z. B. das Recht von den Gesellen zum Thore hinaus begleitet zu werden[1]; nahm er seine Kündigung zurück, mußte er der Gesellschaft, auch bisweilen dem Handwerk Strafe geben. Mit dem Tornister auf dem Rücken und dem Stock in der Hand mußte er vor seinen Meister treten, um Abschied zu nehmen (bei manchen Handwerken mit einer gewissen Attitude den untern Knopf des Rockes zugeknöpft, den Finger der einen Hand im Knopfloch ⁊c.); dabei sprach er folgende stereotype Worte: Alles mit Gunst! Ich bedanke mich des Meisters seines guten Willens, den er mir erwiesen hat, kommt er oder der seinigen oder ein anderer ehrlicher Geselle heute oder morgen zu mir, so will ich ihm wieder einen guten Willen beweisen, kann ich es nicht verbessern, so will ichs nicht verweigern. Wo meiner im Argen gedacht wird, so gedenke er meiner am besten. Desselben

---

[1] Der Geselle mußte allein vom Orte wandern, d. h. er durfte keinen anderen bereden mit ihm zu gehen, was allenthalben straffällig war. Traf es sich jedoch, ohne Verabredung, daß zwei oder mehr Geselle zugleich aufstanden, konnten sie auch zusammen gehen. Bei den Rothgerbern in Nürnberg war es sogar Vorschrift, daß stets nur 4 Gesellen zugleich Abschied nehmen und mit einander wandern durften. Gatterer I, p. 309.

gleichen will ich thun und bedanke mich nochmals für alles Gutes."

Darauf mußte der Meister antworten: Alles mit Gunst! es ist dir von mir nicht viel Gutes widerfahren, ich versehe mich auch, nicht viel Arges; immer den guten Willen für die That, du siehst wohl, das Kloster ist arm und der Brüder sind viel und der Arbeiter trinkt auch gerne Wein und Bier. Ich wünsche dir Glück zu Weg und zu Steg, zu Wasser und zu Land. Wo dich der liebe Gott hinsendet, wo du hinkommst, grüße mir Meister und Geselle, wo das Handwerk ehrlich, wo es aber nicht ehrlich, so nimm Geld und Geldeswerth, hilf strafen und ehrlich machen, daß ihnen der Beutel thut krachen und dir und einem andern Gesellen das Herz im Leibe thut lachen, wo man meiner im Argen gedenkt, so denke meiner am besten, desselben gleichen will ich thun." Dieses Zwiegespräch, welches mit sehr wenig unbedeutenden Varianten gleichlautete, schloß mit der gegenseitigen Frage: "wißt ihr etwas, das Euch oder mir zuwider ist, so könnt ihr es sagen, weil wir jetzund beisammen sein, oder hernach stillschweigen." Es mußte genau nach dem Wortlaut vorgetragen werden und wo der Geselle auf der Wanderschaft hinkam, das Geschenk annahm, oder um Arbeit ansprach, wurde er sofort gefragt: "hast du dich auch richtig bedankt?"

Es ist eine durch alle Statuten, die das Verhältniß der Gesellen oder Knechte zum Meister berühren, durchlaufende Regel: wenn ein Geselle von seinem Meister in Unfrieden geschieden ist, so darf er nicht angenommen werden, bis er sich mit diesem versöhnt, ihm Genüge ge=

than hatte. Kam der Geselle gewandert und folgte ihm ein Brief mit Beschwerde nach, mußte er sofort entlassen werden und umkehren, um sich mit seinem letzten Meister ins Reine zu setzen. Diese Regel, welche schon lange vor dem Wanderzwang bestand, ist offenbar der Anlaß obiger Rede. Die verhängnißvolle Frage wird sofort vom Gesellen gestellt, um, falls der Meister nichts gegen ihn einzuwenden hatte, dessen Erklärung in Gegenwart von Zeugen hinzunehmen, falls aber der Meister in der That Beschwerde hatte, sie sogleich beseitigen zu können und nicht hierfür von auswärts wieder zurückkehren zu müssen. Andererseits hatte der Meister damit ebenso eine Garantie, daß ihn der Knecht nicht in Verruf bringen konnte, so daß ihm kein Geselle mehr arbeiten durfte. Zusammengehalten mit den Hänselreden, ist nichts Läppisches in der wörtlich vorgeschriebenen Rede.

Unmittelbar nach dem Abschied wanderte der Geselle in Begleitung seiner Kameraden zum Thore hinaus. Er hatte ein Recht darauf, von seinen Mitgesellen begleitet zu werden, deshalb der Altgeselle jeden Sonntag die Frage stellte: „So mit Gunst thue ich fragen, ob einer wandermäßig und begehre das Geleit zum Thore hinaus, von mir und allen ehrlichen Gesellen und Jungen, so solls ihm widerfahren." Hatte der Geselle an einem andern Tag, als dem vorgeschriebenen Wandertag die Wanderschaft angetreten, verlor er das Recht, und niemand oder nur seine Nebengesellen, die mit ihm in einer Werkstatt arbeiteten, oder höchstens, wenn er keine solche hatte, 2 bis 3 Gesellen durften ihn begleiten. Gegen dieses große Geleite, das natürlich ein Anstoß zum Feiern war, wurde viel angekämpft. Es mag auch viel zur Gestaltung des blauen Montags beigetragen haben. Die Handwerke selbst suchten es frühzeitig zu beschränken, schon lange, ehe der Wanderzwang bestand. Vollständig konnte man das Geleite nicht abschneiden, denn der Geselle hatte das Recht, das Bündel nicht vor das Thor tragen zu müssen, das war Pflicht eines Begleitenden.

Unterwegs mußte sich der Geselle durch Arbeit unterhalten, wo aber solche nicht offen war, da erhielt er einen bestimmten Betrag als Unterstützung, das Geschenk. Das ursprüngliche Wesen des Geschenkes ist, wie das des Zwangsgebotes, allmählich außer Kenntniß gekommen. Mit dem Ausdruck geschenktes Handwerk, im Gegentheil zu den ungeschenkten Handwerken versieht man nach vollendeter Ausbildung des Wanderwesens, insbesondere des Wanderzwanges, diejenigen Handwerke, welche dem Wandernden eine solche Gabe zu reichen pflegten. Demnach mußte geschenktes Handwerk und Handwerk mit Wanderzwang identisch sein, denn alle Wandernde erhielten solche Gaben und konnten sie nicht entbehren. Bald hatten die Gesellen, bald, wenn solche zufällig nicht anwesend waren, die Meister, bald das ganze Handwerk diese Last zu tragen. Aber vielfach glaubte man unter geschenkten Handwerken nur die verstehen zu müssen, in welchen die Gesellenschaft regelmäßig für das Unterkommen und Durchkommen des Wandernden sammelte. Das ist aber jedenfalls ein irriger Begriff. Geht man auf frühere Zeiten zurück, so ergiebt sich evident, daß das Geschenk mit der Wandergabe nichts gemein hatte und später sogar neben dieser als

Geschenk noch ein anderes bestand, das dem alten Sinne und Zwecke entsprach.

Das Geschenk war der Gesellenschaft nicht specifisch eigen, sondern lange, ehe eine solche bestand, kam es bei den Meistern, dem Handwerk vor. Es scheint übereinzukommen mit der in Deutschland allgemeinen Sitte, einem Gaste, der ankam, eine Festgabe zu reichen. Wenn ein Kaiser oder Fürst in eine Stadt kam, oder dessen Gesandter ꝛc. wurde ihm bekanntlich ein Geschenk gegeben: Wein, Geld oder anderes. Das war üblich noch im 17. Jahrhundert, wofür Ritter Hans Schweinichen (1602), der von seinem Herrn, dem Herzog von Schlesien, als Gesandter nach Liegnitz geschickt wurde, einen Beleg liefert: „den 16. März ist die Rathskur zu Liegnitz gehalten worden, es hat aber meine Gicht nicht zugelassen, daß ich dabei hätte sein mögen, sondern ich habe mich in meinem Bette gedulden müssen. Es ist aber der neue Bürgermeister höflich gewesen und mir das Geschenk mit Muskateller und sonsten gehalten." Auch der Anlaß hierzu, die Rathswahl, ist einer von jenen die überall mit dem Geschenk gefeiert worden zu sein scheinen, jedenfalls auch bei den Handwerken.

Die Zunft- und Handwerksgenossenschaft bildete aus sämmtlichen Angehörigen ein Ganzes; sie trugen mit einander, wie bei Aufnahme eines Meisters ausdrücklich erwähnt wurde, Freude und Leid und zwar nicht blos das öffentliche, alle treffende, wie Krieg, Steuer, Wache ꝛc., sondern auch das rein persönliche, der einzelnen Familie zufallende. Es kam hier nichts vor, worüber man nicht gegenseitig sich sein Mitgefühl ausdrückte. Wer Hochzeit hielt, mußte dem Handwerke leisten, wofür die Aufnahmsbestimmungen des

Meisters die auffallendsten Belege geben. Er empfing aber auch von dem Handwerk ein Zeichen der Theilnahme. Eine genügende Zahl von Statuten zeigen dieß. So der Beschluß der Schneider in Mainz [1]) (1394): „Auch ist man übereingekommen mit Mehrheit, welchem Gesellen ein Kind in der Zunft geboren würde, oder eines stürbe, oder Knecht oder Magd, dem soll man schenken, den nächsten Feiertag danach und auflegen." In diesem Beschluß liegt der Ton darauf, daß fortan das Geschenk nicht gleich nach dem Ereigniß, sondern erst auf dem nächsten Zunfttag, an welchem die Meister zusammenkamen und ihren Beitrag gaben, gegeben werden solle. Allgemein ausgedrückt ist die Regel, jedem in solchen Fällen zu schenken in dem Statut über die Fünfmänner der Tuchhändler in Straßburg (XV. Jahrhundert) [2]), „daß jemand aus unserm Handwerke lieb oder leid geschieht, darum man einem schenken soll, so soll er bestellen, daß solches geschieht, und wenn er die Fünfmänner nöthig hat, so mag er sie zu sich bestellen und sie sollen ihm gehorsam sein."

Außer diesen persönlichen Ereignissen, welche dem Betroffenen ein Recht auf das Geschenk gaben, war noch eine Anzahl anderer Veranlassung dazu. Sobald Wahlen waren, neue Zunftmeister oder Zunftbeamte gewählt wurden, oder neue Rathsherrn, d. h. Vertreter der Zunft im Rath, so wurde ihnen das Geschenk gereicht. So in der Kürschnerordnung in Straßburg [3]): Auf denselben Tag

---

[1]) Mone XIII, p. 154.
[2]) Mone XVI, p. 332.
[3]) Ebendaselbst.

(dem Wahltag) soll man auch die Schenkung thun, wie das von Alters herkommen und nicht mehr Freitags. Man soll auch einem Rathsherrn schenken. Man soll schenken: dem neuen und alten Rathsherrn, dem neuen und alten Zunftmeister ꝛc. Aber nicht bloß den Beamten, sondern auch ihren Frauen, die ja überhaupt der Zunft zugehörten und als Frauen und Wittfrauen an den Zunftfesten theilnahmen, wurde geschenkt. Jedoch hörte das im XV. Jahrhundert auf. Die oben citirte Kürschnersatzung endigt ihren Satz mit den Worten: und hierfüro den Frauen nicht mehr. Das Geschenk bestand in Getränk (Wein) und Essen, wie obiges schon darthut. Jedenfalls war es mit Ansprache und Antwort verbunden. Jedoch erstreckte es sich noch weiter.

Hatte das Handwerk einen Vorsteher unter den Rathsherren, wie dieß öfter vorkommt, z. B. in Kölln, Frankfurt, Nürnberg, daß der Rath für jedes Handwerk einen aus seiner Mitte bezeichnete, der es überwachte, vertrat ꝛc., so mußte auch diesem jährlich gereicht werden und auch das hatte den Namen Geschenk.

Die Gemeinschaft führte aber auch dazu, daß allmählich solche festliche freudige Ereignisse von der Familie selbst auf dem Zunfthause gefeiert wurden, und die Verbindlichkeit zu geben, welche ein Mitglied gegen ein anderes oder gegen Fremde hatte, dort erfüllt, das Zunftlokal ꝛc. dazu benutzt wurde. Kindtaufschmäuse, Hochzeiten, Tänze ꝛc. wurden dorten gefeiert und das 15. Jahrhundert weist eine große Reihe von Bestimmungen auf, unter welchen Umständen und wie solches statthaft und zulässig sei, immer nur unter Genehmigung der Vorstände. Sogar

Verbote von Amtswegen treten im 16. Jahrhundert ein, welche zeigen, daß wie überhaupt bei solcher Gelegenheit, Hochzeiten, Taufen ꝛc. so auch im Handwerk sich allmählich ein Uebermaß von Ausgaben eingeschlichen hatte, welchem nach damaliger Sitte durch ein Luxusgesetz gesteuert und Grenzen gesetzt werden sollten. In Frankfurt[1]) erschien ein Rathsdekret solchen Inhalts im Jahr 1596 für das Handwerk der Bender und der Kürschner, welches beginnt: „da der Unfug eingerissen, daß ...... die Kindesväter (bei den Kinderschenken) wie auch der Gevatter in Sonderheit etliche ¼ Wein der Gesellschaft zum Besten geben, was Beschwerde, viel Gezänke, Unwillen, Schlägerei erzeigt." Diese sogenannten Nachschenken werden ernstlich verboten, die Kindsschenken sollen auf den Sonntag verlegt werden, die Hochzeitsschenke dagegen am Hochzeitstag gehalten werden dürfen. Das Ganze ist gegen das viele Zechen in den Zunftstuben gerichtet und dieses daher auf die Zeit von 3 bis 7 Uhr beschränkt.

Geht aus dem Gesagten hervor, daß das Geschenk nicht bloß bei den Gesellen sich findet, ja daß es älter ist als die Gesellenschaft, die Gesellenkasse u. s. w., daß es auch mit dem Wandern ursprünglich in gar keinem Bezug steht, so kommen wir dadurch nicht minder zu der Einsicht, wie dieses Geschenkreichen auch dann auftritt, wenn ein neuer Meister aufgenommen wurde oder wenn ein Fremder als Gast kam. Ersteres begriff regelmäßig zwei Akte in sich, das Schenken des Ankömmlings an die übrigen Mitglieder und das Geschenk des Handwerks an ihn.

---

[1]) Vgl. Archiv.

Bei den Knechten kommt diese Art des Geschenkes gleichfalls vor, aber man muß sie fern halten und unterscheiden von dem, was gewöhnlich als Geschenk gemeint wird. Die älteste Stelle, welche hier anzuführen ist, ist der schon oben, bei der Wanderschaft angeführte Beschluß der Schmiede der Rheinstädte, d. h. von Mainz, Worms, Speier, Frankfurt, Gelnhausen, Bingen, Oppenheim, Aschaffenburg, Kreuznach im Jahre 1383 gefaßt: Die Meister der Schmiede und die Schmiedezünfte sind übereingekommen, die Knechte sollen von den **armen** Knechten, welche zu den Meistern kommen, weder Einstandstrank noch Geschenk nehmen, noch Gegengeschenke geben. Von dem Wandergeschenk ist hier nicht die Rede, sondern von dem Eintritts- und Empfangsgeschenk, analog dem Brauche der Meister. Und dieser Brauch hielt sich bei den Gesellen dauernd fort. Trat der Geselle am Ort in Arbeit, so erhielt er das Geschenk erst auf der nächsten Gesellenversammlung, der er beiwohnte. Ebenso erhielt er es an dem Sonntag, ehe er auswanderte, als Abschiedstrunk. Hatte ein Ankommender es empfangen, so hatte er es am nächsten Sonntag, oder nach 4 Wochen ein Abendessen zu geben [1]). Bei jeder solchen Versammlung frug daher der Altgeselle: „Ist einer da, der zugewandert ist oder wandermäßig ist, der melde sich, daß man ihm die Schenke reiche, wie es der Brauch ist."

Dieses Geschenk ist von dem Willkomm zu unterscheiden, der Gabe, die der Geselle gleich bei der Ankunft erhielt und die nie den Namen Geschenk oder Schenke

---

[1]) Friese S. 670.

führte. Sie bestand neben dieser und wurde bei Ankunft des Gesellen, während noch für ihn um Arbeit gesehen wurde, gegeben. Außer in den entsprechenden Reden bei Ankunft eines Wandernden ist das erkenntlich in dem Artikel der Statuten der Frankfurter Schreiner (1473)[1]: „Wenn ein Knecht hieher zu Frankfurt kommt und begehrt zu arbeiten, sollen ihm die Knechte nach Arbeit sehen und **eine Maß Wein mit ihm trinken, und demselben Knechte nicht eher schenken als Feiertag.**" Hier erscheint der Wein als eine Gabe des Handwerkes, aber in anderen Handwerken war auch die Sitte, daß der Zuwandernde Wein oder Bier und Brod dem Altgesellen, oft noch Geld für seine Bemühungen um Arbeit zu geben hatte und konnte er es den Augenblick nicht wegen Mangel an Geld, so mußte er es ihm versprechen und leisten, sobald er Arbeitslohn eingenommen hatte. Beides, den Einstandstrunk oder Willkomm und die Schenke, empfing jeder ankommende Geselle, auch wenn er nicht am Orte in Arbeit kam, dagegen anders mit dem Geschenke im eignen, noch zuletzt bei den Handwerken üblichen Sinn. Dieß hatte den Zweck, dem wandernden Gesellen auf der Reise durchzuhelfen und wurde daher auch nur dieser Absicht entsprechend ertheilt. Jeder Ankommende sollte, wenn Arbeit vorhanden war, in Arbeit treten, war keine vorhanden, erhielt er das Geschenk; war sie vorhanden und er weigerte sie, hatte aber selbst die Mittel, daß er fort- resp. durchwandern konnte, stand ihm nichts im Wege; hatte er die Mittel nicht, und weigerte sich dennoch der Arbeit, so

---

[1] Vgl. Archiv.

mochte er ziehen, empfing aber auch nicht das Geschenk, das nur für die Weiterhülfe bestimmt war. Das ist eben jene Gabe, welche durch das Wandern in großem Maßstab hervorgerufen und eine Nothwendigkeit wurde, sobald das Wandern Zwang war. Um es zu schaffen, mußte jeder am Orte arbeitende Geselle wöchentlich ein Bestimmtes beitragen, oder der Bedarf wurde ausgeschlagen. Es war daher auch kein Almosen, jeder hatte ein Recht darauf durch die Leistung dazu und es ist analog den Beiträgen zur Verpflegung Kranker zu achten.

Es wurde schon berührt, daß es irrthümlich ist, von diesem Geschenke die Namen ge sch en k ter oder un ge sch enk ter Handwerke herzuleiten. Diese Unterscheidung muß eine ganz andere Bedeutung gehabt haben. Denn eine Anzahl von Handwerken, welche nicht geschenkte waren und ausdrücklich als solche genannt werden, hatten Wandervorschrift und damit auch die Nothwendigkeit des Geschenkes. Manche dieser Handwerke waren an einem Orte geschenkt am andern nicht; so z. B. die Rothgerber, eines der entwickeltsten und größten Handwerke, war in Augsburg, Niedersachsen, in den Seestädten geschenkt, in andern nicht[1]). Demohngeachtet erhielt der Geselle überall die Zehrung und das viaticum. Waren keine Gesellen am Orte in Arbeit, so hatten die Meister dem Zuwandernden für Nothdurft, Essen, Trinken und

---

[1]) Beier, Lexikon p. 352 ff. „Die Strumpfstricker in Frankfurt sind (gleich an anderen Orten heute noch) ein geschenkt Handwerk gewesen, weil aber der Zuspruch zu stark hat kommen wollen, als ist vor etwa 20 Jahren (circa 1630) die Schenkung allhier abkommen." Lersner I, p. 486.

Nachtlager zu sorgen. Bei den Gerbern war an vielen Orten der Brauch, daß man bei Erwerbung der Meisterschaft ein gewisses Stück Geld in das Handwerk geben mußte wegen der **zuwandernden Gesellen**. Der Name **geschenktes Handwerk** muß, was noch einer späteren Erörterung bedürfte, demnach in alten Zeiten eine andere Bedeutung gehabt haben, als man gegenwärtig davon glaubt.

Das Geschenk in obigem Sinne bezog sich auf Nachtlager, Essen und Trunk und einiges Zehrgeld für den nächsten Tag oder auf so lange, bis der Wandergeselle wieder auf das Geschenk rechnen, d. h. einen Ort erreichen konnte, an dem das Handwerk sich vorfand[1]. Der Zuwandernde mußte sich die Geldgaben im Anfang selbst in einer Werkstelle holen, aber sehr bald wurde dieß durch die Einrichtung geändert, daß in jedem Orte, wo das Handwerk bestand, die Gesellen einen eignen Gesellen wählten und bestellten, welcher die Zuwandernden sowohl in Bezug auf ihre Unterkunft besorgen, als auch für sie, wenn sie am Orte arbeiten wollten, um Arbeit zu sehen hatte. Wo keine Gesellen vorhanden, mußten die Meister des Ortes den Ankömmling beherbergen, mit Nachtlager und Kost versehen und zwar entweder der Reihe nach oder aus der Meisterlade.

Das Maß des Getränkes, welches der Geselle zu fordern hatte, war nicht überall bestimmt. Es ist überhaupt nicht möglich, zu ermitteln, wieviel in ältester Zeit des Gesellen-

---

[1] Es gab ein ganzes und ein halbes Geschenk, ersteres für die gemachten Gesellen, letzteres für die Jünger.

thums jeder als Geschenk anzusprechen hatte; nur das geht aus den Reden der Gesellen bei dem Empfang hervor, daß gar vielfach dieses Geschenk in eine Schenke umgewandelt wurde und man in Maß und Art excedirte.

Diese veranstalteten förmlichen Gelage sind es wohl gewesen, welche in dem Reichsschluß von 1548 das Verbot des Ausschenkens veranlaßten, wenigstens weist der Eingang der Verordnung darauf hin. Später wurden in den Handwerksordnungen, welche die Behörden erließen, die Geschenke in Geld oder Nachttrunk ꝛc. bestimmt. Aber immerhin scheint das dem Unfug, welchem man steuern wollte, nicht gesteuert zu haben, da bis zu Ende des verflossenen Jahrhunderts die Klagen darüber fortdauern.

Der Reichsschluß von 1731, der in 1771 neu bestätigt wird, drückt sich sehr präcis aus: „Ingleichen und weile man befunden, daß mehrmale bei dem Aufdingen und Ledigzählung der Lehrjungen wie auch bei dem Schenken der Handwerksgesellen, als welche bei theils Handwerken mit gar keinem freiwilligen Geschenke zufrieden, sondern nach ihrem Gefallen mit kostbaren und gewissen Speisen von den Meistern versehen sein wollen, soll der mannigfaltige Unterschied zwischen geschenkten und ungeschenkten Handwerken, zumalen was dieser bisher eingebildete bessere Ehre und Redlichkeit belangt, kraft dieses völlig hinwegfallen, insbesondere auch ein jeder wandernde Geselle zum Geschenke, wo solches hergebracht, von einem Orte mehr nicht, denn höchstens 2 bis 10 Gr. oder 15 bis 20 kr., es sei nun gleich baar, oder statt dessen in Essen und Trinken und auf der Herberg bekommen, hingegen des Bettelns vor den

Thüren sich gänzlich enthalten, wenn aber ein Geselle oder deren viele nur des Geschenkes halber von einem Orte zum andern laufen, eine angebotene Arbeit anzunehmen verweigern sollte, wäre ihm das Geschenk nicht zu halten." Dieses Edikt läßt recht deutlich in die wesentlichen Gebrechen des Schenkwesens hineinsehen; übertriebene Anforderungen, Schlemmen, das Fechten und lediglich des Geschenkes halber wandern; die Heranbildung der Fechtbrüder ist darin klar vor Augen gestellt. Einzelne Regierungen hatten schon früher, wenn nicht eine allgemeine, so doch für jedes Gewerb festgestellte Schenktaxe angeordnet, so z. B. in Würtemberg für die Glaser (1627) 3 Schilling, für die Bortenwirker (1701) 10 kr., für die Buchbinder (1719) 12 kr. nebst Nachtlager und Kost, Kammmacher (1741) 20 kr. Zehrung und ebensoviel als Zehrpfennig ꝛc.[1]). Eine allgemeine Bestimmung, wie der Reichsschluß sie erließ, war an sich nicht praktisch, denn sie konnte so meistens für ein Handwerk zu viel, für das andere zu gering sein. Vergleicht man einen Silberarbeiter mit einem Zimmermann, so findet man, daß letzterer mit einer kleinen Gabe sich begnügen konnte, weil er sie öfter des Tages und jedenfalls jeden Tag einnahm, denn fast in jedem Dorf fand er das Handwerk und Geschenk vor, da in letzter Zeit die Dorfmeister in die Stadtzünfte einverleibt waren und deshalb auch sich der Geschenkpflicht unterziehen mußten; der Silberarbeiter dagegen mußte oft viele Tage wandern, bis er wieder in einen Ort kam, der das Handwerk enthielt. In der That hatte der Silberarbeiter bis in

---

[1]) Weißer p. 43.

die letzte Zeit 1 fl., die Buchdrucker sogar 4 fl. Geschenk. Aber auch die Bestimmung für das einzelne Handwerk hatte nicht den erwünschten Erfolg; die Polizei war jener Zeit viel zu schwach in Deutschland und überdieß wurde die Verordnung von dem Handwerk nicht durchgeführt, von den Behörden nicht streng kontrollirt wegen des Handwerksinteresses. Wo das Geschenk gering war, gingen die Gesellen nicht hin, und doch lag jeder Stadt daran, daß sie ein Ziel der Zuwanderung sei, um wohlfeile Arbeit und immer Genüge an Arbeitern zu haben.

Die Gefahr der Unehrlichkeitserklärung, welche von der Gesellenschaft erfolgte, sobald an einem Orte das Geschenk nicht gehalten oder nicht richtig gehalten oder zu wenig gegeben wurde, bewirkte, daß man überall die Verordnungen gegen den Mißbrauch erließ, aber sie nie durchführte. Auch noch der Reichsschluß von 1771, welcher also wohl dadurch, daß er die Verordnung für das ganze Reichsgebiet stellte und die Verrufserklärung damit unwirksam machte, hatte keinen Erfolg, weil er doch nicht einheitlich durchgeführt wurde. Deß sind vielfache spätere Erlasse, Zeuge, z. B. für die Glaser in Göttingen[1]) "bei dem Glaseramte zu Göttingen, als einem geschenkten Handwerke, soll bei Gefängnißstrafe einem reisenden Geselle ein mehreres nicht, als ein freies Nachtlager und eine Mahlzeit, oder an Geld vier bis höchstens 6 Mgr. gegeben werden, bei dem Ausschenken aber soll außer dem Boten- und Altgesellen bei gleichmäßiger Strafe von den übrigen Gesellen niemand gegenwärtig sein und sich gelüsten

---

[1]) Gatterer I, p. 674.

lassen, seinem Meister von der Werkstatt zu gehen." Noch 1810 sagt ein Mandat im Königreich Sachsen: Das bei verschiedenen Innungen gewöhnliche sogenannte Ausschenken, welches vorzüglich darin besteht, daß die eingewanderten Gesellen bei ihrer Ankunft entweder von den Meistern oder von den in Arbeit stehenden Gesellen als auch von beiden zugleich an öffentliche Orte oder auf die Herberge geführt und daselbst, besonders bei dazwischen fallenden Sonn- und Festtagen, mehrere Tage nach einander mit verschiedenen Getränken, Speisen, auch Tabak freigehalten werden, wird den Meistern sowohl als den Gesellen bei einer Gefängnißstrafe von 3 Tagen und zwar den ersten und letzten Tag bei Wasser und Brod untersagt. Auch sollen sich die eingewanderten Gesellen mit der nach Art. 1 dieses Mandats zu erwartenden Aussteuer oder Verpflegung begnügen ꝛc. (nemlich 4 bis 5 Gr. oder statt dessen hinlängliches Essen und Trinken).

Viertes Kapitel.

Gesellenschaft.

Die vorangehende Darstellung hatte den Gesellen als Individuum zum Gegenstand; seinen Beruf, die Arbeit, seine Stellung zum Meister ꝛc. Es ist nunmehr die Gesellenschaft als Verbindung der Gesellen in Betracht zu ziehen. Die Entwickelung des Gesellenwesens, insbesondere der sogenannten Mißbräuche, welche dasselbe begleitet und in Verruf gebracht haben, hängt vorzugsweise mit der

Gesellengemeinschaft zusammen. Das Handwerk, als Genossenschaft der Meister, die Orts- oder Landesobrigkeit, endlich das Reich schreiten nur mit der Tendenz und Absicht ein, dem Ueberwuchern jener Gesellenverbindung, der Beherrschung der ganzen gewerblichen Produktion im Interesse des Hülfsarbeiters, entgegen zu arbeiten. Die Fruchtlosigkeit dieses Strebens ist zwar einerseits der Schwäche der Behörden ꝛc. zuzuschreiben, noch mehr aber der in der Gesellenassociation liegenden Kraft, welche, durch Umstände begünstigt, wie sie nur in Deutschland sich fanden, in der That, vom Ende des 14. Jahrhunderts an stetig wuchs und jeden Widerstand wältigte, eine so kleine Minorität der Bevölkerung, eine scheinbar einflußlose arme Klasse umfassend und dennoch Schritt für Schritt ihrem Ziel sich nähernd, ja sogar das ganze Reich tyrannisirend. Es liegt hier ein höchst geeignetes Musterstück vor, an dem man die Wirkung der Association unter gegebenen Verhältnissen studiren und verfolgen kann, und wenn auch jene Verhältnisse überall nicht mehr bestehen, so läßt sich doch auch daraus ableiten, welchen Geist und welche Richtung eine solche Association stets nehmen wird; ein Vergleich mit der Neuzeit kann nur höchst lehrreich sein, denn die Hülfsmittel der Association jener früheren Zeit sind dieselben, wie sie gegenwärtig gebraucht werden, obwohl sie nicht mehr in so vollem Maße zur Disposition stehen.

Vor der zweiten Hälfte des XIV. Jahrhunderts sind Spuren einer gesonderten Gesellenschaft nicht aufzufinden, nicht einmal eine gesonderte Bruderschaft zu kirchlichen Zwecken, womit die Constituirung einer Körperschaft bei den Knechten, wie bei dem Handwerk, den Meistern, meist anhub.

Die Knechte gehörten mit zur Gesammtbruderschaft (Werk, Handwerk, Zunft). Sie waren den Zunftbeschlüssen und Gesetzen unterworfen, ohne daß bisher ermittelt werden konnte, ob sie selbst bei den Beschlüssen Theil nahmen, aktiv oder bloß passiv. In der zweiten Hälfte des XIV. Jahrhunderts finden sich schon in dem ersten Jahrzehnt Stellen, welche vermuthen lassen, wie sie zum Handwerk standen, insofern sie darthun, daß die Knechte unter dem Zunftgericht standen, daß sie aber auch Ansprüche an die Zunft zu machen hatten. Das Statut der Schneider und Tuchscherer in Frankfurt[1]) sagt: „was uns Meistern verboten ist, das soll auch unsern Knechten verboten sein, gleich uns selbst." Diese Stelle scheint darauf gedeutet werden zu dürfen, daß die Statute von den Meistern allein gemacht wurden. Dafür sprechen noch ähnliche Statuten aus gleicher Zeit, z. B. das der Bäcker (1352)[2]), welches über das Verfahren mit Knechten, die vor der Zeit aus dem Dienst treten, oder heurathen, oder ihre Frau auf den Markt setzen ꝛc. handelt. Diese beiden Statute der Bäcker und Schneider stehen übrigens nicht für Frankfurt isolirt; sie sind Resultate der Uebereinkommen mehrerer Rheinstädte. Das Bäckerstatut gilt für die Städte Mainz, Worms, Speier, Oppenheim, Frankfurt, Bingen, Bacharach und Boppard und ist als alt hergebrachte Gewohnheit bezeichnet. Die Gewohnheit der Bender in Frankfurt (1355)[3]) gibt eine weitere Deutung der Stellung der

---

[1]) Böhmer p. 624.
[2]) Ebendas. p. 625.
[3]) Ebendas. p. 648.

Knechte: „Ein Meisterknecht giebt alle Jahre 18 Heller, ein gemeiner Knecht 9 Heller, wird er krank, leihen wir ihm 3 ℔ bis es 18 ℔ sind, stirbt er, so begräbt man ihn als gleich seinem Meister." Diese Stelle ist 1377 wiederholt mit der Aenderung, daß statt gemeiner Knecht Zuschläger steht, wodurch die Unterscheidung zwischen Meisterknecht und gemeiner Knecht erläutert wird, ferner mit dem Zusatz, „wird er wieder gesund, soll er das Geld wiedergeben, wenn er es verdienen mag." In gleicher Weise die Wollenweber in Konstanz (1386)[1]: „wenn ein Knecht krank wird, sollen ihm die Meister aus der Büchse leihen 5 ℔ gegen Pfand, hat er kein Pfand, auf Handgelübde, daß er nicht aus der Stadt fährt, bis er bezahlt hat, bleibt er länger siech, wird das Darleihen wiederholt." Dafür, daß die Knechte der Justiz der Zunft unterworfen waren, sprechen schon in dem XIV. Jahrhundert eine ziemliche Anzahl Stellen, welche den Knecht anweisen, im Falle des Streites mit dem Meister sich an den Zunftmeister zu wenden, so die Schmiedezünfte der Städte Mainz, Worms, Speier, Frankfurt, Gelnhausen, Aschaffenburg, Bingen, Oppenheim und Kreuznach (1383)[2]: „wenn dem Knecht ein Unrecht von seinem Meister geschieht, so soll er bei den andern Meistern bitten, ihm behülflich zu sein, und diese sollen ihm zu seinem Rechte verhelfen, gleich als wäre er ein Eidgeselle" (d. h. Meister).

Dieser letzte Schluß ist bereits Folge von Händeln zwischen Meister und Gesellen, sowie auch in dem oben

---

[1] Mone IX, p. 143.
[2] Weidenbach p. 34.

angezogenen Wollweberschluß bestimmt ist, „die Meister haben ein Recht, den Gesellen um Geld zu strafen." Auch dieser Beschluß ist Folge von Streitigkeit zwischen Meister und Gesellen und zwar scheint, daß letztere das Recht der Meister angestritten haben.

Ausnahmen von diesem als Norm aufgestellten Verhältniß, daß die Gesellen bei den Meistern in der Zunft und deren Willen unterworfen waren, daß jene allein die Gesetze gaben und die Knechte sich zu unterwerfen hatten, liegen nur ganz wenige vor, so im Jahre 1340 ein Befehl des Herzogs Albert II.: „wir wollen daß die Schneider zu Wien, weder Meister noch die Knechte eine Einung haben, die wider uns noch wider unsere Stadt Wien sei" [1]).

Man mag dadurch wohl zur Vermuthung kommen, daß schon damals in Wien Geselleneinung bestand; wenn auch in jener Zeit die Bestimmungen gegen die Einigungen sehr zahlreich in allen Ländern waren, so ist doch keine einzige Stelle gegen ein einzelnes Handwerk oder vollends gegen die Knechte gerichtet. Das Auftreten grade gegen die Schneider und dann die Hervorhebung von „weder Meister noch Knechte" spricht sehr dafür, daß dort die Knechte schon eine gesonderte Einung versucht hatten. Bestimmt ist aber eine solche nachweisbar bei den Wollenwebern in Speier [2]). Im Jahr 1351 war dort in Folge von Mißhelle und Zweiung zwischen der Zunft der Tucher gemeiniglich und der Weberknechte gemeiniglich

---

[1]) Rauch scriptores p. 62.
[2]) Mone XVII, p. 56.

zu Speier wegen Lohn ausgebrochen, die durch Festsetzung des Lohnes nach Uebereinkunft ausgeglichen wurde. Im Jahre 1362 wiederholte sich der Haber um den gleichen Grund, und der Brief der den neuen Vergleich enthält beginnt: „Wir die Webermeister und die Tuchermeister und dieselben Gezünfte gemeiniglich zu Speier entbieten den Büchsenmeistern und den Weberknechten gemeiniglich unsren Gruß ..." Hier erscheinen die Gesellen schon für sich organisirt und vertreten durch Büchsenmeister (so hießen die Vorstände der Gesellschaft bei manchen Gewerben), sie hatten jedenfalls schon eigene Kassa, ob eine besondere Brüderschaft, ist nicht ersichtlich aus dem Schreiben. Es kann nicht Wunder erregen, daß die Weber zuerst in dieser Sonderung auftreten, dieß ist vielmehr sehr erklärlich, da die Webergesellen verheurathet sein konnten und sehr häufig waren, wodurch sie schon an sich den Meistern ferner standen als diejenigen Gesellen, welche unverheurathet bei den Meistern wohnen und leben mußten. In Ulm findet sich gleichfalls in jenem Jahrhundert bereits das Gesellenwesen der Weber vorzugsweise entwickelt [1]), worauf wir gleich zurückkommen werden. Es ist nur aus der Quelle, aus welcher hier geschöpft ist, nicht zu erkennen, in welchem Theil des XIV. Jahrhunderts, ob in der ersten oder zweiten Hälfte die dort angeführte Einrichtung bestand, nach welcher den Gesellen weit mehr Recht zukam, als bisher erwähnt wurde.

---

[1]) Angabe bei Jäger p. 532. Daß die Gesellen mit die Vorstände wählten und eben so viel Stimmrecht hatten, als die Meister.

Wenn nun bis zum Ende des XIV. Jahrhunderts noch die Macht des Handwerkes in den Händen der Meister lag, wenn diese die Normen, den Brauch bestimmten und die Gesellen sich dem zu fügen hatten, so darf doch nicht geglaubt werden, daß bis dahin die Knechte nur gehorsame Diener waren, daß sie noch gar keinen Versuch zu eigener Verbindung, keine Verabredungen zu gemeinschaftlichem Auftreten und Verfahren hatten. Vielmehr sind schon aus dem Anfange jenes Jahrhunderts Thatsachen gegeben, welche von dem Streben der Knechte zeugen, durch gemeinschaftliches Auftreten einen Druck gegen die Meister zu üben und sich in solcher Gemeinschaft den Meistern zu widersetzen.

Als erster Beleg hierfür dient ein deutsches Land, das eben nicht viele Beispiele für die Entwickelung des Gesellenthums liefert, vielmehr diese von außen empfangen zu haben scheint. In Breslau erschienen schon 1329 die Gürtlermeister vor dem Rathe und verbinden sich, „da die Gürtlerknechte sich vereinigt haben, ein Jahr lang alle Arbeit einzustellen, auch ihrerseits keinem Arbeit zu geben [1]". Es ist dieß der erste bekannte Versuch der Knechte, durch Verabredung die Arbeit, hier auf bestimmte Zeit, was sonst nicht vorkommt, einzustellen und damit die Meister zu strafen, oder zu irgend etwas zu zwingen. Von einer geschlossenen Gesellenverbindung, wie sie später auftritt, kann hier um so weniger die Rede sein, als überhaupt in Schlesien diese Verbindung erst sehr spät auftritt und von den vielen Handwerksordnungen des XIV. Jahr-

---

[1] Codex diplomaticus silesiae Bd. VIII. (1867) p. 15.

hunderts, welche der Cod. diplom. silesiae 1867 abgedruckt hat, keine eine Andeutung gibt, daß das Verhältniß zwischen Meister und Gesellen ein schwieriges, daß überhaupt auf die letzteren besondere Rücksicht genommen worden. Außer der angegebenen Stelle deutet alles nur darauf hin, daß die Meister wie anderwärts die Zunft dirigirten und nur noch eine Stelle zeigt, daß die Knechte mit bei den Morgensprachen waren und sein mußten. Diese Stelle, die Kürschner in Breslau betreffend, ist ohne bestimmtes Datum, aber jedenfalls erst aus dem XV. Jahrhundert. Von einem Ausziehen der Gesellen ist oben nicht positiv gesprochen, obwohl es angenommen werden muß; denn es ist sonst die Existenz derselben nicht zu begreifen. Bemerkenswerth ist in jener Stelle noch, daß der Rath einfach den Beschluß der Meister, daß jeder, der einen der Gesellen innerhalb desselben Jahres in Dienst nimmt, der Stadt Strafe zahlen muß, einfach registrirt, ohne selbst in die Händel einzugreifen, wie es anderwärts wohl selbst bis zur Einsperrung geschah. Es läßt sich daraus wohl ableiten, daß die Gesellen bereits die Stadt verlassen hatten. Ferner ist zu beachten, daß die Meister sich noch Macht genug zutrauten, auf diese Weise die Gesellen zu strafen resp. die Sache zum Nachtheil der Gesellen zu wenden. Wenige Jahre später würden sie wohl der Ueberzeugung gewesen sein, daß sie den Kürzeren ziehen und entgegenkommende Schritte zur Versöhnung gethan haben, wie es 1351 in Speier geschah [1]). Dort hatten in dem genannten Jahre, wie oben angeführt, Mißhelle und Zweiung zwischen den

---

[1]) Mone XVII. 58.

Tuchermeistern und den Weberknechten des Lohnes wegen geherrscht „als sie sprachen, der Lohn wäre zu klein und sie möchten dabei nicht bestehen, und sie darum weggelaufen waren." Die Meister haben sich darauf „mit ihnen lieblich, freundlich und gütlich gerichtet und geschlichtet, um allen Schaden, Kosten und Verlust, den Jemand wegen desselben Weglaufens gehabt hat, ewiglich versöhnt und eines Lohnes übereinkommen, den wir und alle unsere Nachkommen ewiglich geben sollen, und die Weberknechte, die nun hier sind oder je her kommen, ewiglich nehmen sollen." Schon oben ist angeführt, daß die Weberknechte in Speier 1362 bereits gesondert constituirt waren mit eignen Büchsenmeistern. Ob sie schon 1351 soweit isolirt waren, darüber enthält das Aktenstück 1351 keinerlei Aufschluß, denn es ist nur von Weberknechten gemeiniglich die Rede, während die Verhandlungen mit dem Büchsenmeister hätten geführt werden müssen (1362). Es ist daher hier nur angeführt als eines der ersten, nemlich das zweite Beispiel des XIV. Jahrhunderts; daß die Gesellen gemeinschaftlich gegen die Meister auftreten und hier schon genannte Massen durch Aufstand und Auszug, ihrem jederzeit kräftigsten Mittel, um des Lohnes wegen. Die Uebereinkunft setzt für jede Art Weberei den Lohn fest, bestimmt, daß nur in Geld und üblicher Münze der Stadt Speier gelohnt werden darf. Interessant ist noch, daß der Uebertreter einer der Bestimmungen so lange das Handwerk verloren haben soll, bis er das gebessert, als dann die Meister und Knechte wissen und sagen, daß es genug sei. Die Knechte treten also hiermit in das Handwerksgericht ein und haben über das Vergehen eines

Meisters mit zu richten und zu entscheiden. Das auf ewiglich geschlossene Uebereinkommen über den Lohn währte freilich nur 11 Jahre, denn 1362 waren wieder Zänkereien, die mit Erhöhung des Lohnes endeten. Von da an mußte aber jeder ankommende Knecht auf die Lohnsätze schwören, sonst durfte er nicht gesetzt werden. Im Jahre 1383 kamen die Schmiede der neun oben genannten Rheinstädte in Streit mit den Knechten, über dessen Ausdehnung, ob bis zum Aufstehen, nichts bekannt ist; nur daraus ist auf jenen Streit zu schließen, daß die Meister (Zunftmeister) der Schmiede eine Uebereinkunft um Friedenswillen zwischen ihnen und ihren Knechten schließen [1]). Die Knechte selbst waren nicht dabei. Der Gegenstand des Streites war seitens der Meister, das Einstandsgeld, das zuwandernde Knechten abgefordert wurde und das Austreten der Knechte aus dem Dienste vor der Zeit, sowie ihr Entweichen mit Schulden an die Meister; von seiten der Gesellen scheint, soweit die Beschlüsse selbst Aufschluß geben, Klage über Unrecht, das ihnen von Seiten eines Meisters geschieht, gewesen zu sein. Auch in Konstanz [2]) kamen 1386 vor die Zunftmeister „die Weber für sich und ihre Knechte." Also auch hier war von einer gesonderten Gesellenschaft noch nicht die Rede, sonst müßte ihr Büchsenmeister vor den richtenden Zunftmeistern mit erscheinen. Aus den Verhandlungen geht u. A. hervor, daß Streit bestanden haben muß über die Befugniß der Gesellen, gleich den Meistern die Zunfttrinkstube zu

---

[1]) Weidenbach p. 1383. Böhmer p. 760.
[2]) Mone IX. p. 133.

besuchen. Derselbe Streit kommt in Lübeck 1527 wieder vor [1]), es heißt: die Maurer Jungen und Knechte sollen nicht zu des Meisters Morgensprache oder Krug kommen, es sei denn, daß sie geheischt sind." Ferner vindiciren sich hier die Meister das Recht, Geldstrafen zu erheben, was ihnen wohl die Knechte in Bezug auf sich schon streitig machten. Endlich werden die Knechte angewiesen, wenn es ihnen an etwas gebricht, es vor den Zunftmeister zu bringen, was gleichfalls darauf deutet, daß die Knechte bereits anfingen, sich selbst ein Gericht anzumaßen und zu dem Zwecke gemeinschaftlich aufzustehen, worauf der Satz deutet: „es soll kein Knecht den andern seinem Meister von der Arbeit nehmen."

In diesem Sinn ist auch die Kölner allgemeine Bestimmung in dem Eidbuch des XIV. Jahrhunderts zu erwähnen, daß kein Arbeiter den andern auftreiben noch hemmen soll mit Worten oder Werken [2]).

In Konstanz wird 1389 von einem Schneideraufstand gemeldet [3]), über den der Rath entscheidet; zwei Knechte wurden gebüßt, die anderen angewiesen, zu arbeiten und zu dienen, oder binnen 8 Tagen auszufahren, auch sollen die Schneider keinen Aufbruch mehr thun, oder man will sie hart büßen. Hier ward auch vorgeschrieben, daß die Knechte dem Zunftmeister und dem Rath schwören sollen. Der Aufstand muß aber weiter umgegriffen haben, denn im gleichen Jahr verordnet der Rath

---

[1]) Wehrmann p. 366.
[2]) Ennen und Eckertz p. 228.
[3]) Mone XVII. p. 56.

daselbst, „daß alle Handwerksknechte, für die ihre Meister versprechen (bürgen), hier bleiben mögen, woher sie auch seien und alle fremde Müßiggänger, wer die sind und woher sie sind, sollen fort gehen und alle Verlüger und Zettler, die nicht fort sind, welcher Wirth sie hält, den wird man hart strafen."

Wir sind hier schon in eine Zeit gekommen, in der sich festes Aneinanderschließen und Vereinigung der Gesellen erweisen läßt, und zwar namentlich in Konstanz, wo obige schwere Störungen statt hatten, findet sich zuerst das Institut, welches die Entwickelung des Gesellenwesens, wie des Handwerkswesens, der Innungen, so wesentlich förderte, erleichterte und unterstützte. Da ein Jahr nachher dieß Institut aufgehoben wurde, so ist es wohl schon vor dem Aufstande dagewesen und hat diesen mit unterstützt, was um so mehr glaublich, als der ursprüngliche Aufstand der Schneider sich in dem selben Jahr durch die übrigen Handwerksknechte hinzieht. Es ist die Rede von den Trinkstuben.

Die verschiedenen Stände oder Klassen der Bürger einer Stadt hatten (namentlich allgemein im Süden Deutschlands, nicht so allgemein im Norden) ihre Trinkstuben, d. h. Versammlungslokale, wo sie sich sowohl in ernster Berathung, als zur Unterhaltung und zum einfachen Verkehr zusammenfanden. Die Patrizier hatten solche für sich, die Zünfte desgleichen. Sie wurden nicht nur sehr häufig besucht, sondern es war sogar Pflicht der Bürger, sie zu besuchen, und zwar in solchem Maße, daß sogar alle Familienfeste in diesen Trinkstuben gefeiert und abgehalten werden mußten. Diese Trinkstuben heckten den

Kampf zwischen Zünften und Patriziern aus; sie waren der Ort des demokratischen Treibens. Sie trugen auch ebenso entschieden bei, die Gesellen, sobald sie in der Trinkstube von den Meistern isolirt waren und sich eine eigene solche anschafften, zur eigenen Korporation werden zu lassen. Nicht überall waren solche Gesellentrinkstuben da, aber doch meist, und wenn nicht im Wirthshaus, so doch bei irgend einem Meister, dem Herbergsvater. Der Aufenthalt für die Zuwandernden wurden auch die Trinkstuben, die sich allmählich ausdehnten und in jeglichem Theil der Einrichtung, in den Anstandsgesetzen ꝛc., den Trinkstuben der Meister anschlossen.

Von einer Gesellentrinkstube spricht zuerst der Rathschluß in Konstanz[1]) (1390): „der Handwerksknecht, Pfaffen- und dienender Knecht Trinkstuben sollen abgethan sein und daß sie fürbaß keine Trinkstube mehr in der Stadt zu Konstanz haben sollen nnd wer ihnen fortan eine Stube leiht, gibt 10 fl. Strafe." Ein Gebot, welches am Ende desselben Jahres wiederholt wird. Es darf angenommen werden, daß diese Trinkstuben schon vor dem Jahre 1390, in dem sie abgeschafft wurden, entstanden waren und auf die Aufstände des vorigen Jahres eingewirkt hatten.

Neben diesem Nachweis der eigenen Trinkstube der zweiten Hälfte des XIV. Jahrhunderts ist aber auch noch in demselben Jahrhundert das Vorhandensein einer vorübergehenden förmlichen Gesellenverbindung erweislich, indem die Gesellen sich selbst Gesetze machten, Strafrecht zuschrieben und ihre Absichten in solcher Weise verfolgten.

---

[1]) Mone XVII. p. 52.

In Basel, wie in so vielen anderen Städten, waren sämmtliche Bürger in städtische Zünfte, behufs der Stadtbewachung, überhaupt zu Militär- und Ordnungszwecken, eingetheilt, meist mehrere Handwerke in eine Zunft. Die Knechte wurden in die Zünfte ihrer Meister gewiesen. Im Jahre 1399 erließ nun der Rath eine umfassende Verordnung [1]), kraft welcher „die Schneiderknechte kein Gebot, Aufsatz, Ordnung, Erkenntniß noch Besserung (Geldstrafen) unter einander machen, aufsetzen, ordnen noch erkennen sollen, anders als mit Willen, Rath, Gunst und Verhängniß der Schneidermeister und ihrer Sechser." In den Ordnungen, welche die Knechte gemacht, war unter anderen, daß wenn sie etwas wider einen Meister hatten, sie ohne weiteres Gericht halten und allen Knechten verbieten konnten, diesem Meister zu dienen, oder für ihn zu wirken. Die Verordnung des Raths verfügt hingegen: „hat ein Knecht einige Gebreste oder Stöße wider seinen oder einen anderen Meister, das soll er bringen vor der Schneider(Zunft)Meister und ihm dann ein Gebot (Zusammenruf) mit seinen Sechsen heißen machen, und vor demselben seine Gebreste erzählen und sie lassen darum erkennen. Ist ihm aber nicht füglich, seine Sache vor sie zu bringen, so mag er seine Sache vor Rath und Meister (Bürgermeister) bringen oder sein Recht vor dem Schultheißengericht suchen und nehmen, wo es ihm am füglichsten, welches den Meistern gegen die Knechte zu thun auch vorbehalten sein soll."

---

[1]) Ochs II, p. 109, 151.

Diese Verordnung erweist, daß Ende des XIV. Jahrhunderts in Basel bereits die Gesellschaft in ihrem Wesen schon geschlossen war, daß sie nicht nur, wie die voraus angeführten Belege bedeuten, eine Vereinigung für **einen gegebenen Zweck und eine bestimmte Zeit** war, wie bei den Webern in Speier für den Lohn ꝛc., sondern daß sich hier schon allgemein eine feste Bildung darstellt, Gesell gegen Meister, eine Parthei, deren Aufgabe die ganze Stellung der Gesellen war, eine Organisation, nach welcher sich die Gesellschaft bereits selbst Gesetze gab, denen sich jeder ihr Angehörige fügen mußte, die schon die Form des Handwerks, der Zunft hatte, in dem Gebot, die sich selbst schon ein richterliches Amt anmaßt im Falle der Streitigkeit mit den Meistern und das Mittel des allgemeinen Aufstandes als das geeignete, jeden Knecht bindende anerkennt und ausspricht. Es ist gleichgültig, ob, wie wahrscheinlich, diese Einrichtung bereits auch anderwärts bestand, oder bloß in Basel, (in Konstanz scheint es gewiß). Bei dem innigen Zusammenhang Basels mit den oberrheinischen und elsäßischen Städten wäre es auffallend, wenn die Einigung in Basel so weit vorgeschritten gewesen, ohne auch bereits in anderen Städten vorhanden zu sein. Es ist dieß in so fern gleichgültig, als das Vorhandensein solcher Verbindung am Ende des XIV. Jahrhunderts jedenfalls erwiesen, aber ebenso bestimmt ist, daß sie eine große räumliche Ausdehnung in jener Zeit noch nicht genommen haben konnte, widrigenfalls doch mehr Belege dafür vorhanden sein müßten. In der ersten Hälfte des XIV. Jahrhunderts überhaupt und vorherrschend auch noch in der zweiten waren die Gesellen=

verbindungen den Strikes der englischen Arbeiter vorigen Jahrhunderts gleich zu achten, als diese nur für einen bestimmten vorliegenden zeitlichen Zweck, sei es Lohnerhöhung oder Zerstörung der Maschinen, ohne dauernde Verbindung sich aneinander schlossen; am Ende des Jahrhunderts dagegen und noch mehr im folgenden, tritt die Einigung der Gesellen ein, welche gegenwärtig in England die herrschende ist. Die Arbeiter bilden dauernd, auch ohne momentane Aeußerung der Feindseligkeit gegen die Meister, eine dichte geschlossene, organisirte Masse, mit regelmäßiger Beschaffung der erforderlichen Mittel, um im geeignetsten Moment mit Nachdruck und Ausdauer ihr Ziel erstreben und erreichen zu können.

Interessant ist, daß gerade am Rhein und gerade in jener Zeit diese Gesellenschaft sich vorherrschend entwickelt, während in den übrigen Theilen Deutschlands noch kaum Spuren einer Organisation erscheinen und die dahin durch wandernde Gesellen getragenen Versuche einfach durch die Autorität der Magistrate gewältigt werden können. Uebrigens ist dieß nicht schwierig zu erklären, wenn man den Charakter jener Zeit und die Ereignisse am Rhein näher ins Auge faßt.

Am Rhein, wo sich das öffentliche Leben am frühesten und reichsten in Deutschland entwickelte, hatten sich schon im XIV. Jahrhundert die Städte an einander geschlossen, um in Gemeinschaft mit verstärkter Kraft die Ordnung zu erhalten und herzustellen, welche eine Nothwendigkeit für den städtischen Erwerb, Handel und Industrie, sind. Diese Städtebünde beschränkten sich aber nicht auf die Stadtbündnisse gegen den Straßenraub ꝛc., sondern die einzelnen

Theile der städtischen Bevölkerung traten selbst in nähere Verbindung, entsprechend den Gruppen der politischen Verbindung. Die gleichnamigen Handwerke mehrerer verbündeter Städte schlossen sich durch Verbundbriefe aneinander und entwarfen gemeinschaftliche Statuten; hierfür die Urkunden von 1352 für eine Anzahl Handwerke am Mittelrhein (die rheinischen Städte), wie Bäcker, Schneider, Wollweber, Kürschner, Schmiede, Bender, Wagner ꝛc., welche schon wiederholt angezogen worden sind. Die Statuten sind aber jedenfalls älter, als 1352, denn sie sind von Böhmer aus dem Frankfurter Archiv geschöpft, dort aber wurden in jener Zeit, um Ordnung zu schaffen, alle Handwerke vor den Rath gerufen und mußten ihre Satzungen und Gebräuche angeben, um sie vom Rath autorisiren zu lassen. Der Brauch selbst war aber demnach schon älter, wie denn vor dem Rathe die Handwerksmeister sagten: „auch ist bei uns Brauch ꝛc." Die Handwerke erhielten durch diese Uebereinstimmung ihrer Statuten in einem großen Umkreis weit größere Kraft und Wirkung und die damals noch herrschenden Meister benutzten dieß auch in ihrem Sinne, zur Durchführung ihrer Absichten, soweit die Gesellen beherrscht werden mußten, so in den Bestimmungen über Dingung, Kündigung, über Austreten aus dem Dienst, über Lohn und Haltung der Gesellen ꝛc. Mit den Handwerken kamen aber auch die Knechte der Handwerker in nähere Beziehung, so weit der Handwerksverband reichte und dieß beförderte ihre Einigung ebenso wie die der Meister.

Ein weiteres ist noch zu beachten.

Zuerst am Rhein kam der Streit zwischen den Zünften und den Patriziern zum Ausbruch, die große Zahl der freien Städte, förderte ihn und dort unterlagen auch zuerst die Patrizier. Um einen modernen Ausdruck zu brauchen, könnte man sagen, die Bourgeoisie siegte über den bevorzugten Adel. Sobald jene der machthabende Stand geworden war, stieg damit auch die Bedeutung der Knechte, der künftigen Zunftglieder, und mit dieser begann denn der Kampf des dritten Standes gegen die Bourgeoisie. Nicht dahin war er gerichtet, wer das Staatsregiment führen solle, so wenig die englischen Arbeiterverbindungen daran denken, sondern nur, das was ihr Interesse war, so entschieden zu sehen, wie sie es wünschten für die Dauer ihres Gesellenstandes. In den Reichsstädten allein kam daher die Gesellenverbindung zuerst zu Stande, und wo die Zunftherrschaft nicht ganz oder spät zu Herrschaft kam, wie z. B. in Nürnberg, Regensburg, wo die Macht der Patrizier immer noch ungebrochen blieb, kam es gar nicht zu solchen Versuchen. Die Gesellenverbindung wurde erst, nachdem sie sich anderwärts entwickelt, in solchen Orten eingeführt, so auch in Wien, Berlin, in den landesherrlichen Städten überhaupt. Auch in den nördlichen Gegenden Deutschlands waren ähnliche Verbände wie am Rhein, so z. B. in den wendischen Städten, in den niedersächsischen Städten, auch dort ward um das Zunftregiment gekämpft, aber bekanntlich erst später als am Rhein und nicht mit dem vollen Erfolg, wie in Frankfurt, Speier, Straßburg ꝛc. Auch der schwäbische Städtebund ist später, als der rheinische, aber diese beiden berührten sich so nahe (sie waren sogar eine zeitlang vereint), daß in den schwäbischen Städten, insbesondere in Ulm, die Handwerksbildung und Entwickelung nahezu gleichen Schritt hielt mit den Rheinstädten und die Gesellenverbindung hier rascher vorwärts ging. Im XV. Jahrhundert verbreitete sich die Verbindung schnell und am Ende desselben, insbesondere nach Einführung des Wanderzwanges, ihres Hauptförderungsmittels, konnte ihr nirgends mehr Einhalt gethan werden.

In diesem Zeitraume lassen sich bereits wenigstens die Bruderschaften, die Vereine der Knechte zu kirchlichen Zwecken, als von dem Handwerk oder selbst dem Rath anerkannt und bestätigt nachweisen[1]) und schon in der ersten solchen ergibt sich, daß die Verbindung über den rein kirchlichen Zweck hinaus in das Handwerksleben hineinreiche. Das erste Beispiel der Art ist die Bruderschaft der Webergesellen in Ulm (1404)[2]).

Sie schrieben sich die Zunftmeister, Zwölfmeister und **gemeinen Gesellen des Weberhandwerks**. Sie hatten 2 Bettstellen für arme Gesellen im Hospital. Starb einer, wurden alle Gesellen zusammengerufen, ihn zu begraben. Was nach Abzug der Ausgaben für kirchliche Zwecke **übrig blieb, wurde für Barchenttücher verwendet**;

---

[1]) Sogar schon 1365 findet sich in Danzig eine vom Rath anerkannte Müllerknechtsordnung. Hirsch p. 331.

[2]) Jäger p. 504. Jäger spricht immer von **Gesellen**, statt Knechten, was für jene Zeit so auffallend ist, daß man um so mehr an eine Brüderschaft der Meister denken könnte, als die meisten, dort angegebenen Bestimmungen auch hierher passen. Nur einzelne Fälle in denen der Geselle neben den Meister oder im Gegensatz zu diesem zu stehen kommt, bezeugen, daß allerdings von Knechten die Rede ist. Die Bruderschaftsordnung liegt uns nur im Auszuge Jäger's vor.

also waren es wahrscheinlich Leinweber, mit welchen sie für Rechnung ihrer Büchse Handel trieben; sie hatten 1404 32 Stücke Barchenttuch. Kein Geselle wurde aufgenommen, der nicht des Handwerks war und auf dem Stuhle wirkte. Wer einmal eine Elle von Ulm gewirkt hatte, war der Stuhlfeste verfallen, d. h. er mußte das Büchsengeld bezahlen. (Also wohl auch, wenn er wieder abgegangen war, wie das in Freiburg auch vorkommt.) Jeder war verpflichtet, was ihm über einen der Brüderschaft geklagt worden, bei Strafe anzuzeigen. Erwähnt werden auswärtige Meister, die nur um Arbeit zu finden in die Gesellenbrüderschaft traten (also bekam Niemand Arbeit, der nicht der Bruderschaft angehörte). Wenn zwei in des Meisters Haus zürnten, verfielen sie der Strafe. Geheimbuch. In die Brüderschaft konnte keiner aufgenommen werden, der eine Dirne im Frauenhaus hatte, Verschwender war, oder eines Pfaffen Sohn (der noch unter einem unehelichen Kind stand); hatte Einer eine Dirne im Frauenhaus, wurde er erst vermahnt, half das nichts, legten ihm die Brüder den Schuh (Handwerk, wohl Weberschiffchen). Jeder Geselle, der einen Meister hatte, soll mit dem Meister essen, saß er, auch wenn er keinen Meister hatte, bei einer Dirne und aß mit ihr, 4 Pf. Wachs Strafe. Den Brüdern, ihren Weibern und Kindern war verboten, am Sonntag 2c. Lebzellen feil zu haben und darum spielen (Ginnen) zu lassen. An der Bruderschaft hatten auch auswärtige Gesellen Theil.

Im Jahr 1415 besteht eine Bruderschaft der Knechte von 9 Handwerken (Säckler, Nabler, Weißgerber, Sträler

(Kammmacher), Spengler ꝛc.) in Freiburg im Breisgau, deren Ordnung Mone aus drei Urkunden zusammengesetzt hat, von welchen Urkunden er angibt, daß die erste ohne Zweifel noch aus dem 14. Jahrhundert stamme [1]). Diese Bruderschaft hat sich der Krämerzunft daselbst angeschlossen, sich mit Billigung der Zunftmeister und Achter und der Zunft im Ganzen konstituirt (der also obige Handwerke wohl angehört haben). Die Meister erkennen an (1415), „daß diese Ordnung, Gesetze, Gemache und Neurungen des älteren Briefes, so die obengenannte un se re Handwerksknechte jetzt gethan haben, unser aller gute Gunst, Wissen und Willen gewesen ist, damit sie desto baß bei uns bleiben mögen. Darumb geloben wir auch diese Ordnung mit ihnen zu halten treulich und sie dabei zu handhaben."

Es ist hier besonders hervorzuheben, daß nach Art. 10 jeder Knecht, der nach Freiburg kommt und länger als (die Probe) acht Tage arbeitet, der Gesellschaft beitreten muß, wobei die Einlage sich nach der Lohnhöhe richtet, je nachdem er 1 ß wöchentlich, mehr oder weniger hat. Also schon der Zwangscharakter,

ferner Art. 16, welcher Knecht sich der Ordnung widersetzt, sie nicht halten will, „den soll kein Meister zu Freiburg nicht setzen, noch zu werken geben und ihn weder hausen noch hofen und auch kein Knecht bei ihm arbeiten, mit ihm essen und trinken, so lange er ungehorsam ist." Gleichfalls den Zwang, das Gericht über die Knechte bezeichnend. Da aber, wie oben angeführt, nach Art. 18 die Meister selbst sich verpflichten, der Ord-

---

[1]) Mone XVIII. p. 13 fg.

nung nachzuleben und sie zu handhaben, so sind sie auch dem Gericht verfallen, wenn sie sie brechen; sie haben sich unter die Gesellen gestellt und zugleich selbst anerkannt, daß in solchem Uebertretungsfall sie in Bann gethan werden dürfen, daß keiner bei ihnen arbeiten, mit ihnen essen und trinken darf, solange er ungehorsam ist.

Art. 19 sagt: Wir sind auch übereingekommen, wer unter uns und unseren Nachkommen für uns 6 Pf. Steuer in die Büchse gibt . . . . . stürbe der, ehe er Meister werde, es sei wo es wolle, sobald uns oder unser Nachkommen Knechten zu Freiburg das zu wissen wird, so solle er von allen, so die hier sein werden, unverzüglich ein Opfer haben, ob er gegenwärtig gestorben wäre . . .

Auch hier, wie bei den Ulmer Webern, konnten also auch Fremde, nicht in Freiburg anwesende oder arbeitende, in die Bruderschaft treten, unterlagen aber deren Bestimmungen, so wie sich dadurch umgekehrt die Macht der Bruderschaft über das Gebiet von Freiburg hinaus erweiterte. Alle diese Artikel sind bereits in der Urkunde von 1415 enthalten; und die andere von 1460 fügt nur einige Bestimmungen über Grab und Grabstein der Bruderschaft ꝛc., überhaupt nur kirchliche Bestimmungen zu.

In Frankfurt[1] hatten die Handwerksknechte im Jahre 1421 schon volle Brüderschaft und zwar nicht bloß eine und nicht nur in Frankfurt. Die Städte, mit welchen Frankfurt stets im Bund war (Mainz, Worms und Speier sind hier vorgenannt, wahrscheinlich waren es die oft erwähnten Städte am Rhein), hatten gemeinschaftliche

---

[1] Archiv.

Artikel, welche nun der Rath von Frankfurt vor sich bestellt und anordnet. In dieser Satzung ist zwar die Trinkstube der Knechte verboten, aber es ist ihnen (Art. 26) erlaubt, jeden nächsten Samstag nach jeglicher Frohnfasten Gebot zu halten, **ihrer Kerzen wegen und um keine andere Sache** und sie sollen darüber auch keine andere Gebote oder Verbote noch Gesetze machen, ohne Wissen und Verhängniß des Bürgermeisters und Raths zu Frankfurt und die sie bisher gehabt, sollen **abſein**.

Diese Bestimmungen fanden sich in jenem Jahrhundert gleichlautend für Schneider, Bäcker, Kürschner, Leinweber, Löher ꝛc. Das Vorhandensein der Bruderschaften zu kirchlichen Zwecken ist hier bestätigt und sie sind auch zugelassen; die Verbote, welche darin liegen, daß sie sich auf kirchliche Zwecke zu beschränken, daß sie weiter keine Gesetze und Gebote zu machen haben, daß die alten abgethan sein sollen, beweisen aber zur Genüge, wie weit die Gesellen hier schon über die kirchlichen Zwecke hinausgerückt waren, daß sie bereits in andere Handwerksangelegenheiten einzugreifen sich erlaubt hatten. Die Jurisdiktion wird sicher nicht gefehlt haben.

Im Jahre 1452 liegt schon eine vollständige Ordnung der Schneidersknechte zu Frankfurt, vom Rathe genehmigt, vor, in welcher von kirchlichen Zwecken nur nebenbei die Rede ist.

Die den Bäckern in Passau 1432 von Bischof Leonhard bestätigte Ordnung [1] weist gleichfalls eine ge-

---

[1] Verhandlungen des Vereins für Niederbaiern 1851, Bd. III, Heft 2, p. 40.

sonderte Stellung der Gesellen, auch sogar eine Jurisdiktion nach. Artikel 5 sagt: die Knechte sollen ohne Wissen des Obmanns keine Jungen in ihre Zeche aufnehmen; Art. 11: die Bäckerknechte wählen aus ihrer Mitte einen Obmann, der sie zu vertreten und ihre Streitigkeiten zu schlichten hat, nach altem Brauche, ohne dessen Gegenwart dürfen sie keine Versammlung haben; sollte der Obmann säumig sein, so hat der Richter mit 3 Rathsherrn zu entscheiden. Diese Justiz des Obmanns beschränkt sich wohl auf Streitigkeiten der Gesellen untereinander, dagegen Art. 8 „die Bäckerknechte sollen ihre Klagen bei dem Stadtrichter anbringen" sich wohl auf Streitigkeiten mit den Meistern bezieht und dabei dann darauf hinweist, daß sie versucht hatten, die Meister in Händeln mit ihren Gesellen vor ihr Gericht, den Obmann, zu ziehen.

Auch in Landau bei den Schmieden ist das Recht der Gesellen auf Jurisdiktion, das eine corporative Einigung voraussetzt, im Jahr 1431 erweislich, aber schon länger vorhanden, in Uebung und von dem Rath sogar anerkannt[1]). Ein Hufschmied daselbst war von Meistern und Gesellen gehindert worden an Gewerbsbetrieb, daß ihm kein Knecht dienen solle. Er appellirte an den Rath, weil er gar nicht wisse, wie er solches verschuldet habe. Der Rath beschickt Meister und Knechte und redet ihnen zu, aber die Schmiedemeister und Gesellen wollten durchaus, daß sich der Delinquent ihnen ergebe, was sie ihn hießen und wie sie es machten, daß er das halten und sich der Rath gar nicht daran kehren solle und

---

[1]) Mone XVII, p. 83, 84.

also meinten sie denselben zu bessern und zu strafen ohne Wissen und Willen des Rathes, ohne Gericht und Recht ꝛc. und wollten nicht weniger nehmen als fl. 6. Der Rath besprach sie wieder und stellte ihnen die Unbilligkeit vor, da der Verfolgte klagfrei und niemand etwas schuldig sei, sie sollten es gütlich beilegen und dem Ulrich Knechte dienen lassen. „Das mochte aber nicht sein, weil die Knechte meinten, der Ulrich sollte sich ihnen ganz ergeben." Da ließ der Rath die Knechte alle ins Gefängniß legen, woraus sie einige Tage später auf Bitten der Meister entlassen wurden, gegen die gewöhnliche Urfehde, keine Rache zu üben „und daß sie den Ulrich an Knechte ihm zu dienen nicht hindern, ihn nicht meiden mit Essen und Trinken." Hier ist zunächst eine Gemeinsamkeit der Meister und Gesellen im Urtheil, woraus noch nicht auf gesonderte Wirthschaft der Gesellen zu schließen wäre, aber der Schluß, daß selbst die Gesellen allein beharren und ihn vor ihr Gericht gestellt wissen wollten, spricht für letzteres. Die Bestrafung der Knechte drückt nicht die Nichtanerkennung ihrer Gerichtsbarkeit aus, wofür vielmehr der Sühnungsversuch durch den Rath spricht. Immer aber hatte jeder Handwerker das Recht der Appellation an Rath oder Gericht, welches die Knechte hier nicht anerkennen wollen und deshalb wurden sie bestraft.

Eine volle Gleichstellung des Rechts der Handwerksmeister und der Knechte zeigt auch die Verordnung des Rathes von Ueberlingen 1461 zur Beschränkung der polizeilichen und richterlichen Zunftgewalt. Es wird darin bestimmt, wie weit die Zunft zu strafen und Strafgelder einzunehmen habe, nemlich für Ueberschreitung der Zunft, der Handwerksgebote, Unanständigkeiten ꝛc.; es wird über das Recht der Gesellen (Zunftgenossen) gesprochen, ihr Haus, wenn sie ein solches haben, einem zu kaufen zu geben, d. h. Stubenrecht auch an Fremde zu verleihen ꝛc. Es wird jedem die Oberhand (hier das Appellations=recht) gewahrt, trotz der Treue (Schwur) so man gewöhnlich nimmt (nemlich darauf zu verzichten und sich dem Spruch der Zunft zu unterwerfen), „desgleichen (heißt es im Artikel 18) will man solches gegen andere Trinkstuben, es seien Schneiderknecht, Bäcker, Küfer, Schmiedeknechte oder andere auch bestellen und halten." Schlechtweg sind also hier die Gesellenverbindungen gestattet, nur daß ihr Recht auf das beschränkt wird, was den Zünften oder Handwerken überhaupt zukommt.

1468 errichteten auch zu Freiburg im Breisgau die Kürschnergesellen ein Gesellschaftsstatut mit Erlaubniß, Willen und Gunst des Bürgermeisters und Rathes und der gemeinen (ganzen) Krämerzunft (zu welcher das Kürschnerhandwerk gehörte), als eine Ordnung „zu feierlicher Einigung und züchtigem Wandel."

In dieser Urkunde ist schon nur mehr der Ausdruck Gesell gebraucht, bis auf eine einzige Stelle Art. 23 „welchem Knecht es ein Wochen 3 Plappert gült, der soll mit den Gesellen dienen." Diese Stelle und eine andere, welche von zuwandernden Gesellen spricht, lassen das ganze als Geselleninstitut erkennen, während der übrige Inhalt eben so gut auf eine Verbindung der Meister schließen ließe. Die oben citirte Stelle Art. 23 ist die einzige hier in Betracht kommende, in so fern sie die Gesellschaft als Zwangsanstalt kennzeichnet. Auch in der Bruderschafts=

ordnung der Roth- und Weißgerbergesellen zu Colmar 1470 wird bestimmt, daß jeder fremde zuwandernde Geselle, der heimisch um Lohn bienen wollende, dieser Bruderschaft beitreten und ihre Punkte durch Handgelübde an Eidesstatt zu halten geloben muß.

Eine ähnliche Bruderschaft haben die Schuhmacherknechte zu Hagenau 1479 erhalten.

Die Bruderschaft der **Huf- und Kupferschmiede zu Freiburg**, in einer Urkunde von 1481 enthalten, ist viel älter als diese, da aber die alte Ordnungen schadhaft und unleserlich geworden, werden sie in genanntem Jahr neu abgefaßt mit Rath und Gunst der Zunftmeister und Achter der Schmiede. Auch hier ist jeder Geselle, der eine bestimmte Lohnhöhe erreicht hat, zum Beitritt gezwungen[1]).

Alle angeführten Belege, deren noch eine weit größere Zahl beigefügt werden könnte, weisen darauf hin, daß im 15. Jahrhundert die Gesellenschaft als Ganzes schon eine legalisirte Verbindung und dadurch mit dem Handwerk gleichberechtigt, eine Verbindung in der Verbindung war. Dabei fehlt es nicht an Beispielen der Bekämpfung jener Genossenschaft im Ganzen, besonders im Beginn des Jahrhunderts.

Am Ende des Jahrhunderts hatte man offenbar den Kampf gegen die Konstituirung der Gesellen aufgegeben. Es lag kein rechtlicher Grund vor gegen dieselbe, da die Verbindung zu Bruderschaften überhaupt nie und nirgends in Deutschland verboten war. Einsprache hätten die Meister

---

[1]) Vgl. über die letzterwähnten Bruderschaften Mone a. a. O. XVIII, p. 21 fg.

thun können, auf den Titel hin, daß das Handwerk ein Ganzes, daß Gesellen und Jungen diesem zugehören und daß eine Absonderung von diesem Handwerk, resp. eine Unterabtheilung nicht zulässig, ohne daß sie aus dem größeren Ganzen völlig abschieden. Das wäre allerdings das richtige und genügende gewesen, nur daß dann die Handwerke den Gesellen auch einen Antheil am Regiment geben, sie den Meistern mehr oder minder gleich stellen mußten, wie das bei einigen, namentlich den großen Handwerken geschah, in denen eine Absonderung der Gesellen, eine Auflehnung gegen die Meister kaum nachweislich sein wird. Verfasser dieses hat nicht ein Beispiel aufgefunden. Dieß bezieht sich jedoch nur auf ganz wenige Handwerke (Gerber, Wagner, Hutmacher, Steinmetzen und Maurer ꝛc.) und der Gegensatz zwischen Meister und Knecht konnte daher nicht ausbleiben. Es galt, die Gesellen seitens der Meister zu unterdrücken, sie in gänzlich untergeordneter Stellung zu erhalten. Dessen waren aber die Meister um so weniger fähig, je mehr das Wandern erleichtert und gefördert wurde. Immer hatten die Gesellen das voraus, daß sie nicht an den Ort gebunden waren. Einen Versuch, wie der in Breslau angeführte, daß die Meister, nachdem sie von den Gesellen auf ein Jahr in Verruf gethan waren, ihrerseits diese auch in Verruf thaten, konnte nur dann glücken, wenn die Breslauer Meister mit allen gleichnamigen Deutschlands in Kartell gestanden hätten und die von ihnen Verrufenen auch anderwärts in gleicher Weise gehalten und behandelt worden wären. Der Verband der Meister war aber schon im XV. Jahrhundert nicht mehr so stark und noch weniger im XVI., wo das Gesellenwesen den höchsten Stand erreichte. Immer liefen sie Gefahr, wenn nicht solche Einhelligkeit unter ihnen durch ganz Deutschland herrschte, wenn nicht wie bei den Gesellen jeder Beschluß eines Ortes bindend war für die übrigen, daß die Gesellen auszogen und die Meister nun ohne Gehilfen blieben; daher vertrugen sie sich nach jedem Aufstand der Gesellen mit diesen, um sie zurückzuführen und machten ihnen mehr oder minder Koncessionen. Dafür die Belege schon im XIV. Jahrhundert an den Webern in Speier, Konstanz 2c. Im XV. Jahrhundert kommt ein Fall vor, daß das Handwerk die aufständischen Gesellen verbannte, und zwar in Mainz (1423) [1]). Die Schneiderknechte hatten einen Aufbruch gemacht und waren auf den St. Nickelsberg ausgezogen. Da kam das ganze Handwerk überein und beschloß, „daß die nachgeschriebenen Knechte keiner unsrer Meister nicht setzen noch hausen, noch hofen soll, noch auch in unsere Zunft aufnehmen solle, er habe dann vorher der Zunft gebüßt und gebessert." Es ist nicht angegeben, ob alle Gesellen ausgezogen waren oder nur ein Theil, den man etwa zwingen konnte. Es ist ferner in Betracht zu halten, daß die Schneiderzunft in Mainz nicht allein, sondern mit noch 19 Städten am Rhein, Main, in der Wetterau, in Verbindung stand und daher ihr Beschluß immerhin großen Nachdruck hatte. Das ist aber der einzige vorliegende Fall, daß ein Handwerk die Gesellen verbannte. Man könnte ihm noch einen anderen an die Seite zu stellen versuchen, dessen nähere Umstände aber nicht gegeben sind. In Lübeck hatten die Schmiede

---

[1]) Mone XIII, p. 155.

der 6 Wendischen Städte (1494) einen Tag [1]), in welchem beschlossen wurde, daß ein Knecht, der einen Aufstand machte, nicht dienen, resp. nicht angenommen werden dürfe. Der Fall hat weniger Werth, weil nur ein, auch sonst öfter aufgestellter Satz vorkommt. Die Frage ist nur, ob das Handwerk im Stande ist, ihn durchzuführen, den Knecht zu zwingen, was durch eine Menge anderer Fälle sehr zweifelhaft gemacht wird. Die Handwerke zogen daher vor, sich mit den Knechten zu vertragen und selbst zu diesem Zweck ihnen bedeutende Rechte einzuräumen. Dieß ist am klarsten angegeben in der oben erwähnten Gesellenbruderschaftsordnung (1415) der zur Krämerzunft gehörigen 9 Handwerke, welche von den Meistern der Krämerzunft anerkannt wird, „damit sie baß bei uns bleiben mögen", wobei die Meister sich verpflichteten, selbst die Satzungen jener Ordnung anzuerkennen und zu beobachten und damit selbst unter die Gesellenjurisdiktion fielen.

Der Rath nahm sich, schon um der Ordnung wegen, der Sache an, sobald es zum Aufstand kam, der immer mit Unordnungen verbunden war. Es sind eine Reihe von solchen Fällen schon erwähnt worden, in welchen der Rath die Gesellen selbst auswies. Aber die Erlasse zeigen gerade, daß die Meister sich ins Mittel legten, um die Gesellen zu erhalten, und nur diejenigen der Ausweisung verfielen, welche Anstifter waren, oder für die kein Meister einstehen mochte. Der Rath griff zu einem anderen Mittel, nemlich die Gesellen einzusperren; aber auch

---

[1]) Wehrmann p. 484.

damit waren die Meister mehr gestraft, wenn es in Masse geschah, als die Gesellen und diese wurden regelmäßig von den Meistern frei gebeten. So in Landau 1431 die Schmiedeknechte und wieder 1432 die Bäckersknechte und Müllersknechte, die in ihrer Herberge ein Banner ausgesteckt hatten. Sie verweigerten, auf Befehl des Rathes es einzuziehen und wurden deshalb alle in den Thurm gelegt, aber von den Meistern selbst wieder ausgebeten, „weil das nöthige Brod nicht geliefert werden konnte" [1]. So hatte die Polizei selbst nicht genügende Macht, nachdrücklich gegen einzelne Aufstände einzuschreiten und um so weniger, wenn sie etwa den ganzen Gesellenverband unterdrücken und aufheben wollte, wie der oben geschilderte Verlauf darthut. Sie zog sich daher darauf zurück, die Ausschreitung und Erweiterung der Gesellenverbindungen zu hemmen.

Das allgemeine Mittel hierfür war, daß die Gesellenverbindung unter die Aufsicht der Meister gestellt wurde. Vielfach hatten das die Gesellen bei Bildung der Bruderschaften selbst gethan, hatten die Ordnung den Zunftmeistern vorgelegt zur Genehmigung, sie von ihnen siegeln lassen, hatten sogar ihre Büchse bei den Zunftmeistern ständig deponirt, sie ihnen in Verwahr gegeben, oder sogar bestimmt, daß sie nur in ihrer Gegenwart geöffnet werden durfte. Daß sich das bald löste, sobald die Bruderschaften einigermaßen erstarkt waren, läßt sich begreifen und wenn auch bei den gewöhnlichen Geschäften und Versammlungen die Regel von den Gesellen eingehalten wurde, so hielten

---

[1] S. o. und Mone XVIII, p. 12.

sie sich nicht gehindert, Versammlungen ohne die Meister abzuhalten, in denen sie jedenfalls die Beschlüsse faßten, die gegen die Meister gerichtet waren.

Handwerke und Magistrate beschlossen, den Gesellenverbindungen dadurch die Spitze abzubrechen, daß sie ihnen eine ständigere Ueberwachung durch die Meister beigaben und untersagten, eine Versammlung ohne deren Anwesenheit vorzunehmen.

Zuerst heißt es bloß: es sei den Gesellen kein Gebot (Versammlung) ohne Wissen und Willen der Meister zugelassen (Frankfurt 1421), ebenso Basel (1421); der Tag der Schneider der 20 Rheinstädte (1457) beschloß ein gleiches. Die Schneiderordnung in Freiburg (1472), vom Rath genehmigt, spricht schon aus: „sollen kein Gebot haben, ohne des Zunftmeisters Erlaubniß und der soll wenigstens e i n e n Meister von der Zunft zugeben, der im Gebot fortwährend bei ihnen ist, hören und merken kann, Handel, Vornehmen und Willen, daß da nichts ungebührliches wider Herrschaft, Rath, Zunft und gemeines Wesen vorgenommen wird." Die Wollweberordnung in Baden (1486) verlangt, daß keine Gesellenversammlung gehalten werde, „die M e i s t e r s e i e n d e n n d a b e i" [1]. Diese Bestimmung läuft nun durch, durch alle folgende Jahrhunderte, und die Gesellenordnungen, welche noch im vorigen Jahrhundert von der landesherrlichen Obrigkeit ertheilt wurden, halten sie noch fest, daher auch die ganze Einrichtung der Gesellenversammlungen, das dabei übliche Ceremoniell, die Anreden darauf eingerichtet sind. Die

---

[1] Vgl. Mone XIII, p. 306; IX, 159.

einer Gesellenschaft vorgesetzten Meister wurden von den Gesellen eingeholt und sobald die Gesellschaft beisammen oben angesetzt; der Altgeselle beginnt die Rede stets mit: Mit Gunst, Meister und Gesellen! Am Schlusse der Versammlung durfte kein Geselle das Lokal verlassen, ehe die Meister abgezogen waren. Umgekehrt wäre sicherer gewesen. Außerdem aber handelte es sich darum, für die Hauptstreitfragen zwischen Meister und Gesellen eine Norm zu geben und darunter (für Lohn ꝛc. war es allgemein nicht möglich) besonders für die Fälle, daß Meister und Knecht in Zwiespalt kamen und es sich fragte, welchem Gerichtsstand die Sache angehörte. Daß ursprünglich den Meistern, resp. der Zunft die Kompetenz gehörte, ist begreiflich. Die Gesellen lösten sich aber los und wollten in Streitfällen das Recht selbst üben.

Es ist schon 1383 eines Streites zwischen Meister und Gesellen der Schmiede in den 8 Rheinstädten erwähnt, der durch Uebereinkunft ausgeglichen wurde. Der Schluß lautet, der Geselle haben sich an die Meister zu wenden, die ihm ebenso Recht zu sprechen haben, wie ihres gleichen. Ebenso ist der Baseler Verordnung für die Schneider (1399) schon Erwähnung geschehen, die ihnen auferlegt: nicht über die Meister zu richten, sondern sich an Zunftmeister und Ordnung, oder Rath des Rechtes zu wenden.

Eine Verordnung von Wien (1422) für die Schneider weist Meister und Gesellen vor den Stadtrichter [1]).

---

[1]) Hormayer, Urkundsbuch CLIV.

In Landau ist (1414) ein Rathsedikt erlassen:

„Es ist zu wissen, als die Schuhmacherzunft hier zu Landau ein versiegelt Bundbrief hat, als sie und **andere** Städte mit einander übereingekommen sind und ein Artikel darin steht und saget also: fortmehr, wo Knecht oder Knaben Zweiung gewinnen mit ihren Meistern, in welcher Stadt oder **Dorf** das wäre und noch geschehe, da soll er Recht von ihm nehmen vor den Meistern, vor Rath oder vor Gericht, in der Stadt oder Dorf, da das **eine** geschehen. Dieser Artikel soll bleiben. Danach steht also: auch welche Knechte oder Knaben mit einem Meister zu schicken oder zu schaffen gewinnen, derselbe Meister soll also demselben Knecht oder Knaben vor anderen Meistern, da die Geschichte geschehen ist, gleichwohl zu Recht stehen ohne alle Gefährde. Diesen Artikel will der Rath nicht in ihrem Briefe haben. Der Rath will es also gehabt haben in den Formen des vorgeschriebenen Artikels, welcher Knecht oder Knabe mit einem Meister zu schaffen gewinne, da soll der Meister dem Knecht oder Knaben sagen, daß er darum zu Recht stehen soll vor dem Meister, dem Rathe oder vor dem Gericht, in der Stadt oder in dem Dorfe, da es immer geschehen wäre, ohne alle Gefährde und Widerrede".

Die Verordnung zeigt wenigstens, daß die Gesellen nicht Richter sein konnten, aber im Allgemeinen scheint sie doch nur den Zweck haben zu sollen, daß keine auswärtige Gerichtsbarkeit angesprochen werde, es harmonirt das mit dem Beschlusse des Schneidertages der 20 Rheinstädte.

Desgleichen enthält der Bundbrief der 20 oberrhein. Städte (1457): Wenn der Meister den Knecht nicht lohnt, hat er sich an die Zunftmeister oder Bruderschaft der Stadt zu wenden, wo das geschah ꝛc. und 8) Wenn ein Knecht sich mit einem Meister zerschlagen oder entzweit, welcherlei Sache das wäre, nichts ausgenommen, so soll der Knecht dem Meister kein Gesinde verbitten noch jemand anders seinetwegen. 9) Derselbe Knecht soll das Recht geben und nehmen in der Stadt oder Gegend, da der Meister gesessen vor dem Handwerk oder weltlichen Gerichte in der Stadt oder Gegend, da der Meister gesessen ist. 10) Und welcher Knecht das ausschlüge, den soll kein Meister halten noch setzen, das sei denn vorher ausgetragen vor dem Handwerk, oder Rath, oder weltlichen Gerichte in der Stadt oder Gegend, da dann der Meister gesessen ist [1]).

Auch in Lübeck (1494) beschlossen die schon erwähnten Schmiede der 6 wendischen Städte, wenn Meister und Knecht in Haber gekommen, sollen sie vor den Zunftmeister gehen und wenn der nicht richten kann vor den Rath oder Richter [2]).

Daß die Gesellenverbindungen in diesem Jahrhundert in großem Umfange bestanden und zwar nicht bloß als kirchliche Verbindung, Bruderschaft, sondern schon als Gesellenschaft, dafür sind nun Belege genug angeführt; aber es ist auch nicht zu übersehen, daß die Gesellen bereits weiter griffen und von Ort zu Ort in Verbindung traten. Die Ausdehnung der Gesellen über den Ort war zum Theil schon damit gegeben, daß, wie angeführt, auch

---

[1]) Mone XIII, p. 163; XVII, p. 49.
[2]) Wehrmann p. 446.

auswärtige Gesellen eintreten und vorhandene beim Wandern dabei bleiben konnten, wie in Ulm, Freiburg, Colmar ꝛc., anfänglich offenbar für die kirchlichen Zwecke, obwohl jeder verpflichtet war, die Statuten zu halten und diese sich bald erweiterten; direkte Belege hierfür sind in Folgendem enthalten:

1407 in Hagenau der Aufstand der Schuster zwischen Hagenau und Rheinfelden, dazu mancherlei Handwerksknechte, die sich z u s a m m e n v e r s p r o c h e n. Noch deutlicher aber die Korrespondenz zwischen Basel und Freiburg, 1421 und 1425, welche geradezu G e s e l l e n t a g e nennt und zugleich den Umfang, den Gegenstand dieser Gesellentage bezeichnet. Es betrifft die Seilersknechte, e i n d o r t k l e i n e s, nicht umfangreiches Handwerk. Der Stadtrath zu Basel schreibt an den von Freiburg:

„Als die ehrbaren Meister von den Seilern und auch die Knechte jetzt zu Tage bei uns gewesen sind, haben sich die Knechte in etlichen Sachen anders verhandelt, denn uns däuchte billig zu sein, darum wir zu den Knechten, die wir bei uns diese Zeit finden, g e g r i f f e n haben. Weil uns nun vorgekommen ist, daß die Meister von den Knechten gar gröblich umgezogen werden, garlichs ihnen zu Tagen nachgehen, und leben müssen, wie die Knechte wollen und sich auch daß die Meister zuerst vor uns zu Klagen gewesen sind, da uns dünkt, daß das nicht billig zu leiden noch ihnen zu gestatten sei, so haben wir mit euren Meistern, so jetzt bei uns gewesen sind, geredet, wollet ihr und die anderen Städte dazu thun, was wir dann dazu auch thun können oder sollen, wären wir willig. Darum gefällt es uns, ob es euch gefallen wolle, daß ihr die Seilerknechte bei euch auch in Gefängnisse ziehen wollet und sie leiblich schwören zu den Heiligen, von solchen ihren Ordnungen, die doch uns nicht billig bedünken, abzustehen und hatte ein Meister einen Knecht oder ein Knecht seinen Meister etwas anzusprechen, daß sie darum Recht nehmen in der Stadt, da der Meister gesessen ist, vor Rath oder Gericht daselbst und auch zu halten und zu vollführen, was daselbst werde ꝛc. daßzu, daß sie von keiner Ansprach wegen ihren Meistern Knechte verbieten sollen, sondern es bei dem Rechten, wie vorsteht, lassen bleiben. Ist euch füglich, der Sache also bei euch nachzugehen, das wollet uns schreiben, damit wir die Knechte so bei uns liegen, das auch unterweisen und wollent die Sache fördern, als wir euch das und alles guten getrauen" ꝛc.

Die Uebereinkunft der Gesellen ist hier bezeichnet in den Worten „haben sich die Knechte in etliche Sachen anders verhandelt." Das erhellt deutlicher aus dem Schreiben vom Rath zu Basel in derselben Sache (1425):

„Euer Freundschaft ist wohl bekannt, welch Massen die Seilerknechte, so in diesen Gegenden dienen, vor einiger Zeit geschworen haben, von solchen Tagen, so sie machten und die Meister lästerten, drängten und zu Kummer, Kosten und Schaden brachten, abzustehen und hätte ein Knecht einen Meister um etwas anzusprechen, der sollte Recht nehmen und geben vor Rath und Gericht, wo der Meister, den er anspricht, gesessen ist und nirgends anders. Also lassen wir euer guten Freundschaft wissen, daß die Seilerknechte solcher Tage den Meistern zu verbieten wieder angefangen, und auch dessen Tag gehabt haben vor kurzem zu Mühlhausen.

Weil nun solchem zuvorzukommen nöthig und besser ist, an einem kleinen Handwerk zu verwenden, als daß ein mächtiges sich solches zu thun unterziehen sollte, so gefällt uns und bitten euch fleißig mit Ernst, daß ihr die Seilermeister bei euch besendet und die in Eid und Gelübde nehmt, keinen Seilerknecht zu setzen oder Arbeit zu geben, er habe denn vorher geschworen in der Weise, wie davor begriffen ist, und auch die Seiler=knechte bei euch alle in Eid nehmt, solches wie andere vorher gethan, und dazu auch Euch so viel zu bekümmern und euern und unsern Freunden von Breisach, Kenzingen und Endingen zu verschreiben und sie zu bitten, der Sache mit den Seilermeistern und Knechten nachzugehen, wie oben be=griffen, weil wir denen von Kolmar auch geschrieben haben."

Ein anderes Beispiel für diese Gesellentage gibt ein Schreiben (1496) des Stadtraths zu Freiburg im Breis=gau an jenen in Straßburg über das Verhältniß der Bäckerknechte in Elsaß und Breisgau: „dem Abscheid nach, die Brodknechte berührend, zu Sletstadt auf nächst gehaltenem Tage abgeredet, haben wir auch gestern die Knechte und Meister des Brotbekenhandwerks beschickt." Es wird ferner darin die Antwort mitgetheilt, welche die Ge=sellen, auf einen, in Folge Anzeige des Rathsboten, ihnen gemachten Vorhalt gegeben: „aus dem gemeinen Gelde ihrer Bruderschaft haben sie weder jemand etwas darge=liehen, gegeben noch folgen lassen, seien auch in Zukunft nicht Willens, dasselbige Geld in einem anderen Weg an=zugreifen oder gestatten zu verwenden, als allein zu Sachen, dazu ihre Bruderschaft, laut des geschehenen Vertrages, angesehen seien; des übrigen wegen wüßten sie für ihren Theil von keinen Geboten noch Verboten, die fürnehmlich gegen die Brodknechte, zu Kolmar dienend, anders denn gemeiniglich unter allen Knechten geschehe, vorgenommen seien; sie lassen sie auch bei uns, wie sie sagen, arbeiten ungenirt des obschwebenden Spans; doch so wollen sich mit dieser Antwort derselben Brodknecht sonderlich nicht entschlagen, denn alle gemeine Knecht in den acht Bruderschaften bei uns haben eine gemeine Verpflichtung laut Verschreibung, zu Breisach liegend, gegeben, deshalb sie hinter den andern Knechten solcher Bruderschaften in diesem letzten Artikel nichts ernstliches beschliessen, zu sagen noch sich aus der Verschreibung ausflechten mögen, angesehen, daß ihnen selbst diese Sonderung zu Schaden diene, denn sie dadurch von anderen Bruderschaften gescheut oder gestraft werden möchten, aber was die Bruderschaften in solchem Handel zu Antwort geben, verwilligen oder wie sie sich halten, davon wollen sie auch gutwillig sind und das nicht hindern noch irren"[1]).

Im 16. Jahrhundert findet sich kein Versuch mehr, die Gesellenverbindungen zu unterdrücken, sie hatten sich im 14. und 15. Jahrhundert die Stellung ganz fest erobert, wie die Handwerke überhaupt im 11. und 12. Auch diese wurden wiederholt aufgehoben, erhoben sich wieder, wurden wieder untersagt, im 13. Jahrhundert fanden sie keinen Widerspruch, wurden von da an schon als eine Nothwendigkeit betrachtet. So die Gesellenschaft. Im 17. und 18. Jahrhundert werden sie von den Obrigkeiten eingeführt

---

[1]) Vgl. zu Obigem Mone XVII, p. 25 fg., 48.

und geradezu als Nothwendigkeit betrachtet und befohlen. In der Zeit von der jetzt zu sprechen, handelt es sich nur darum, den Mißbräuchen, welche sich gerade mit dem gesicherten Bestand erst recht ausbildeten, zu begegnen und überall und sehr reichlich fließen die Beschwerden und Vorschriften. Es ist diese Zeit mehr wichtig wegen der Entwicklung der Polizeimaßregeln, als wegen des Instituts selbst.

Die Freiburger allgemeine Zunftordnung von 1500 weist die Handwerksgesellen an, nicht mehr in Wirthshäusern ihre Gesellschaft zu halten, lediglich darum, „daß andere fremde Gesellen hierher auch kommen, da sich dann leicht Aufruhr erhebt."

In Frankfurt haben die Handwerksgesellen bereits seit 1422 das Recht des Verbandes und seit 1451 lagen schon die Statuten in einem Gesellenbuch vor. Sie standen sehr selbstständig; zwar durften sie kein Gebot machen, ohne Einwilligung der Meister, aber sie verwalteten ihre Sachen selbst ohne diese. Im Jahr 1501, auf Veranlassung eines Gesellenaufstandes, wobei sich die Mehrzahl auf die Freiung zog, schritt der Rath ernstlich ein, und wies die Zunft an, jährlich 2 Meister zu wählen, die in der Knechte Gebot sind, Schlüssel zu ihrer Büchse haben und sie überhaupt kontrolliren, wie es in anderen Rheinstädten und auch in Frankfurt bei anderen Handwerken üblich sei.

Wie der Uebermuth und die Gewaltthat der Knechte zunahm, zugleich freilich mit dem Verhalten der Meister untereinander, erhellt aus der Rechtsverfügung von Frankfurt an die Kürschner, „daß Meister und auch Knecht einem leichtlich das Handwerk niederlegen."

Die Vorschrift, daß sie keine gebotene Zusammenkunft haben sollen, ohne daß ein Meister des Handwerks mit Erlaubniß des Zunftmeisters dabei sei, ist nun auch aufgenommen in der Schneidergesellenordnung zu Freiburg, 1525 von den Gesellen mit Zuziehung der Zunftmeister ꝛc. selbst entworfen. Offenbar war ihnen dieser Satz, wie so häufig, zur Bedingung der Existenz gemacht.

Die Schuhknechtsordnung in Frankfurt (1528) hat nur den einen nennenswerthen Satz, daß Knecht oder Knab, wenn er mit Meister oder Gesellen zu Frankfurt zu schaffen hat, hier zu Frankfurt vor Rath, Reichsgericht, Zunft des Handwerks, oder aber an die Gesellen zum Austrag kommen lassen soll.

Die Organisation der Knechte kommt nun auch in Schlesien vor, und zwar nicht bloß bei einem Handwerk, wie ein Statut der Stadt Breslau von 1527 ausdrückt: „So als auch bei den Gesellen in Zechen allhier der böse Gebrauch und Gewohnheit gewesen ist, daß sie einander selbst in Uebertretung und wie sie es achten ihres Gefallens bei dem Trinken gestraft haben, dieselbigen gerauft, über Tisch und Bänke gezogen, geschlagen und ihres Gefallens getreten. Solche angezeigte böse Gewohnheit und Abübungen, Mißbrauch (abusus) wollen wie Rathmann allhier hiermit in allen Zechen aufgehoben haben. Sondern wo jemand unter ihnen sträflich, soll dieselbige Buße und Strafe alle uns zustehen." Weiter in Lübeck bei den Zimmerleuten. Im Jahr 1428 noch sind die Knechte einfach bei den Meistern in der Morgensprache und legen der Gewohnheit gemäß, zu jeder Morgensprache 10 Pf. zu Wachsgeld. „Desgleichen haben wir Meister vorgethan"; dafür erhalten sie von den Meistern zur Morgensprache 1 Tonne Bier; statt

Gericht oder Bruderschaft ist hier der Ausdruck Kompagnie üblich und die Knechte heißen Kompan oder Kumpan. Im Jahr 1545 lautet nun ein Rathserlaß daselbst: „Dieweil das Amt der Zimmerleute sich getheilet hat, also daß die Meister haben für sich eine besondere ordinantie, welcher die Altenleute vorstehen und die compaen Beisitzer, welche der Kumpanie vorstehen, und sind also unter sich zwistig, dem zuvorzukommen will der Rath, daß die Zimmerleute, als Meister und Kumpanen, sollen sein unter einer ordinantie, also daß die Altenleute jährlich auf Jakobi sollen bitten, vom Rath ihnen setzen zu wollen, einen neuen Altenmann und einen neuen Beisitzer der Kumpanen, und zu dem Behuf sollen die Altenleute dem Rathe vier oder sechs Meister in Schriften übergeben, desgleichen von den Kumpanen, daraus soll der Rath wählen, wer von dem Rath gewählt wird, soll dem Rath einen Eid thun, dem Amt treulich vorzustehen, also daß die Altenleute und die Beisitzer sollen dem Amt treulich vorstehen unter einer ordinantie und wer sich erdreistete, denselben nicht zu gehorsamen, sollen die Rathsherrn strafen nach Gelegenheit der Sachen."

Was oben in Frankfurt (und dieß gilt für alle Rheinstädte) den Schneidern (1501) gewährt wurde, das war das Maximum der Bewilligung hier wie überall sonst. Aber die Gesellen arbeiteten, ihr Recht des Gebots, der Versammlung gebrauchend, beharrlich daran, neue Gesetze, neue Ordnungen, neue Gebräuche aufzustellen, die ihrem Zweck entsprachen und die sich aus dem Beschluß des Verbandes herausbildeten. Diese gerade waren es, welche so viel

Rumor machten, dafür als Beleg etwa die Rathsverordnung in Frankfurt (1585); es sollen alle Gebote, Verbote, Bündnisse ꝛc. abgeschafft sein, außer ihren alten Bundbüchern von 1451 und 1501, sollen auch keine Verbote, Artikel mehr machen ohne Willen des Rathes. Ebenso sollen sie keine besondere Trinkstuben haben, ohne Bürgermeisters Erlaubniß [1]).

Aber solche Verordnungen zeigen nur das Bestreben, ohne Beleg dafür, daß irgend ein Erfolg damit verbunden war, im Gegentheil ist die ständige Steigerung der Androhungen, die ofte Wiederholung ein schlagender Beweis für ihre eigene Erfolglosigkeit; das 16. Jahrhundert war die Zeit, in denen alle jene Mißbräuche und verderblichen Gewohnheiten ausgebreitet wurden, welche bis dieses Jahrhundert hinein bestanden und das ganze Handwerkswesen zu diskreditiren vorzugsweise geeignet waren.

Die einzelnen Orte hatten im 15. Jahrhundert das mögliche gethan, den Gewaltthaten der Knechte zu widerstehen, die entweder Forderungen in Lohn ꝛc. machten, oder die Meister in irgend einer anderen Art brängten und wenn ihnen nicht zu Gefallen gelebt wurde, auszogen, entweder von einem Meister oder von der Stadt. Ihnen gegenüber wendete man, so weit nicht ein zeitliches Uebereinkommen erzielt wurde, zwei Mittel an: der Rath sperrte sie ein, wie oben schon gesagt, fruchtlos, oder er vertrieb

---

[1]) Vgl. zu den angeführten Belegen, außer dem Frankfurter Archiv, Mone XVII, p. 66; Zeitschr. d. Vereins f. Geschichte und Alterthum Schlesiens (1862) Heft I, p. 66; Wehrmann p. 459 fg.

sie aus der Stadt und verbot sie ihnen. Dieß hatte theilweisen Erfolg; waren es nur einzelne Gesellen, oder waren sie noch nicht organisirt, oder war das Handwerk nicht bedeutend, so glückte es wohl. Auch da glückte es, wo die Handwerke oder die Städte für einen größeren Umkreis im engern Verbande standen, wie die Rheinstädte, die Städte des Elsaß und des Breisgaues. All' dieses ist bereits gezeigt. Diese Bündnisse wurden aber immer schwächer. Es war nicht der Stadt- d. h. Rathsbund, sondern der Meisterbund, der etwas wirken konnte und der Zusammenhang der Städte (Handwerke) hielt nicht viel über das XV. Jahrhundert hinaus, mit Ausnahme weniger Gewerbe, für welche auch das Gesagte nicht paßt. So glückten die Inhaftirungen oder Ausweisungen in Regensburg bei den Schreinern (1430), den Kürschnern (1440), den Bäckern (1450). Dagegen mißglückte es in Nürnberg bei den Blech- und Flaschenschmieden, die dort ein sehr bedeutendes Handwerk hatten, so daß sie, wegen ihrer Rathstreue 1390 selbst in den Rath aufgenommen wurden. Im Jahr 1475 gab die Theuerung Anlaß zu Streitigkeiten zwischen Meistern und Knechten unter diesen Blechschmieden. Erstere wollten den Anforderungen der letzteren nicht nachgeben, sie überwarfen sich mit ihnen, die Gesellen schalten die Meister, standen auf und verließen, da die Meister dennoch nicht nachgaben, die Stadt. Sie verzogen sich vorzugsweise nach Wunsiedel und Dinkelsbühl, und da die Meister gescholten waren, durfte auch kein anderer Geselle des Handwerks bei ihnen in Nürnberg arbeiten. Das Handwerk wurde vollständig brach gelegt. Einige Meister verließen aus Mangel die Stadt und zogen nach Amberg und Donauwörth, die gebliebenen verarmten und das ganze Handwerk ging ein. 1543 starb der letzte des Handwerks. Und das war der Verlauf in den meisten großen Industriestädten.

Werfen wir nun einen allgemeinen übermusternden Rückblick auf die Gesellenverbindung im Vergleich mit den Bestrebungen der Neuzeit, so stoßen wir zunächst auf eine völlige Uebereinstimmung der Absicht, mögen wir die neuen Verbindungen in England in Betracht ziehen, oder auch die irgendwo anders, wie in Frankreich und Deutschland, wenn wie hier nur das der Sache Frembartige und künstlich Hineingetragene ausscheiden.

Es handelte sich immer nur um die zwei Ziele: möglichst hohen Lohn und möglichst kurze Arbeitszeit. Das erstere in jeder Form des Lohnes gefaßt: als Geldlohn, wie als gute Haltung in Wohnung, Kost und Trunk. Das letztere ebenfalls in jeder Form zusammengefaßt, wie namentlich Verkürzung durch Feiertage, blauen Montag, Aussetzung der Arbeit bei Ankunft Frember ꝛc.; sie haben alle nur den einen Zweck der Arbeitskürzung ohne gleichzeitige Lohnkürzung, was in der Regel zutraf, da Wochenlohn das entschieden Vorherrschende war. Auch die neuen Arbeiterziele laufen überall auf dasselbe hinaus: Erzwingung höheren Lohnes und Verkürzung der Arbeitszeit. Wenn man die französischen Arbeiterassociationen der rein politischen Tendenzen entkleidet, bleibt auch nur dasselbe übrig; die Partheipolitik, welche die Arbeiter zu ihren Zwecken benutzen will, hat ihnen plausibel zu machen gesucht, daß das Ziel, wenig Arbeit und viel Lohn, nur mittelst politischer Forderungen durchzusetzen sei. Auch in Deutschland hat Lasalle die Arbeiter auf politischen Boden hinübergezogen, bloß dadurch, daß der Glaube erweckt wurde, das allgemeine Wahlrecht könne und werde eine bessere wirthschaftliche Stellung der Arbeiter bewirken. Streicht man diese politischen Anhängsel weg, so bleibt immer nur das, was auch die alten Gesellen wollten.

Auch in den eigentlichen, auf wirthschaftlichem Gebiet liegenden Mitteln hat unsere Zeit nichts Neues gefunden, sie ergreift genau dasselbe, was man früher hatte. Immer ist es nur der Strike, die Einstellung der Arbeit, womit gewirkt werden kann. Daß die Arbeiter jetzt sammeln, um die Strike's möglichst lange halten zu können, ist nichts Neues. Auch die alten Gesellen hatten ihre Büchsen, Kassen, regelmäßige und außerordentliche Einschüsse. Sie bedurften nur bei den damaligen Industriezuständen nicht soviel, sie hatten nicht so lange zu harren, weil ihre Zahl kleiner war als jetzt und weil das damalige Herumziehen, die Uebertragung der Arbeit von einem Ort zum andern, ihnen die Sache erleichterte.

Es bleibt nur noch ein Unterschied, den man vorzugsweise hervorhebt, zu besprechen, der Unterschied zwischen Zwangsassociation und freiwilliger Association. Selbsthilfe giebt man jetzt als das Princip der Arbeiterassociation an, und mit Recht, insofern darin der Gegensatz gegen die französische und Lasalle'sche Schule ausgedrückt sein soll, welche die Arbeiter anleitet, ihr Ziel auf dem Wege des Zwanges durch die Macht des Staates zu erwarten und daher vor Allem dahin zu streben, diese Staatsmacht in ihre Hände oder unter ihren Einfluß zu bringen. Aber solchen Zwang hatte die alte Gesellenschaft auch nicht und verlangte ihn nicht. War sie doch gerade immer im Gegensatze zur Staatsmacht. Dagegen sind die neuen so wenig wie die alten Verbindungen in der That freiwillige Associationen in dem Sinne, daß es jedem Arbeiter frei stünde, ob er eintreten wolle oder nicht. Die neuen Associationen waren ursprünglich freie, aber schon im vorigen Jahrhundert übten sie dennoch Zwang aus, indem sie jeden mißhandelten, der ihnen für ihre vorübergehenden Zwecke nicht beitrat. Das stellte sich aber als ganz ungenügend heraus. Sie sahen sich nicht nur genöthigt, dauernde Associationen zu gründen, sondern auch jeden Arbeiter zu zwingen, ihnen beizutreten, den Beschlüssen der Mehrheit, beziehungsweise der Leiter, sich zu unterwerfen; weigerten sich welche, so verfolgte man sie, quälte sie, hinderte sie mit Wort und That, ging wohl gar (wie die Geschichte der englischen Vereine zeigt) so weit ihnen die Wohnungen in die Luft zu sprengen, ja selbst, sie zu tödten.

Anders hatten es die Alten auch nicht. Auch sie fingen frei an, verbanden sich zuerst zu einzelnen Zwecken und wurden dann durch die Unzulänglichkeit zu der geschlossenen Association geführt, welcher jeder Geselle beitreten mußte. Sie verstanden es, den Einzelnen durch ihre Einrichtungen stark an die Verbindung zu fesseln. Wer nicht beitrat, den beschädigten sie gar nicht einmal durch Mißhandlungen ꝛc., aber er wurde vom Handwerk ausgeschlossen.

Es ist in der That eine reine Phantasie, als ob das Ziel der Arbeiter durch freiwillige Verbindungen erreicht werden könne; volle Einheit Aller wäre hierzu nöthig und diese ist nicht zu erreichen, weil das nächste Interesse Aller keineswegs entsprechend übereinstimmt. Es heißt Jemanden viel zumuthen, daß er, weil einem Andern von Seiten des Meisters ein Unrecht geschah, nun auch seinen Meister, mit dem er ganz zufrieden war, verlassen solle; den Ort sogar meiden, wo er vielleicht durch manches Band der Liebe und der Freundschaft sich gefesselt fühlte. Es ist für den, welcher genügenden Lohn zieht, weil er gut arbeitet und solid ist, ein hartes Stück, daß er seinen Platz verlassen und feiern soll, weil andere, minder Geschickte, höheren Lohn begehren oder für die Trägen ein Feiertag mehr begehrt wird. Und doch ist Allgemeinheit so unumgänglich, um zu jenem Ziele zu gelangen.

Glaubt man überhaupt auf dem seitherigen Wege der Association im Sinne des Gegensatzes zwischen Meister und Gesellen zum Ziele kommen zu können, so lasse man auch das heuchlerische Prahlen mit **freiwilliger** Association und habe den Muth zu erklären, daß es **Zwangs-Association** sein müsse. Aber der ganze Weg ist ein falscher. Ein so direkter Gegensatz zwischen Meister und Gesellen, wie hier vorausgesetzt, existirt nicht. Zwistigkeiten zwischen Unternehmer und Arbeiter werden immer vorkommen und verlangen ihre Lösung. Und das Interesse beider ist so an einander gekettet, daß eine Versöhnung möglich sein muß und gewiß auch eintritt, wenn nicht der formelle Gegensatz auf die Spitze getrieben wird. In jenen Vereinigungsformen, in welchen Meister und Gesellen, auf Grund einer Wahl, gemeinschaftlich den Entscheid zu treffen haben, möchte sich immer noch der geeignetste Ausweg finden. Vergebens hat Verfasser nach den Spuren solcher Gegensätze, wie sie bei den Webern, Schneidern, Schuhmachern ꝛc. vorkommen, in den Handwerken der Gerber, Wagner, Bötticher ꝛc. gesucht; die Quellen die mir zu Gebote standen, haben keine solchen gezeigt. Jedenfalls sind sie sehr selten gewesen. Ich schreibe das der Organisation dieser großen Handwerke zu, bei welchen die Entscheidung dem ganzen Handwerke zukam, bestehend aus Meistern und Gesellen.

Berichtigungen.

Seite	41	Zeile 5	von oben	lies	Amorbach statt Auerbach.
„	129	„ 1	„ „	„	Zipser statt Zirpser.
„	136	„ 1	„ unten	„	Röpell statt Röppel.
„	160	„ 8	„ oben	„	ehrliches statt eheliches.
„	193	„ 11	„ „	„	Handwerksbrauch statt Handelsbrauch.
„	239	„ 4	„ „	„	nicht zu verachtendes statt nicht verachtendes.
„	277	„ 2	„ unten	„	sondern entstand auch statt sondern auch.
„	368	„ 8	„ „	„	formell statt formelle.
„	375	„ 10	„ oben	„	hinfüro statt hierfüro.

Druck von Wilhelm Keller in Gießen.

www.ingramcontent.com/pod-product-compliance
Lightning Source LLC
Chambersburg PA
CBHW020537300426
44111CB00008B/703